核生化防护技术丛书

主　编：张宏远　刘学程
副主编：晏国辉　毕坤鹏　顾进

防化危险品安全系统工程

FANG HUA WEI XIAN PIN AN QUAN XI TONG GONG CHENG

国防工业出版社

·北京·

内 容 简 介

本书将安全系统工程理论应用于防化危险品安全领域，构建了从基础知识到应用理论、从安全管理到系统分析、从事故预防到应急处置的防化危险品安全系统工程知识体系。

本书的编写思路是将安全系统工程的原理方法融入实际工作中，采用安全系统工程的内容分析指导工作，既能指导具体安全工作，又能提供安全系统工程知识，可满足不同人员的需求。本书可作为防化装备保障人员、安全管理领域工作人员的参考用书。

图书在版编目(CIP)数据

防化危险品安全系统工程/张宏远，刘学程主编
.—北京：国防工业出版社，2022.9
（核生化防护技术丛书）
ISBN 978-7-118-12565-8

Ⅰ.①防⋯ Ⅱ.①张⋯②刘⋯ Ⅲ.①化学品—危险物品管理—安全系统工程 Ⅳ.①TQ086.5

中国版本图书馆 CIP 数据核字(2022)第 140118 号

※

国防工业出版社出版发行
（北京市海淀区紫竹院南路23号 邮政编码100048）
北京龙世杰印刷有限公司印刷
新华书店经售

开本 710×1000 1/16 印张 27½ 字数 488 千字
2022年9月第1版第1次印刷 印数 1—1500 册 定价 139.00 元

（本书如有印装错误，我社负责调换）

国防书店：(010)88540777　　书店传真：(010)88540776
发行业务：(010)88540717　　发行传真：(010)88540762

编写委员会

主　编　张宏远　刘学程
副主编　晏国辉　毕坤鹏　顾　进
参　编　李亚林　梁延松　诸雪征　王颖辉　温　健
　　　　　李彦良　冯燕冉　李思维　付向前　李宁宁
　　　　　王若瑜

前言

防化危险品是保障防化领域任务完成的重要器材,其安全管理水平直接对社会及人民的生命财产安全有着直接或间接的影响。随着防化危险品安全管理要求的逐步提高,引入安全系统工程方法对于提升防化危险品安全管理水平具有重要意义。我们参考有关安全系统工程方面的成果,结合防化危险品管理特点编写了本书。

本书分为四个模块,共九章。第一模块为基本概念、理论基础部分,包括第1章概述、第2章防化危险品安全理论基础;第二模块为防化危险品安全管理部分,包括第3章单位防化危险品安全管理、第4章废旧防化危险品识别检测与销毁;第三模块为安全系统工程方法在防化危险品安全管理中的运用部分,包括第5章防化危险品储存安全分析与评价、第6章防化危险品运输与使用安全分析及评价、第7章防化危险品销毁安全分析与评价;第四模块为应急理论部分,包括第8章防化危险品事故应急处置、第9章防化危险品事故应急救援预案与演练。全书力图系统构建从基础知识到应用理论,从安全管理到系统分析,从事故预防到应急处置的防化危险品安全系统工程知识体系。

本书由张宏远、刘学程主编,副主编为晏国辉、毕坤鹏、顾进,吴明飞对本书进行了审读。参与编写人员有李亚林、梁延松、诸雪征、王颖辉、温健、李彦良、冯燕冉、李思维、付向前、李宁宁、王若瑜等。

本书在编写过程中得到国防工业出版社和陆军防化学院有关人员的大力支持与指导,在此表示衷心的感谢。

由于防化危险品安全系统工程的许多理论问题尚在研究探索之中,加之受作者水平的限制,书中疏漏和不妥之处在所难免,殷切期望读者朋友们提出宝贵的意见和建议,以便在今后的工作中不断地修改和完善。

书中引用了大量的国家和军队的法律法规及标准规范,参考和引用了有关人员的研究成果与相关资料,向这些作者及专家表示衷心的感谢。

编者
2022 年 03 月 8 日

目 录

第1章 概述

1.1 防化危险品 ········· 1
  1.1.1 防化危险品的定义 ········· 1
  1.1.2 防化危险品的分类 ········· 2

1.2 防化危险品安全管理 ········· 4
  1.2.1 安全管理相关概念 ········· 4
  1.2.2 防化危险品安全管理内涵 ········· 11
  1.2.3 防化危险品安全管理的地位与作用 ········· 13

1.3 防化危险品安全系统工程 ········· 14
  1.3.1 安全系统工程的产生与发展 ········· 14
  1.3.2 安全系统工程概念与特点 ········· 16
  1.3.3 安全系统工程的研究对象 ········· 19
  1.3.4 安全系统工程的研究内容 ········· 20
  1.3.5 防化危险品安全系统工程的概念与研究内容 ········· 22

第2章 防化危险品安全理论基础

2.1 防化危险品事故概念及特点 ········· 25
  2.1.1 事故的范畴 ········· 25
  2.1.2 防化危险品事故危害特点 ········· 27
  2.1.3 防化危险品事故类型及责任区分 ········· 29

2.2 防化危险品事故归因 ········· 31

- 2.2.1 事故原因分析理论 …… 31
- 2.2.2 事故归因理论 …… 33
- 2.2.3 防化危险品的事故原因分析 …… 39
- 2.2.4 防化危险品事故相关影响因素 …… 40

2.3 危险源辨识 …… 44
- 2.3.1 危险源理论 …… 44
- 2.3.2 危险源的辨识内容 …… 47

2.4 防化危险品安全系统原理 …… 48
- 2.4.1 系统原理 …… 48
- 2.4.2 主体原理 …… 52
- 2.4.3 预防原理 …… 54

2.5 防化危险品事故预防与控制 …… 57
- 2.5.1 安全教育对策 …… 58
- 2.5.2 安全技术对策 …… 60
- 2.5.3 安全管理对策 …… 66
- 2.5.4 事故的预防与控制措施 …… 68

第3章 单位防化危险品安全管理

3.1 防化特种危险化学品的安全管理 …… 72
- 3.1.1 申请、补充与调整 …… 72
- 3.1.2 动用与使用 …… 72
- 3.1.3 储存与保管 …… 73
- 3.1.4 装卸与运输 …… 77
- 3.1.5 质量检测 …… 78

3.2 防化发烟燃烧弹药的安全管理 …… 80
- 3.2.1 动用与使用 …… 80
- 3.2.2 储存与保管 …… 80
- 3.2.3 装卸与运输 …… 83

3.2.4 质量检测 ………………………………………………………… 84
3.2.5 退役、报废与销毁 ……………………………………………… 86
3.3 化学防暴弹药的安全管理 ……………………………………… 87
3.3.1 动用与使用 ……………………………………………………… 87
3.3.2 储存与保管 ……………………………………………………… 87
3.3.3 包装与运输 ……………………………………………………… 90
3.3.4 质量检测 ………………………………………………………… 92
3.3.5 退役、报废与销毁 ……………………………………………… 94
3.4 防化放射性物质的安全管理 …………………………………… 94
3.4.1 动用与使用 ……………………………………………………… 94
3.4.2 储存与保管 ……………………………………………………… 95
3.4.3 包装与运输 ……………………………………………………… 101
3.4.4 质量检测 ………………………………………………………… 106
3.4.5 报废与处置 ……………………………………………………… 108

第4章 废旧防化危险品识别检测与销毁

4.1 防化特种危险化学品的识别检测 …………………………… 110
4.1.1 主观识别判断 …………………………………………………… 110
4.1.2 客观判断 ………………………………………………………… 113
4.1.3 综合分析,得出结论 …………………………………………… 113
4.2 防化放射性物质的识别检测 ………………………………… 114
4.2.1 检测程序 ………………………………………………………… 114
4.2.2 检测方法 ………………………………………………………… 115
4.2.3 组织程序 ………………………………………………………… 116
4.3 防化弹药的检测 ……………………………………………… 118
4.3.1 通用检测程序与方法 …………………………………………… 118
4.3.2 防化发烟燃烧弹药检测 ………………………………………… 123
4.3.3 化学防暴弹药的检测 …………………………………………… 125

4.4 防化危险品销毁技术原理及设备 · 127
  4.4.1 防化特种药剂焚烧销毁技术原理及设备 · 128
  4.4.2 防化弹药解体技术原理与设备 · 143
  4.4.3 防化火工品烧毁技术原理与设备 · 147

第 5 章 防化危险品储存安全分析与评价

5.1 防化危险品储存的危险因素辨识 · 154
  5.1.1 防化危险品危险特征 · 154
  5.1.2 防化危险品储存危险因素辨识方法 · 156
  5.1.3 防化危险品储存危险因素事故树分析方法 · 157
  5.1.4 防化危险品储存安全评价指标体系 · 165
5.2 防化危险品储存安全集对分析评价方法 · 169
  5.2.1 集对分析法概述 · 170
  5.2.2 集对分析评价方法建立 · 171
  5.2.3 基于集对分析法的防化危险品仓库安全评价示例 · 177
5.3 防化危险品储存安全检查表评价方法 · 184
  5.3.1 防化危险品储存安全检查表设计 · 184
  5.3.2 防化危险品储存安全检查表评价方法 · 198
  5.3.3 基于安全检查表法的防化危险品仓库安全评价示例 · 201

第 6 章 防化危险品运输与使用安全分析及评价

6.1 防化危险品运输与使用的危险因素辨识 · 205
  6.1.1 人为因素 · 205
  6.1.2 设备因素 · 206
  6.1.3 环境因素 · 207
  6.1.4 管理因素 · 208
6.2 防化危险品道路运输事故分析 · 209

6.2.1 防化危险品道路运输事故影响因素 ·· 209
6.2.2 防化危险品道路运输事故形成机理 ·· 209
6.2.3 防化危险品道路运输风险减缓的措施 ······································ 211
6.3 防化危险品公路运输路径安全优化分析 ·· 213
6.3.1 防化危险品公路运输路径优化的目标 ······································ 213
6.3.2 路径优化的常见算法比较和选取 ·· 214
6.3.3 防化危险品公路运输路径优化算法分析与建立 ························ 215
6.3.4 防化危险品公路运输路径优化算法实例应用 ···························· 218
6.4 防化危险品道路运输安全评价 ·· 220
6.4.1 建立评价指标体系的依据 ·· 220
6.4.2 建立运输安全评价指标体系 ··· 221
6.4.3 运输安全综合评价模型 ··· 222
6.4.4 安全评价应用实例 ·· 224
6.5 防化特种危险化学品使用安全分析 ·· 226
6.5.1 定性分析防化特种危险化学品使用的安全因素 ························ 227
6.5.2 定量分析防化特种危险化学品使用的安全因素 ························ 230

第7章 防化危险品销毁安全分析与评价

7.1 防化危险品销毁的危险因素辨识 ··· 233
7.1.1 安全评价指标体系构建方法研究 ·· 233
7.1.2 安全评价指标体系构建程序 ··· 235
7.1.3 基于半定量化 PHA 的系统危险性因素分析方法 ······················ 236
7.1.4 防化危险品销毁的安全评价指标体系 ····································· 237
7.2 防化危险品销毁危险要素安全分析与评价方法 ······························· 244
7.2.1 评价程序及评价方法分析 ·· 244
7.2.2 销毁作业规程潜在危险性分析与评价 ····································· 248
7.2.3 待销毁危险品的安全分析与评价 ·· 254
7.2.4 销毁设备潜在危险模式分析与评价 ··· 261

7.2.5 销毁设备核心单元安全等级评价 ………………………………… 265
7.2.6 销毁作业人员风险分析与评价 ………………………………… 273
7.2.7 销毁作业环境危险性分析与评价 ……………………………… 280

7.3 移动式特种危险品销毁安全分析与评价案例应用 ………………… 290
7.3.1 项目概况 ………………………………………………………… 290
7.3.2 危险品销毁系统评价单元划分 ………………………………… 294
7.3.3 销毁作业危险源识别 …………………………………………… 296
7.3.4 安全分析与评价 ………………………………………………… 296
7.3.5 安全评价结论 …………………………………………………… 329

第8章 防化危险品事故应急处置

8.1 防化危险品事故应急处置原则 ……………………………………… 331
8.2 防化特种危险化学品事故处置 ……………………………………… 332
8.2.1 事故处置方案和措施 …………………………………………… 332
8.2.2 事故应急处置的一般程序 ……………………………………… 333
8.2.3 事故应急处置的具体方法 ……………………………………… 334
8.3 防化发烟燃烧弹药事故处置 ………………………………………… 337
8.3.1 防化发烟燃烧弹药事故的防护方法 …………………………… 337
8.3.2 常用的灭火方法及灭火剂 ……………………………………… 338
8.3.3 事故的处置 ……………………………………………………… 339
8.4 化学防暴弹药事故处置 ……………………………………………… 343
8.4.1 事故的危害形式与特点 ………………………………………… 343
8.4.2 事故的处置 ……………………………………………………… 345
8.5 放射性物质事故处置 ………………………………………………… 349
8.5.1 辐射事故的危害形式和分级 …………………………………… 349
8.5.2 辐射事故的应急处置 …………………………………………… 351
8.6 其他危险化学品典型事故应急处置 ………………………………… 353
8.6.1 不同事故类型的应急处置 ……………………………………… 353

8.6.2 不同危险化学品类型事故救援处置通则 …………………………… 381

第9章 防化危险品事故应急救援预案与演练

9.1 防化危险品事故应急救援预案概述 ………………………………… 387
 9.1.1 应急救援预案的概念 ………………………………………… 387
 9.1.2 应急救援预案的作用和意义 ………………………………… 387
 9.1.3 编制防化危险品事故应急救援预案的法律、法规依据 …… 388
9.2 应急救援预案的编制程序、内容 ……………………………………… 389
 9.2.1 防化危险品事故应急救援预案的内容 ……………………… 389
 9.2.2 防化危险品事故应急救援预案的编制程序 ………………… 389
9.3 防化危险品应急救援的培训与演习 ………………………………… 404
 9.3.1 基本应急培训 ………………………………………………… 404
 9.3.2 应急救援训练 ………………………………………………… 408
 9.3.3 应急预案演习的类别 ………………………………………… 409
9.4 防化危险品事故应急救援模拟演练 ………………………………… 411
 9.4.1 防化危险品事故应急救援模拟演练的意义 ………………… 411
 9.4.2 防化危险品事故应急救援模拟演练系统 …………………… 412
参考文献 ……………………………………………………………………… 418

第1章

概　述

防化危险品是保证防化领域任务完成的重要器材,防化危险品的安全管理对社会及人民的生命财产安全有着直接或间接的影响。引入安全系统工程理论对于提升防化危险品安全管理水平具有重要意义。

1.1 防化危险品

防化危险品特有的危害性决定其管理的特殊性,结合安全系统工程知识,了解其基本特性,探索相互间的内在联系和客观规律,加强单位防化危险品管理,防止事故的发生,对保障单位任务的完成具有重要的现实意义。

1.1.1 防化危险品的定义

辞海中,危险品是指容易引起燃烧、爆炸、中毒或有放射性物品的总称。《危险化学品名录(2018版)》中,危险化学品定义为:具有毒害、腐蚀、爆炸、燃烧、助燃等性质,对人体、设施、环境具有危害的剧毒化学品和其他化学品。

目前,我国对危险化学品的分类主要有两种。

一是根据 GB 13690—2009 分类,这种分类与联合国 GHS 相接轨,对我国化学品进出口贸易发展和对外交往有促进作用。GB 13690—2009 从物理危险、健康危险和环境危险三个方面,将危险品分为28大类,其中包括16个物理危害、10个健康危害以及2个环境危害。

(1) 物理危害(共16类):爆炸物;易燃气体;易燃气溶胶;氧化性气体;压力下气体;易燃液体;易燃固体;自反应物质;自燃液体;自燃固体;自热物质;遇水放出易燃气体的物质;氧化性液体;氧化性固体;有机过氧化物;金属腐蚀物。

(2) 健康危害(共10类):急性毒性;皮肤腐蚀/刺激;严重眼睛损伤/眼睛刺激性;呼吸或皮肤过敏;生殖细胞突变性;致癌性;生殖毒性;特异性靶器官系统毒性一次接触;特异性靶器官系统毒性反复接触;吸入危险。

(3) 环境危害(共2类):危害水环境物质;危害臭氧层物质。

二是根据 GB 6944—2012 分类,这种分类适用我国危险货物的运输、储存、生产、经营、使用和处置。(GB 6944—2012)《危险货物分类和品名编号》将危险化学品按危险货物具有的危险性或最主要的危险性分为9大类,共21项:爆炸品、气体、易燃液体、易燃固体和易于自燃的物质及遇水放出易燃气体的物质、氧化性物质和有机过氧化物、毒性物质和感染性物质、放射性物质、腐蚀性物质、杂项危险物质。

防化危险品是危险化学品中的一部分。将防化危险品定义为:容易引起中毒、燃烧、爆炸或有放射性的防化物资的总称。防化危险品作为防化领域任务完成的重要装备器材,有着其特殊的地位,对防化危险品的安全管理关系着国家安全和单位的稳定。

1.1.2 防化危险品的分类

防化危险品根据其性质和用途,可分为防化特种危险化学品、防化放射性物质、防化发烟燃烧弹药、化学防暴弹药等四类。

1. 防化特种危险化学品

防化特种危险化学品是指防化领域用于化学防护训练的特种危险化学品。防化特种危险化学品一类是对人体的伤害引起中枢神经系统损伤,它是一类毒性高的致死性特种危险化学品。另一类是损伤皮肤和黏膜的一类特种危险化学品,属于持久性的。它的毒害特征是以皮肤和黏膜糜烂为主,通过皮肤中毒,使肌肉溃烂;通过呼吸道中毒,造成肺充血和水肿;严重时,发生支气管肺炎和黏膜坏死性炎症。

2. 防化放射性物质

放射性物质能够放出 α、β、γ 和中子射线,这些射线都有一定的穿透能力,也都具有电离作用。防化放射性物质是指用于防化训练、教学和科研所使用的放射源以及防化放射源使用过程中所产生的放射性废物。防化用的放射源主要分随装检查源、机用靶源和其他放射源三类。其基本情况是:

(1) 随装检查源,装备中用于检查、校准刻度的放射源。一种是作为核辐射监测装备附件配备的放射源,用于检查装备仪器的工作能力。退役的老式核辐射侦察、监测类装备有随装"检查源",用于检查装备工作状态,主要有 ^{60}Co、$^{90}Sr/^{90}Y$、^{137}Cs。另一种是用于装备仪器的校正,这类放射源数量少,活度相对较强,一般配备在技术单位。

(2) 机用靶源。装备的部分设备利用放射源电离作用进行工作,这种工作放射源称作机用靶源。

(3) 其他放射源。这类放射源主要是各单位用于教学、训练、科研需要,自购的用于科学实验的放射源,这些放射源种类众多、情况较为复杂,这里不做详述。

放射性对生物的危害是十分严重的。放射性损伤有急性损伤和慢性损伤。环境中的放射性物质可以由多种途径进入人体,它们发出的射线会破坏机体内的大分子结构,甚至直接破坏细胞和组织结构,给人体造成损伤。高强度辐射会灼伤皮肤,引发白血病和各种癌症,破坏人的生殖性能,严重的能使人在短期内致死。少量累积照射会引起慢性放射性病,使造血器官、心血管系统和神经系统等受到损害,发病过程往往延续几十年。

3. 防化发烟燃烧弹药

防化发烟燃烧弹药是防化发烟装备和燃烧武器使用的弹药及专用消耗器材的统称。防化发烟燃烧弹药包括发烟弹药和燃烧弹药,一般将其分为系列火箭弹、发烟手榴弹、发烟罐(桶)、喷火消耗器材等。

1) 系列火箭弹

系列火箭弹是一种近距离直瞄单兵携行使用的防化弹药,其战斗部内装有燃烧剂、发烟剂,也是使用爆炸分散施放技术和火箭推进技术的特种弹。该弹实施随队火攻保障任务或形成遮蔽烟幕,实施随队烟幕保障任务。

2）发烟手榴弹

发烟手榴弹是一类轻便的发烟器材,可充分利用发烟手榴弹等轻便发烟器材,迅速形成遮蔽或迷盲烟幕。

3）发烟罐(桶)

发烟罐是一种将燃烧型发烟剂压制(或浇铸)到罐体内,采用点火装置点燃,经过受热升华后燃烧的反应产物在大气中凝结,吸收空气中水分而形成烟幕的发烟装备。它具有结构简单、造价低廉、发烟量大、持续时间长、使用方便等特点。

4）喷火消耗器材

喷火消耗器材包括喷火器装药和凝油粉。

4. 化学防暴弹药

化学防暴弹药是指遂行防暴任务使用的催泪弹、染色弹等,主要用于社会治安,可配属公安、武警和特警部队,用于应对恐怖、突发事件,控制暴徒的骚乱行动,将其驱散或制服,直至平息。

1.2 防化危险品安全管理

1.2.1 安全管理相关概念

1. 安全与危险

1）事故

事故是人(个人或集体)在为实现某种意图而进行的活动过程中,突然发生的、违反人的意志的、迫使活动暂时或永久停止的事件。根据后果不同,事故可以分为人身伤亡事故、财产损失事故、未遂事故等。

2）安全及系统安全

安全是指客观事物的危险程度能够为人们普遍接受的状态。人们从事的某项活动或操作某系统,即某一客观事物是否安全,是人们对这一事物的主观评价。当人们权衡利害关系,认为该事物的危险程度可以接受时,则这种事物的状态是安全的,否则是危险的。

万事万物都普遍存在着危险因素,只不过危险因素有大有小而已。有的危险因素导致事故的可能性很小,有的则很大;有的引发事故后果非常严重,有的则可以忽略。因此,我们从事任何活动或操作任何系统时,都存在不同程度的危险。

系统安全,是指在系统使用期限内,应用安全科学的原理和方法,分析并排除系统内容要素的缺陷及可能导致灾害的潜在危险,使系统在操作效率、使用期限和投资费用等方面均达到最佳安全的状态。

3)危险

危险一词有各种不同的含义。英语中有危险含义的词分别是 risk、peril 和 hazard,危险的词义至少包括三个方面:①事故发生的可能性,或称为事故发生的不确定性,即把事故发生的可能性视为危险。②事故的本身,如火灾、爆炸、碰撞、死亡等意外灾害事故。这时的危险意味着已经发生的事故,相当于英语的 peril。如果把不可测性、突发性、异常性、巨大性和持续性作为重点,就要使用意外事故(contingency)、偶然事故(accident)和危机(crisis)等词汇。③事故发生的条件、情况、原因和环境。若以火灾事故为例,那么,就是建筑的结构和用途、保管的物品、选择的条件、周围的环境、房产所有人的关心程度以及气象条件等。

4)风险与风险度

人们为了衡量客观事物危险度的高低,引入了"风险"这一概念。风险是指在未来时间内,为取得某种利益可能付出的代价。风险大,表示危险程度高;风险小,表示危险程度低。风险的度量以风险度 R 表示,风险度就是单位时间内系统可能承受的损失。就安全而言,损失包括财产损失、人员伤亡损失、工作时间损失或环境损失等。计算风险度 R 是以系统存在的危险因素为基础,测算系统可能发生事故的概率 P 及一旦发生事故可能造成的损失 S,有 $P(次/时间) \cdot S(损失/次) = R(损失/时间)$。人们常把危险程度分为高、中、低三个档次。发生事故可能性大而且后果严重的为危险程度高,一般情况为中等危险度,发生事故可能性小且事故后果不严重者为低危险程度。当客观事物状态处于高危险程度时,人们是不能接受的,是危险的;处于中等危险程度和低危险程度时,人们往往是可以接受的,是安全的。高危险程度为危险范围,中等及以下危险程度为安全范围。

5）安全指标

人们能够接受的风险度称为安全指标。安全指标是人们对某一种职业活动、某系统运行风险的最高容许限度。这里指的"人们"可以理解为公众或大家,也可以理解为从事某一职业的特定人群。安全指标,实际是人们在追求收益与承担损失之间的一种利益平衡或相互妥协的结果。为了追求物质的利益或精神的享受,人们就必须冒一定的风险。而人们能够承受的风险度就是损失方面的平衡点,这个平衡点就是安全指标。

2. 管理与安全管理

安全管理是一门技术科学,它是介于基础科学与工程技术之间的综合性科学。它强调理论与实践的结合,重视科学与技术的全面发展。安全管理的特点是把人、物、环境三者进行有机联系,试图控制人的不安全行为、物的不安全状态和环境的不安全条件,解决人、物、环境之间不协调的矛盾,排除影响生产效益的人为和物质的阻碍事件。

1）管理的定义与要素

（1）管理的定义。管理是一种现象、一种过程,也是一种约束行为。管理从字义上讲是指"管制、管辖"和"理顺""处理",简单讲就是"管人理事"或"管事理人"。关于管理的概念,有各种不同的提法,最著名的是被称为"法国经营管理之父"的法约尔所提出的,他认为管理就是"计划、组织、指挥、协调、控制"等职能活动。目前,通行的说法是:管理是为了实现预定目标而进行的计划、组织、指挥、协调和控制人力、物力、财力等各种资源的过程。

（2）管理的要素。指管理过程中的关键因素。要深入了解管理活动的内在联系和全过程,就必须了解管理过程中的诸要素。管理要素有三要素、五要素、七要素等说法,其中七要素（7M）比较完整,即：

① 人（Men）包括作业人员招募、教育训练、考核奖惩、升降任免等；

② 资金（Money）包括来源、预算、成本、价格、利润、核算等；

③ 机器设备（Machines）包括厂房、工艺设备等；

④ 物料（Materials）包括采购、包装、储运、检测、收发等；

⑤ 方法(Methods)包括生产计划、作业组织、质量控制、技术革新等;

⑥ 市场(Markets)包括信息、预测、开发、促销、售后服务等;

⑦ 工作精神(Morale)包括效率、企业文化、激励、职工道德等。

2）安全管理及分类

严格地讲,当安全问题涉及两个人以上时,就存在安全管理的问题。把管理的基本原理和方法移植到安全工作中,并结合安全的特殊性,就得到安全管理的概念。

（1）安全管理的定义。安全管理就是管理者对安全生产进行的计划、组织、指挥、协调和控制等一系列活动,以保护作业人员在生产过程中的安全与健康,避免或减少国家和集体财产的损失,为各项工作的顺利开展提供安全保障。

（2）安全管理的分类。可以从宏观和微观、狭义和广义对安全管理进行分类。

① 宏观安全管理。从总体上看,凡是保障和推进安全工作的一切管理措施和活动都属于安全管理的范畴,即泛指国家从政治、经济、法律、体制、组织等方面所采取的措施和活动。

② 微观安全管理。指经济和生产管理部门以及企事业单位所进行的具体的安全管理活动。

③ 狭义安全管理。指在生产过程中或与生产有直接关系的活动中防止意外伤害和财产损失的管理活动。

④ 广义安全管理。泛指一切保护劳动者安全健康,防止国家和集体财产受到损失的管理活动,即安全管理不但要防止劳动中的意外伤亡,还要避免或消除对劳动者的危害因素(如尘、毒、噪声、辐射、女工特殊保护等)。

3. 安全管理的对象与任务

1）安全管理的对象

危险品的生产与使用是一个人－机－环境相结合的复杂系统,安全管理必须对这一系统及其要素进行全方位、全过程的管理和控制。因此,安全管理的对象必然是这个人－机－环境系统的各个要素,包括人的系统、物质系统、能量系统、信息系统以及这些系统的协调组合。

（1）人的系统。人员管理是安全管理的核心,因为生产作业过程中判别安全的标准必须以人的利益和需求为核心,所有物质、能量、信息系统都是按照人的意愿做出安排,接受人的指令。伤亡事故发生的根源常常是人的因素,事故统计分析表明,90%以上的事故是人员"三违"(违章作业、违章指挥、违反劳动纪律)造成的。因此,安全管理必须以人为根本,加强对人的系统的管理和控制。

人的系统的安全管理应是一种反馈管理。因为发动和控制这个系统运转的是人,但为了管理的有效性,必须反馈回来,对发动和控制者进行管理,也就是既要管理操作人,也要管理决策指令人,凡与系统有关的人员都不能例外。相比之下,加强对居于高层的决策、指令、设计人员的管理更为重要,因为其位置特殊,影响面广,所起作用关系全局。而操作人员只涉及局部,影响面较小。

（2）物质系统。包括生产与使用环境中的机械设备、设施、工具、器件、构筑物、原材料、产品等一切物质实体和能量信息的载体。物质系统是生产与使用的对象,也是发生事故的物质基础。虽然不具有能量也不能造成危害,但能量一定会以物质形态表现出来并附在这些载体上,一切赋有足够能量的物质都可能成为事故和产生危害的危险源。

物质不安全因素是随着生产与使用过程中物质条件的存在而存在,随着生产方式、生产工艺过程的变化而变化的。在生产与使用过程中,仅仅依靠人的技能和注意力是不能保证安全的,因为人不可能对生产环境中的每一个事物都予以注意,也不可能每时每刻都处在紧张状态,总可能产生判断上的失误,进行不安全的动作。因此,必须加强物质系统的安全管理,通过危险辨识与控制,创造本质安全化作业条件,保证物质系统和环境的本质安全。

（3）能量系统。能量有多种形式,生产中经常存在和使用的能量有机械能(动能和势能)、热能、电能、化学能、光能、声能和辐射能等。不同形式的能量具有不同的性质,通常能量必须通过运载体才能发生作用。因此,能量往往与其运载体联系在一起,而不能单独把能量抽象出来。实际上一切危害产生的根本动力在于能量,而不在于运载体。没有能量既不能做有用功,也不能做有害功。能量越大,一旦能量失控所造成的后果也越严重。在安全管理中,要研究生产环境中的能量体系,对能量的传输、使用严加控制,一旦能量失控并超过一定量度便可能造成事故。

(4) 信息系统。信息是沟通各有关系统空间的媒介。从安全的观点看,信息也是一种特殊形态的能量,因为它具有引发、触动和诱导作用,可以开发、驱动另一空间超过自身无数倍的能量,实现某一宏伟计划,完成自身所不能完成的任务。从其可能造成危害的规模来看,也可能是最可怕和不可估量的。虽然在工业生产系统中,信息系统所能造成的危害后果有限,但其对安全管理的重要性是不可低估的。安全管理中必须充分注重信息的作用,加强对信息获取、传输、存储、分析、反馈的控制,实现安全信息化管理,以推动安全管理的科学化、动态化、民主化。

2) 安全管理的任务

安全管理工作的主要任务是积极采取组织管理措施和工程技术措施,保护人员在生产与使用过程中的安全健康。

(1) 改善生产与使用条件。从根本上改善生产与使用条件,消除不安全、不卫生的各种因素,需要采用新技术、新设备、新工艺,不断地进行技术改革、设备更新换代,实现生产与使用过程的机械化、自动化和远距离操作,使作业者不接触危险因素,从而从根本上消除发生伤害事故和职业病的可能。这种治本的措施是改善作业条件的根本途径。

(2) 采取安全措施。采取各种综合性的安全措施,控制或者消除生产与使用过程中容易造成人员伤害的各种因素,减少和杜绝伤亡事故,从而保证操作人员安全地进行作业。人员在进行生产与使用活动时,常常接触到许多不安全的因素。例如:使用机器时,有被绞碾伤害的危险;用电时,有被电击伤害的危险等。如果机械设备设计不合理,或者操作者对其运行规律认识不足并且使用不当,就会发生事故,导致设备损坏,伤害作业者。

减少或消灭作业事故是安全管理工作的一项重要任务,要经常推广安全可靠的操作方法,消除危险工艺过程,对现有的机械设备设计安全防护装置,采取安全技术措施,对新产品、新工艺、新技术进行"三同时"审查验收。发生事故后,按照"三不放过"的原则,组织追查、处理,并提出预防事故的措施,以便吸取教训,做好劳动保护工作。

（3）职业健康安全管理。职业健康安全管理即采取作业卫生技术措施，与职业病和职业中毒做斗争，使操作人员免受尘毒及其他有害因素的危害。危险品的生产与使用过程中可能产生有毒气体、粉尘、放射性物质、高频、微波、噪声、振动、高温等危害人体的因素。例如在有色金属、化工原料、医药、化肥、塑料、染料等生产工艺过程中，铅、苯、汞、铬、硫化氢、二氧化硫、有机氯等有毒物质及易燃易爆物品，经常危害操作人员的安全与健康等。安全管理的任务是从"防"字出发，积极采取治理措施。例如：采取密闭、湿式作业，加强通风换气等措施防止粉尘危害；对产生噪声的地点和设备，采取隔声或消声措施，以减少噪声的危害；配备各种个人作业保护用品，以减少操作中的有害因素影响，保护操作人员。

总之，在生产与使用过程中，操作人员的健康状况可能受到生产与使用过程、生产环境因素的不良影响，对于这些不良影响未及时消除，以致对人体产生危害，这种危害就是职业病，即由于职业危害引起的疾病。安全管理任务是针对危害的因素和情况，提出控制和消除危害的措施，达到改善作业条件、预防职业病和职业中毒的目的。

4. 安全管理的研究方法

安全管理是单位管理的一个重要分支，它研究解决生产与使用中与安全有关的问题，其方法有以下两种：

（1）事后法。这种方法是对过去已发生的事件进行分析，总结经验教训，采取措施，防止重复事件的发生，因而是对现行安全管理工作的指导。例如对某一事故分析其原因，查找引起事故的不安全因素，根据分析结果，制定和实施防止此类事故再度发生的措施。此种方法有人称为"问题出发型"方法，即通常所说的传统安全管理方法。

（2）事先法。这种方法是从现实情况出发，研究系统内各要素之间的联系，预测可能会引起危险、导致事故发生的某些原因。通过对这些原因的控制来消除危险，避免事故，从而使系统达到最佳安全状态，这就是现代安全管理方法，也称为"问题发现型"方法。

无论是事先型研究方法还是事后型研究方法，其工作步骤都是"从问题开始，研究解决问题的对策、对实施的对策效果予以评价，并反馈评价结果，更新研究对策"。安全管理工作步骤如图1.1所示。

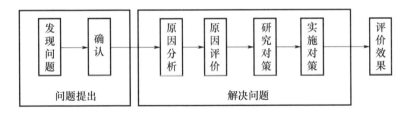

图1.1　安全管理的工作步骤

（1）发现问题，即找出所研究的问题，"事后法"是指分析已存在的问题或事故，"事先法"则是指预防可能要出现的问题或事故。

（2）确认，是对所研究的问题进一步核查与认定，要查清何时、何人、何条件、何事（或可能出现什么事）等。

（3）原因分析，是解决问题的第一步。原因分析即寻求问题或事故的影响因素，对所有的影响因素进行归类，并分析这些因素之间的相互关系。

（4）原因评价，将问题的原因按其影响程度大小排序分级，以便视轻重缓急解决问题。

（5）研究对策，根据原因分析与评价，有针对性地提出解决问题，研究防止或预防事故的措施。

（6）实施对策，将所制定的措施付诸实践，并从人力、物力、组织等方面予以保证。

（7）评价效果，是对实施对策后的效果、措施的完善程度及合理性进行检查与评定，并将评价结果反馈，以寻求最佳的实施对策。

1.2.2　防化危险品安全管理内涵

防化危险品安全管理是对防化危险品科研、生产、购置、使用、退役、报废等实施的安全管理，是防化危险品全寿命安全管理过程。单位防化危险品安全管理，是指防化危险品从单位接收到退役、报废处理的一系列安全管理活动。防化危险品日常管理，是指单位在平时对防化危险品进行的经常性管理，包括动用、使用、检查、保管、登记、统计、应急处置、应急预案和安全管理教育等内容。

1. 单位防化危险品安全管理的定义

单位防化危险品安全管理就是单位管理者对防化危险品的动用使用过程所进行的计划、组织、指挥、协调和控制等一系列活动,以保护单位人员在动用使用过程中的安全与健康,避免或减少单位人员、财产的损失,为各项工作的顺利开展提供安全保障。

2. 防化危险品安全管理的对象

防化危险品安全管理的对象包括防化特种危险化学品、防化发烟燃烧弹药、化学防暴弹药、防化放射性物质以及一些常见危险化学品。管理对象的特殊性使得防化危险品管理的安全性要求非常高。

3. 单位防化危险品安全管理的内容

单位防化危险品安全管理涉及内容广泛,既包括危险品动用与使用过程中的安全管理,又包括危险品在交接储存保管、装卸运输、最终销毁等过程中的相关安全管理。

1)危险品的申请、补充与调整

防化危险品的申请、补充与调整由各级装备机关根据单位训练任务和消耗标准拟制申请计划,逐级上报。管理过程中必须严格履行交接手续,交清种类、数量、质量等情况。

2)动用与使用

防化危险品的动用与使用必须严格履行审批手续,由使用单位根据训练计划向管理部门提出动用申请,并经本级首长批准,严格管理,禁止挪作他用。运用过程中必须做到组织严密,作业点标志设置明显,各种应急预案处置预案完备,同时要注意保护环境。

3)储存与保管

防化危险品在储存与保管过程中必须在专用库房中存放,严禁同其他装备物资混放,库房建设必须符合有关法律、法规的要求,库房管理应当遵守国家相关的安全管理规定。

4)装卸与运输

防化危险品在装卸与运输时,必须严格执行国家和军队制定的防化危险品运输管理有关规定,周密计划,严密组织,确保安全。运输时,应当派选责任心强、熟悉专业的人员押运,指定专人负责,加强途中检查,必要时组织武装押运。运输路线应严格按照批准的行车路线和时间通行。现场作业人员必须携带相应的防护装备,作业完成后及时清理现场。

5) 销毁

防化危险品的销毁必须按照批准的年度销毁计划由机关统一组织、防化危险品销毁机构具体实施。销毁过程必须符合国家环境保护标准。

1.2.3 防化危险品安全管理的地位与作用

单位防化危险品管理是指防化危险品从单位接收到使用、销毁的一系列工作过程,包括防化危险品的计划补充、调整动用、使用保管、装卸运输、退役报废和销毁处置等各项管理活动。正确认识防化危险品安全管理在单位建设工作中的地位与作用,深入研究防化危险品安全管理的特点,对指导单位防化危险品安全管理工作、全面提高单位防化危险品安全管理水平有着十分重要的意义。

1. 防化危险品安全管理是装备管理的重要组成部分

由于防化危险品自身危害性的特点,在管理上与其他装备有着很大的不同之处,它的管理重点是安全。研究防化危险品安全管理也就是研究防化危险品从单位接收到使用退役、报废、销毁等管理过程中影响安全的相关因素,开展防化危险品安全管理理论研究必须要以装备管理理论为基础,才能为有效开展防化危险品安全管理打下坚实的理论基础。

2. 防化危险品安全管理是单位安全管理工作的一个重要组成部分

单位安全管理工作涉及单位工作的方方面面,如人、财、物的安全管理,武器装备的安全管理,军事秘密的安全管理等。防化危险品分布范围广,安全管理环节多、难度大,发生事故影响面宽,与其他武器装备的安全管理占有同等重要地位。

3. 防化危险品安全管理是维护社会稳定的重要保障

防化危险品是一类特殊的消耗器材,发生的事故具有伤害途径多、检测、救治困难,防护、洗消不易,对环境污染难于消除,社会影响大等特点。它既可通过爆炸方式造成直接的人员伤害,又可通过空气、水源传播造成环境污染和间接伤害。如果失窃被盗,还可成为恐怖分子的作案物资,通过投放、布洒等多种方式造成大范围、长时间的危害,关系到社会的安全稳定。为此,做好防化危险品安全管理工作,对维护社会稳定具有十分重要的意义。

1.3 防化危险品安全系统工程

1.3.1 安全系统工程的产生与发展

事故给人类带来了无数灾难,严重地影响了人类的正常生活和经济发展,构成了巨大的威胁。正是因为一次次事故造成血的教训,使得人们从被动地面对发展成为积极地应对,从而使得科学技术不断发展和进化。因此,事故既是一种特殊的科学实验,又是诞生新的科学技术的催化剂。例如:人类为了避免洪涝灾害,兴建了水坝、改造河道;人类为了避免旱灾,修建了水渠;大工业生产、新机器的使用,曾经使无数工人致残,造成事故强大的负面效应,但是人们并没有放弃对机器的使用,而是激发了人们研究事故,利用"事故资源"改造机器,制定一系列的安全措施。例如:相对于冲压的危险性,设计了双手操作系统;应对地震灾害,加强了房屋建筑质量。可以说,在科学技术发展的历史长河中,几乎每一个学科的诞生都离不开事故这种反作用的作用。自从有了人类,人类就一直在同事故进行着斗争,从而也诞生了安全系统工程,促进了安全系统工程的发展。也就是说,在人类科学技术发展中,在人类与事故进行斗争的历程中,产生和发展了安全系统工程。

1. 安全工程与系统工程相结合,产生安全系统工程

安全系统工程最早产生于20世纪60年代初。20世纪50年代末,苏联发射了第一颗人造地球卫星,取得了太空研究的巨大进步。美国人为了保持其超级大国的势力和地位,与苏联抗衡,不甘示弱地研究导弹系统。在短短的一年半时间里,连续发生了4起重大事故,造成惨重的损失,迫使美国空军以系统工程的基本原理和管理方法来研究导弹系统的安全性和可靠性。1962年,美国军方首次公开发表《空军弹道导弹安全系统工程大纲》;1962年9月,制定《武器

系统安全标准》;1962年,提出"系统安全程序";1967年7月,确定美军标MIL-STD-882B《系统安全程序要求》;1969年9月,完成了MIL-STD-882C《系统安全大纲要求》。这一标准的产生标志着安全管理引入了系统工程的概念,建立了较为完整的系统安全的概念和安全分析、设计、评价的基本原则,是安全系统工程发展的一个里程碑。

2. 核工业的发展,推动了安全评价理论和方法的发展

原子弹是可怕的,在人们的心里存在着以放射性物质为动力的核电站的恐惧心理。在社会压力下,各国政府对核电站的核设施进行了严格管控。1961年,美国贝尔电话研究所在系统安全的基础上创造了事故树分析法(FTA)。20世纪60年代中期,建成系统可靠性服务所和可靠性数据库,开发了概率风险评价技术(PPA),用概率来计算核电站系统风险。1974年,美国原子能委员会发表拉斯姆逊教授商用核电站风险评价报告(WASH-1400),开启应用系统安全分析和系统安全评价技术。这份报告在"三哩岛事件"核电站堆芯造成放射性物质泄漏事故中得到证实。核工业安全系统的发展使危险性分析和风险评价得到了发展,推动了安全评价理论和方法的发展。

3. 化工系统的安全系统工程的发展,使安全分析和安全评价的方法更加具体和丰富

化工企业的危险性和化工事故的危害性是众所周知的,工业规模的扩大和事故破坏后果的日益严重化,迫使化工企业严格控制事故,对生产过程和生产条件中存在的危险因素进行分析和评价。1964年,美国道化学公司(Dow's Chemical Co.)发表化工厂《火灾爆炸评价法》,又称"道氏法"。根据化学物质的理化特征确定物质系数,结合工艺过程、危险特征,计算系统火灾爆炸指数,评价系统损失大小。20世纪60年代中期,英国帝国化学公司开发了蒙德评价法,日本提出岗三法。20世纪70年代,日本劳动省发表《化工企业安全评价指南》,又称《化工企业六阶段安全评价法》,对化工系统全过程进行安全分析和管理。这些评价理论和方法构成了化工系统的安全系统工程,使安全系统工程的分析方法和评价方法更加丰富。

4. 民用工业安全系统工程的发展,促进安全系统工程向更宽更广领域拓展

随着民用工业的发展,特别是煤炭、铁路、冶金、食品、航空、航天、交通等行

业的迅猛发展,安全问题也成为民用工业发展的主要障碍之一。例如,在市场竞争日益激烈的年代,许多新产品在没有得到安全保障的情况下投放市场,造成许多事故。这就迫使厂方在开发新产品的同时,开发了许多系统安全分析和评价的方法。因此,民用工业安全系统工程的发展,也促进了安全系统工程为适应更多的行业需求,向着更科学、更全面、更规范的方向发展。

5. 我国安全系统工程发展现状

我国从20世纪80年代开始系统地研究安全系统工程,研究的重点是系统安全评价的理论和方法,开发了多种系统安全评价方法,特别是企业安全评价方法,重点解决了对企业危险程度的评价和企业安全管理水平的评价。在研究成果中,系统地总结了国内外安全系统工程的理论与方法,从而也形成了一些共识。

(1) 安全系统工程是在事故逼迫下产生的,这就决定了安全系统工程从一开始产生就是为控制事故服务的。寻找能够预测、预防和控制事故的科学技术成为安全系统工程的重要任务,从而诞生了预先的系统安全分析、系统安全评价技术和对系统整个生命周期实施全过程安全控制的系统安全管理工程。

(2) 现代科学技术的发展为安全系统工程的产生提供了必要的条件。系统工程、现代数学和计算机技术的发展,使安全系统工程有了迅猛的发展,也形成了较为完整的理论体系。

(3) 安全系统工程不仅包括分析与评价技术,还包括管理程序、管理方法等管理科学的内容。随着安全系统工程理论和方法的发展,安全系统工程在我国各行各业也得到了推广。例如,安全检查表得到了普遍的应用,使用事故树分析方法查找事故原因,用模糊数学对安全管理进行评价等。结合计算机的应用,不少单位编制了事故树的概率计算程序、求最小割集和径集的程序等。在管理应用方面,编制了事故数据处理、分析等程序。采用一些先进的软件模拟事故的发展过程,并进行分析和评价。

1.3.2 安全系统工程概念与特点

随着科学技术和生产的发展,现代企业越来越庞大化和复杂化。若要改善整个企业的生产管理和经营方式,仅在局部范围内进行改进,并不能达到使整个企业都变好的目的。要解决此问题,就需要应用系统工程的理论和方法。

安全系统工程是将系统工程的原理、方法、步骤等引用到安全管理中来的一门学科。它是研究在规定的环境、时间和劳力成本等条件下,既要充分发挥系统的作用,又必须使从业人员的伤亡减少到最小程度的一种管理科学。它从研究从业人员在危险性较大的环境下进行活动时,可能产生的危及生命的因素入手,继而制定出阻止这些安全事故发生的对策,使整个系统保持平衡,并使其安全可靠度达到规定的要求。运用安全系统工程的理论进行安全事故的预测,目的也是要找到阻止事故发生的对策措施,从而更科学、合理地制定安全管理工作的方针目标,控制整个企业以及整个工程的安全事故,减少人员的伤亡和设备的损失,提高企业的经济效益和综合施工能力。

安全系统工程目前还没有一个完全确切的定义。一般说,安全系统工程主要是从系统理论的观点出发,采用系统工程方法,识别分析、评价系统中事故的危险性,根据其结果调整工艺、设备、操作、管理生产周期和投资等因素,使系统可能发生的事故得到控制,并使系统安全性达到最好的状态,以及采取综合有效的安全防护措施,使系统可能发生的事故减少到最低限度,或者控制系统达到最佳安全状态。总的目的是根据识别和判断危害,提供出能够进行系统设计的信息,以便消除潜在危害或把危害控制到一定的限度之内,求得生产条件的安全化。

安全系统工程的理论优势是相对于实际应用及传统安全而言的,一旦在实践中它的理论要求得到满足,便认为发挥了理论优势。否则,再好的理论也起不到指导作用。

安全系统工程的理论优势主要表现为以下几个特点:

(1) 整体性,即用系统的思想去看待各个要素,包括有益与有害两个方面,例如对抗措施与危险因素,要素间不是简单的组合,而是组合后构成了一个具有特定功能的整体。整体中的每个要素可能并不是最优的,但组合后的整体应是具有良好功能的。正如系统安全分析方法一样,每种方法都有其适用范围,多种方法的联合应用才能查出某一特定问题的危险性。这就是整体性,也是系统性。

(2) 相关性,即要素之间是有机联系和相互作用的,它们具有相互依赖的特定关系,往往查出某一局部或元件的危险性,制定了相应的对抗措施以后,在其他局部或元件又产生了新的问题,这就是相关性在起作用。

(3)目的性,即要素相关的某一整体,是为了完成某种特定的功能或目标。在完成的过程中,应能满足最优化理论的要求。这就要求要素的组合应是简捷的、功能齐备的。

(4)环境适应性,即根据不同的客观条件,应有不同的要素组合与功能目标。例如危险物质的危险性评价,美国与日本的评价指数就不一样,但却同样收到了良好的效果。

以上的理论体现了安全系统工程的优越性,也是与传统安全管理最根本的区别所在。虽然传统安全与系统安全并无鸿沟,但安全系统工程的理论优势是显而易见的。这种理论优势应在实际应用中得到充分的发挥。掌握这一新的管理模式,可以把握全局,主动控制安全形势,提高安全管理的现代化水平。因此积极组织推广应用是我们在安全工作领域迎接新技术革命挑战的当务之急,也是保障安全生产,提高生产经济效益的一项重要措施。

目前,企业的安全管理工作缺乏科学性,往往处于盲目的被动状态,主要表现如下:

(1)凭经验管理,对生产系统安全状态的判断或评价,往往只能凭经验进行定性的评估,而不能进行定量的科学分析,因而导致恶性事故重复发生。

(2)凭直观管理,对表面上看得见、摸得着的安全问题容易解决,而对事故的隐患缺乏认真的研究分析,不能提前做好预测与防患工作,因此对发生事故感到突然,以至不明原因。

(3)"亡羊补牢"的管理,往往是事故发生前不注重安全,事故发生后再采取补救措施。这样的经历在生产中更是屡见不鲜,管理者是依靠出现的一起起事故来积累安全管理经验,这给很多职工家庭带来了巨大痛苦,管理效果也不是很好。

形成上述管理的原因是多方面的,有管理者的责任心和安全知识水平问题,也有重生产轻安全的观念,但是最主要的问题是安全科研工作不能及时给管理工作者提供科学手段方法。

安全系统工程是安全技术与管理的结合,推广安全系统工程总的指导思想是:①在狠抓常规安全工作的基础上,逐步渗透安全系统工程内容;②树立事故可控的思想,在对系统安全状态的认识上狠下功夫,加强安全系统的信息反馈和及时整改。

1.3.3 安全系统工程的研究对象

任何一个生产系统都包括三个部分的内容,即从事生产活动的操作人员、管理人员和设计人员,生产必需的机器设备、厂房、工具等物质条件以及生产活动所处的环境。安全系统工程同样也包括三部分,即人子系统、机器子系统、环境子系统,它们构成了安全工程的研究对象。

1. 人子系统

人子系统涉及人的生理和心理因素。人的行为学作为一门科学,从社会学、人类学、心理学、行为学来研究人在生产中的安全性。不仅将人子系统作为系统固定不变的组成部分,更看到人是自尊自爱,有感情、有思想、有主观能动性的人。

2. 机器子系统

机器子系统从材料设备可靠性来考虑安全性,同时考虑仪表操作对人提出的要求,从人的心理学、生理学对设备的设计提出要求。例如,飞机驾驶舱设计要求:①人类要有一定的驾驶和知识水平;②飞机在设计上使人感到舒适、不疲劳。

3. 环境子系统

环境子系统考虑环境的理化因素和社会因素。其中:环境的理化因素是指噪声、振动、粉尘、有毒气体、射线、光、温度、湿度、压力、热、化学有害物质等;社会因素是指管理体制、工时定额、班组结构、人际关系等。

三个子系统之间相互影响、相互作用的结果就使系统总体的安全性处于某种状态。例如:理化因素影响机器的寿命、精度甚至损坏机器;机器产生的噪声、振动、湿度主要影响人和环境;人的心理状态、生理状态往往是引起误操作的主观原因;环境的社会因素又会影响人的心理状态,给安全带来潜在的危险。图1.2所示为三个子系统之间的关系。

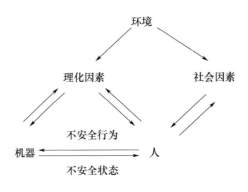

图 1.2　三个子系统之间的关系

1.3.4　安全系统工程的研究内容

安全系统工程专门研究如何用系统工程的原理和方法确保系统安全功能的实现,研究内容主要包括危险源辨识和控制、系统安全分析、系统安全评价、系统安全预测、安全决策和事故控制等。

1. 危险源辨识和控制

危险源辨识是发现、识别系统中危险源的工作。这是一项非常重要的工作,它是危险源控制的基础,只有辨识了危险源之后,才有可能有的放矢地考虑如何采取措施控制危险源。以往,人们主要根据事故经验进行危险源的辨识工作,20 世纪 60 年代以后,根据标准、规范、规程和安全检查表辨识危险源。例如,美国职业安全卫生局(OSHA)等安全机构编制、发行了各种安全检查表,用于危险源的辨识。危险源的控制主要通过技术手段实现,包括防止事故发生的安全技术和减少或避免事故损失的安全技术。前者用于约束、限制系统中的能量,防止发生意外的能量释放。后者用于避免或减轻意外释放的能量对人或物的作用。管理也是控制危险源的重要手段,通过一系列的管理活动,控制系统中人的因素、物的因素和环境因素,有效地控制危险源。

2. 系统安全分析

系统安全分析是采用系统工程的原理和方法对存在的危险因素进行辨识、分析,并根据需要进行定性或定量描述的一种技术方法。其中,危险源辨识是发现、识别系统中危险因素的重要工作,是控制危险源的基础。

目前,系统安全分析有多种多样的形式和方法,在使用中应该注意,每一种安全分析的方法都有其自身的特点和局限性,在使用中应该根据系统的特点和分析的要求,采取不同的分析方法。由于系统的安全性是人－机－环境等多种因素耦合作用的结果,所以,系统安全分析也可以是几种方法的综合,用以取长补短或相互比较,使得分析结果有一定的科学性和可信性。另外,对现有的分析方法不能死搬硬套,必要时应根据具体情况进行改进。

3. 系统安全评价

系统安全评价是利用系统工程方法对拟建或已有工程、系统可能存在的危险性及其可能产生的后果进行综合评价和预测,并根据可能导致的事故风险的大小提出相应的安全措施和整改措施,以达到工程、系统安全的过程。科学、系统的安全评价有利于消除或控制系统中的危险因素,最大限度地降低各类可能的事故风险,提高安全水平。

安全评价的方法有多种,评价方法要根据评价对象的特点、规模、评价的要求和目的进行选择。安全评价的内容包括危险有害因素识别与分析、危险性评价、可接受风险确定和安全对策措施制定四个方面。在实际的安全评价过程中,这四个方面的工作是不能截然分开、孤立进行的,而是相互交叉、相互重叠于整个管理工作中的。

4. 系统安全预测

系统安全预测是对系统未来的安全状况进行预测,预测有哪些危险及其危险程度,以便对可能发生的事故进行预防和预报。通过系统安全预测,可以掌握企业或部门事故的变化、趋势,协助人们认识危险的客观规律,从而制定相应的政策、发展规划以及技术方案,来控制事故的发生和发展趋势。系统安全预测根据其预测对象的不同,可以分为宏观预测和微观预测;根据应用的理论原理,可以分为白色理论预测、灰色理论预测和黑色理论预测。安全预测的主要方法有回归分析预测法、马尔可夫预测法、灰色系统预测法和德尔菲预测法等。

5. 安全决策和事故控制

安全系统是一个不确定的系统,受多种因素的影响,所以要以最低的成本达到最优的安全水平,就要进行决策。安全决策是针对生产活动中需要解决的特定安全问题,根据安全标准、规范和要求,运用现代科学技术知识和安全科学的理论与方法,提出各种安全措施方案,经过分析、论证与评价,从中选择最优方案,并予以实施的过程。安全决策最大的特点是从系统的完整性、相关性、有序性出发,对系统实施全面、全过程的安全管理,实现对系统的安全目标控制。

1.3.5 防化危险品安全系统工程的概念与研究内容

1. 防化危险品安全系统工程概念

防化危险品安全系统工程是将安全系统工程相关理论应用于防化危险品安全管理领域,形成的安全系统工程的应用理论体系。运用安全系统工程的理论进行防化危险品安全事故的预测,找到阻止事故发生的对策措施,从而更科学、合理地制定安全管理工作的方针目标,减少人员的伤亡和设备的损失,提高单位防化危险品安全管理水平。概念可以从以下方面理解:

(1) 防化危险品安全系统工程是安全系统工程在防化危险品安全管理领域中的应用。

(2) 防化危险品安全系统工程的追求是整个防化危险品系统或系统运行全过程的安全。

(3) 防化危险品安全系统工程的核心是防化危险品安全危险因素的识别、分析,系统风险评价和系统安全决策与事故控制。

(4) 防化危险品安全系统工程要达到的预期安全目标是将系统风险控制在人们能够容忍的限度以内,即在现有的经济技术条件下,最经济有效地控制事故,使系统风险在安全指标以下。

防化危险品安全系统工程主要有以下任务:

(1) 危险源辨识。

(2) 分析预测危险因素作用而引发事故的类型及后果。

(3) 设计和选用安全措施方案,进行安全决策。

(4) 安全措施和对策的实施。

(5) 对措施的效果做出总体评价。

(6) 不断改进以求最佳效果,使系统达到最佳的安全状态。

2. 防化危险品安全系统工程内容

结合上面的分析,可以从防化危险品安全管理和安全系统工程两个维度构建防化危险品安全系统工程内容框架,如图1.3所示。安全管理工作涉及内容广泛,既包括危险品动用与使用过程中的安全管理,又包括危险品在储存保管、装卸运输、最终销毁等过程环节中的相关安全管理,此外还应包括应急处置和救援预案等内容。安全系统工程包括防化危险品安全系统分析、安全评价、安全预测与决策、安全控制等内容。

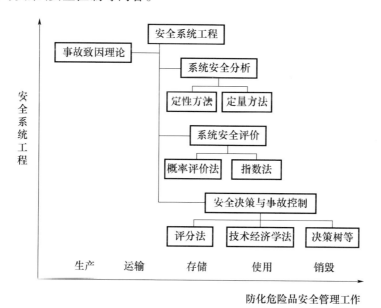

图1.3 防化危险品安全系统工程内容框架

本书防化危险品安全系统工程内容主要是对防化危险品在单位安全管理过程中各环节运用安全系统工程内容方法进行分析研究,没有包括其研制生产阶段。

应用防化危险品安全系统工程理论方法解决问题的一般步骤如下:

(1) 收集资料,掌控情况。

(2) 建立系统模型。

(3) 危险源辨识与分析。

(4) 危险性定性与定量评价。

(5) 控制方案比较。

(6) 最优决策。

(7) 决策计划的执行与检查。

第 2 章

防化危险品安全理论基础

事故是在生产过程中发生的、违背人们意愿的意外事件,是一种失去控制的事件。事故具有自身的内在规律性,通过对事故致因性的深入分析,有利于人们掌握事故发生、发展的过程及开发相应的事故控制措施。本章从事故的基本概念入手,研究事故发生、发展的基本规律——事故归因,研究事故预防的基本原理——危险源辨识,最后总结事故预防与控制的基本措施。

2.1 防化危险品事故概念及特点

2.1.1 事故的范畴

事故是个人或集体在时间进程中,在为了实现某一意图而采取行动的过程中,突然发生了与人的意志相反的情况,迫使这种行动暂时地或永久地停止的事件。

统计结果表明,在事故中无伤害的一般事故占 90% 以上,它比伤亡事故的概率大十到几十倍。1973 年,美国安全工程师海因里希(H. W. Heinrich)统计分析了 55 万件事故,发现每 330 件事故中有 300 件为无伤害事故,29 件为轻伤或微伤事故,1 件为重伤或死亡事故,这就是著名的 1∶29∶300"海因里希事故法则"。这一法则如图 2.1 所示。

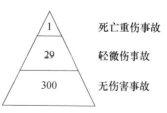

图 2.1 海因里希事故法则

由上可以看出，事故发生时人们除关注事故本身外，更关注事故的结果，对事故后果的考察可以从以下几个方面展开。

1. 以人为中心来考察事故后果

如果以人为中心来考察事故后果，大致有如下两种情况。

1）伤亡事故

伤亡事故简称伤害，是个人或集体在行动过程中，接触了与周围条件有关的外来能量，而该能量作用于人体就会致使人的生理机能部分或全部丧失。这种事故后果严重时将决定一个人一生的命运，所以习惯上称为不幸事故。在生产区域中发生的与生产有关的伤亡事故称为工伤事故，分轻伤、重伤和死亡三种类型。

2）一般事故

一般事故是指人身没有受到伤害或受伤轻微、停工短暂，与人的生理机能障碍无关的事故。由于这类事故传给人体的能量很小，不足以构成伤害，习惯上称为微伤。另外，对人身而言的未遂事故，称为无伤害事故。

事故发生时，其结果是伤亡事故还是一般事故，是一个受偶然性支配的问题，两者的分界线是不鲜明的。把两者分开的可能性，从本质上说是一个偶然性的问题，只能用概率加以论述。

2. 以客观的物质条件为中心来考察事故现象

如果以客观的物质条件为中心来考察事故现象，其结果大致有如下两种情况。

1）物质遭受损失的事故

这类事故的产生是因为生产现场的物质条件都是根据不同的目的，并为了实现这一目的而创造的人工环境，当供给它的动力不符合要求时，能量会突然逸散而发生物质的破坏，从而造成损失，如火灾、爆炸、冒顶、倒塌等事故。

2）物质完全没有受到损失的事故

这类事故虽然物质没有受到损失，但在人-机系统中，任何一方停止工作，另一方也无法正常工作。同时，生产现场的机械设备和装置在使用过程中，随时间的推移，有一个可靠性问题。伴随着可靠性降低，无法保证系统永远处于正常状态，因而就有发生事故的可能性。

第 2 章 防化危险品安全理论基础

总之,无论人是否受到伤害,物是否受到损失,都应彻底地从生产领域中排除各种不安全因素和隐患,防止事故发生,做到安全生产。

2.1.2 防化危险品事故危害特点

1. 伤害途径、形式多

防化危险品发生事故造成人员伤害的途径根据不同防化危险品种类有多种:一是防化特种危险化学品可以蒸气、雾、烟、微粉和液态五种形态,通过空气、水源、食物等多种介质,经呼吸、误食或直接接触造成化学性伤害;二是防化放射性物质可以通过射线造成人员伤害;三是防化发烟燃烧弹药和化学防暴弹药可以通过物理创伤、灼伤和化学毒害等途径造成人员伤害。

防化危险品发生事故造成人员伤害的形式主要有化学性伤害、物理机械性伤害、功能性伤害等多种形式。防化危险化学品中毒后,防化危险化学品进入机体能与细胞内的重要物质(如酶、蛋白质、核酸等)作用,改变细胞内正常组分的含量与结构,破坏细胞的正常代谢,从而导致机体功能紊乱,造成中毒。防化危险品发生事故除可直接造成人员死亡外,也可造成人体各器官系统暂时或永久的功能性或器质性伤害,破坏人体正常的生理功能,引起中毒或受到损伤,并有可能导致畸形或癌变。

2. 检测、救治困难

防化危险品按照其用途和特性主要分为四大类。每一类防化危险品对人员的伤害作用方式有着很大的差别,要准确检测并实施有效救治的技术性要求高,非专业人员一般难以掌握。例如:有毒物质发生的事故,以人员中毒为主,且中毒方式有多样化,需要用专业的侦检和化验方面的器材进行侦检和分析;放射性物质发生的事故,以射线伤害为主,需要专业射线探测仪器等核辐射探测方面的器材才能进行探测;化学防暴弹药和发烟燃烧弹药类物质发生的事故,以爆炸损伤、烧伤和刺激伤害为主,发现处理方法相对简单。

防化危险品发生事故后,人员受到伤害的救治比较复杂,需要快速治疗。不同的防化危险化学品中毒途径不同,防护要求有所区别,一旦发生有毒物质泄漏需要专用的防护器材。中毒后不及时救治会造成人员伤亡,处理需要专业技术人员。对于属速杀致死性的有毒危险化学品,作用速度快,中毒后人员很快就会死亡。对于发烟燃烧弹药,如某型火箭燃烧弹的装填剂燃烧剂燃烧时,不能用水和泡沫灭火器灭火,需用干粉灭火器或干燥沙土灭火,否则会发生爆炸。某型火箭燃烧弹的装填燃烧剂对若造成人员烧伤,治疗时伤口不易愈合等。因此,一旦发生事故,就要求人们必须迅速科学地展开救治工作。

3. 防护、洗消不易

防化危险品中,各类防化危险品对人体作用的机理有着千差万别的区别:有毒物质是以毒害作用伤害人员;发烟燃烧弹药和化学防暴弹药则以爆炸损伤、烧伤、刺激为多;放射性物质放出的射线对人机体具有电离作用,不同射线对人体不同的部位产生的效应有所区别,大剂量的射线照射,可产生急性放射性病变,而现单位装备的防化放射性物质由于活度较小,一般不会发生急性放射性病变。由于放射性物质放出的射线是看不见摸不着的,因此,发生事故人员受到伤害具有很强的隐蔽性,如果没有辐射监测措施,就无法对人员的受照剂量进行必要的统计,人员就会不知不觉地受到射线的伤害。一旦累积剂量超过规定的剂量限值,就有可能发生放射性病变,人员只有产生了病变反应时才进行治疗,造成治疗滞后。

防化危险品发生事故,由于有毒有害物质在空间形成毒气云团,具有较强的流动性,依据气候条件变化,将造成不同程度范围的染毒,增大事故伤害的范围,给防护工作带来难度。在洗消(消除)处理时,由于其毒性大和作用方式不同,对人员或物体的污染面广,需要不同的洗消方法处理,给洗消工作带来困难。例如:对于不同有毒物质的洗消,要根据其毒性和作用方式,采取不同的防护方法,利用科学合理的洗消和急救方法进行处理。放射性物质发生泄漏,要对其进行消除处理。对放射源的处理也更为麻烦,必须根据规定收集泄漏放射物质,防止扩大污染,并将其放置在指定地方。

4. 对环境污染难于消除

防化危险品发生事故,可在短时间内造成范围达数十平方千米的污染,发生事故的扩散范围大,对环境有着直接和间接危害,对人们的生活造成严重影响。防化危险品发生事故,可造成大量有毒有害化学物质进入土壤或渗入到地下,进行彻底的消除处理比较困难,危害多达几年甚至十几年。例如,防化特种危险化学品中的磷和砷,对环境有着严重的影响,在洗消中也不易清除。

5. 社会影响面大

防化危险品发生事故的社会影响面是非常宽广的:一方面是对社会成员的生命和健康的伤害;另一方面是影响社会和军队的安全与稳定,这些损害所带来的社会影响是难以评价的。

2.1.3 防化危险品事故类型及责任区分

1. 危险化学品事故的类型

无论是什么样的危险源,造成事故的主要类型有两种:一种是泄漏型;另一种是燃爆型。但在发生的各种危险化学品事故中,许多事故是这两种事故的混合型。例如,泄漏后引起燃爆,也有燃爆后引起泄漏的。

泄漏型事故是指管道、阀门失灵或运输工具故障,发生有毒气体或挥发性强的有毒液体成点状或平面、立体的线状大量泄漏而造成人员伤害。这类事故的特点是:中毒人员多,现场死亡人员少。

燃爆型事故是指燃烧、爆炸使有毒气体的泄漏和爆炸等多种形式造成人员伤害。这类事故的特点是:由于燃爆本身及次生的灾害造成现场死亡人员多,有中毒、骨折复合中毒、冲击等伤员,伤情复杂。

2. 防化危险品事故的类型

防化危险品发生事故的形式多样,除有上述危险化学品事故的类型外,还有放射性辐射事故,当然,这也同样可以归为泄漏型事故类。为有利于做好以人为中心的预防工作,也有利于在事故发生后,对事故依法进行处理,更有利于对事故的社会原因进行深入分析和研究,从发生事故的行政责任来划分类型,可将防化危险品发生事故分为责任事故和非责任事故两类。

1) 责任事故

防化危险品责任事故是指在使用和管理防化危险品过程中,因玩忽职守或违反制度、规定、安全操作规程和技术要求,造成防化危险品丢失、损坏或者性能严重下降的,或造成严重事故,使人员、国家或军队的财产遭受损失的事故。损失较大的责任事故即为重大责任事故。在所有发生的事故中,责任事故所占比例最大。责任事故在主观上属于过失,对事故所造成的后果有时是没有预见到,有时是已预见到的,但由于存在侥幸心理,相信能够避免。但在违反安全操作规章制度方面,有时是故意的。责任事故的原因比较复杂,而且每一起事故发生的原因都不相同,总结以往发生的责任事故的直接原因主要是"三违"现象比较严重,即违章指挥、违章操作和违反规章制度。

2）非责任事故

因自然灾害、自然损耗、产品质量、人为破坏等原因造成的事故,为防化危险品非责任事故,主要包括破坏事故和技术事故。

防化危险品的破坏事故是指破坏分子出于某种犯罪动机和为了达到某种目的而故意制造的事故。这种事故在客观上往往能造成财产的损失和人员的伤亡。在实践中表现为采取故意毁坏防化危险品管理的安全设施,采取纵火、爆炸、盗窃或以某种特定的危险方式危害安全。主观动机上的故意是破坏事故中最明显的特征。对破坏事故做进一步划分,还可以分为危害国家安全的破坏事故和一般的刑事破坏事故。例如,有的人出于敌视社会主义制度而制造的纵火、爆炸或盗取防化危险品制造事端等破坏事故。

防化危险品的技术事故是指防化危险品管理中,由于使用和管理人员专业知识和技术水平的限制,防化危险品发生突然变化的原因超出了与事故有关的所应当预见和认识的范围,或者超出了目前科学技术水平所能认识和控制的范围而造成的事故。与责任事故和破坏事故比较,其在主观上既不属于故意,也不属于过失。其发生的原因有的是由于当事人的技术和知识不具备预防和控制事故发生的能力,有的是由于在安全技术方面还没有预见到可能要发生的事故,因而没有采取任何防范措施,有的是遇到不可抗拒的外来因素,如自然灾害等。

3. 事故责任的区分

在发生事故后,划清责任,总结经验教训,是做好善后工作、进行奖惩、防止类似事故发生的重要前提。事故责任的区分可分为以下几种:

（1）防化危险品在训练过程中,由于计划不周、组织不到位、指挥不当或组织指挥者的责任心不强等原因造成的防化危险品发生事故,应由组织实施训练单位或组织指挥者负责。

（2）防化危险品在使用过程中发生事故,主要是由于操作人员责任心不强,违反条令、条例、安全操作规程及技术要求,造成防化危险品在使用过程中发生的事故,应由操作人员负责。

（3）防化危险品在使用过程中，因产品的质量造成的防化危险品发生的事故，应由生产厂家负责。

（4）防化危险品因人员保管不当，造成防化危险品发生的事故，应由保管责任人负责。

2.2 防化危险品事故归因

2.2.1 事故原因分析理论

事故的原因和结果之间存在着某种规律，要研究事故，就必须找出事故发生的原因。事故发生的原因是多方面的，但归纳起来有两大类、四个方面的原因，简单概括为"人、物、环加管理"的事故原因，如图2.2所示。

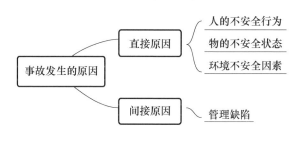

图 2.2　事故发生的原因

以上四个方面的原因通常称作"4M"问题或"4M"因素。

1. 人的不安全行为

由于人的行为具有多变、灵活、机动的特性，据对各类生产操作活动的分析，人的不安全行为的表现也是多种多样的。人的不安全行为表现形式大致分为以下方面：

（1）操作错误、忽视安全、忽视警告；

（2）造成安全装置失效；

（3）使用不安全设备；

（4）手代替工具操作；

（5）物体（指成品、半成品、材料、工具、切屑和生产用品等）存放不当；

(6) 冒险进入危险场所；

(7) 攀坐不安全位置(如平台护栏、汽车挡板、吊车吊钩等)；

(8) 在起吊物下作业；

(9) 机器运输时加油、修理、检查、调整、焊接、清扫等；

(10) 有分散注意力的行为；

(11) 在必须使用个人防护用品用具的作业或场合中,忽视其使用；

(12) 不安全装束；

(13) 对易燃易爆危险品处理错误。

2. 物的不安全状态

(1) 防护、保险、信号等装置缺乏或有缺陷；

(2) 设备、设施、工具、附件有缺陷；

(3) 个人防护用品、用具缺少或有缺陷。个人防护用具包括防护服、手套、护目镜及面罩、呼吸器官护具、听力护具、安全带、安全帽、安全鞋等。

3. 环境的不安全因素

(1) 照明光线不良；

(2) 通风不良；

(3) 作业场所狭窄；

(4) 作业场地杂乱；

(5) 交通线路配置不安全；

(6) 操作工序设计或配置不安全；

(7) 地面滑；

(8) 储存方法不安全；

(9) 环境温度、湿度不当。

4. 管理缺陷

(1) 劳动组织不合理,如作业人数不足或过多、工种搭配不当、连续作业时间过长、作业点布置不合理等；

(2) 规章制度不健全,实施不力；

(3) 对岗位职工的安全教育与技术训练不够；

(4) 缺乏现场作业指导与检查；

(5) 隐患整改不及时,事故防范措施不落实;

(6) 技术和设计上有缺陷,如建筑物、机械设备、仪器仪表、工艺过程、操作方法、维修检验等设计、施工和材料使用上有问题等;

(7) 其他。

2.2.2 事故归因理论

安全事故的致因理论对于认识和分析事故发生的本质原因及其规律性、为事故的预防及人的安全行为方式,从理论上提供了科学、完整的依据。

1. 海因希里事故因果连锁理论

20 世纪初,资本主义工业化大生产飞速发展,机械化的生产方式迫使工人适应机器,包括操作要求和工作节奏,这一时期的工伤事故频发。1936 年,美国学者海因希里曾经调查研究了 75000 件工伤事故,发现其中的 98% 是可以预防的。在这些可以预防的事故中,以人的不安全行为为主要原因的事故占 89.8%,而以设备和物质不安全状态为主要原因的事故只占 10.2%。

海因希里在《工业事故预防》一书中提出了著名的"事故因果连锁理论",海因希里认为伤害事故的发生是一连串的事件,按照一定的因果关系依次发生的结果。海因希里把工业伤害事故的发生、发展过程描述为具有一定因果关系的事件的连锁:

(1) 人员伤亡的发生是事故的结果;

(2) 事故的发生是由于人的不安全行为和物的不安全状态造成的;

(3) 人的不安全行为或物的不安全状态是由人的缺点造成的;

(4) 人的缺点是由不良环境诱发的,或者是由先天的遗传因素造成的。

海因希里最初提出的事故因果连锁过程包括如下五个因素:

(1) 遗传及社会环境。它是造成人性格上缺点的原因。遗传因素可能造成鲁莽、固执等不良性格;社会环境可能妨碍教育、助长性格上的缺点发展。

(2) 人的缺点。是使人产生不安全行为或造成机械、物质不安全状态的原因,它包括鲁莽、固执、过激、神经质、轻率等性格上的、先天的缺点,以及缺乏安全生产知识和技能等后天的缺点。

(3) 人的不安全行为或物的不安全状态。是指那些曾经引起过事故,或可能引起事故的人的行为,或机械、物质的状态,它们是造成事故的直接原因。例如:在起重机的吊钩下停留,不发信号就启动机器,工作时间打闹,或拆除安全防护装置等都属于人的不安全行为;没有防护的传动齿轮,裸露的带电体,或照明不良等属于物的不安全状态。

(4) 事故。是物体、物质、人或放射线的作用或反作用,使人员受到伤害或可能受到伤害的、出乎意料的、失去控制的事件。坠落、物体打击等能使人员受到伤害的事件是典型的事故。

(5) 伤害。指直接由于事故产生的人身伤害。

他用多米诺骨牌来形象地描述这种事故因果连锁关系,得到图 2.3 所示的多米诺骨牌系列。在多米诺骨牌系列中,第一块倒下(事故的根本原因发生),会引起后面的连锁反应而倒下,其余的几块骨牌相继被碰倒,第五块倒下的就是伤害事故包括人的伤亡与物的损失。如果移去连锁中的一块骨牌,则连锁被隔断,发生事故过程被中止。

该理论的最大价值在于使人们认识到:如果抽出了第三块骨牌,也就是消除了人的不安全行为或物的不安全状态,即可防止事故的发生。企业安全工作的中心就是防止人的不安全行为,消除机械的或物质的不安全状态,中断事故连锁的进程而避免事故发生。

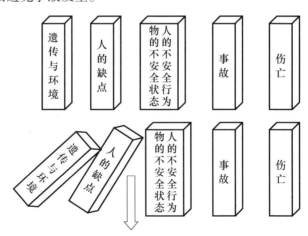

图 2.3　事故因果连锁关系的多米诺骨牌系列

海因希里的工业安全理论阐述了工业事故发生的因果连锁论,人与物的关系问题,事故发生频率与伤害严重度之间的关系,不安全行为的原因,安全工作与企

第 2 章 防化危险品安全理论基础

业其他管理机能之间的关系,进行安全工作的基本责任,以及安全与生产之间关系等工业安全中最重要、最基本的问题。该理论曾被称作"工业安全公理"。

2. 博德事故因果连锁理论

博德在海因希里事故因果连锁理论的基础上,提出了与现代安全观点更加吻合的事故因果连锁理论。博德的事故因果连锁过程同样为五个因素,但每个因素的含义与海因希里所提出的含义都有所不同。

(1)管理缺陷。对于大多数生产企业来说,由于各种原因,完全依靠工程技术措施预防事故既不经济也不现实,需要完善的安全管理工作,才能防止事故的发生。如果安全管理上出现缺陷,就会导致事故基本原因的出现。必须认识到,只要生产没有实现本质安全化,就有发生事故及伤害的可能。因此,安全管理是企业管理的重要一环。

(2)基本原因。为了从根本上预防事故,必须查明事故的基本原因,并针对查明的基本原因采取对策。基本原因包括个人原因及与工作条件有关的原因。关键在于找出问题的基本的、背后的原因,而不仅仅是停留在表面的现象上。这方面的原因是由上一个环节——管理缺陷造成的。个人原因包括缺乏安全知识或技能、行为动机不正确、生理或心理有问题等;工作条件原因包括安全操作规程不健全,设备、材料不合适,以及存在温度、湿度、粉尘、有毒有害气体、噪声、照明、工作场地状况(如打滑的地面、障碍物、不可靠支撑物)等有害作业环境因素。只有找出并控制这些原因,才能有效地防止后续原因的发生,从而防止事故的发生。

(3)直接原因。人的不安全行为或物的不安全状态是事故的直接原因。这种原因是最重要的,是在安全管理中必须重点加以追究的原因。但是,直接原因只是一种表面现象,是深层次原因的表征。在实际工作中,不能停留在这种表面现象上,而要追究其背后隐藏的管理上的缺陷原因,并采取有效的控制措施,从根本上杜绝事故的发生。

(4)事故。从实用的目的出发,往往把事故定义为最终导致人员肉体损伤、死亡、财物损失的、不希望的事件。但是,越来越多的安全专业人员从能量的观点把事故看作人的身体或构筑物、设备与超过其限值的能量的接触,或人体与妨碍正常施工生产活动的物质的接触。因此,防止事故就是防止接触。通过对装置、材料、工艺的改进来防止能量的释放,或者训练工人提高识别和回避危险的能力,利用个体防护(佩戴个人防护用具)来防止接触。

(5)损失。人员伤害及财物损坏统称为损失。人员的伤害包括工伤、职业病、精神创伤等。在许多情况下,可以采取适当的措施,使事故造成的损失最大限度地减少。例如,对受伤者进行迅速正确的抢救、对设备进行抢修以及平时对有关人员进行应急训练等。

3. 亚当斯事故因果连锁理论

亚当斯提出了一种与博德事故因果理论类似的因果连锁模型,该模型以表格形式给出,见表2.1。该理论中,事故和损失因素与博德事故因果理论相似。这里把事故的直接原因:人的不安全行为和物的不安全状态称作"现场失误",主要目的在于提醒人们注意人的不安全行为和物的不安全状态的性质。

该理论的核心在于对现场失误的背后原因进行深入的研究。操作者的不安全行为及生产作业中的不安全状态等现场失误,是由企业领导者及安全工作人员的管理失误造成的。管理人员在管理工作中的差错或疏忽,企业领导人决策错误或没有做出决策等失误,对企业经营管理及安全工作具有决定性的影响。管理失误反映企业管理系统中的问题。它涉及管理体制,即如何有组织地进行管理工作,确定怎样的管理目标,如何计划、实现确定的目标等方面的问题。管理体制反映作为决策中心的领导人的信念、目标及规范,它决定各级管理人员安排工作的轻重缓急、工作基准及指导方针等重大问题。

表2.1 亚当斯因果连锁模型

管理体系	管理失误		现场失误	事故	伤害或损害
目标 组织 机能	领导者的行为在下述方面决策错误或未做决策: 政策 目标 权威 责任 职责 注意规范 权限授予	安全技术人员的行为在下述方面管理失误或疏忽: 行为 责任 权威 规则 指导 主动性 积极性 业务活动	不安全行为 不安全状态	伤亡事故 无伤害事故 损害事故	对人 对物

4. 人机轨迹交叉理论

人的不安全行为和物的不安全状态是导致事故的直接原因,随着现代工业的发展,人不可避免地与机器设备进行协同工作,工程施工中的机械化程度也越来越高。研究人员根据事故统计资料发现,多数工业伤害事故的发生,既由于物的不安全状态,也由于人的不安全行为。

现在,越来越多的人认识到,一起工业事故之所以会发生,除了人的不安全行为之外,一定存在着某种不安全条件,并且不安全条件对事故发生作用更大。反映这种认识的一种理论是人机轨迹交叉理论,只有当两种因素同时出现时,才能产生事故。实践证明,消除生产作业中物的不安全状态可以大幅度地减少伤害事故的发生。例如,美国铁路车辆安装自动连接器之前,每年都有数百名铁路工人死于车辆连接作业事故中。铁路部门的负责人把事故的责任归因于工人的错误或不注意。后来,根据政府法令的要求,把所有铁路车辆都装上了自动连接器,结果车辆连接作业中的死亡事故大大地减少了。

该理论认为,在事故发展过程中,人的因素的运动轨迹与物的因素的运动轨迹的交点,就是事故发生的时间和空间,即人的不安全行为和物的不安全状态发生于同一时间、同一空间,或者说人的不安全行为与物的不安全状态相遇,则将在此时间、空间发生事故。

按照事故致因理论,事故的发生、发展过程可以描述为:基本原因-间接原因-直接原因-事故-伤害。从事物发展运动的角度,这样的过程可以被形容为事故致因因素导致事故的运动轨迹。

如果分别从人的因素和物的因素两个方面考虑,则人的因素的运动轨迹是:

(1) 遗传、社会环境或管理缺陷。

(2) 由遗传、社会环境或管理缺陷所造成的心理、生理上的弱点,安全意识低下,缺乏安全知识及技能等特点。

(3) 人的不安全行为。

而物的因素的运动轨迹是:

(1) 设计、制造缺陷,如利用有缺陷的或不合要求的材料,设计计算错误或结构不合理,错误的加工方法或操作失误等造成的缺陷。

(2) 使用、维修、保养过程中潜在的或显现的故障、毛病。机械设备等随着时间的延长,由于磨损、老化、腐蚀等原因容易发生故障;超负荷运转、维修保养不良等都会导致物的不安全状态。

(3) 物的不安全状态。

人的因素的运动轨迹与物的因素的运动轨迹的交点,即人的不安全行为与物的不安全状态同时、同地出现,则将发生事故,如图2.4所示。

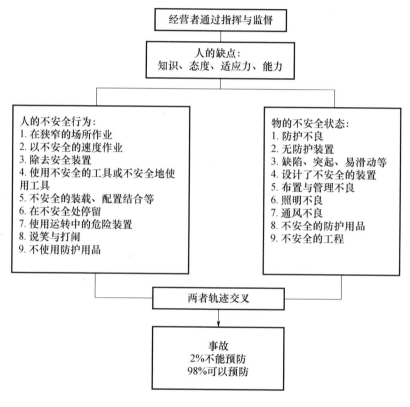

图2.4 轨迹交叉理论示意图

值得注意的是,许多情况下人与物又互为因果。例如,有时物的不安全状态诱发了人的不安全行为,而人的不安全行为又促进了物的不安全状态的发展,或导致新的不安全状态出现。因而,实际的事故并非简单地按照上述的人、物两条轨迹进行,而是呈现非常复杂的因果关系。轨迹交叉论作为一种事故致因理论,强调人的因素、物的因素在事故致因中占有同样重要的地位。按照该理论,可以通过避免人与物两种因素运动轨迹交叉,即避免人的不安全行为和物的不安全状态的同时、同地出现,预防事故的发生。

上述的四种理论均认为:从直接原因来预防安全事故是最有效和最直接的,也就是控制了生产人员的不安全行为和生产物资与设备的不安全状态就可以预防安全事故。但在消除直接原因之后,还应消除引进直接原因的间接原因,即还要注重消除包括生产管理人员的个人原因及与工作条件有关的原因在内的管理失误与缺陷,如管理决策层过于强调生产数量、片面追求利益等。

2.2.3　防化危险品的事故原因分析

防化危险品发生事故的原因是复杂的,既有历史造成的原因,也有大自然和人类社会生产活动产生的破坏,如何正确认识防化危险品发生事故的特点,分析其发生的原因,对于预防事故有着积极的指导作用。依据"人、物、环加管理"的事故原因分析理论,各类防化危险品发生事故的原因主要有如下三个方面:防化危险品本身的不安全状态、作业人员的不安全行为、环境的不安全条件。

1. 防化危险品本身的不安全状态

由于一些退役或废旧防化危险品没有及时销毁处理,这些废旧品的存在,就成为安全管理的一个不安全因素,就像一颗定时炸弹随时威胁人们的正常工作环境。另外,防化危险品由于其特有的性能,随着时间的变化也发生变化,即使是新品,也会随着储存条件的变化而发生变化,都有可能发生事故,如性能的变化、包装容器的破损或锈蚀等。

2. 作业人员的不安全行为

作业人员的不安全行为通常表现在人的失误行为、不规范的组织行为和人为的蓄意破坏。在防化危险品管理上,虽然很多单位十分重视,但仍有一些使用管理人员思想麻痹,玩忽职守,责任心不强而造成事故。还有一些专业人员或管理人员,由于常年使用和管理防化危险品中没有发生事故,在思想上放松了安全意识,为图方便快捷,在使用或操作防化危险品时,不按安全规定和操作规程办事,违章操作,甚至有的还出现不懂专业的人员使用和管理防化危险品的现象等。人为的蓄意破坏可分为两类:一类是带有政治色彩的极端分子、恐怖分子或不法人员的有意破坏;另一类是一些出于个人利益没有如愿以偿的,矛盾在单位没有得到合理控制,引起矛盾的激化,为私利报复社会。但发生事故的后果都是造成人员的中毒或伤亡,引起社会动荡和不安,产生极大的政治影响。这些都是防化危险品与作业人员的不安全行为相关的事故隐患。

3. 环境的不安全条件

防化危险品的环境不安全条件,通常表现在防化危险品储存的库房环境、使用时的环境和自然界形成的外部不可抗力。例如,防化危险品储存的库房与住宅区安全距离,大自然发生的强烈地震、火山爆发、龙卷风、雷击、高热高温、电源线路自然老化等都可能造成防化危险品安全设施破坏,引起燃烧、爆炸、有毒有害化学物质泄漏,造成突发性防化危险品安全事故。虽然自然灾害(如台风、洪水、山体滑坡、泥石流等)破坏力巨大,但是如果预先根据有关预报,提前采取积极防护措施,其灾害程度仍可以大大降低。

2.2.4 防化危险品事故相关影响因素

防化危险品安全管理是一个复杂的系统管理过程,影响防化危险品安全管理的因素来自于整个过程的方方面面,运用安全系统工程理论提供的科学方法,把防化危险品安全管理过程作为一个完整的管理系统,对整个管理系统进行分析,把握引发防化危险品事故的相关因素和各因素之间的关系,有针对性地做好安全防范工作,对于避免事故的发生具有重要的指导意义。

根据多年来发生的防化危险品安全管理安全事故统计资料分析,构成事故的具体原因是多种多样的,但归纳起来大致有五种类型的影响因素:

1. 管理人员的不安全行为

管理人员是指单位从事防化危险品工作的使用者和法定的相关人员等,如使用人员、保管员、销毁操作员、主管领导和主管业务人员等。这些人员在防化危险品安全管理系统中是一个十分活跃、对安全起着决定性影响的因素。这些人员的政治思想、业务技术、身体状况和纪律观念直接影响着防化危险品安全管理行为和安全。例如:人员的政治素质差,会因其破坏行为导致事故发生;人员的防化危险品安全知识和业务素质低下,会因在防化危险品分装、搬运、装卸、使用、销毁处置过程中忽视和违反安全规程,不按规定进行防护,盲目蛮干

第 2 章 防化危险品安全理论基础

和违章作业等导致事故发生;人员的纪律松弛,会因擅离职守导致工作过程中断而引发事故;人员的功能失调或非正常发挥,会因工作强度超过人体功能限度或无法抗拒外界环境干扰而导致事故。因此,控制管理人员的因素是防范防化危险品事故发生的主要任务。

2. 防化危险品的不安全状态

防化危险品因其自身的物理和化学性质所决定,在外界环境的作用下,将在一定的时间、一定的空间和一定的环境下发生变化,这种变化将对管理人员构成严重的威胁,甚至会酿成重大的事故。之所以发生质的变化,最根本的原因在于防化危险品的内在质量与外界环境因素不相协调,内在因素不具备抗御外界因素侵蚀和干扰的能力。当外部环境的影响超过防化危险品本身抗拒侵蚀和干扰的能力时,就会发生物理和化学性质的变化,这种变化的结果便可能引发事故。例如,特种危险化学品具有剧毒性、挥发性、渗透性,其容器以玻璃瓶装为主,也有部分金属容器,因存放时间年久,或包装本身质量问题,或在搬运装卸等位移过程中遭到严重碰撞和摔落,有可能造成容器损坏、包装腐蚀、泄漏,致使人员中毒。2006 年某单位发现的特种危险化学品小包装中玻璃瓶盖腐蚀事件,虽然没有造成人员中毒事故,但给防化危险品安全管理工作一个警示。化学防暴弹药和防化发烟燃烧弹药具有热特性(如开始分解温度、释放热量等)、燃烧性(如燃点、闪点、发火点、燃烧爆炸极限浓度等)、爆炸性(如敏感度、爆炸威力、燃烧转化为爆炸等),属易燃、易爆危险品,如果火源控制不严,就可能造成燃烧或爆炸;在生产过程中因元件的质量、装配的质量、质量抽查的比例等每个环节都隐含着其固有的安全隐患,受时间、环境影响,其战术、技术指标和安全使用性能就有可能下降,直接威胁着使用和保管人员。防化放射性物质具有较强放射性,在人员使用、保管过程中,按照其固有特性时时向周围辐射,可不通过直接触摸造成人员伤害,其体积小、易丢失,危害时间长。因此,必须充分认识防化危险品本身的不安全特性,按照其固有的物理化学性质实施科学的管理。

3. 管理设施设备的不匹配

管理设施设备是完成防化危险品安全管理任务的物质基础,其自身结构和技术状况良好与否,能否适应防化危险品的安全性要求及本身的安全性,与防化险品安全管理是否匹配,使用管理是否正确,对防化危险品安全管理都会构成直接或间接的影响。一般来说,设施设备引发安全事故的原因大致有三个:

(1) 结构性能不合理。一是不符合安全设计规范,安全系数小。例如:防化发烟燃烧弹药库房不具备防爆、防静电功能;特种危险化学品库房简陋,无防盗报警、滤毒通风等配套设备。二是与防化危险品安全管理工作不匹配,不具备安全作业条件。例如:特种危险化学品分装作业没有符合作业要求的分装室和配套的通风柜,防化危险品运输没有专用的运输车辆和设备,防化危险品销毁没有符合环境排放要求的销毁处置设备和场所等。

(2) 维护保养不及时。防化危险品安全管理设施设备的长期使用运行,必然导致质量性能的下降或损坏,如不及时进行维护保养就会成为隐患,积少成多就会由量变到质变而降低自身性能,引发事故。例如:防化危险品库房的防雷、防爆、防火、防静电设施未定期进行检查维修,其功能必然会降低,甚至失效,一旦发生雷击、火情,就可能造成事故发生;防化危险品安全监测仪器、个人防护装备、运输工具等未及时保养,一旦功能失效,实际作业时就可能发生人员失误中毒;防化危险品运输时就可能发生车祸,可能造成附近环境污染。

(3) 操作使用不正确。防化危险品安全管理人员如果不熟悉设施设备的性能,盲目蛮干也是导致事故的一个方面。不仅会使设施设备造成损坏,也会因设施设备损坏直接或间接地造成事故或隐患。

4. 外界环境因素的影响

防化危险品安全管理活动是在一定的空间和时间中进行的,空间和时间构成的环境对防化危险品安全管理有着直接或间接的联系和影响。主要包括社会环境因素和自然环境因素两个方面。社会环境因素影响着一个人的观念、品德,特别是受当前经济利益驱使,它直接影响一个人的工作态度和思想稳定,目前社会治安状况的复杂和人们安全意识的缺乏都使各项安全工作在普遍意义上受到制约,迫使我们加强对防化危险品的安全保卫工作。在自然环境因素中,有地质、地貌、水文、气候、植被、灾害等方面的影响。温度、湿度、雷电、自然灾害等都直接或间接影响防化危险品的安全管理。温度过高会使特种危险化学品容器压力过大,造成泄漏;湿度过大会影响防化弹药的性能和寿命;雷电会引起火灾,造成防化危险品爆炸、燃烧;自然灾害会破坏防化危险品安全管理条件,改变防化危险品的安全管理状态,造成附近的空气、水源污染,直接威胁人民群众的生命和财产安全。从相关事故统计资料中可以看到因自然灾害造成的事故是很多的。

5. 管理制度的不科学

防化危险品安全管理制度措施是规范各类管理人员实施管理工作行为的准则,管理制度措施本身是否符合单位防化危险品安全管理工作的客观实际,实施管理的人员是否能在复杂的管理过程中有效地落实管理制度措施,也是引发防化危险品事故的重要因素。例如:管理制度不健全,就会形成"管理空白"带,造成管理秩序紊乱和安全管理工作的失控;防化危险品安全管理无力,建立了规章制度,但不严格执行,禁区不禁,就会造成各种不安全因素的渗透;安全管理措施不落实,管理者不求有功,但求无过,或明知危险,听之任之,玩忽职守,就会使事故防范工作陷入忙乱和被动。因此,针对单位防化危险品安全管理特点,建立健全科学防化危险品安全管理制度措施,认真抓好落实,是防范防化危险品安全管理事故的重要环节。当然,防化危险品安全管理机制也是一个影响安全管理的因素,例如:装备管理过程形成的不可避免的交叉管理;在管理过程中,由于单位人员的快速更换,造成了一些单位懂防化专业的人才缺少等,这些都给防化危险品安全管理工作造成一定的负面影响。

上述五个影响因素之间有着千丝万缕的密切联系,它们之间都不是孤立存在的。例如,由于管理较差,人员、防化危险品、设施设备和环境影响等都存在不安全性。当人员不安全行为与危险的外界环境相结合,或人员不安全行为与防化危险品的危险状态相结合时,都有可能导致事故的发生。事故致因理论认为,人的不安全行为和物质的不安全状态在同一时空相遇时,才可能发生事故。任何单方面单独存在,或者它们不能在同一时间、同一空间相遇,一般不会发生事故。环境的不安全条件也不是发生事故的必要条件,但它往往促成事故的发生。总之,一个防化危险品安全管理事故的形成和发生,总是由若干个危险性因素相互渗透、相互交叉,由小到大、由弱到强的量的积累和渐变过程。为了防范防化危险品事故的发生,必须造就一个良好的防化危险品安全管理环境,这个管理环境的形成得靠管理人员去实现。有效地控制人的因素也就抓住了防范事故的关键,要把主要精力放在抓好人员队伍建设上,放在消除防化危险品的不安全状态和纠正管理人员的不安全行为上,尤其要避免人的不安全行为与防化危险品的不安全状态相结合,才能达到安全管理的目的。

2.3 危险源辨识

危险源辨识是发现、识别系统中危险源的工作,这是项非常重要的工作,它是危险源控制的基础。只有辨识了危险源之后,才有可能有的放矢地考虑如何采取措施控制危险源。以往,人们主要根据事故经验进行危险源的辨识工作,20世纪60年代以后,根据标准、规范、规程和安全检查表辨识危险源。例如,美国职业安全卫生局(OSHA)等安全机构编制、发行各种安全检查表,用于危险源的辨识。

2.3.1 危险源理论

1. 第一类危险源

系统中存在的、可能发生意外释放的能量或危险物质称为第一类危险源。表2.2列出了常见的第一类危险源,表2.3列出了伤害事故类型与第一类危险源。

表2.2 常见的第一类危险源

序号	危险源
1	产生、供给能量的装置和设备
2	使人体或物体具有较高势能的装置、设备和场所
3	能量载体
4	一旦失控,可能产生巨大能量的装备、设备和场所
5	一旦失控,可能发生能量蓄积或突然释放的装置、设备和场所
6	危险物质
7	生产、加工、储存危险物质的装备、设备和场所
8	人体一旦与之接触,将导致人体能量意外释放的物体

第一类危险源具有的能量越多,一旦发生事故,其后果越严重。反之,第一类危险源处于低能量,则系统比较安全。

表 2.3　伤害事故类型与第一类危险源

事故类型	能量源	能量载体或危险物质
物体打击	产生物体落下、侧出、飞散的设备、场所、操作	落下侧出、破裂的物体
车辆伤害	车辆、使车辆下遛的牵引设备、坡道	动作的车辆
机械伤害	机械驱动装置	机械的运动部分、人体
起重伤害	起重、提升机械	被吊起的重物
触电	电源装置	带电体、高跨步电压区域
灼烫	热源设备、加热设备、炉、灶、发热体	高温物体、高温物质
火灾	可燃物	火焰、烟气
高处坠落	高差大的场所、人员借以升降的设备、装置	人体
坍塌	土石方工程的边坡、料堆、料仓、建筑物、构筑物	边坡土体、物料、建筑物、构筑物
放炮、火药爆炸	炸药	—
瓦斯爆炸	可燃性气体、可燃性粉尘	—
锅炉爆炸	锅炉	蒸汽
压力容器爆炸	压力容器	内容物
淹溺	江、河、海、池塘、洪水、储水容器	水
中毒窒息	产生、储存、聚焦有毒有害物质的装置、容器和场所	有毒有害物质

2. 第二类危险源

导致约束、限制能量或者危险物质的措施失效或破坏的各种不安全因素称为第二类危险源。第二类危险源包括人的失误、物的故障和环境因素三个方面。

1)人的失误

人的失误是指人的行为所产生的结果偏离了预定的标准,人的不安全行为可以作为人失误的特例。人的失误可能直接破坏对第一类危险源的控制,造成能量或危险物质的意外释放,如误开阀门会使有毒有害气体泄漏。人的失误有时也可能造成物的故障,物的故障导致事故的发生,如超载起吊重物造成钢丝绳断裂,发生重物坠落事故。

2)物的故障

物的故障是指物的不安全状态,可能直接使约束、限制能量或危险物质的措施失效而发生事故。例如,电线绝缘变坏发生漏电、管路破裂使有毒有害气体泄漏等。有时一种物的故障会导致另一种物的故障,最终造成能量或危险物质的意外释放。例如,压力容器的泄压装置故障,使容器内部介质压力上升,最终导致容器破裂。物的故障有时也会诱发人的失误,如设备故障可能会分散人的注意力,引起人的失误。

3)环境因素

环境因素主要指系统运行的环境,包括温度、湿度、照明、粉尘、通风换气、噪声和振动等物理环境,以及企业和社会的软环境。不良的物理环境会引起物的故障或人的失误。例如,潮湿的环境会加速金属腐蚀而降低结构或容器的强度,工作环境的噪声会影响人的情绪、分散注意力、发生人的失误。企业的管理制度、人际关系以及社会环境都会影响人的心理,可能引起人的失误。

3. 第三类危险源

不符合安全的组织因素,如组织程序、组织文化、规则、制度等,包含组织人的不安全行为、失误等,都称为第三类危险源。如强调预防事故的"第三双手(安全文化)"和面向人及组织不安全行为控制的研究,都属于第三类危险源的控制。

值得强调的是,事故的发生往往不是一类危险源作用的结果,而是三类危险源共同作用,从而导致防御系统失效的结果。第一类危险源的存在是事故发生的物质性前提,它影响事故发生的后果的严重程度,是事故发生的物质根源。没有第一类危险源就没有能量或危险物质的意外释放,也就不存在事故。第二类危险源的出现是第一类危险源导致事故的必要条件,没有第二类危险源破坏对第一类危险源的控制,也不会发生能量或危险物质的意外释放。第三类危险源不同于个体的人,个体的人存在于第二类危险源里,第三类危险源是第一类和第二类危险源之后的深层原因,是事故发生的一个组织性前提,是充分条件。以汽车为例:高速行驶的汽车本身就是危险源,它里面的汽油是第一类危险源;

司机的违章、汽车的部件失灵、天气不好、能见度比较差等,属于第二类危险源;安全文化理念缺失、有关的交通规则或者安全培训缺失、交通安全管理松懈、司机的单位对汽车的维护管理或者司机的挑选、考核、配备等方面的问题,都属于第三类危险源。

2.3.2 危险源的辨识内容

危险源辨识是控制和降低危险发生的有效手段,下面简要介绍危险源辨识的原理、程序和结果。

1. 危险源辨识的原理

危险源辨识的原理是依据辨识区域内存在危险物料、物料的性质、危险物料可导致的危险性等三个方面进行危害因素的辨识。危险源辨识的目的是识别与系统相关的主要危害因素,鉴别产生危害的原因,估计和鉴别危害对系统的影响,将危害分级,为安全管理、预防和控制事故提供依据。

2. 危险源辨识的程序

危险源辨识的程序分为辨识方法及辨识单元的划分、辨识和危害后果分析两个步骤。危险源辨识的工作程序包括以下八个方面的内容。

(1) 对辨识对象应有全面和较为深入的了解。

(2) 找出辨识区域所存在的危险物质、危险场所。

(3) 对辨识对象的全过程进行危害因素辨识。

(4) 根据相关标准对辨识对象是否构成重大危险源进行辨识。

(5) 对辨识对象可能发生事故的危害后果进行分析。

(6) 对构成重大危险源的场所进行重大危险源的参考分级,为各级安全生产监管部门的危险源分级管理提供参考依据。

(7) 划分辨识单元,并对所划分的辨识单元中的细节进行详尽分析。

(8) 为应急预案的制定、控制和预防事故发生、降低事故损失率提供基础依据。

3. 危险源辨识的结果

危险源辨识的结果通常是可能引起危险情况的材料或生产条件清单,如表2.4所列。

表 2.4　危险源辨识的结果

序号	结果	序号	结果
1	可燃材料清单	5	系统危险清单,如毒性、可燃性
2	毒物和副产品清单	6	污染物和导致失控反应的生产条件清单
3	危险反应清单	7	重大危险源(因素)清单
4	化学品及释放到环境中可监测量清单		

分析人员可利用这些结果确定适当的范围和选择适当的方法开展安全评价或风险评估。评价的范围与复杂程度,直接取决于识别出危险的数量与类型以及对它们的了解程度。如果有些危险的范围不清楚,则在开展评价之前需要开展另外的研究或试验。

2.4　防化危险品安全系统原理

安全系统工程本身有其内在规律性,防化危险品安全管理作为安全系统工程的分支,必须服从、遵守并执行其安全管理规律,即按照安全系统工程的基本原理来进行。了解安全系统工程的基本原理,并在防化危险品安全管理过程中运用和执行这些原理,从而提高安全管理的效果。

2.4.1　系统原理

系统原理是安全系统工程的核心内容之一,也是安全系统工程和安全管理必须遵循的原理,只有系统地分析和解决防化危险品的安全问题,才能使防化危险品安全管理工作有的放矢。

1. 系统原理描述

系统是由两个或两个以上要素所组成,各要素之间相互联系、相互作用,具有一定的功能、目标和任务,处在一定的物质环境中,并受环境影响的有机整体。也就是说,系统的构成必须具备三个条件:①要有两个以上的要素;②诸要素之间有一定的联系;③要素之间的联系必须产生统一的功能。这三个条件是紧密联系、缺一不可的。

第 2 章　防化危险品安全理论基础

任何一个安全管理对象都构成一个系统,它包含若干个分系统(或子系统)而又隶属一个更大的系统,同时又和外界其他系统发生横向联系。例如,危险品仓库就是一个系统,它由仓储人员、仓储物资、仓储设施设备等要素所构成,其总体目标(或功能)是保证危险品物资安全可靠地储存。危险品仓库系统本身又包含安全管理子系统、物资管理子系统、设施设备子系统和温湿环境控制子系统等,危险品仓库系统本身又隶属于军事装备仓储系统,接收仓储机关的指令和任务。

系统原理就是以管理优化为目标,运用系统理论,对管理对象进行充分的系统分析,并针对系统的要素组成建立科学的运行机制、全面的技术措施,最终达到系统的整体优化。根据系统原理,在研究安全管理问题时,具体地讲,在研究防化危险品仓库的安全管理问题时,必须对危险品仓库安全进行系统的分析,主要包括以下几个方面的内容:

(1) 系统要素。分析危险品仓库系统由什么组成,它的要素是什么,可以分为哪些子系统。

(2) 系统结构。分析危险品仓库系统的内部组织结构如何,组成系统的各要素相互作用的方式是什么。

(3) 系统功能。明确危险品仓库系统及其要素具有什么功能。

(4) 系统集合。明确维持、完善与发展危险品仓库系统的源泉和因素是什么。

(5) 系统联系。研究危险品仓库系统与其他系统在纵横各方面的联系怎样。

(6) 系统历史。明确危险品仓库系统是如何产生的,它经历了哪些阶段,发展的前景如何。

这就是说防化危险品仓库在确定安全目标进行安全管理之前,首先将危险品仓库作为一个系统,从安全角度对其进行充分的调查研究,明确与安全有关的因素都有哪些,系统可分为哪些子系统。系统和子系统中都有哪些危险因素,这些危险因素是如何相互联系和影响的,在什么情况下构成危险。对危险品仓库的安全状况进行历史和现实的研究,对曾经发生的事故进行统计、分析、总结经验教训等。

根据系统原理,在进行安全管理过程中必须抓住系统的三个基本特征。

1) 目的性

每个系统的存在和运行都应有其明确的目的,不同的系统有不同的目的。目的不明确或混淆了目的,都必然要导致管理的混乱。危险品仓库的目的就是保证危险品质量可靠、储运安全,完成危险品的储供任务。在危险品仓库,又可划分为多个子系统,每个子系统又有不同的目的。

2) 整体性

系统原理强调的是整体效应,一个系统总是由若干子系统或若干单元所组成,一般地,如果每个单元或子系统的性能是好的或达到其目的,则整体的性能也会比较理想。但是,单元或子系统都力争自身的最佳效益就不一定能保证系统的整体效益。例如:危险品库房的防潮防热要求地面库周围植树种草,以降低库房周围的气温和地表的反射率;但是库房的防雷防火要求库房周围5m内不得有高草和树木。这就要求我们以库房及储存物资的整体性来考虑,在满足安全需求的情况下,才能考虑植树种草的可能或采取其他方式来进行库房的防热工作。

3) 层次性

任何一个复杂系统都有一定的层次结构。例如危险品仓储系统,可分为各级仓库和仓库内部勤务分队级。安全管理是否有效与是否分清层次有很大关系。层次性表现为两个方面:一是在结构上分清层次;二是分清各层次目标任务,明确责任,如上级负责制定计划、规划和标准,仓库级负责按标准落实安全措施等。

2. 系统原理的主要形式

1) 整分合原理

在整体规划下明确分工,在分工基础上进行有效的综合,这就是安全管理的整分合原理。整体规划就是在对系统进行深入、全面分析的基础上,把握系统的全貌及其运行规律,确定整体目标,制定规划、计划和各种具体标准与规范。明确分工就是确定系统构成,明确各个局部的功能,把整体的目标分解,确定各个局部的目标以及相应的责任、权力和利益,使各局部都能明确在整体中的地位和作用,从而为实现最佳的整体效应发挥作用。有效综合就是对各个局部必须进行强有力的组织管理,在各纵向分工之间建立起密切的横向联系,使各个局部协调配合,综合平衡地发展。

由此可见,防化危险品仓库在进行安全管理时,必须依据危险品仓库安全管理规定和技术标准。在全面分析本库安全情况的基础上,明确本库安全管理和建设的目标,制定总体规划,并根据安全管理与建设的内容对各部门进行分工,明确职责,即建立健全组织体系和责任制度,使单位每个人都明确目标和责任,把全员、全过程的安全管理落到实处。

2）反馈控制原理

任何控制过程都是按照计划的标准来衡量计划完成的情况或者来纠正执行过程中的偏差,以确保计划目标的实现。这一过程本身的实现是通过信息反馈来完成的,可见控制离不开信息,控制的基础是信息,而任何控制都必须靠反馈来实现,这就是反馈控制原理,如图2.5所示。

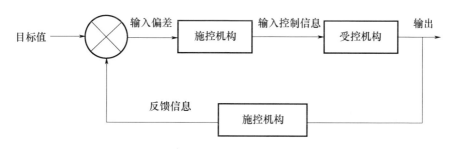

图 2.5　反馈控制示意图

在危险品仓库的安全管理过程中,安全设施建设与管理要靠反馈控制原理来完成。仓库应按照有关的安全技术标准设置安全防护设施,作为受控机构的安全设施,其性能功能如何,能否达到规定的防护功能,必须进行检测,并将检测信息反馈给仓库。仓库将反馈信息与标准的要求进行比较,当其出现偏差时应及时对防护设施采取维护等措施,以确保安全设施有效发挥作用。

3）封闭原理

任何一个系统的管理手段、管理过程等构成一个连续封闭的回路,才能形成有效的管理活动,这就是封闭原理。封闭原理的应用形式就是把管理过程、管理手段等按其特点和阶段特征划分成不同的部分或环节,使各部分、各环节相对独立,各行其是,充分发挥自己的功能,然而又要确保各部分、各环节之间相互衔接、相互制约,并且首尾相连,形成一条封闭的管理链。封闭原理在安全管理中的应用主要体现在两个方面:一是安全管理系统的组成结构体系必须是封闭的,即管理系统中不仅有决策机构、执行机构,而且必须有监督机构。决策机构对安全建设和管理进行决策;执行机构去执行有关安全决策,监督机构则对执行效果进行检查和监督,并将其结果反馈给决策机构,如图2.6所示。二是安全管理法规的建立和实现也必须封闭,即必须有安全管理的执行法规(如防雷、防火、防盗、防爆等军用标准)和检查、监督法规。执行法规是规范执行机构如何管理、管理的标准和要求等内容,检查和监督制度则是规范对安全管理和建设的效果如何进行检查,检查的内容与要求等。

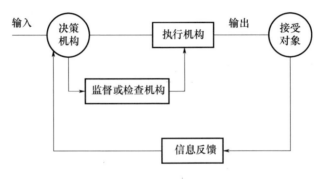

图 2.6 封闭回路示意图

在危险品仓储系统,上级机关是决策机构,仓库则是执行机构;有关业务处在一定程度上起着检查监督机构的职能。在危险品仓库内部,仓库领导和业务处是决策机构,保管队、检修所等则是执行机构,而检查和监督机构往往由业务处来兼任。

2.4.2　主体原理

管理作为一种社会活动,是以人为主体来展开的。人既是管理的主体(即管理者),也是管理的客体(即被管理者),每个人都处在一定的管理层次,既管理他人,又被他人管理。

1. 主体原理描述

管理以人为主体,以调动人的积极性为根本,这就是主体原理。在安全管理活动中,作为管理对象的危险品装备、安全设施设备、作业人员等诸要素和管理过程中准备、作业、检查、总结等诸环节,都必须依靠人来实施。换句话说,防化危险品、设施设备、库房管理等必须有人去合理、正确地运筹,才能发挥应有的作用。作为管理要素的人,如果是管理者,则需要积极地投入,科学地谋划。如果是被管理者,就必须积极主动参与管理活动。由此可见,安全管理活动的核心是人,要实现安全管理的目标,实施有效的安全管理,必须充分调动人的积极性。

要调动人的积极性,做到知人善任,应从以下几个方面做好人的工作。

(1)掌握人的个体特征,包括人的业务知识和技能水平、思想觉悟、脾气性格、家庭状况等。

(2)了解人的基本需求状况,包括物质需求和精神需求,尤其要注意人的知识需求和技能需求状况,并创造条件予以支持。

(3)建立科学的行为规范,明确规定人们应该干什么,不能干什么,其工作标准是什么。

(4)建立高效的组织结构,明确部门职责及相互关系,岗位职责应做到责、权、利相统一,形成有效的运行机制。

2. 主体原理的基本形式

1)动力原理

运用多种手段,创造并正确运用动力,充分调动人的积极性,使安全管理活动持续而有效地进行下去,这就是动力原理。动力原理的实质就是给人的管理活动以动力。

从产生动力的基本要素来看,有三类基本动力:①物质动力;②精神动力;③信息动力。物质动力是最基本的动力,尤其是在我国目前经济还不很发达,人们的生活水平还不太高的情况下,物质动力的正确运用,会有效地调动广大仓储工作者的积极性。在危险品仓库的安全管理过程中,应重视安全管理的效果和成绩,适当发放奖金,提级加薪。然而物质动力不是万能的,过分强调物质动力可能还会产生相反的效果。

物质是基础,精神是支柱。人的精神需要是最高层次的需要,换句话说,每个人都有一种被理解、被承认的需要,在物质缺乏的时候,尤其需要精神力量的补充。要正确运用精神动力必须做好几个方面的工作:①要依靠正确的思想政治工作来启迪人的理想和信念;②要奖勤罚懒,树立正气,形成良好的氛围;③要形成一套完整有效的方法来激励人的精神追求。

信息动力是精神动力和物质动力的补充。信息动力表现在两个方面:①差距信息动力,即通过获取先进的、好的安全管理经验,使落后的单位有差距感,从而产生动力。②推广信息动力,即宏观安全管理部门将先进的经验在全军范围内推广执行,从而对多数单位或危险品仓库形成外部动力。

2) 能级原理

能级是现代物理中的一个重要概念,在物理学中是指做功的"本领"。在安全管理学中引入"能级"的概念,主要是反映实施管理职能的人或机构必须按照能级的大小、一定的秩序,建立不同层次的组织机构,以便高效有规律地实施管理。能级原理的核心和本质就是合理确定组织机构,科学安排和使用人员。

3) 约束原理

约束原理是通过规范、制度等督促人们进行有效的管理活动,以达到安全管理的基本要求。约束原理是动力原理和能级原理的一种补充形式。动力原理和能级原理是以调动人的积极性、主动性为目的的,约束原理则是在不能或没有充分调动人的积极性的条件下,为了保证安全管理有效地进行而采取的基本措施。

约束原理的内容包括三个方面:①规范管理者和操作者应进行哪些管理活动或业务操作;②约束人们不得进行哪些活动,从而减少由于人们不正确或不正当的操作而产生的不安全因素;③明确规定业务管理和技术操作的程序、方法及具体要求,达到管理有要求、组织有程序、操作有规程。

2.4.3 预防原理

"安全第一,预防为主"是我国安全工作的指导方针,是多年安全生产与管理实践经验的科学总结。贯彻"预防为主"的方针,除了增强安全意识,提高管理者的安全责任感外,还必须实施全方位的防止事故发生的措施和对策,即坚持预防原理。

第 2 章 防化危险品安全理论基础

1. 预防原理描述

预防原理是指科学分析系统的不安全因素和导致事故发生的基本条件,积极主动地寻找系统存在的安全问题,并采取有效措施预防和避免事故的发生。预防原理的核心包括两方面的内容:①了解系统运行的内在规律,并通过科学可行的技术方法,准确分析找出系统的不安全因素;②针对系统存在的不安全因素,使事故发生的条件不能形成或使事故产生的概率大大降低。预防原理的实施必须坚持管理与技术并重的原则,既要加强安全知识教育,提高人员的安全技能,为安全管理奠定技术基础,又要科学运用安全技术方法,采取有效的技术措施和对策。

2. 预防原理的基本形式

1) 危险性分析

危险性分析是以预测和防止事故为前提,对系统的功能、操作、环境、可靠性等技术经济指标以及系统的潜在危险性进行分析和测定。确定导致危险的各个事件的发生条件及其相互关系,对各种因素进行数量描述,分析它们之间的数量关系,并进一步探求那些不容易直接观察到的各种因素的数量变化及其规律。

危险性分析应从人的不安全行为、物的不安全状态和环境的不安全条件三个方面进行分析。目前常用的分析方法包括以下几种:

(1) 安全检查表法;

(2) 预先危险性分析法;

(3) 故障危险性分析法;

(4) 故障模式、影响及严重度分析法;

(5) 事件树分析法;

(6) 管理差错和危险树形法;

(7) 事故树分析法。

安全检查表是系统安全分析中最初步、最基础的一种方法;事故树分析是一种高级的安全分析方法。在仓库安全工作中,安全检查表法通常用于设备、物资管理的安全检查,事故树分析法则通常用于寻找火灾、爆炸、雷击等事故的预防性分析。安全检查表、事故树分析的具体方法将在第 5 章中进行详细介绍。

2）安全评价

安全评价是在危险性分析的基础上，对照现实安全系统的构成进行评价。安全评价包括对物资、设备、工艺过程、人－机系统等多方面的安全评价，安全评价可定性或定量地评价系统的危险性。其评价的基本过程如图 2.7 所示。

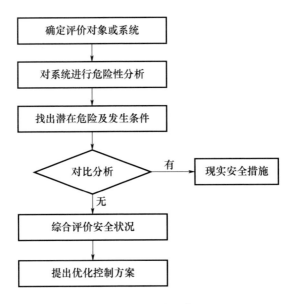

图 2.7　安全评价基本过程

安全评价时应注意以下几个方面：

（1）确定适用的评价方法、评价指标和安全标准；

（2）评价系统的各种潜在危险，并提出消除潜在危险的优化方案；

（3）当引进新产品、新材料和新技术时，尤其要对危险性进行安全评价，使其危险减少到最小；

（4）参照类似系统的事故例证，为预防类似事故的重复发生，提出评价和改进方案；

（5）当系统在技术上或经济上难以或不可能达到预期安全效果时，应对计划或设计反复修改，反复评价，直至达到安全标准。

3）预防事故对策

预防事故对策是在危险性分析和安全评价的基础上，为消除系统的不安全因素或事故发生的条件而采取的科学控制措施,是预防原理本质的具体体现。其核心内容是控制系统的潜在危险因素不发生。

在制定预防事故对策时,根据系统不安全因素的特点分别从人的行为规范、安全防护设备、安全管理措施等多个方面综合考虑。一般包括以下三个方面的内容:

(1)制定安全技术规程,确定对系统的危险点进行测定和检查的方法;

(2)采取教育、管理和技术等综合措施,制定预防和处理事故的方案,以有效地控制和消除危险;

(3)对于不能排除的危险因素,制定切实可靠的管理措施,使它们不至于引起生命和财产的损失。对于各类设备的危险因素,要切实保证具有适当的安全度。

2.5 防化危险品事故预防与控制

事故预防与控制包括两部分内容,即事故预防和事故控制,前者是指通过采用技术和管理的手段使事故不发生,而后者则是通过采用技术和管理的手段,使事故发生后不造成严重后果或使损失尽可能地减小。最典型的例子是火灾的预防和控制,通过规章制度和采用不可燃或不易燃材料可以避免火灾的发生,而火灾报警、喷淋装置,应急疏散措施和计划等则是在火灾发生后控制火灾和损失的手段。

对于事故的预防与控制,就目前来讲,应从安全技术、安全教育、安全管理三个方面入手,采取相应措施。因为技术(Engineering)、教育(Education)和管理(Enforcement)每个英语单词的首字母均为 E,也有人称其为 3E 对策。其中:安全技术对策着重解决物的不安全状态问题,它以工程技术手段解决安全问题,预防事故发生及减少事故造成的伤害和损失,是预防和控制事故的最佳安全措施;安全教育对策和安全管理对策着重解决人的不安全行为问题,而安全教育对策主要使人知道应该怎么做,安全管理对策则是要求人必须怎么做。

2.5.1 安全教育对策

安全教育,实际上应包括安全教育和安全培训两大部分。包括学校教育、媒体宣传、政策导向等,努力提高人的安全意识和素质,学会从安全的角度观察和理解要从事的活动和面临的形势,用安全的观点解释和处理自己遇到的新问题。而安全培训虽然也包含有关教育的内容,但其内容相对于安全教育要具体得多,范围要小得多,主要是一种技能的培训。安全培训的主要目的是使人掌握在某种特定的作业或环境下正确并安全地完成其应完成的任务,故也有人称安全培训为安全生产教育。

安全教育的内容可概括为三个方面,即安全知识教育、安全技能教育和安全态度教育。

1) 安全知识教育

安全知识教育包括安全管理知识教育和安全技术知识教育。

(1) 安全管理知识教育。包括对安全管理组织结构、管理体制、基本安全管理方法及安全心理学、安全人－机工程学、系统安全工程等方面的知识教育。通过对这些知识的学习,可使各级领导和职工真正从理论到实践上认清事故是可以预防的,制定避免事故发生的管理措施和技术措施要符合人的生理和心理特点,安全管理是科学的管理,是科学性与艺术性的高度结合。

(2) 安全技术知识教育。安全技术知识教育的内容主要包括一般生产技术知识、一般安全技术知识和专业安全技术知识教育。

① 一般生产技术知识教育,主要包括生产技术过程、作业方式或工艺流程,与生产过程和作业方法相适应的各种机器设备的性能和有关知识,工人在生产中积累的生产操作技能和经验及产品的构造、性能、质量和规格等。

② 一般安全技术知识,是单位所有职工都必须具备的安全技术知识。

③ 专业安全技术知识,是指从事某一作业的职工必须具备的安全技术知识。专业安全技术知识比较专门和深入,其中包括安全技术知识、工业卫生技术知识,以及根据这些技术知识和经验制定的各种安全操作技术规程等。

2) 安全技能教育

仅有了安全技术知识,并不等于能够安全地从事操作,还必须把安全技术知识变成进行安全操作的本领,这样才能取得预期的安全效果。要实现从"知道"到"会做"的过程,就要借助于安全技能培训。安全技能培训包括正常作业的安全技能培训,异常情况的处理技能培训。安全技能培训应按照标准化作业要求来进行,进行安全技能培训应预先制定作业标准,有计划有步骤地进行培训。一般来说,安全技能的形成可以分为三个阶段,即掌握局部动作的阶段、初步掌握完整动作阶段、动作的协调和完善阶段。在技能形成过程中,各个阶段的变化主要表现在行为结构的改变,行为速度和品质的提高及行为调节能力的增强三方面。

3)安全态度教育

要想增强人的安全意识,首先应使之对安全有一个正确的态度。安全态度教育包括两个方面,即思想教育和态度教育。

(1)思想教育。

① 安全意识,人们在长期生产、实践活动中经验的不同和自身素质的差异,对安全的认识程度不同,安全意识会出现差别。

② 安全生产方针政策教育,是指对职工进行党和政府有关安全生产的方针、政策的宣传教育。

③ 法纪教育,其内容包括安全法规、安全规章制度、劳动纪律等。

(2)态度教育,是要求人们在生产、生活中时时处处想安全,对安全有一个正确的态度。在安全教育中,安全思想、安全态度教育最重要。进行安全思想、安全态度教育,要采取多种多样的形式,通过各种安全教育活动,激发职工搞好安全生产的积极性,使全体职工重视安全,真正实现安全生产。

总之,在安全教育中:第一阶段应该进行安全知识教育,使操作者了解生产操作过程中潜在的危险因素及防范措施等,即解决"知"的问题;第二阶段为安全技能训练,掌握和提高熟练程度,即解决"会"的问题;第三阶段为安全态度教育,三个阶段相辅相成,缺一不可。只有将这些有机地结合在一起,才能取得较好的安全教育效果。在思想上有了强烈的安全要求,又具备了必要的安全技术知识,掌握了熟练的安全操作技能,才能取得安全的结果,避免事故和伤害的发生。

2.5.2 安全技术对策

安全技术对策是控制物质形态的事故起因,即在工厂规划、设备设计、工艺操作、机器维修等方面,采用安全技术的和卫生技术的手段,实现生产的本质安全化,是预防和控制事故的最佳安全措施。

1. 安全技术对策的基本原则

安全技术对策就是尽可能防止操作人员在生产过程中直接接触可能产生的危险因素的设备、设施和物料,使系统在人员误操作或生产装置(系统)发生故障的情况下造成事故的综合措施,是应优先采取的对策措施。具体工程技术预防方法措施很多,适用对象也不同,但它们一般遵循以下基本原则。

1)消除潜在危险的原则

消除潜在危险原则的实质是面向科学技术进步,在工艺流程中和生产设备上设置安全防护装置,增加系统的安全可靠性,即使人的不安全行为(如违章作业或误操作)已发生,或者设备的某个零部件发生了故障,也会由于安全装置的作用(如自动保险和失效保护装置等的作用)而避免伤亡事故的发生。

2)减弱原则

对无法消除和预防的应采取措施减弱其危害。当危险和有害因素无法根除时,应采取措施使之降低到人们可接受的水平,如依靠个体防护降低吸入尘毒数量,以低毒物质代替高毒物质等。

3)距离防护原则

生产中的危险因素对人体的伤害往往与距离有关,依照距离危险因素越远事故的伤害越减弱的道理,采取安全距离防护是很有效的。例如,对触电的防护、放射性或电离辐射的防护,都可应用距离防护的原则来减弱危险因素对人体的危害。

4)防止接近原则

使人不能落入危险、有害因素作用地带,或防止危险、有害因素进入人的操作地带。例如,采用安全栅栏,切割设备采用双手按钮和脚踏板操作等。

5)时间防护原则

使人处于危险和有害因素作用环境中的时间缩短到安全限度之内,如对高温高湿环境作业实行缩短工时制度。

6）屏蔽和隔离原则

即在危险因素的作用范围内设置障碍,同操作人员隔离开来,避免危险因素对人的伤害,如转动、传动机械的防护罩、放射线的铅板屏蔽、高频的屏蔽等。

7）坚固原则

坚固原则是以安全为目的,提高设备的结构强度,提高安全系数,尤其在设备设计时更要充分运用这一原则。例如,矿井提升绞车的钢丝绳、坚固性防爆电动机外壳等。

8）设置薄弱环节原则

设置薄弱环节原则与坚固原则恰恰相反,是利用薄弱的元件,在设备上设置薄弱环节,在危险因素未达到危险值以前,已预先将薄弱元件破坏,使危险终止。例如,压力容器的防爆片。

9）闭锁原则

闭锁原则就是以某种方法使一些元件强制发生互相作用,以保证安全操作。例如:载人或载物的升降机,其安全门不关上就不能合闸开启;高压配电屏的网门,当合闸送电后就自动锁上,维修时只有停闸、停电后闸门才能打开,以防触电。

10）取代操作人员的原则

在不能用其他办法消除危险因素的条件下,为摆脱危险因素对操作人员的伤害,可用机器人或自动控制装置代替人工操作。

11）禁止、通告和报知原则

禁止、通告和报知原则以人为目标,对危险部位给人以文字、声音、颜色、光等信号,提醒人们注意安全。例如,设置警告牌,写上"禁止烟火""注意安全""火情报警"等。

2. 安全技术对策的基本措施

1）厂址及厂区平面布局的对策措施

选址时,除考虑建设项目的经济性和技术合理性并满足工业布局和城市规划要求外,在安全方面应重点考虑地质、地形、水文、气象等自然条件对安全生产的影响和与周边区域的相互影响。

2）厂区平面布局

在满足生产工艺流程、操作要求、使用功能需要和消防、环保要求的同时，主要从风向，安全（防火）距离，交通运输安全和各类作业，物料的危险、危害性出发，在平面布置方面采取对策措施。

3）防火、防爆对策措施

引发火灾、爆炸事故的因素很多，一旦发生事故，后果极其严重，为了确保安全生产，首先必须做好预防工作，消除可能引起燃烧爆炸的危险因素。理论上，使可燃物质不处于危险状态或者消除一切着火源，这两项措施，只要控制其一，就可以防止火灾和化学爆炸事故的发生。但在实践中，出于生产条件的限制或某些不可控因素的影响，仅采取一种措施是不够的，往往需要采取多方面的措施，以提高生产过程的安全程度。另外，还应考虑其他辅助措施，以便在万一发生火灾爆炸事故时，减少危害的程度，将损失降到最低限度。这些都是在防火防爆工作中必须全面考虑的问题。

4）电气安全对策措施

以防触电、防电气火灾爆炸、防静电和防雷击为重点，提出防止电气事故的对策措施。

5）机械伤害防护措施

（1）设计与制造的本质安全措施。

① 适当的设计结构。可以采取的措施主要有采用本质安全技术，如避免锐边、尖角和凸出部分，保持安全距离等；限制机械应力，材料和物质的安全性，履行安全人－机工程学原则，设计控制系统的安全原则。

② 安全防护措施。安全防护是通过采用安全装置、防护装置或其他手段，对一些机械危险进行预防的安全技术措施，其目的是防止机器在运行时产生各种对人员的接触伤害。安全防护装置必须满足与其保护功能相适应的安全技术要求，其基本安全要求如下。

a. 结构的形式和布局设计合理，具有切实的保护功能，以确保人体不受到伤害。

b. 结构要坚固耐用，不易损坏；安装可行，不易拆卸。

c. 装置表面应光滑、无尖棱利角，不增加任何附加危险，不应成为新的危险源。

d. 装置不容易被绕过或避开,不应出现漏保护区。

e. 满足安全距离的要求,使人体各部分(特别是手或脚)无法接触危险。

f. 不影响正常操作,不得与机械的任何可动零部件接触;对人的视线障碍最小。

g. 便于检查和修理。

3. 其他安全对策措施

1) 防高处坠落、物体打击对策措施

可能发生高处坠落危险的工作场所,应设置便于操作、巡检和维修作业的扶梯、工作平台、防护栏杆、护栏、安全盖板等安全设施;梯子、平台和易滑倒操作通道的地面应有防滑措施;设置安全网、安全距离、安全信号及标志、安全屏护和佩戴个体防护用品(安全带、安全鞋、安全帽、防护眼镜等)是避免高处坠落、物体打击事故的重要措施。针对特殊高处作业(指强风、高温、低温、雨天、雪天、夜间、带电、悬空、抢救高处作业)特有的危险因素,提出针对性的防护措施,高处作业应遵守"十不登高"。

2) 安全色、安全标志

根据(GB 2893—2001)《安全色》、(GB 2894—1996)《安全标志》,充分利用红(禁止、危险)、黄(警告、注意)、蓝(指令、遵守)、绿(通行、安全)四种传递安全信息的安全色,如表 2.15 所列。正确使用安全色,使人员能够迅速发现或分辨安全标志,及时得到提醒,以防止事故、危害的发生。

表 2.15 安全色的含义和用途

颜色	含义	用途举例
红色	禁止 停止	禁止标志 停止信号:机器、机器的紧急停止手柄或按钮以及禁止人们触动的部位
	红色也表示防火	
蓝色	指令必须遵守的规定	指令标志,如必须佩戴个人防护用具,道路上指引车辆和行人行驶方向的指令
黄色	警告 注意	警告标志 警戒标志,如厂内危险机器和坑池边周围警戒线 行车道中线 机械上齿轮箱 安全帽

(续)

颜色	含义	用途举例
绿色	提示 安全状态 通行	提示标志 车间内的安全通道 行人和车辆通行标志 消防设备和其他安全防护设备的位置

3）防腐蚀对策措施

产生腐蚀的原因有很多,大气腐蚀、全面腐蚀、电偶腐蚀、缝隙腐蚀、孔蚀、其他等多种,必须采取有效的防护措施。

4）预防中毒的对策措施

对物料和工艺、生产设备(装置)、控制及操作系统、有毒介质泄漏(包括事故泄漏)处理、抢险等技术措施进行优化组合,采取综合对策措施。

（1）物料和工艺。尽可能以无毒、低毒的工艺和物料代替有毒、高毒工艺和物料,是防毒的根本性措施。例如:应用水溶性涂料的电泳漆工艺、无铅字印刷工艺、无氰电镀工艺,用甲醛脂、醇类、丙酮、抽余油等低毒稀料取代含苯稀料,以钛白代替油漆颜料中的铅白,使用无汞仪表消除生产、维护、修理时的汞中毒等。

（2）工艺设备(装置)。生产装置应密闭化、管道化,尽可能实现负压生产,防止有毒物质泄漏、外溢。

生产过程机械化、程序化和自动控制,可使作业人员不接触或少接触有毒物质,防止误操作造成的中毒事故。

（3）通风净化。受技术、经济条件限制,仍然存在有毒物质逸散且自然通风不能满足要求时,应设置必要的机械通风排毒、净化(排放)装置,使工作场所空气中有毒物质浓度限制到规定的最高容许浓度值以下。

（4）应急处理。对有毒物质泄漏可能造成重大事故的设备和工作场所,必须设置可靠的事故处理装置和应急防护设施。应设置有毒物质事故安全排放装置(包括储罐)、自动检测报警装置、连锁事故排毒装置,还应配备事故泄漏时的解毒(含冲铣、稀释、降低毒性)装置。

（5）急性化学物中毒事故的现场急救。急性中毒事故的发生,可能使大批人员受到毒害,病情往往较重。因此,现场及时有效地处理与急救,对挽救患者的生命、防止并发症起关键作用。

(6) 其他措施。在生产设备密闭和通风的基础上实现隔离(用隔离室将操作地点与可能发生重大事故的剧毒物质生产设备隔离)、遥控操作。

5) 其他有害因素控制措施

(1) 防辐射(电离辐射)对策措施。按辐射源的特征(α 粒子、β 粒子、γ 射线、X 射线、中子等、密闭型、开放型)和毒性(极毒、高毒、中毒、低毒)、工作场所的级别(控制区、监督区、非限制区和控制区,再细分的区、级、开放型放射源工作场所的级别),为防止非随机效应的发生和将随机效应的发生率降到可以接受的水平,遵守辐射防护三原则(屏蔽、防护距离和缩短照射时间)采取对策措施,使各区域工作人员受到的辐射照射不得超过标准规定的个人剂量限制值。

(2) 高温作业的防护措施。根据(GB/T 4200—2008)《高温作业分级》、(GBJ 126—1989)《工业设备及管道绝热工程设施及验收规范》、(LD82 1995)《高温作业分级检测规程》,按各区对限制高温作业级别的规定采取措施。

① 尽可能实现自动化和远距离操作等隔热操作方式,设置热源隔热屏蔽(热源隔热保温层、水幕、隔热操作室(间)、各类隔热屏蔽装置)。

② 通过合理组织自然通风气流,设置全面、局部送风装置或空调,降低工作环境的温度。

③ 依据(GR 935—1989)《高温作业允许持续接触热时间限值》的规定,限制持续接触热时间。

④ 使用隔热服(面罩)等个体防护用品,尤其是特殊高温作业人员,应使用适当的防护用品,如防热服装(头罩、面罩、衣裤和鞋袜等)以及特殊防护眼镜等。

⑤ 注意补充营养及合理的膳食制度,供应防高温饮料,口渴饮水,少量多次为宜。

(3) 低温作业、冷水作业防护措施。

根据(GB/T 14440—1993)《低温作业分级》、(GB/T 14439—1993)《冷水作业分级》提出相应的对策措施。

① 实现自动化、机械化作业,避免或减少低温作业和冷水作业。

② 控制低温作业、冷水作业时间。

③ 穿戴防寒服(手套、鞋)等个体防护用品。

④ 设置采暖操作室、休息室、待工室等。

⑤ 冷库等低温封闭场所应设置通信、报警装置,防止误将人员关锁。

2.5.3 安全管理对策

1. 安全管理对策的意义

(1) 安全管理对策是保证国家法律、法规得以正确执行的基本手段。安全管理对策主要控制制度形态的事故起因,包括国家或政府部门进行的宏观安全监察管理,是保证国家安全生产法规得以正确执行的基本手段。

(2) 安全管理对策可保护安全技术对策得以实现。安全管理对策措施通过一系列管理手段将单位的安全生产工作整合、完善、优化,将人、机、物、环境等涉及安全生产工作的各个环节有机地结合起来,保证单位生产经营活动在安全健康的前提下正常开展,使安全技术对策措施发挥最大的作用。

(3) 安全管理对策是保证单位安全生产不可缺少的措施。即使具有本质安全性能、高度自动化的生产装置,也不可能全面地、一劳永逸地控制、预防所有的危险、有害因素和防止作业人员的失误。

(4) 安全管理对策可实现现代化、科学化的安全管理。

安全生产管理是以保证建设项目建成以后以及现实生产过程安全为目的的现代化、科学化的管理。其基本任务是发现、分析和控制生产过程中的危险、有害因素,制定相应的安全卫生规章制度,对单位内部实施安全卫生监督、检查,对各类人员进行安全、卫生知识的培训和教育,防止发生事故和职业病,避免、减少有关损失。

2. 建立各项规章制度

建立规章制度是《中华人民共和国安全生产法》第四条"生产经营单位必须遵守本法和其他有关安全生产的法律、法规,加强安全生产管理,建立、健全安全生产责任制度,完善安全生产条件,确保安全生产"等法律法规和技术标准的要求。

3. 完善机构和人员配置

建立并完善生产经营单位的安全管理组织机构和人员配置,保证各类安全生产管理制度能认真贯彻执行,各项安全生产责任制能落实到人。明确各级第一负责人为安全生产第一责任人。

4. 安全教育、培训和考核

在建立了各类安全生产管理制度和安全操作规程,落实机构和人员安全生产责任制后,安全管理对策措施是各类人员的安全教育和安全培训所要涉及的内容。生产经营单位的主要负责人、安全生产管理人员和生产一线操作人员,都必须接受相应的安全教育和培训。

生产经营单位的安全教育和培训工作分四个层面进行。

1）单位主要负责人的安全教育培训

教育和培训的主要内容包括:国家有关安全生产的法律法规及有关行业的规章、规程、规范和标准;安全管理的基本知识、方法与安全技术;相关行业安全生产管理专业知识;重大事故防范、应急救援措施及调查方法;重大危险源管理与应急救援预案编制原则;国内外先进的安全管理经验;典型事故案例分析等。

2）安全管理人员的安全教育培训

教育和培训的主要内容包括:国家有关安全生产的法律法规及有关的规章、规程、规范和标准;安全管理的基本知识、方法与安全技术;相关行业安全管理专业知识,工伤保险的政策、法律、法规;伤亡事故和职业病统计、报告及调查处理方法;事故现场勘验技术,以及应急处理措施;重大危险源管理与应急救援预案编制;国内外先进的安全生产管理经验;典型事故案例分析等。

3）从业人员的安全教育培训

从业人员是指除生产经营单位的主要负责人和安全生产管理人员以外,该单位从事生产经营活动的所有人员,包括其他负责人和管理人员、技术人员和各岗位的工人,以及临时聘用的人员。

4）特种作业人员的安全教育培训

特种作业人员上岗前,必须进行专门的安全技术和操作技能的培训,经考核合格并获得国家规定的证书后方可上岗。

对于上述四个层面人员的教育和培训,都要求使作业人员具有高度的责任心、缜密的态度,熟悉相应的业务,掌握相关操作技能,具备有关物料、设备、设施等方面的危险、危害知识和应急处理能力,具有预防火灾、爆炸、中毒等事故和职业危害的知识,应对突发事故的能力。

5. 安全投入与安全设施

建立健全生产经营单位安全生产投入的长效保障机制,从资金和设施装备等物质方面保障安全生产工作正常进行,也是安全管理对策措施的一项内容。

6. 安全生产监督和检查

安全管理对策措施的动态表现就是监督与检查,包括对于有关安全生产方面的国家法律法规、技术标准、规范和行政规章执行情况的监督与检查,对于本单位所制定的各类安全生产规章制度和责任制的落实情况的监督与检查。通过监督检查,保证本单位各层面的安全教育和培训能正常有效地进行,保证本单位安全生产投入的有效实施,安全技术装备能正常发挥作用。应经常性督促、检查本单位的安全生产工作,及时消除生产安全事故隐患。

7. 事故应急救援预案

事故应急救援在安全管理对策措施中占有非常重要的地位,《安全生产法》专门设置了第 5 章"生产安全事故的应急救援与调查处理"。安全评价报告中对策措施的章节内必须有应急救援预案的内容。

2.5.4 事故的预防与控制措施

1. 预防措施

为了防止防化危险品发生事故,必须做到以下几点:

(1)加强预防事故的思想教育。各级领导干部应当经常开展防化危险品安全管理方面的教育活动,从思想上提高对防化危险品安全管理的认识。特别是在关键环节和关键时间,要注意抓好教育工作,预防事故,将事故苗头及时消灭。例如:在人员调离、保管员变动时,比较容易发生管理失控、账目错乱、责任制度松懈等问题;在环境、任务转换时,由于时间紧、任务重、条件差,人员疲劳等原因,而忽视了对防化危险品的安全管理;在节假日期间,人员精神放松、易产生麻痹思想,因此,更应在此时加强安全教育。

(2)健全防事故组织。"预防为主"是预防事故发生一贯遵循的方针之一。健全预防事故的管理组织是一个行之有效的经验。在防化危险品的安全管理上,要长期地建立健全这个组织,如成立专门的安全小组,指定专人进行安全检查等。一旦发生事故,能够做到有条不紊地进行事故的处理,做到及时发现,及时处理,将事故的损失减少到最小。

(3) 做好预防事故的技术准备。在安全防事故工作中技术准备是关键,尤其是对防化危险品的管理尤为重要。针对防化危险品事故的特点,首先要制定事故应急预案,做到一旦发生事故能有组织、有步骤地进行应急救援。其次要进行必要的技术演练,对参与防化危险品使用和管理的人员进行必要的技术培训,使之掌握安全防事故的技术性要求。最后,就是要根据实际情况,有重点地做好物质方面的准备,如使用先进的侦检装备和准备必要的防护器具及对症用的急救药品等。

(4) 加强重点场所的安全管理。在防化危险品管理中,仓库或存放防化危险品的场所是管理的重点。一旦这些地方发生事故,关系着国家财产和人员安危。所以,重点部位是单位安全管理的重中之重,必须做到万无一失。一是要加强安全警卫工作;二是要严格门卫检查制度;三是要切实搞好军民联防。

(5) 建立安全管理制度。安全管理制度是搞好防化危险品管理的基础,也是实施和落实各项安全管理工作的依据和准绳。单位各级都要认真落实下发的防化危险品有关的规章制度,并要从各自的实际情况出发,制定适合本单位具体情况的管理要求,如建立和实行首长负责制,建立岗位责任制,建立安全工作检查和监督制度等。

(6) 建立和完善安全管理设施。建立和完善防化危险品管理的安全设施是实施安全管理的十分重要的环节,各级应加强单位安全设施的建设,拨出专款,购置必需的安全技术装备。特别是在防化危险品专用库和专用场所,要设置和安装报警、消防、防盗和专业侦检器材等。同时要经常对有关人员进行安全训练和演练,使相关人员在遇紧急情况时,会熟练使用配备的各种安全器材,并能够实施必要的处理。

2. 事故的现场处理

防化危险品一旦发生事故其危害性是难以预测的,因此,在事故现场抢救中,其基本原则是及时抢救,减少损失,迅速报告,保护现场。在发生防化危险品事故后,事故处理的基本方法如下:

(1) 事故发生后,现场人员首先应迅速采取应急措施,防止事故的扩大和蔓延,组织抢救受伤人员和重要物资。其次抢救一般物资。要尽量采取措施减少事故带来的损失,减轻事故的危害程度。

(2) 要注意保护好现场,这是事后分析和查找事故原因的重要线索。在抢救伤员和抢救物资的同时,现场人员要注意现场的保护,因抢救而移动现场时应设置标志。

(3) 事故发生后,应迅速设法向主管部门和上级报告,在必要的情况下也应迅速报告当地公安和交通部门。

(4) 遇火灾事故时,在采取停车、断电、熄火、关闭油路等措施后,还应迅速用二氧化碳灭火器等将火扑灭。若没有灭火器,应使用沙土将火焰盖住,禁止用水浇在油火上。同时,迅速组织人力转移一切易燃易爆物品,对暴露的油品应设法遮盖。

(5) 对发生化学损伤和中毒等事故,应及时按照各种规程进行防护,对受伤害人员按照规程进行抢救,并迅速报告卫生部门。

(6) 弹药等易燃易爆品一旦发生爆炸,现场人员除采取相关防护措施和抢救外,还应详细记载和提供事故发生时的情况。

第 3 章

单位防化危险品安全管理

对防化危险品的管理是防化领域管理的重中之重。经过多年的经验积累，已经形成了比较完善的防化危险品安全管理措施。安全管理的措施涉及很多方面，但基本模式可总结为人防、物防、技防，以及三者的综合运用。

（1）人防。这是防化危险品安全管理工作的根本。通俗地讲，就是通过人及其配备的防范手段，及时发现和阻止发生危害事件，消除或降低危害后果。人防的核心，是要充分发挥人在安全管理工作中的主观能动作用，通过加强教育训练，强化防范意识，提高应对和处置突发事件的能力，筑牢防范防化危险品安全问题的第一道防线。

（2）物防。这是防化危险品安全管理工作的主要依托。通俗地讲，就是通过库房、围墙、消防、避雷设施等实体屏障，防止和降低环境及人为因素对防化危险品的可能危害。物防的核心，是要配套防范设施，着力提高防雷、防爆、防火、防盗抢、防破坏的能力，筑牢防范防化危险品安全问题的物质基础（如防化特种危险化学品库，必须安装报警系统、双锁防盗门、防盗窗、防盗报警器和通风设备、照明装置、消防设备、避雷设备等）。

（3）技防。这是防化危险品安全管理的重要支撑。通俗地讲，就是综合运用安全防范技术、信息技术、网络技术等现代科技手段，及时发现、控制和处置各类违法犯罪活动和突发事件。技防的核心，是恰当运用先进技术，科学布防预警、探测设备，确保技术系统实用、稳定、可靠，筑牢防范防化危险品安全问题的技术基础（如库房内的可视监控系统、红外传感器、放射源监测设备、有毒物质监测仪等技术手段的使用，有力地加强了防化危险品的安全管理）。

（4）人防物防技防相结合。就是要从实际情况出发，利用信息手段，灵活采取人防、物防和技防措施，切实加强防化危险品的管理，把引发重大安全问题的风险降到最低。

本章按照防化危险品的分类，从防化危险品安全管理活动的各个环节分别介绍安全管理的措施。

3.1 防化特种危险化学品的安全管理

对防化特种危险化学品的安全管理主要包括对其动用与使用、储存与保管、装卸与运输、质量检测等方面的安全管理。

3.1.1 申请、补充与调整

防化特种危险化学品的申请，由各级业务机关根据训练任务和消耗标准拟制申请计划，逐级上报。防化特种危险化学品的补充，应依据上级下达的计划执行。防化特种危险化学品补充、调整时，必须严格履行交接手续，交清品种、数量、质量等情况。

3.1.2 动用与使用

1. 动用

防化特种危险化学品及其代用品的动用必须严格履行审批手续，严格管理，禁止挪作他用。由使用单位根据训练任务、时间向业务机关提出动用申请计划，由具体业务部门办理报批手续，经单位首长会签后，由具体业务部门办理调拨手续，尔后到防化特种危险化学品库领取。训练结束后，剩余防化特种危险化学品要及时组织销毁或交回防化特种危险化学品库，装入其保险柜存放。

2. 使用

防化特种危险化学品的使用，必须经本级首长批准，严格管理，禁止挪作他用。从事训练用防化特种危险化学品管理工作的人员，必须经过专业技术培训，熟悉训练用防化特种危险化学品的性能和管理要求。

（1）防化特种危险化学品的分装。防化特种危险化学品分装应特别注意以下环节：①分装前准备。分装防化特种危险化学品应在通风柜中进行，没有通风柜时在库外进行。在室外分装防化特种危险化学品时，要注意避开下风方向的工作人员。分装前应准备好必需的分装器材，还要备好侦、防、消、救等器材和药品，分装时操作人员必须进行全身防护。②分装时，必须由专业技术人员在专用场所按照操作规程进行。分装的容器应当有明显、牢固的标识，注明名称（代号）、批号、质量、数量、装入日期等。③分装方法。分装防化特种危险化学品时不准采用直接倾倒法。分装量少时用移液管吸取转移法。分装量大时，用虹吸法。④分装后处理。分装完毕，要对防化特种危险化学品包装瓶进行外部消毒处理，然后密封。对分装中使用的器材要进行彻底消毒。

（2）训练时的防化特种危险化学品管理。①防化特种危险化学品的领取和放回都必须两人以上同行，其中必须有一名分队干部。②分队训练使用防化特种危险化学品应使用专用保险柜，训练间隙防化特种危险化学品不能入库存放时，应派出警戒。③训练结束后，对剩余的防化特种危险化学品，分队应请示上级业务管理部门，或重新入库，或进行销毁处理，严禁分队过夜存储。④业务部门应适时对训练情况进行检查，发现问题及时解决。

（3）实施作业。①分队首长必须到场，严密组织。作业人员应当熟悉训练用防化特种危险化学品的性能，严格执行安全操作规程，禁止违章作业。②作业现场必须派出警戒，有专业干部在场指导，并配备必要的消防器材和消毒物品、急救药品。③作业点应当设置明显的标志。布设时，必须按照规定程序和要求进行，严禁随意加大防化特种危险化学品浓度、密度和改变规定的时间、位置。④作业前必须进行安全检查。作业时，人员必须穿戴防护装备。⑤作业结束，应当及时对受污染的场地、器材、人员进行洗消处理，注意保护环境。剩余的训练用防化特种危险化学品必须及时入库存放或销毁。⑥防化特种危险化学品从出库到作业结束入库，必须由专人保管，中途不得擅自更换人员。

3.1.3 储存与保管

在防化特种危险化学品的管理中，储存与保管过程的安全是安全管理的必要环节,也是确保防化特种危险化学品质量和保障人员训练任务完成必不可少的重要环节。防化特种危险化学品必须在专用库房中存放,严禁同其他装备物资混放,其储存量不能超过"一个年度的消耗标准"。

1. 库房建设要求

防化特种危险化学品库房建设应当符合以下要求:

(1)应当建在远离行政生活区和水源地,便于警戒、利于安全的地方。

(2)要坚固牢靠,必须安装双锁防盗门、防盗窗、防盗报警器和通风设备;仓库还应当安装有害物质的报警系统和可视监控系统。

(3)应当按办公区、存放区、分装区分开设置。

防化特种危险化学品库通常隔成里外两间,库房要坚固,地面、墙壁和屋顶无裂缝、无破损、无渗漏。做到阴凉、干燥、通风良好,防盗报警装置、照明装置、消防设备、避雷设备齐全。库门应当使用坚固的钢制门,门上要安装双暗锁;库房要有通风设施,通风窗要全铁焊制,并安装铁栏杆,窗下沿离地面不低于2m。门窗应当采取加固防盗措施。

2. 配套设施、设备

防化特种危险化学品库内必须配备个人防护装备、化学侦察装备和消毒剂、急救药品及必要的工具。各种规章制度、标牌、登记统计簿等按要求统一悬挂摆放。

防化特种危险化学品库房主要设施设备:

(1)防盗设施。按危险品库房建设要求规定,防化特种危险化学品库房要达到"三铁一器"即铁门、铁栏杆、铁柜和防盗报警器。库房应设双道门,外道门应使用比较坚固的钢门,内道门可制成木质铁皮门,每道门上均应安装双人双开保险暗锁或电子锁。通风窗要全铁焊制,安装铁栅,并应具防撬、防破坏能力。库内应安装性能可靠的防盗报盗器。防化特种危险化学品应放入专用的铁皮保险柜中,要保证防化特种危险化学品万无一失。

(2)通风设施及防护器材。库房应具有良好的通风设施,配备全身防护器材,防毒手套,并注意经常检查其性能,确保性能良好。

(3)侦检、报警器材。

(4)消毒、急救物品。根据所存放毒别的情况,库内应储备一些消毒剂和急救物品。例如：三合二、氯胺、碘酒、氢氧化钠、碳酸钠、酒精和相应的有机溶剂，并应安装自来水管，以保证消毒用水。急救物品可配备解磷针和急救包，还应配备一些烧杯、镊子、脱脂棉、洗眼瓶、水桶、瓷盆等消毒用具。

（5）分装器材。为便于分装，库内可备些玻璃容器、橡皮塞、虹吸管、乳胶管、密封石蜡、标签或胶布等。

（6）常用工具。应配备管钳、活动扳手、开箱用起子、撬棒等。

3. 防化特种危险化学品库管理

防化特种危险化学品库的管理，归纳起来有12个字："三铁一器""双人双锁"和"2人同行"。

（1）各类防化特种危险化学品库，按规定量存放，即只能库存一年的训练消耗量。凡当年训练消耗不完的，应组织销毁。

（2）防化特种危险化学品库应双人双锁，双人中应有1名干部，并严格执行2人同行，开箱分装的要求，昼夜均应有人守卫，除经本单位领导批准外，与危险品保管无关人员一律禁止入内参观或进行其他活动。

（3）防化特种危险化学品储存要按照批次存放，堆垛整齐稳固，正向放置，堆码高度不得超过1.5m，零散包装必须存放在防化特种危险化学品保险柜（箱）中。防化特种危险化学品的容器和包装要有明显的标志。

（4）防化特种危险化学品的收发要严格手续，必须按照主管业务部门签发的凭证验收和发放，认真登记账卡，做到账、物、卡相符。收发凭证要按照规定及时反馈主管业务部门。

（5）应当定期检查配备在库内、办公区的各种防护装备的技术性能，并及时对不符合要求的技术性能进行更新。各种物品摆放要整齐，登记要清楚。

（6）保管员进入库房应当提前通风，必要时穿戴防护装备。其他人员进入库房必须经主管人员批准和陪同，并严格履行登记手续。无关人员和车辆不得进入或靠近防化特种危险化学品库。人员离开库房时，要检查防盗报警器是否开启。

（7）严格落实库房安全检查制度。主管领导每季度检查1次；主管助理员每月检查1次；仓库保管员每天检查1次；炎热季节视情增加检查次数。发现问题及时处理，并做好检查记录。主要检查"三铁"是否牢固，防盗报警器性能是否可靠,盛装防化特种危险化学品的容器有无生锈或裂痕、标志是否清晰,有无漏气或溢出。检查的方法可用侦毒器、侦检纸等。对渗漏的防化特种危险化学品容器,应立即移到室外更换。

(8) 加强库房的安全警戒,实施昼夜监控,做好防火、防汛、防盗、防泄密工作。

(9) 管理人员变更时,应当严格履行交接手续。交接应当由本级主管领导、专业干部和保管员参加。交清品种、数量、质量和有关资料。如发现账、物不符,手续不全,要查明原因,否则,移交人员不得离开原工作岗位。

(10) 储存防化特种危险化学品的容器要坚固、密封、耐腐蚀、清洁干燥。要注意防潮、密封。容器上有明显可靠的标志或卡片、注明防化特种危险化学品名称(代号)、数量、装入日期等。瓶装防化特种危险化学品应拧紧瓶盖,然后埋在盛有活性炭的容器中。

(11) 防化特种危险化学品的分装。

① 分装前的准备及注意事项。分装防化特种危险化学品通常在分装室通风柜内或在通风良好的野外进行。分装前应制定消毒、急救方案,准备好分装的容器、器材,以及侦毒、消毒、急救等器材药品。分装人员应佩戴防毒面具、防毒手套,还应穿防毒衣,并要严格检查容器是否符合要求。

② 分装方法。分装方法很多,这里只介绍两种:

a. 移液法。对小容器内盛装的防化特种危险化学品,可用此法。用干净滴管或移液器小心移取。

b. 虹吸法。一般是从大容器中分装防化特种危险化学品时用,装置如图 3.1 所示。分装时,先称好分装小瓶重量,如图连接好,用唧筒抽气,当防化特种危险化学品从虹吸管开始流入分装小瓶时,停止抽气,取下唧筒,防化特种危险化学品因虹吸而自行流入分装小瓶中。等达到需要分装的量时,拧住虹吸管夹子,使虹吸管离开原包装容器液面,再松开夹子,让管内防化特种危险化学品流入原容器或分装小瓶中。称量分装小瓶、密封,贴好标签。

③ 分装后处理。分装完毕,对容器外部进行消毒,然后密封。玻璃容器可贴上胶布,再用石蜡或 1∶1 的石蜡、火漆混合配料等密封。染毒导管要及时消毒,分装完毕及时进行善后处理。

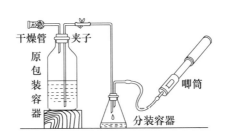

图 3.1　用虹吸法分装防化特种危险化学品

3.1.4　装卸与运输

防化特种危险化学品的装卸与运输在防化危险品管理中,是一个不可缺少的必要环节,也是安全管理工作的十分重要的环节。这个过程涉及人、机(物)、环境等众多因素,稍有不慎就会发生事故,因此必须严格执行军用爆炸物品、化学危险品装卸运输的有关规定,加强领导,严密组织。

装卸与运输的安全管理必须根据任务,提出需求计划和具体要求,按照有关规定,制定运输计划,调度运输工具,制定意外情况处理预案。防化特种危险化学品的运输应当根据单位的实际情况合理选择运输方式和交通工具,加强运输途中的安全检查。交通运输工具及作业场所应满足安全的要求,包括工具本身的可靠性、装卸运输过程人员与机械的安全防护、操作技术要求等。必须做到以下几点:

(1) 防化特种危险化学品的装卸与运输,必须严格执行国家制定的化学危险品运输管理有关规定,周密计划,严密组织,确保安全。

(2) 各级装备机关应当根据任务需要和地理条件,灵活采用公路、铁路和水路等运输方式,并会同有关部门制定运输方案,报本级首长批准后实施。

(3) 运输时,应当派选责任心强、熟悉专业的人员押运,指定专人负责,加强途中检查,必要时组织武装押运。

(4) 公路运输时,必须专车运输,车内要配备防护、洗消和急救装备器材,必要时应当增加伴随保障车辆。严格按照批准的行车路线和时间通行。穿过城镇时,要避开人员活动高峰期,并视情况设置调整哨。必要时请求公安部门协助。铁路、水路运输时,应当加强与承担运输任务单位的协调,按其运输要求组织实施。

（5）运输散装防化特种危险化学品时，必须使用专用防化特种危险化学品保险箱，采取密封和固定措施，防止碰撞和泄漏。

（6）防化特种危险化学品装卸场所，必须符合安全要求，设置警戒区域，指定专人负责，无关人员或车辆不得进入作业区。装卸现场的所有人员必须携带防护装备，作业人员必须全身防护。装卸搬运时，应稳拿轻放，码放稳固，不得倒置。例如：包装损坏，不得装载；发生泄漏，应及时处置。装卸结束，要及时清理现场。

3.1.5 质量检测

防化特种危险化学品的定期质量检查一般根据年度计划进行。其主要工作包括查明防化特种危险化学品的种类、数量、生产年度和纯度。根据质量情况对其进行标志，认真统计汇总，填写防化特种危险化学品数、质量情况表，对检查结果实施处理。对防化特种危险化学品的处理通常根据具体情况采取继续储存、销毁、上送或调整措施。

1. 定期质量检查要求

1）加强领导

（1）各级首长和机关要高度重视防化特种危险化学品的定期质量检查工作，分工负责，统一计划，严密组织，确保安全。

（2）要成立定期质量检查小组，参加人员由主管防化特种危险化学品的业务部门领导及有关人员、专业技术人员、仓库保管人员等组成。

（3）制定详细的定期质量检查方案并及时上报。方案主要包括检查工作参加人员及相应职责、组织方法、时间、程序、注意事项、物资器材计划等内容。

2）充分准备

定期质量检查前应认真做好准备工作，具体要求如下：

（1）检查人员要熟悉检查方案，明确自己的职责和任务。

（2）检查通风设施及通信设备等是否完好。

（3）做好充分的物质准备，主要包括侦检分析器材、防护器材、急救器材、洗消器材、包装器材、标志器材及工具等。

第 3 章　单位防化危险品安全管理

3）专业人员实施

实施具体操作工作必须由两人以上进行（其中一名干部、一名专业人员），对参加定期质量检查人员的要求如下：

（1）检查人员必须熟悉各种防化特种危险化学品的毒性。

（2）熟练掌握侦、防、消、救器材的应用技能。

（3）熟悉定期质量检查过程中的各种应急措施。

（4）为确保安全，人员必须全身防护，并事先认真检查个人防护装备的性能。

2. 定期质量检查的实施

（1）检查人员进入库房时，应穿戴防护器材，关闭防盗报警器，通风 5min 左右。

（2）准备各种检查用器材。

（3）将盛装防化特种危险化学品的容器按类归位，从外观进行初步识别。

（4）将防化特种危险化学品容器置于通风柜中，下面放置一定数量的吸附剂，使用侦毒器、化验箱等侦检分析器材逐一确定防化特种危险化学品种类和纯度（一般情况下，不进行种类和纯度的检查，如超过 3 年保质期，按要求进行销毁）。

（5）使用称量器材确定防化特种危险化学品的质量，通常以克为计量单位。称量时应根据实际情况采取灵活称量措施，切实保障安全。

（6）对防化特种危险化学品盛装物和包装分别进行标志。

（7）对不能确定防化特种危险化学品种类的不明化学品应视为防化特种危险化学品暂存，尽快申报上级有关部门协助检定。

（8）清理现场，人员自消，离开时，要及时开启防盗报警器。

（9）认真统计汇总，与原始记录逐一核对，然后填写防化特种危险化学品数、质量情况表，其中质量情况分为新品、堪用品和废品三种。

检查后对防化特种危险化学品的处理通常有以下三种方式：一是根据人员训练、科研需要和上级有关要求继续储存一定数量的新品和堪用品；二是根据上级指示将部分防化特种危险化学品上交或调整到其他单位；三是对废品以及超过规定储存数量的防化特种危险化学品实施销毁。

3.2 防化发烟燃烧弹药的安全管理

对防化发烟燃烧弹药的安全管理主要包括对其动用与使用、储存与保管、装卸与运输、质量检测等方面的安全管理。

3.2.1 动用与使用

（1）轻装药、凝油粉、发烟器材的动用，由使用分队提出申请，业务部门批准，按照用多少领多少的原则动用，训练剩余部分一律上交本级仓库存放，分队和个人不得私存。

（2）防化发烟燃烧弹药必须严格按照其性能和编配用途动用、使用，严禁挪作他用。防化发烟燃烧弹药应当严格按照批准的计划动用，计划外动用，必须经上级首长批准。

（3）烟火弹药的使用，应当遵守以下规定：①使用人员应当了解防化发烟燃烧弹药的技术性能，掌握操作要领，严禁违规操作；②凡是受到强烈震动、碰撞或跌落高度超过1.5m以上的发烟火箭弹、燃烧火箭弹，未经检查鉴定，严禁用于实弹射击；③在使用中出现迟发火、不发火、近弹等技术问题，应当停止射击，妥善处置；④调制、装填喷火油料的作业场所，应当远离弹药储存和人员聚居地，不允许使用明火，并采取必要的防雷、防静电、消防等措施；⑤使用剩余的防化发烟燃烧弹药必须认真清点、登记、擦拭干净，重新包装，如数上交，严禁私自存放；⑥训练结束，对出现问题的未爆（燃）防化发烟燃烧弹药，应当组织人员查找，就地销毁。

3.2.2 储存与保管

1. 储存的条件要求

（1）防化发烟燃烧弹药的储存与保管必须符合技术标准和安全规定，库房与住宅区的距离一般应在500m以上，库房应安装防盗、防火、烟火报警、防雷、防静电设施，照明应用防爆照明。

（2）防化发烟燃烧弹药必须专用库房存放，严禁与其他装备物资混存堆放。库房应阴凉、干燥、通风良好,应配置温湿度计,按装备物资管理的技术要求配备通风、降温和除湿设备,并逐步提高设备的自动化程度。

(3)库房内应保持整洁,防止鸟类、虫鼠进入库房。库房、装卸场周围严禁堆放易燃易爆物资,5m以内无高草、杂物、积水、积雪。库房应设置明显的防火标志。

(4)燃烧弹、发烟弹(罐)、轻装药、喷火油料应分库单独存放,严禁与其他物资装备混放,禁止同酸、碱等化学品混放。

(5)喷火油料应储存在通风、阴凉干燥的地方,尽量避免阳光直接照射,因光和热的作用会加速汽油成分的氧化,破坏油料的结构黏度。也应避免雨淋,并且要远离火源。

(6)野外存放时,应当选择坚实、隐蔽的地方,应充分利用就便器材垫底和覆盖,防止高温曝晒和雨淋,并注意伪装,堆放场地应当避开高压线。不得同其他危险品混放。发烟手榴弹不得露天存放。

2. 包装要求

(1)防化发烟燃烧弹药内包装的主要作用是直接盛装烟火药剂,并保证密封使其不外溢或漏出,保证安全和使用性能。

(2)防化发烟燃烧弹药外包装的主要作用是保护内包装并便于装卸运输作业。防化发烟燃烧弹药除喷火器轻装药外,均采用木箱包装。此外,发烟火箭弹和燃烧火箭还有一层玻璃钢包装筒。某型轻装药用纸板盒包装并用隔板或隔架将产品隔开,装盒后外裹牛皮纸用绳捆扎并浸蜡。包装所用纸板、牛皮纸应洁净、干燥。包装后的轻装药再装入金属箱内,箱内洁净、干燥,使用前经气密性检查合格,金属箱表面应涂漆。

(3)包装时还需要必要的衬垫材料和防护物。内防护物的主要作用是使货物进行必要的隔离,如发烟火箭弹和燃烧火箭弹的弹托。外防护物和衬垫材料的主要作用是对内、外包装起防震动、防摩擦、防碰撞、防潮湿等作用。

(4)每箱产品放一张装箱单。内容包括产品名称或代号、批次、数量、生产日期、装箱日期、包装工和检验员姓名或代号。外包装箱外应有标志。内容包括产品名称、批量、年代号、生产厂代号、数量、外形尺寸、全重。

(5)喷火油料的储存不能用生锈、镀锌的容器,这种容器易使汽油中的硫化物与铁、锌作用,生成物破坏油料结构。储油容器要密封,特别是气压低、湿度大、温度高的地区要更加注意。储油桶上应注明调制日期、粉油比等。

3. 放置要求

(1)防化发烟燃烧弹药应当严格按照包装箱的标志码放,堆放时箱盖朝上,有标志的一侧向外,堆放高度一般不得超过2m。堆放时还应留出1.2~2m的工作通道和0.6m宽的检查通道。堆放时不同型号、批号的产品要单独分别堆放,不得同其他危险品混放。堆垛必须排列整齐、稳固,防止弹药箱跌落。

(2)在堆放防化发烟燃烧弹药时,除将弹药箱适当提高外,还应利用良好天气进行"倒垛"和搬出晾晒。拆垛、码垛作业时,应当采取必要的安全措施。倒垛、搬运防化发烟燃烧弹药时,要轻拿轻放,不得抛掷或使其在地面翻滚。防止防化发烟燃烧弹药跌落或者堆垛倒塌。严禁将点火棒等放在衣袋内携带,以免发生起火烧伤人员。

(3)从1.5m以上高度跌落的发烟火箭弹、燃烧火箭弹,应当单独存放,明确标记,并及时组织技术鉴定。凡是确定废品要单独存放,并尽快销毁。

(4)轻装药和凝油粉应按原包装放置保管,保持包装的密封性,防止受潮变质。凝油粉开封后,一次用不完的可用蜡封。

(5)灭火方法不同的防化发烟燃烧弹药不得混合放置。否则不仅有碍灭火工作的顺利进行,还有引起更大事故的危险。

4. 对保管人员的要求

(1)防化发烟燃烧弹药仓库保管员必须政治可靠,熟悉业务。

(2)防化发烟燃烧弹药仓库保管员必须经过专业技术培训,合格后方可上岗。

(3)防化发烟燃烧弹药仓库保管员变动时,必须严格履行交接手续。交接时应有主管领导参加,交接双方应按账、卡、物三符合要求,认真地逐项核对、交接。交接内容主要是品种、数量、质量情况,账目,收发凭证,仓库设备,工具,业务学习材料和业务工作用品等。

(4)交接时要边核对、边铅封、边标记。交接期间,库房钥匙应指定业务技术干部保管。交接中,如果发现数量、质量不清,手续不全,要查找原因。在未交清之前,移交人员不得离开原工作岗位。

3.2.3 装卸与运输

1. 装卸、运输基本要求

防化发烟燃烧弹药的装卸运输,必须严格执行军用爆炸物品和化学危险品装卸运输的有关规定,周密计划、严密组织、确保安全。各级装备机关应当根据任务需要和地理条件,灵活采用公路、铁路、水路和航空等运输方式,并会同有关部门制定运输方案,报本级首长批准后实施。公路运输必须按规定执行。按级呈报"危险品运输计划",待计划批准后,到本级政治部保卫部门办理"危险品运输通行证"。如有必要应与沿途驻军、公安、交通部门取得联系,共同做好安全保密工作。公路运输时,要严格按照批准的行车路线和时间通行。确需穿过城镇和居民区时,必须避开人员活动高峰期,并视情况设置调整哨。必要时请求当地公安部门协助。装车时,弹药箱应当堆放整齐、排列紧密,弹体横向放置,装箱高度不得超过车厢板。

铁路、水路和航空运输时,应及时编报运输计划,加强与承担运输任务单位的协调,按照其运输要求组织实施。铁路运输计划应填写防化发烟燃烧弹药名称或代号,并在附记栏注明该类的组级代号。防化发烟燃烧弹药铁路运输时按通用弹药的要求运输,但不得用敞篷车运输。装车时,弹药箱应当堆放整齐、稳固排列紧密,防止弹药箱跌落,弹体必须横向放置,以防列车开进和刹车时的冲击。装卸时,严格按照弹药包装箱上的标志进行,轻拿轻放,防止撞击和跌落。严禁粗暴作业和高温曝晒,并采取防雷、防火、防潮、防静电措施。

防化发烟燃烧弹药的装卸场所,必须符合安全要求,设置警戒区域,无关人员或车辆不得进入作业区。装卸作业应由熟悉防化发烟燃烧弹药性能的人员组织实施,并按包装标志要求进行作业。装卸时,作业人员必须严格听从指挥、遵守操作规程,以保证安全。运输工具必须停稳并确实制动。发现包装破损,不能保证运输安全的不得装载。装卸结束,要及时清理现场,检查有无漏装、漏卸。

退役、报废的防化发烟燃烧弹药的装卸运输,根据其特点和技术状况,从严掌握其运输计划的审批,认真组织实施。

2. 运输对车辆(船舶)要求

防化发烟燃烧弹药的运输工具应当性能可靠,设施完备,有防火、防雨、防雷、防静电等措施。公路运输采用敞篷车时,应当加盖防雨篷布。铁路运输时,应选配不漏雨、门窗完好、车内干燥、状态良好的列车。使用单位在装车前应会同车站对列车进行严格检查,确认符合使用条件后方能装载。对不符合运输条件的列车应及时与铁路部门协调。

3. 运输中押运要求

运输时,应当选派政治合格、责任心强、熟悉业务的人员参与押运,指定专人负责,加强途中检查,在停靠的车站、码头和机场,应当设置警戒,确保安全,必要时组织武装押运。

押运人员乘坐运输车辆时,在车内严禁吸烟、点火或用明火照明。严禁携带易燃易爆品。押运人员要熟知所押运防化发烟燃烧弹药的性能和防护方法,熟悉押运安全常识,遵守铁路运输有关规定。要加强政治责任感,途中应严守岗位,提高警惕,停站时要检查所押运的防化发烟燃烧弹药的安全情况。

3.2.4 质量检测

防化发烟燃烧弹药的定期质量检查一般根据年度计划进行,对库存的防化发烟燃烧弹药进行种类、数量、生产年度和质量检验,确保管理人员对其心中有数,为防化发烟燃烧弹药的质量分级提供基本依据。通常一年进行一次,主要对储存时间接近有效期和在使用保管过程中发现问题的品种和批次进行质量检验。根据质量情况对其进行标志,认真统计汇总,填写数量、质量情况表,对检查结果实施处理。

1. 基本要求

(1) 防化发烟燃烧弹药的定期质量检查是及时掌握防化发烟燃烧弹药的数量、质量情况,加强安全管理和防止事故的重要措施。

(2) 防化发烟燃烧弹药的定期质量检查按有关管理规定,严密组织,要制定详细的检查方案,分工负责,统一计划,严密组织,确保安全。

(3) 定期质量检查方案主要包括定期质量检查的参加人员及相应职责、组织方法、时间、程序、注意事项、物资器材计划等。

(4) 参加人员一般由主管的业务部门领导及有关人员、专业技术人员、操

第 3 章　单位防化危险品安全管理

作人员、仓库保管人员等组成。参加检查的人员必须熟悉防化发烟燃烧弹药的性能和各种突发事故的应急措施,熟练掌握防护、消防、急救器材的使用技能。

(5)要做好充分的物质准备,主要是检查器材、防护器材、消防器材、急救器材和工具等。

(6)检查完毕要认真统计汇总,填写防化发烟燃烧弹药数量及质量情况,提出相应的处理建议。

(7)人员携行和仓库储存的防化发烟燃烧弹药按照 TBB—200《防化危险品退役报废条件》的要求进行检查。

2. 检查标准

防化发烟燃烧弹药根据其质量分为新品、堪用品和废品等三种。

在静态检查中未超过保管和使用期限,如包装完好无损,抽检未发现产品有任何瑕疵,则该批产品均为新品。逐箱检查时,包装和产品均完好的为新品。静态检查发现接近保管和使用期限,而且包装和产品完好无损,鉴定检验符合战术技术指标要求,可作为堪用品。对于 02 式燃烧火箭弹和 02 式发烟火箭弹如包装箱有破损,前后密封盖无脱落,发射后筒(包装筒)和火箭弹本身无任何瑕疵,则也可作为堪用品。对于发烟罐和发烟手榴弹,如包装有破损,产品表面有轻微变形或标志不清晰也可作为堪用品。对于轻装药和凝油粉(六六粉),虽然外包装有破损,但内包装完好无损,也可作为堪用品。凡符合退役条件和报废条件的一律作退役和报废处理。

1)防化发烟燃烧弹药退役条件

符合下列条件之一的防化发烟燃烧弹药应作退役处理:

(1)性能达不到战术技术指标要求;

(2)型号技术性能落后,不能满足使用要求;

(3)由于其他原因不宜继续配备人员使用。

2)防化发烟燃烧弹药报废条件

符合下列条件之一的防化发烟燃烧弹药应作报废处理:

(1)超过储存期;

(2)战术技术性能下降不能满足使用要求;

(3) 因事故、自然灾害等原因损坏,无法修复或无修复价值以及影响使用安全。

3. 检查注意事项

(1) 要标志检查场地范围。在检查前,根据检查作业量的大小,用隔离物标志检查场的范围。

(2) 检查防化发烟燃烧弹药、火工品要在室外进行,远离库房、弹药堆放地和高压电线,操作人员要穿防静电服,操作地点要有放静电的设施。检查后要按原样恢复包装。

(3) 在检查发烟手榴弹的过程中,要特别注意不要拉开保险销,以防发生事故。

(4) 在检查发烟罐的过程中,不准破坏发烟罐的密封机构,以防点火装置吸潮后失效。

(5) 检查喷火器轻装药及凝油粉时,不准打开内包装,否则会破坏密封状态,使产品储存期缩短或影响使用性能。

(6) 确定退役或报废的防化发烟燃烧弹药应妥善保管,不得损坏、丢失、乱拆乱卸,禁止作废旧物资处理。

3.2.5 退役、报废与销毁

1. 定级与转级

烟火弹药根据其质量状况分为新品、堪用品和废品三级。烟火弹药的定级通常每年进行一次。列入装备实力的烟火弹药,堪用品转为废品时,由相应业务机关组织鉴定,并报上级批准。

2. 退役与报废

烟火弹药退役、报废的条件:①因储存年久、性能下降、型号更新或者其他原因不宜继续装备的烟火弹药作退役处理。②因事故、战斗、自然灾害等原因损坏,无法修复或无修复价值以及影响使用安全的烟火弹药作报废处理。退役、报废的烟火弹药,应当妥善保管,不得损坏、丢失、乱拆乱卸,禁止作废旧物资处理。

3. 销毁

批准退役、报废的烟火弹药的销毁,由业务机关统一组织、防化危险品销毁站具体实施。退役、报废烟火弹药的销毁实施方案,必须经主管机关批准后方可实施,如有变更,必须重新报批。销毁结果应当逐级上报。烟火弹药的销毁,必须符合国家环境保护标准。

3.3 化学防暴弹药的安全管理

对化学防暴弹药的安全管理主要包括对其储存与保管、装卸与运输、质量检测等方面的安全管理。

3.3.1 动用与使用

（1）化学防暴弹药应当严格按照批准的品种、数量动用。紧急情况下动用,必须经上级首长批准。

（2）化学防暴弹药必须按照技术性能、编配用途和操作规程使用。化学防暴弹药发生一般性故障,应当及时排除。发生哑弹时,应当设法找回,适时组织销毁,并注意保护环境。

（3）人员遂行防暴任务终止后,应当及时对化学防暴弹药进行清点、登记,并报上级主管部门备案。未使用的化学防暴弹药,应当按照要求及时入库。

3.3.2 储存与保管

1. 管理要求

（1）各级领导要把对化学防暴弹药的管理作为加强单位装备建设、落实维和治安工作的一项重要任务来抓。对人员要加强安全教育,增强安全意识和政治敏感性,切实把化学防暴弹药危险品的管理工作搞好。

（2）仓库保管员必须政治可靠,熟悉化学防暴弹药的技术性能及有关规章制度,做到会识别、会检查、会维护保养。

（3）化学防暴弹药的储存保管,必须按照技术要求与安全规定存放在专用库房。

（4）库房应当牢固,远离居民点、行政生活区,便于警戒并配有防盗、防火、防雷和防静电等设施。

（5）库房应保持整洁，通风良好，应配置温湿度计，按装备物资管理的技术要求配备通风、降温和除湿设备，并逐步提高设备的自动化程度，以保证库房温度不超过25℃、相对湿度不超过70%。

（6）分类、分批号单独码放，堆码高度不超过2m，并留有不小于0.6m的通风道和1.5m的作业道。

（7）倒垛、搬运化学防暴弹药时，要轻拿轻放，不得抛掷或在地面翻滚。

（8）库房、装卸场周围严禁堆放易燃、易爆物资，5m以内无高草、杂物、积水、积雪。

（9）库房应设置明显的防火标志。外来人员、车辆进入库房，需经仓库领导批准，由干部陪同。未经上级业务部门批准，不得在库区内摄影、录像和绘图。

（10）人员在遂行防暴任务期间，化学防暴弹药通常以连为单位集中存放，有条件的应当设弹药库（室），加强管理。

2. 管理制度

1）登记统计制度

各级业务部门和器材库房，必须分别建立健全登记统计账目，及时准确地反映库存化学防暴弹药危险品数质量状况。

（1）化学防暴弹药要按规定登记账目，详细填写序号、名称、单位、质量、货位及库存情况，并且每月核对1次，做到账、物、卡相符。

（2）化学防暴弹药必须有明显的标记和堆、架签，出入库要严格调拨手续，登记清楚。转级、报废、多出、短少等均需说明原因，并经本级装备业务部门批准后更正账目。

（3）化学防暴弹药账目、凭证、统计报表等业务资料，必须按年度定期整理，并按管理规定妥善保管。账目、调拨凭证保管时间不少于6年，其他报表资料不少于3年。有参考价值的主要报表要归档长期保管，各种资料保管期满后，经上级装备业务部门批准后方可销毁处理。

2）检查制度

（1）定期查库。各级业务部门每月组织查库1次，仓库主管人员每周查库

1次,仓库保管员每周不得少于3次。恶劣天气和特殊情况下,应当增加进库检查次数,发现问题,迅速报告,妥善处置。库房应设立检查登记簿,记录查库情况。

(2) 查库内容。包括:各项规章制度和安全措施落实情况;数量、质量是否与账、卡相符;配套、保管保养、存放堆垛是否符合要求;库内设备、消防器材是否完好;库内外是否整洁。

(3) 除定期检查外,在炎热季节应增加检查次数。检查时要有防护措施。

(4) 查库中发现的问题要及时采取措施加以解决,检查情况要及时向上级业务部门报告。

3) 交接制度

(1) 仓库保管员变动时,必须办理交接手续,交接时应有防化助理员参加。交接双方应按账、卡、物三符合要求,认真地逐项核对,交接。

(2) 交接内容主要是数量、质量情况,账目、收发凭证,库房设备、工具,业务学习材料和业务工作用品等。

(3) 交接时要边核对、边铅封、边标记。交接期间,库房钥匙应指定业务技术干部保管。

(4) 交接中,如发现数量、质量不清、手续不全,应查找原因。在未交清之前,移交人不得离开原工作岗位。

3. 人员出入库规定

(1) 本单位人员请领化学防暴弹药需持凭证和主管首长签字,由两人以上一同请领,经过值班员允许后方可进入库房。

(2) 非保管人员和请领人员未经许可不得进入库房。

(3) 非本单位人员未经许可不得靠近库房。

(4) 所有进出人员必须在值班(保管)员监督下登记姓名、出入库时间和进入库房的原因。

(5) 经允许进入库房的人员必须遵守库房的管理规定,禁止在库内吸烟,未经允许不得动用库内设备(保管人员除外),不得查阅库内所有档案资料等。

(6) 人员进入库房前应开启通风设备,关闭报警装置,人员离开库房应锁好门窗,并开启报警器装置。

3.3.3 包装与运输

1. 化学防暴弹药的包装

化学防暴弹药的包装采用复合包装法,即分内包装(单件包装)和外包装。

(1) 内包装包括铝塑薄膜袋和塑料包装筒。先将化学防暴弹药包装在铝塑薄膜袋内,再置于塑料包装筒中。防止因接触雨雪、空气、潮湿、光照或其他物质渗入而引起材质的变化和造成危险。

(2) 外包装一般采用木箱或纸箱,主要作用是保护内包装并便于装卸运输作业。

(3) 内、外包装之间适当放一些薄的衬垫材料,主要作用是对内、外包装起防震动、防摩擦、防碰撞等作用。

2. 化学防暴弹药的运输

需要长途运输时,一般用铁路运输的方式;短途运输时,用公路运输的方式。

1) 铁路运输

(1) 计划承办。整车运输化学防暴弹药,提计划单位在填写"月份铁路运输计划表"时,应填写货物的具体品名或产品代号,并在附记栏注明该危险品的组级代号。

(2) 车辆选配。装运化学防暴弹药时,应选配不漏雨、门窗完好、车内干燥、状态良好的车辆,禁止用平板车。使用单位在装车前应会同车站对车辆进行严格的检查,确认符合使用条件后方可装载。对不符合运输条件的车辆应及时与铁路部门协调。

(3) 铁路运输前的检查。铁路运输前,对各种化学防暴弹药的每一个包装箱要进行细致的检查,应符合国家 GB 12453—90《危险货物运输包装通用技术条件》,GB 12475—90《农药储运、销售和使用的防毒规程》标准和防化业务部门有关规定。

(4) 装卸作业规定。运输化学防暴弹药,车到位后,要及时组织装卸。装卸作业应由熟悉货物性能的人员组织实施,并按包装标志的要求进行作业。装卸人员在作业时应听从指挥,严守操作规程,以保证安全。

装卸化学防暴弹药的具体要求如下:

① 佩带有关防护器材,准备好洗消、急救器材。

② 认真检查包装的完好情况。

③ 严格遵守操作规程,轻拿轻放,防止跌落,严禁撞击、拖拉、翻滚、倒置,不准踩在包装箱或站在包装箱上作业。

④ 包装箱堆码高度不得超过车厢高度,且堆码牢固,不得窜动。

⑤ 装卸完毕应及时清点检查有无漏装、漏卸的化学防暴弹药。

(5)押运注意事项。押运员乘坐货物车时,车内严禁吸烟、点火或用明火照明。严禁携带易燃、易爆品。押运人员要熟知所押货物的性能和防护方法,熟悉押运安全常识,遵守铁路有关规定。要加强政治责任感,途中应严守岗位,提高警惕,停站时要检查所押货物安全情况。

2)公路运输

(1)手续办理。化学防暴弹药的公路运输,必须按规定执行。按级呈报"危险品运输计划",待计划被批准后,到本级政治部保卫部门办理"危险品运输通行证"。如有必要,应与沿途驻军、公安、交通部门取得联系,共同做好安全保密工作。

(2)装车要求。装车通常由发货单位协助,负责押运的人员在装车时,应周密计划,合理摆放装备器材,充分利用车厢的空间,以提高运输效率。公路运输较颠簸,急转弯引起的离心力较大,急刹车引起的惯性较强,因此在装车时要挤紧、装稳、捆绑牢固,并用篷布盖严。装载的要求如下:

① 包装箱应平放,箱盖朝上,互相紧靠,堆积稳固,重量分布均匀,堆码高度不得超过车厢板,禁止倒放、侧放。

② 装载重量不得超过运输工具的载重负荷。

③ 不得与其他危险品同时装载于同一车辆上,不许搭乘无关人员。

④ 车辆上必须有防火、防雷、防静电等措施。

(3)押运分队。用公路运送化学防暴弹药时,押运分队的组成一般应由指挥、警卫、化学侦察、洗消、救护、保障等人员组成。各种押运人员和车辆的数量可视运送化学防暴弹药的多少、路途的近远、沿途社情等具体情况而定。

(4) 注意事项:

① 组成车队运输时,出发前要明确行车顺序、车速、车距,前后车最好有干部带车,经常保持通信联络。

② 运输途中,押运员应在驾驶室就座,车队行驶时应相互监押。

③ 行车路线应避开城镇和人口集中的居民点。必要穿越城镇时,应避开人口活动高峰期并设调整哨,以确保安全。

④ 汽车运输,严格限制车速,不得急刹车,禁止抢道、超速和途中随意停车。

⑤ 夜间住宿最好联系安全招待所,押运员要轮班站岗,干部应查哨查车。途中就餐时,应放哨警戒,防止货物丢失。

⑥ 押运人员必须携带防毒面具、手套等,备用。

3) 运输过程中可能出现的紧急情况及相应措施

(1) 运输过程中如因颠簸等原因发生意外爆炸事故造成刺激剂泄漏,押运人员应迅速撤离、派出警戒,阻止其他人员和车辆进入危险(害)区,防止群众受害。

(2) 迅速查明事故的严重程度。如果情况轻微,则立即使用随车携带的洗消器材等进行相应处理,经检查确认没有问题后,继续行进,并及时将情况向上级报告。

(3) 如果事故严重,押运人员难以在短时间内妥善处理,则应迅速向上级报告,同时向当地驻军和地方政府寻求支援。

3.3.4 质量检测

1. 质量检查要求

(1) 化学防暴弹药的定期质量检查是及时掌握化学防暴弹药的数量、质量情况,加强安全管理和防止事故的重要措施,并为其定级提供依据,定级一般 1 年 1 次。

(2) 化学防暴弹药的定期质量检查根据年度计划或上级要求,对库存的化学防暴弹药进行数量、质量的检查。

(3) 进行定期质量检查前,要制定详细的方案(简称检查方案),分工负责,统一计划,严密组织,确保安全。

第 3 章　单位防化危险品安全管理

（4）检查方案主要包括参加人员及相应职责、组织方法、时间、程序、检验方法、注意事项、物资器材计划等。

（5）参加人员一般由主管的业务部门领导及有关人员、专业技术人员、操作人员、仓库保管人员等组成。要求必须熟悉各种化学防暴弹药的性能，熟练掌握侦、防、消、救器材的应用技能，熟悉检验过程中的各种应急措施。

（6）为确保安全，检查人员必须熟悉方案，明确自己的职责和任务，搞好防护，事先要认真检查个人防护装备的性能，检查通风设施及通信设备等是否完好。

（7）要做好充分的物质准备，主要包括侦检分析器材、防护器材、急救器材、洗消器材、包装器材、标志器材及工具等。

（8）要根据情况逐箱（枚）加以质量标志，并认真统计汇总的数量、质量情况。

2. 质量分级标准

化学防暴弹药按质量情况分为新品、训品（堪用）、废品等三级。

（1）新品是未超过保管和使用时限，完好无损，符合技术条件的化学防暴弹药。

（2）训品是超过保管和使用时限，质量、性能低于技术标准，不能用于防暴行动保障，但能用于防暴训练的化学防暴弹药。

（3）废品是不能用于平时反恐、防暴训练，需报废处理的化学防暴弹药。

化学防暴弹药的报废按《防化危险品退役报废条件》的有关规定执行。

3. 检查中的应急措施

化学防暴弹药是以化学伤害为主，如刺激剂防暴弹是以催泪为主的一类防暴器材。检查过程中，若发现弹药泄漏且有强烈的刺激气味，应采取如下应急措施：

（1）迅速戴上防毒面具和防毒手套，可继续进行检查。

（2）发现有轻度中毒症状时，迅速撤离染毒现场，到通风良好的地方，10min 后症状自然消退，一般无须治疗。

（3）眼睛刺痛时切勿用手揉搓，可用自来水、生理盐水等溶液冲洗并点眼药水（氯霉素等）。

（4）呼吸道症状严重时，也可用自来水或 2% $NaHCO_3$ 溶液漱口，或吸入抗烟剂。

（5）皮肤染毒时可先用干布擦洗，用清水或生理盐水、肥皂水溶液冲洗，然后涂上可的松软膏等。皮肤过敏时，可口服苯海拉明。皮肤红肿可涂皮炎平、氟氢可的松、消炎软膏等。

3.3.5 退役、报废与销毁

（1）化学防暴弹药的退役、报废与销毁必须经上级批准。

（2）化学防暴弹药退役、报废的条件：①因储存年久、性能下降、型号更新或者其他原因不宜继续配发的化学防暴弹药作退役处理；②因事故、遂行防暴任务、自然灾害等原因损坏，无法修复或无修复价值以及影响使用安全的化学防暴弹药作报废处理。

（3）申请退役、报废的化学防暴弹药，批准前，应当妥善保管，不得丢失、乱拆乱卸，禁止作废旧物资处理。

（4）化学防暴弹药的销毁，由业务机关统一组织、防化危险品销毁站具体实施。

（5）退役、报废化学防暴弹药的销毁实施方案，必须经主管机关批准后方可实施，如有变更，必须重新报批。销毁处理结果应当逐级上报。

（6）化学防暴弹药的销毁，必须符合国家环境保护标准。

3.4 防化放射性物质的安全管理

对防化放射性物质的安全管理主要应该包括对其动用与使用、储存与保管、包装与运输、质量检测等方面的安全管理。

3.4.1 动用与使用

动用放射性物质及带有随装放射源的核辐射监测装备，由本级单位首长审批。

（1）各种仪器的随机放射源应放在随机的铅盒内或规定的部位，不得敲打或撬挖外壳，发现有放射源、外壳破损时不能继续使用，应妥善处理。

(2) 校试仪器所用的标准源锶 90Sr/90Y 为铝箔封装的面源,注意勿使铝箔破裂。60Co 为铅罐封装,对人的伤害作用较强,应尽量集中存放。

(3) 如果使用放射性 170Tm,其对人员伤害作用较弱,主要注意分装和稀释时的操作方法,不得使 Tm 混入食物或进入人体内。分装时,操作人员应着工作服、戴防毒面具和防毒手套(或者戴滤布口罩、平光眼镜)。操作时不得吸烟、饮水、进食,不得让 170Tm 进入口内或溅撒在容器以外。分装完毕,要对人员、工作台面、场地进行沾染检查和必要的消除处理。空铅罐应及时退回,以便周转。

3.4.2 储存与保管

1. 放射性物质储存库的建设要求

储存库等参照废物库建设要求,进行选址、设计与建造。

1) 选址

选址的一般要求:满足废物库的建造、运行、扩建和退役的需要;考虑外部人为事件和自然事件对废物库的影响以及废物库可能的放射性与有害物质的释放对公众和环境的影响,保证在设计寿期内为放射性废物提供与公众、环境间足够的隔离和良好的包容性能,满足审管部门的要求;考虑对当地社会、经济发展的制约因素和废物库建造与运行的经济合理性。

场址条件:自然条件要求地形地貌比较平坦、坡度较小的地区;地质构造较简单,地震烈度较低的地区;地下水位较深、离地表水距离较远的地区;工程地质状态稳定(无泥石流、滑坡、塌陷、冲蚀等不良工程地表现象),岩土的透水性差、有足够承载力的地基土层的地区;气象条件较好的地区。

社会与经济条件要求附近没有可以对废物库安全造成影响的军事试验场、易燃易爆与危险物生产或储存等设施;附近无具有重要开发价值的矿产区、风景旅游区、饮用水源地保护区或经济开发区;交通方便和水、电供应便利的地区。

2) 设计建造

设计原则:满足法规、标准的要求;有利于废物库的建造、运行、维修和退役;方便废物的回取;采用经过实践检验,证明是安全、可靠和有效的技术、工艺、设备和仪器;经费概算应符合国家有关规定。

废物库的组成:可以在一个车间内设置废物储存区和废源储存区,如果废物和废源的数量都很大,经过优化评估也可以分别设置废物储存车间和废源储存车间;根据废物源项情况和废物库的接收准则,选择所需的废物处理车间;废物处理和储存所需的分析与测量实验室及辐射防护测量实验室;办公用房;用于停放放射性废物运输车的专用车库;用于停放公务车和家用车的车库;用于接收和洗涤工作服的洗衣房;用于存放运行、检修所需的各种工具材料及其备品备件的材料库;室外工程,包括大门、围墙、室外管网、排水沟、排洪沟、护坡、绿化工程等。

废物库布局原则:整个库区分为工作区、办公室和隔离区。工作区和办公室之间应相隔一定距离。放射性建(构)筑物应布置在主导风向的下风向方向。库区围墙外应设立隔离区,隔离距离应保证库区周围公众的年有效剂量达到以下规定的要求:从事放射性废物运输、检查、监测和储存等放射性工作的人员,年有效剂量不超过 5mSv;库区周围公众年有效剂量不超过 0.1mSv;在进行屏蔽层厚度计算时,选用的剂量率值分别为距盖板表面 0.5m 的剂量率不超过 $20\mu Sv/h$、各储存间隔墙表面 0.2m 处剂量率不超过 $20\mu Sv/h$、库体外墙外表面 0.2m 处剂量率不超过 $2.5\mu Sv/h$;表面污染控制水平按 GB18871 规定值执行。

尽量缩短废物的运输搬运距离;道路、管网的布置应方便与场外设施的连接,方便运行和维修的作业,有利于场区的排水和防止人流与物流的交叉污染;有利于气载流出物的扩散;预留发展区。

储存车间的相关要求:应根据废物的数量和类别的具体情况,将废物储存区分为废源存放区、废物存放区、接收与转运存放区和(或)衰变存放区。必要时,可增设较高活度(或较高剂量率)废物存放区。

储存车间布局原则:废源和废物存放区应分开布置;废源应存放在有屏蔽盖板的储存坑内,活度小或半衰期很短的废源(如校准源、某些医疗用源)可以存放在地面上的铁柜内;放射性废物宜存放在储存车间地面上。根据废物的特性,可将地面库分成较低活度间、较高活度间、衰变存放间等。对高活度废物应考虑尽量缩短其搬运距离,其存放间应有适当的屏蔽墙(门)或迷宫

第 3 章　单位防化危险品安全管理

式通道;废物和废源均应分类、分组排列存放,各组间留有一定的距离,以便日常的检查、监测、回取和转运,并留有对受损废物包进行再包装的场地;应采取措施,加强对高危险源的安全保卫工作;排风机房的布置应靠近需要排风的储存坑。

废物包和存放区的识别:应考虑不同类别的废物包和存放区均应有便于识别的标志的需求,以免发生差错。通常用色码来区别不同类别的废物包和用编码来识别废物包。有条件时,可考虑在使用遥控操作搬运设备时,用条码技术来识别废物包。通常用不同的颜色或墙面(或地面)上的醒目文字来识别不同存放区。

废源储存坑和盖板要求:盖板周边均要设计成企口,盖板铺设后不应出现通缝,企口尺寸不小于100mm,盖板相互缝隙和盖板与墙体之间的缝隙尺寸不应超过10mm;盖板的分块应与吊车起重量相适应;为了保护盖板周边不会因吊运的撞击造成边角损坏,盖板周边和企口处、墙与盖板的接合处应包镶角钢;盖板铺设后要求平整,盖板吊钩不宜高出地面,吊钩部位要求光滑和便于去除放射性污染。

处理车间的相关要求:废物处理车间通常应包括废物分拣和存放区、处理与整备操作区、去污检修区、原材料存放区、风机房、配电间、控制室、办公室、工具间、卫生通道等。

处理车间布局原则:放射性操作区应与非放射性工作区隔离,二者通道处应设过渡间或隔离台;应考虑工艺过程的连贯性(如压实后的固定、焚烧后焚烧灰的固化),减少废物转运距离,方便运转操作;不同的处理或整备装置应设置在不同的房间内,避免交叉污染;原材料(如水泥、砂石料等)存放区应紧靠处理车间单独设置。

放射性废物库的通风设计原则如下:

① 通风设计应确保气流组织由放射性水平低的区域流向放射性水平高的区域。

② 从事开放性操作的区域(如密封箱室内)和在正常条件下有可能受放射性污染的区域(如储存镭源的储存坑和废物处理操作间)应单独设立通风系统,以免交叉污染。

③应根据场址气候条件决定是否设置机械进风。对沙尘较多的地区应设置有效的进风过滤系统,防止室外的沙尘进入,抑制放射性污染扩散。

④应采取措施保持特定区域(如密封箱室)内在运行和停运工况下的适当负压,以防放射性气载物泄漏和扩散。

⑤向环境排放放射性物质应满足相关法规、标准和审管部门规定的要求。

⑥除上述要求外,采暖通风与空调系统的设计应符合 EJ/T1108、GBJ19 和相关规范的规定。

放射性废物库的给排水设计原则如下:

①放射性废物和废源的储存库内不应设置供水点,以防漏水造成废物包受浸和放射性污染扩散。

②应采取措施,将有可能因放射性泄漏而污染的上水系统与其他的生产上水、生活上水隔离。

③应采取措施,将有可能受污染的生产下水和排放系统与其他排放系统隔离,并单独收集和处理。

④向环境排放的废水应满足相关法规、标准和审管部门规定的要求。

⑤除上述要求外,给排水系统(包括消防)的设计应符合 GBJ13、GBJ14、GBJ15、GBJ16 和 GBJ140 规定的要求。

安全保卫要求:应在废物库区的出入口,特别是废物储存车间和废物处理车间的出入口设置合适的控制系统,如证件检查、可视对讲、密码输入或读卡控制系统。出入口控制系统应与出入登记系统和(或)闭路电视监视系统相连,以便确认、记录和(或)监视出入人员。

闭路电视监视系统由工艺操作室内监视系统、室外监视系统和监控室组成。

①应在废物储存车间和废物处理车间内的适当位置设置适当数量的变焦云台摄像机,供工艺操作和室内监视用。

②应在出入口和库区周界控制处设置室外监视摄像机,供识别与记录出入人员和遥控出入口用。

③监控室应装置足够的电视屏和画面转换器,遥控出入口和周界照射灯的开关。

第 3 章 单位防化危险品安全管理

④ 废物储存车间及其吊车的电源控制与报警系统应设置在监控室内。

周界照明和报警系统应包括废物储存车间、废物处理车间和废物库区周界照明灯,入侵探测器和报警器以及监控室的报警器。

2. 放射性物质的储存

无论是在使用、备用的开放型放射性同位素,还是停止运行的辐照设备的密封型辐射源、暂时或较长时期内不使用的放射性物质,都必须加强安全防护管理,否则将有可能发生意外放射性事故。由于对放射性物质管理不善,国内外曾发生过多起放射源丢失、放射性污染,甚至造成人身伤亡的事故。为预防放射性事故,应保障辐射安全。

国务院2005年颁布了《放射性同位素与射线装置安全和防护条例》。相关条例和规定对放射性物质的储存做如下要求:

(1) 必须设有符合辐射安全防护要求的专用储存场所。该储存场所可根据储存放射性物质的种类、半衰期、活度和使用频度等特点具体设计,但必须符合放射防护标准及有关管理要求。放射性废物应当定期(通常为每年1次)送交防化危险品检测销毁站。

(2) 放射性物质严禁与易燃、易爆,具有腐蚀性的物品放在一起;在储存场所要设有安全防盗、防火以及一旦发生火情便于消防抢救的设施与条件。

(3) 储存时应注意堆积方式。地坑存放时,盖板上方 $0.5m$ 处的剂量率不高于 $0.05mSv/h$;库房内堆积时,离源容器表面 $1.0m$ 处不高于 $0.1\mu Sv/h$;库房外壁 $20cm$ 处应小于 $2.5\mu Sv/h$。

(4) 放射性物质储存场所要设置危险标志,主要是电离辐射标志(图3.2)和电离辐射警告标志(图3.3)。在野外使用的辐射源必须划出禁区,设有醒目的辐射危险标志,并指派专人看管。人员在遂行任务期间,放射性物质不能入库时,应当集中存放在储源柜或储源箱内,有条件的应当设立放射源室,并指定专人保管。

电离辐射标志是用来表示实际或可能出现的致电离辐射(包含 α、β、γ、中子、质子和其他核子的辐射)以及发射致电离辐射的物体、设备、材料或材料组合体。电离辐射标志背景一般为黄色,三叶形为黑色,其比例关系以直径为 D 的中心圆为基准,D 的最小允许尺寸为 $4mm$。

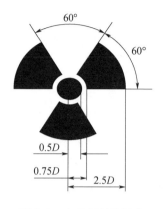
图 3.2 电离辐射的标志

图 3.3 电离辐射警告标志

电离辐射警告标志的含义是使人们注意可能发生的危险。电离辐射的警告标志的背景为黄色,正三角形边框及电离辐射标志图形均为黑色,"当心电离辐射"用黑色粗等线体字。正三角形外边 $a_1=0.034L$(L 为观察距离,m),内边 $a_2=0.700a_1$。

(5)要设专人负责放射性物质储存的安全管理。要建立严格的安全管理制度,如放射性物质进货验收、领用、消耗登记账目,定期检查核对账物是否相符,保管人员与领用人员签字等,以防止发生差错或丢失。

(6)废源在库内的存放位置,要按其辐射特性布置:α、β、γ 分类由外到里存放,按其活度大小,居里、居中存放,尽可能减少对人员的照射。

3. 放射性物质的管理

依据相关规定,对放射性物质的管理作以下规定和要求:

(1)各库房必须设专人管理,并严格执行双人(其中 1 名必须是干部)双锁、互控联管制度。

(2)严格出入库审批、检查、登记手续,做到账物相符。

(3)严格日常管理。定期通风;经常性检查暖通、电气、通信等设施;全天候监视安全保卫系统;定期对库内和库外周围环境进行监测。检查情况要进行详细记录,发现问题及时上报并妥善处理。

(4)库房保管员和业务管理员必须接受上级部门组织的专业培训。人员变动时,需在本单位领导监督下,认真办理移交手续。

(5) 随装放射源必须专项登记,并由指定人员妥善保管,严防丢失。

3.4.3 包装与运输

放射性物质可以采用铁路、公路、航空与航海等运输方式运输,但必须严格执行我国放射防护条例、《放射性物质安全运输规定》等有关规定和标准。运输的放射性物质是指放射性比活度大于 7×10^4 Bq/kg 的任何物质。主要是采用公路运输方式。

1. 放射性货包的运输等级和标志符号

放射性物质包装是指全部包住放射性内容物所必需的各种部件的组合体。具体地说,它可以包括一层或多层容器、吸收材料、间隔构件和辐射屏蔽层,还可以包括供冷却、吸收机械冲击和隔热用的器件。

放射性物质货包是指供交付运输的装有放射性内容物的包装。

1) 放射性货包的运输等级

放射性货包根据其表面辐射水平分四个运输等级。各级货包和外包装的辐射水平限值见表3.1和表3.2。

表3.1 放射源货包的等级

运输等级	货包外表面任一点的最大辐射水平 H/(mSv/h)	运输指数 TI
Ⅰ级(白色)	$H < 0.005$	$TI = 0$
Ⅱ级(黄色)	$0.005 < H < 0.5$	$0 < TI \leq 1$
Ⅲ级(黄色)	$0.5 < H < 2$	$1 < TI \leq 10$
Ⅳ级(黄色专载)	$2 < H < 10$	$TI > 10$

表3.2 放射源外包装的分级

运输等级	运输指数 TI
Ⅰ级(白色)	$TI = 0$
Ⅱ级(黄色)	$0 < TI \leq 1$
Ⅲ级(黄色)	$TI > 1$

表3.1、表3.2中的"运输指数"是指货包外包装、运输罐、集装箱外表面1.0m

处的最大辐射水平,其数值等于以 mSv/h 为单位乘以 100。主要是便于在运输或堆放中采取不同的安全防护措施。要求在货包、外包装及运输工具上,按其运输等级贴上放射性标志符号。这样可以提醒搬运人员注意安全防护,公众不要随意靠近放射性运输货包,人员打开放射性运输货包时要采取不同的防护手段。

2) 放射性货包分级标志符号

国际原子能机构制定了国际统一的放射性标志符号的式样。一级标志底色为白色,三叶形,文字为黑色,级别竖条为红色;二级上半部底色为黄色,下半部为白色,三叶形,文字为黑色,级别竖条为红色;三级标志与二级相同,只是"放射性Ⅱ"改为"放射性Ⅲ"。其标志图见图 3.4 和图 3.5。

图 3.4 （Ⅱ）级（黄）标志　　　　图 3.5 （Ⅰ）级（白）标志

3) 货运标牌

放射性货包外包装上除了等级标志外,还必须贴有放射性货运标牌,其式样如图 3.4 所示。此种标牌的上半部底色为黄色,下半部为白色,三叶形,文字为黑色。

2. 防化放射源的包装

1) 一般原则和要求

(1) 防化放射源的包装必须符合 GB/T 15219—2009《放射性物质运输包装质量保证》和 GB 11806—2019《放射性物品安全运输规程》等相关规定和要求。

(2) 防化放射源运输和储存时其包装一致,即储存时不再作第二次包装。除非包装在运输过程中破损。

(3) 包装箱(或容器)的要求：尽量采用铅或含铅金属作为包装材料，不得采用木质材料(外包装除外)；包装箱应尽量控制在 $0.5m^3$ 的体积范围内；每箱质量(含内容物)不得超过 100kg。

(4) 防化放射源的包装要求：应连同盛装放射源的容器一并包装；单个废密封放射源或不再用密封放射源的活度一般不应超过 $4\times10^{12}Bg(100Ci)$；不同的放射源不得混装在同一包装内，尽量使同一装备的放射源包装在一起，至少同种放射源包装在一起；包装应密封；包装坚固完好，能抗御运输、储存和装卸过程中正常冲击、震动和挤压，并便于装卸和搬运，表面不得黏附有害物质；包装的衬垫应能防止容器移动并起到减震和吸收作用；每件货物的包装上应牢固、清晰地标明放射性物质货包的"电离辐射"标志和标牌(符合永久保存要求)，并要正确表明放射源名称、数量等。

2) 具体包装要求

对于含有放射源的装备仪器可按原包装采取普通军用物资运输。以下是具体对裸放射源的包装要求：

(1) 内层包装为内容器，是用来盛放放射性物质的，并保证严密不漏。不同的放射性物质，其内包装的材质和形状一般是不相同的。液体放射性同位素，其内容器通常使用玻璃安瓿或有金属封口的小玻璃瓶；固体放射性同位素，其内容器通常使用带橡皮塞的小玻璃瓶或磨口瓶；气体放射性同位素，要求使用密封安瓿。辐射源、标准源、中子源等一般使用金属制内容器，口密封，且不易开启。

(2) 第二层为内层辅助包装，是内容器的衬垫物，起防震、防磨和吸附作用，常用纸、棉絮、海绵、泡沫塑料等。

(3) 第三层为外容器，是放射性物品的主要包装，其作用是屏蔽射线和保护内容器。射线的类型不同，外容器亦不相同。放射 α、β 射线的物质，一般用几毫米厚铝罐；放射 γ 射线的物质，一般用铅罐、铁罐、铅铁合金罐；中子源的外容器常用以石蜡罐为衬里的铅制容器。

(4) 第四层为外层辅助包装，用以保护外容器不受损伤和防止污染。可采用木箱、金属箱等，并要求不超过规定的限制辅助包装重量和安置便于作业的把手、环扣。

3. 运输放射性货物现场作业的基本原则

在放射性物品的搬运、装载、储存等环节的作业中,严禁有野蛮装卸、违章操作、粗心大意以及其他不负责任的做法。而应依据如下原则:

(1)预先检查原则。一是外包装无漏洞、无破损,货包无气味,无任何泄漏和损坏的迹象;二是货包上的放射性标志正确无误;三是货包上的文字标记书写正确,字迹清楚。

(2)勿倒置原则。

(3)轻取轻放原则。

(4)隔离原则,包括放射性货物与人之间,以及与其他危险品之间的隔离。

4. 各类运输的特殊安全要求

放射性货物可采用铁路、公路、船舶、航空、邮寄等运输方式。在此仅对铁路、公路的运输部门的特殊要求作一些简要介绍。

1)铁路运输的特殊要求

(1)装载贴有放射性货物标志的货包、外包装、运输罐、集装箱或装载运输的车辆,在其两侧外壁上必须贴有放射性货物标牌。

(2)专载运输时,辐射水平必须符合下列限值要求:车辆表面任意一点处或在敞车的情况下从车辆外缘垂直投影平面上,在货包表面和车辆下部任意一点处,辐射剂量率均不得超过 2mSv/h,同时运输指数不得超过 10;距车辆外侧面所形成的垂直平面外 2.0m 远的任意一点处,或用敞车装运的情况下,在离车辆外缘的垂直平面外 2.0m 远的任意一点处不得超过 0.1mSv/h。

2)公路运输的特殊要求

(1)货运放射性标牌和辐射水平控制限值与铁路相同。

(2)在装运Ⅱ(黄色)、Ⅲ(黄色)标志的货包、外包装、运输罐、集装箱或专载运输的车内,除司机、押运员外,不允许搭载其他人员。

(3)各类人员座位处的辐射水平一般不超过 0.02mSv/h;

(4)用汽车运输万居里以上的放射源时,要事先通知沿途公安交通部门,并勘查清楚路线,选择行人和车辆稀少的时间运输。

5. 放射性货包运输中的注意事项

(1)放射性货包在运输过程中必须牢固、稳妥地捆绑在运输工具上或运输

第 3 章 单位防化危险品安全管理

工具内。放射性货包在运输工具的行进中,不致因为运输工具的震动、拐弯、刹车而倾倒、破碎或滚出。用汽车公路运输时,放射性货包码放不得高出车槽。

(2)自行运输放射性物质,应用专用运输工具。放射性货包不得与其他危险品装在同一运输工具上,同时也不能放在旅客乘坐的舱室或车厢内。

(3)放射性运输货包,需要中转存放的不能与其他危险品存放在一起,必须存放在专用场所内。

(4)各类人员座位处的辐射水平,一般不能超过 0.02mSv/h。

(5)在装运Ⅱ级、Ⅲ级标志的货包、外包装、运输罐或集装箱的车内,除司机、押运人员外,不允许搭乘其他人员。

(6)公路、铁路或在城市中运输大型强放射源,应通知本系统和当地卫生、公安部门,以便协助运输,防范事故的发生。运送时应尽量避开人员密集的地区和时间。

6. 运输事故中的应急措施

运输中一旦发生事故,应立即采取措施,启动应急计划和应急响应程序,防止事故蔓延扩大,并立即报告安全防护管理部门。如果放射性物品泄漏,在确认辐射水平的情况下,再进入现场进行处理,应在有资格的安全防护人员的指导下处理现场,不得擅自进行处理,应遵循如下几点:

(1)遇有燃烧、爆炸或可能危及放射性货包的事件时,应迅速将货包转移至安全位置,并设专人看管。

(2)若放射性货包卷入火中,应尽可能从上风方向救火。可向货包喷水,防止屏蔽材料熔化或烧毁。

(3)灭火时,消防人员应穿防护服,必要时要带上呼吸器;灭火后,灭火时使用过的防护用品及灭火器材在防护部门监督下进行清洗。

(4)放射性货包一旦破损,应尽量减少人员在货包附近活动,并立即向有关部门报告。

(5)被污染的运输工具和场所,应在安全防护人员指导下进行清洗,未处理前,不得再使用。

(6)人员受到污染后,立即脱去被污染的衣服,并用大量的水冲淋身体,如果受到辐射伤害,应立即送医院诊治。

3.4.4 质量检测

1. 防化放射物质的分级

防化放射性物质一般分为堪用品和废品两级。根据相关规定,防化放射源具备下列条件之一时,应当作报废处置:一是性能达不到使用要求的放射源;二是密封包装损坏的密封型放射源;三是退役、报废装备所含放射源。因此,凡符合上述条件之一的放射性物质为废品,否则为堪用品。

防化装备涉及的密封源的密封性能检查,其检验项目和方法见表3.8。

表3.8 密封源检验项目与方法

序号	检验项目	缺陷内容	检验水平	检验方法
1	密封膜缺陷	源体变形、破裂或密封膜破损	全检	目视检测
2	密封源出现泄漏	密封源表面泄漏活度大于185Bq		仪器检测①
3	配套装备已做报废处理	配套装备报废	—	目视检测
4	未知放射源	资料丢失,无法识别	单件报废	目视检测
备注	适用于 90Sr/90Y 校准源(参考源)、137Cs 检查源、90Sr/90Y 密封源、氚源、241Am 密封源。 方法:(1)先去除密封源表面的放射性,去污7天后再进行泄漏检查; (2)用具有高度吸湿性的软质材料(如滤纸等),沾上不腐蚀源壳表面而又能有效去除放射性的液体,擦拭整个源的表面,并测量擦拭材料上的放射性。若测量的总活度小于185Bg,则认为该密封源未泄漏			
①仪器:便携式智能辐射仪或辐射仪				

2. 定期质量检查基本要求

(1)成立组织。放射性物质的定期质量检查是掌握目前放射性物质的数量和射线强度的重要措施,是搞好科研、教学、训练的强有力的安全保障。这就要求各单位领导,尤其是装备管理干部要高度重视,制定切实可行的措施。请教相关专家,抽调细心、责任心强的人员,组建放射性物质检查小组。

(2)严密执行。定期质量检查就是按照上级要求各防化建制单位定期进行的检查。主要是对所属放射源的数量重新核对,对放射源的放射性活度重新进行测量等。

(3)保证安全。一是检查小组成员的人身安全和健康,这就要求检查前要

第 3 章 单位防化危险品安全管理

熟悉情况,进行必要的防护;检查过程中,检查人员在体外有代表性的部位佩戴剂量测量仪器。可以购置使用个人报警剂量仪或剂量笔;最好还要在佩戴这些直读式剂量测量仪的同时,佩戴热释光片,作为个人受照剂量的永久资料保存,并随时严密关注自身所受的辐射剂量,尽量缩短在源室的时间。当达到个人剂量限值要求时,应迅速撤离现场;检查结束后,应对检查人员进行沾染检查和洗消。二是要严防放射源污染周围环境,严禁发生丢源事件,注意放射性废物回收。

(4)实事求是。防化放射性物质属于危险品,发现数量不符时要高度重视,组织力量再次检查。如发现放射源丢失,要实事求是,及时上报上级有关部门,不得姑息、包庇。

3. 定期质量检查的注意事项

(1)标志检查场的范围。检查前,根据作业量的多少,必须用隔离物标志检查场的范围,范围不宜过大。

(2)检查时的剂量控制。检查人员除采取必要的防护(包括工作服、口罩或防毒面具和手套)外,还应该佩戴剂量检查仪器,并在作业过程中适时关注自身所受累积剂量情况。应尽量按照平时的相关辐射防护标准进行控制。当个人累积剂量接近 0.5Gy(或 50R)时,迅速撤离。因为:个人累积剂量达到 0.3~0.5Gy,人员的血液会有变化,2%的人有轻微反应;当个人累积剂量达到 0.5~1Gy 时,人员的白血球有变化,对人员就有伤害,5%的人有症状。如确因作业量大,作业人员少,经领导同意,可将个人累积剂量控制在 0.2Gy 以下。如果人员所受剂量达到 0.2Gy,应该迅速撤离检查现场,要重新更换新的查检人员,并控制剂量在允许水平。

(3)撤离后的沾染检查和洗消。为了防止检查人员皮肤、服装的表面放射性沾染,检查人员撤离检查现场后,应进行沾染检查,根据表面沾染水平限值确定是否要求洗消。以防万一,检查人员撤离后必须淋浴(淋浴液可以选用高锰酸钾水溶液等)。超标的服装必须按照核废料处理。当然,如果仅仅是检查装备用放射源,一般来说,不会造成人员沾染。

(4)放射源污染的紧急处理。如果不慎造成放射性物质对周围环境的污染,应及时采取措施。对放射源检查时,严禁将放射源直接放射置在地面上(包括固态块状源在内)。液态放射源如果不慎渗漏污染地表面,应迅速将所有被污染的土壤清除干净,并对地面进行沾染检查和洗消。气态或粉末状放射源如果不慎溢出,首先应立即关闭屏蔽容器的窗口,检查人员迅速撤离现场。也可以用鼓风机或风扇将溢出的放射源粉尘排放到大气中去。待粉尘完全扩散或沉降后,应对沉降到地表面的粉尘清扫干净,注意动作要轻,以防再次污染空气,影响检查作业进程。

(5)放射性废料的处理。所有清除的被污染的土壤或粉尘,不能随意丢弃、埋藏、焚烧,更不能让其自行流散,必须按特殊废物送交防化危险品检测销毁站处置。

3.4.5 报废与处置

放射性物质报废是指放射性废物的处理和处置。放射性物质的处置是对放射性废物处理的一种方式,包括对废旧(退役)的放射源和使用过程中产生的"三废"两个方面的内容。

1. 放射性"三废"的管理与处置

放射工作单位、场所排放的"三废",即废水、废气、固体废物,会威胁人员的健康和安全,必须妥善处理,严格管理。放射性废物不能当作普通垃圾处置,尤其是在人口密集的城市里,不能随意丢弃、埋藏、焚烧,更不能让其自行流散,必须按特殊废物进行处理和处置。放射性废物的处置要求是:①放射性工作单位必须按现行放射卫生安全防护有关的规定 GB 18871—2002《电离辐射防护与辐射源安全基本标准》、〔87〕环放字第 239 号文件关于颁发《城市放射性废物管理办法》的通知和要求,制定"三废"的技术处理、排放、运输和储存方案,并报公安、卫生、环保部门审查同意;②放射性废物的储存和处理应当由专人负责,储存、处理的情况应当分别记录,建立档案,长期保存;③表面污染超过放射性品表面污染控制水平的物品,需严加管理,严禁作一般物品处理。

2. 废旧(退役)放射源的处理与处置

废旧(退役)放射源是指经过若干个半衰期,其活度已不能满足或达不到使用要求,也无法移作他用的放射源。处理此类放射源的单位要报经卫生、公安主管部门后,在主管部门的监督下将废旧(退役)放射源送到放射性废物库集中存放处置,不得私自掩埋、丢弃、焚烧等。对液态或粉末状放射源,还应当由专业技术人员按规定将其密封和固化处理。对于已经退役的装备,其随机放射源必须统一集中,上交集中处理。对放射性废物的管理参照 GB 14500—2002《放射性废物管理规定》执行。

第4章

废旧防化危险品识别检测与销毁

防化危险品的剧毒、易燃、易爆、强腐蚀性等特点决定了其高度危险的本质特征。过期或废旧的防化危险品,如果不能很好地得到处理,会对周围人民的生命财产及环境造成潜在的巨大危险。因此,必须对其进行及时且安全的处置,防止事故的发生。废旧防化危险品的识别检测是销毁处置得以正确进行的前提。识别检测的对象通常包括防化特种危险化学品、防化发烟燃烧弹药、化学防暴弹药、防化放射性物质等。识别检测时应先主观定性识别判断,再实施客观检测。

4.1 防化特种危险化学品的识别检测

一般情况下,现在库存的废旧防化特种危险化学品都是可以辨认的,但也存在一些来历不明,尤其是清查出的不明桶状、罐状物和一些化学弹药,由于腐蚀严重或有防化特种危险化学品渗漏等原因,其标志毁坏无法辨认弹种或特种危险化学品种类,需要对它们进行辨别和分类。

对防化特种危险化学品识别检测时,应按照先初步主观识别判断后客观检测,先采用简易方法后采用复杂方法,多种装备器材多种技术手段综合运用的原则进行。

4.1.1 主观识别判断

主观判断是检测实施的首要步骤。合理的判断,可以帮助我们克服检测中的盲目性,有针对性地选用装备器材,迅速准确地完成检测识别任务。对于包装比较完整的防化训练用的特种危险化学品,可直接根据包装规定和色带标记进行判定。但对于包装破损或者标识不清的危险化学品,则应通过上交危险品单位了解危险品的来源、保管过程、是否曾经泄漏或造成过人员中毒等相关情况,然后根据危险化学品的包装、物理特性、人员中毒症状等信息进行初步判断并作进一步的检测鉴定。

1. 根据特种危险化学品储存容器判断

防化特种危险化学品均为"小包装",单元包装采用复合包装,内外塑料桶均为压盖,检查使用时可拔开。其他有毒物质也可根据储存容器特点进行判断。例如:神经性毒剂通常储存在玻璃瓶中等。

2. 根据有毒物质的物理性质判断

不同的有毒物质有不同的色、嗅、态,据此可以初步判断有毒物质种类。例如:

(1)纯沙林为像水一样的无色液体,有极微弱的苹果香味。空气染毒浓度为 $5\mu g/L$ 时可嗅出。储存时间很长的沙林,颜色会变黄或因析出沉淀而混浊,这是含杂质的表征。

(2)纯梭曼为有水果香味的无色水样液体,工业品为黄褐色,有樟脑味。

(3)纯 VX 为无色、无气味的油状液体,工业品或经过一段时间储存后为黄色,并因分解出氨基硫醇而有特殊的硫醇气味。

(4)纯净芥子气为无色有微弱大蒜气味的油状液体,工业品为黄色、棕色至深褐色,含杂质越多颜色越深,芥子气的纯度越高气味越小。当空气染毒浓度为 $1.3\mu g/L$ 时(工业品为 $0.7\mu g/L$)即可嗅出,通常芥子气易为嗅觉所发现。

(5)纯路易氏剂为无色有刺激气味的油状液体,工业品为棕褐色,有天竺葵和刺激气味,空气染毒浓度为 $8\mu g/L$ 时可感到刺激,染毒浓度为 $14\mu g/L$ 时可嗅到天竺葵味。

(6)氢氰酸是无色水样液体,有苦杏仁气味,当空气染毒浓度为 $34\mu g/L$ 时可被嗅出。浓度较高时,有独特的麻醉气味。常温时,氯化氰为无色、有强烈刺激味的气体。

（7）在常温、常压时，纯光气为无色有烂干草味或烂苹果味的气体，当空气染毒浓度为 5μg/L 时即可被嗅觉发现。

可用于识别或判断有毒物质种类的其他性质，还有有毒物质的 CAS 号（美国化学文摘号）、代号、分子式、分子量、蒸气相对密度、液体密度、沸点、凝固点等，外军部分毒剂物理数据如表 4.1 所列。

表 4.1 外军部分毒剂物理数据

品名	沙林	维埃克斯	芥子气
CAS 号	107-44-8	50782-69-9	505-60-2
外军代号	美国 GB，苏联 P-35	美国 VX，苏联 P-35	美国 H，苏联 P-74
分子式	$C_4H_{10}FO_2P$	$C_{11}H_{26}NO_2PS$	$C_4H_8Cl_2S$
分子量	140.10	267.8	159.08
液体密度	1.0887（美）	1.0083（美）	1.2682（美） 1.2686（苏联）
蒸气相对密度	4.86（美）	9.2（美）	5.4（美） 5.5（苏联）
凝固点	-56（美） -54（苏联）	<-51（美）	14.45（美） 14.4（苏联）
溶解性	易溶于水和有机溶剂	水中溶解度为 3%，易溶于多种有机溶剂	难溶于水，易溶于有机溶剂

当有毒物质包装或残留的标识上有上述全部或部分信息时亦可用于判断有毒物质的种类。

3. 根据中毒症状判断

毒剂按其毒害规律和作用原理可以分为神经性毒剂、糜烂性毒剂、窒息性毒剂、失能性毒剂等种类，不同种类的毒剂通过呼吸道吸入、皮肤接触等途径进入人体后会产生不同的症状。外军部分毒剂的毒害作用和典型症状如表 4.2 所列。

表 4.2　部分毒剂的毒害原理和典型症状

品名	毒害作用	典型症状
沙林	沙林中毒引起人的副交感神经和中枢神经系统过度兴奋,全身惊厥。然后发生神经系统抑制和呼吸中枢麻痹而死亡	瞳孔缩小、视觉模糊、眼痛;流涎、呼吸困难,局部或全身肌肉痉挛,严重时窒息、紫绀、大小便失禁、呼吸停止等
芥子气	通过皮肤中毒,破坏细胞和细胞核,使肌肉溃烂。通过呼吸道中毒,造成充血和水肿;严重时,发生支气管肺炎和黏膜坏死性炎症	中毒表现分为潜伏期、红斑期、水疱期、溃疡期等几个阶段。皮肤接触芥子气时无明显中毒症状,其中接触液态芥子气时潜伏期为2~6h,蒸气态为6~12h。潜伏期后皮肤出现红斑,颜色如日晒,略有肿胀,有烧灼感。水疱期在红斑区出现众多小水疱,后融合成大疱,局部疼痛,水泡越深疼痛越剧烈。水疱期后水疱破裂形成溃疡,若合并感染则有大量脓性分泌物

对于包装相对完好或具有一定外观识别信息的有毒物质通过初步判断就可以确定其种类,但对于包装损坏严重或者没有任何识别信息的未知有毒物质,还必须通过客观检测进行。

4.1.2　客观判断

采取现场检测与实验室检测相结合的方法。

通常情况下,应首先使用专业的侦检器材对未知有毒物质或不明化合物进行检测,若还不能确定有毒物质种类,则需要使用化验器材进行化验分析,必要时要适量采样到实验室进行质谱、色谱、红外等技术鉴定分析。

4.1.3　综合分析,得出结论

综合分析,就是将检测过程中得到的各种情况和使用器材的情况全面地综合分析。它是检测过程中的重要环节,是验证结论准确性的重要程序。检测人员应具备综合分析的能力,学会综合分析的方法并养成习惯,及时地审查侦察结果,得出正确的结论。

检测中获得的材料应是多方面的,如有毒物质来源、性状、气味、储存容器和使用器材检测获得的各种数据等。有时情况是复杂的,甚至是有矛盾的。但只要经过认真的综合分析,将各方面获得的材料去粗取精,去伪存真,透过表面现象找出内在的联系,就能够得出正确的结论。

4.2 防化放射性物质的识别检测

防化放射源的检测,首先应该根据各防化放射源的外观特征,从外观上进行鉴别,然后再利用监测仪器进行确认。

值得说明的是,此处介绍的鉴别方法是定性鉴别,即判断该物品是否是防化放射源,不做定量的分析鉴别。

4.2.1 检测程序

1. 外观鉴别

从外观来判断,放射性物质盛装的容器一般都是用屏蔽材料(如铅罐、铅室)做成的,相对而言都比较重,不会用玻璃容器或钢瓶。

防化放射源的形状一般都十分规则,大部分是圆形片状,此外还有长方形、戒指形、柱形等。防化放射源的裸源,其金属色泽比较亮。一般在放射源的源体上标有放射源的名称,如 ^{137}Cs 放射源在其一面就标有"^{137}Cs"的字样。

只要在了解防化放射源的这些外观特征的基础上,凭经验一般都能准确判断出一件物品是否是防化放射源。

2. 仪器检测

为了减少和避免放射性对人员的伤害,应该在外观鉴别的基础上,迅速对其进行仪器鉴别。可以利用现有的设备作为检测仪器,如辐射仪、便携式巡检谱仪等。但是由于部分辐射仪只能对 β 源和 γ 源进行测量,便携式巡检谱仪只能对 γ 源,不能对氚(^3H)和镅(^{241}Am)等 α 源进行鉴别,因此要测量此类放射源可采用 α 射线测量装置,如低本底 α/β 测量装置等。

第4章 废旧防化危险品识别检测与销毁

通过以上两步,一般都能判断该不明物是否是放射性物质。至于是什么放射性物质,可用核素识别仪等进行判断,或请专家来判断。

4.2.2 检测方法

1. γ 辐射水平监测

γ 辐射水平监测是废旧防化放射源处置过程中最常用的方法,如放射源识别、包装、运输、储存及危险性分析都离不开 γ 辐射水平监测。γ 辐射水平监测通常采用辐射仪直接对测量点的辐射水平进行测量。目前,各型辐射仪、便携式巡检谱仪和个人辐射剂量仪等都可以用来进行 γ 辐射水平监测。使用辐射仪测量 γ 辐射水平时,探棒开关应置于"γ 测量"状态,即探棒窗口都在关的位置,探棒正对被测对象或指向被测点,然后读取仪器在测量点测量时读数更新一次后的显数。

2. 表面污染监测

表面污染监测也是废旧防化放射源处置过程中最常用的方法,主要用于密封源泄漏检测,包装容器、运输工具和场所污染监测等。按照监测目的和监测对象不同,表面污染监测可分为直接测量法和间接测量法。

1) 直接测量法

直接测量法是把测量仪器的探头置于待测表面之上,并根据仪器的读数直接确定表面的污染水平。测量时,将探头窗口对准被测表面,距离保持在 2cm 左右。读数时应记录在测量点测量时读数更新一次后的显示数。如果环境 γ 本底较强,应注意扣除 γ 本底。测量 γ 本底时,在探棒窗口挡一适当厚度屏蔽物,使 β 射线被挡住,此时,仪器读数即为 γ 射线的贡献;而在开窗状态下,仪器的读数可认为是 β 射线和 γ 射线的贡献之和。因此,两次测量结果之差就是 β 射线污染的结果。

直接测量法的最大优点是简便,能迅速得到测量结果,也是目前测量污染最常用的一种方法。

2) 间接测量法

若物体表面存在复杂的几何形状,或有其他辐射的干扰,或要检查污染是"固定的"还是"松散的",这时就要采用间接测量法。间接测量法是把表面上的污染转移到样品上,然后对样品的放射性活度进行测量,从而估计出表面污染水平。

3. 个人剂量监测

个人剂量监测是辐射防护评价和辐射健康评价的基础。个人剂量监测通常可分为外照射个人剂量监测和内照射个人剂量监测。由于防化放射源大都是密封型放射源,因此废旧防化放射源处置中主要进行外照射个人剂量监测。进行外照射个人剂量监测时应注意以下几点:

(1) 应根据工作场所辐射水平的高低与变化和潜在照射的可能性与大小,确定个人剂量监测的类型、周期和不确定度要求。

(2) 接受外照射的工作人员,一般只需在左胸前佩戴个人剂量计,若左胸前被铅围裙之类的防护设备所屏蔽,则将剂量计佩戴在铅围裙外或左领上。当身体某一局部位置可能受到较大照射时,还应在该部位佩带个人剂量计。

(3) 在有几种辐射的复杂情况下工作,对各类辐射的剂量贡献又不能忽略时,则需佩带能测量这几种辐射的组合剂量计。

(4) 职业人员由于特殊需要可能接受有计划的应急照射时,应佩带直读式或报警式个人剂量计,以防止操作中接受超过预定限值的照射。

(5) 个人外照射剂量监测周期,一般情况下为一个月,事故或特殊照射为一次作业。也可视具体情况,适当延长或缩短监测周期。

4.2.3 组织程序

1. 组建检查小组

根据本单位放射源的大致数量,合理确定小组人员数量。设立组长、组员,严格分工、管理。

2. 填写登记

检查登记是检查工作的主要环节。主要是对放射源的数量进行核对,重新计算或测量放射源的活度或强度,并填写检查登记表。

由于设备检查用放射源一般都是固态块状点源,放射源的放射性活度也相对较低,检查相对简单。但设备检查用源数量较大,应该是检查的重点。检查登记样表如表4.3所列。

第4章 废旧防化危险品识别检测与销毁

表4.3 随装放射源检查登记表

单位：　　　　　　　　　　　　　　　　　　　　时间：　年　月　日

序号	放射源名称	装备仪器名称	出厂日期	放射性活度		数量	备注
				出厂时	检查时		
检查人员受照剂量/ cGy							

组长：　　　组员：

如果不知道放射源的出厂日期，就只能用测量的办法。要测量放射性的精确活度值，仪器很难完成此任务。一是因为仪器测量误差较大，主要是用于概略测量；二是因为某些源是β源（如 $^{90}Sr/^{90}Y$），还有些是用α源（如 ^{241}Am），对这些源的测量要求距离要十分准确，否则测量误差很大。当然，如果条件允许，可以选用一些精度较高的定标器或谱仪来测量。

如果知道仪器出厂日期及出厂时活度，应该选用计算的方法，而避免用测量的方法。在源室检查出仪器出厂日期（标注在仪器上）后，其他计算工作应该在源室外进行，以避免不必要的放射性照射。

其他类放射源包括仪器校止用的刻度源、训练用的放射源和科研用的放射源。对这类放射源的检查，情况比较复杂，因为放射源的物理形态除了固态块状源外，还有可能是液态、粉末状，甚至气态源，而且有些放射源的强度较高。因此要对其他类放射源的检查高度重视，切不可麻痹大意。其检查登记样表见表4.4。

表4.4 放射源检查登记表

单位：　　　　　　　　　　　　　　　　　　　　时间：　年　月　日

序号	放射源名称	仪器名称	出厂日期	放射性活度		数量	备注
				出厂时	检查时		

(续)

序号	放射源名称	仪器名称	出厂日期	放射性活度		数量	备注
				出厂时	检查时		
检查人员受照剂量/ cGy							
组长：			组员：				

对于仪器校正用的刻度源,只能用计算的方法来求剩余的放射性活度。

对于教学训练用的放射性^{170}Tm源,它是用铅罐盛装,外标签上注明了出厂日期和放射性活度。早年下发的放射源,统一将剩余的源及铅罐密封送指定机构即可。对于科研用的放射源,能计算的尽量用计算的方法。不能计算的,由于科研单位的测量仪器一般都有较高的精度,可用专门仪器来进行测量。

检查时,首先要判断是放射性物质还是化学制剂,然后再确定具体是什么放射性物质或什么化学制剂。

检查完毕,要写出书面总结材料,与放射源检查登记表一并上报。材料中要注明报废上送的放射源的数量,有条件的,还要测量报废的放射源的放射性活度。如果发现放射源丢失或被盗,要分析原因,列出补救措施或办法。

4.3 防化弹药的检测

防化弹药包括防化发烟燃烧弹药和化学防暴弹药两类。防化弹药的主观识别,一般由专业人员进行,可根据包装规定从外观色带标志等进行识别。

4.3.1 通用检测程序与方法

依据相关管理条例成立检测组,对接收的防化弹药进行检测。检测方法分为组批与抽样,其中同种防化危险品的同一生产批组成一个检查批。不宜组批的防化危险品应逐件进行外观检查或按5%抽检。

防化弹药检测包括外观检测与性能检测。

第 4 章 废旧防化危险品识别检测与销毁

1. 外观检测

根据销毁站的业务需求,包括弹体、包装与标识、发射药筒等辅助部件的外观检查。

1)外观检查的内容

(1)有无缺损。

(2)锈蚀程度。

(3)污点多少。

(4)老化情况。

(5)包装状况。

(6)标识是否清楚。

(7)部件是否齐全。

2)包装及标志检验与判别

(1)包装袋、包装筒、包装箱及其他包覆材料。

(2)装箱卡、产品说明书、包装箱喷涂标签及其他表明该弹产品类型的标识。

(3)组成包装的各材料的外观、密封状况。

3)检测步骤

(1)首先检查标识,确认弹的种类和型号。对标识不清或没有标识的不明弹药应成立专家组或聘请专家进行技术鉴定,必要时进行弹的解剖或户外远距离静爆,根据爆炸现象及产物组成确定弹的种类。

(2)检查组件(部件)数量是否齐全,尤其是安全机构或保险装置是否完好。

(3)检查外形和尺寸有无挤压、变形现象,弹的直径、长度是否发生异常变化。

(4)检查密封情况:密封材料时间久了或因外力撞击出现泄漏情况,严重影响防水或防潮性能,甚至会因有毒有害物质泄漏出来引起人员中毒或引发其他事故。对于含有化学组分,如染色剂、燃烧剂的防化弹药,可以采用仪器或化学方法检查有无装填物泄漏的情况发生。

(5)检查金属部件锈蚀情况。金属材料在潮湿或在酸碱环境中会发生锈蚀,极易引发弹内装填物泄漏,给弹药储存留下隐患。

(6) 检查塑料部件老化情况。防化弹药中的部分弹体材料和包装容器为塑料材质,时间久了或长时间接受阳光照射容易老化,性能下降。

(7) 底火类发火系统中通常既有金属零件又有塑料零件,前者重点检查锈蚀情况,后者重点检查塑料老化情况。

2. 性能检测

性能检测包括技术性能检测和战术性能检测两个方面,例如正常作用率、延期时间和跳飞水平距离的测定等。

性能检测与弹药及零部件的种类有关。例如:电发火系统或电雷管,可利用火工品专用欧姆表或电雷管测试仪对其性能参数进行测量。

3. 机械类发火器材的检测

1) 检测对象

检测对象是针刺延期雷管(点火管)、撞击延期雷管(点火管)等类型的针刺、撞击式发(点)火机构和使用拉发火延期雷管(点火管)等类型的拉发式发(点)火机构。

2) 检测器材

检测器材包括游标卡尺、天平、样规(产品技术图纸和产品质量检验方法)等。图4.1所示为常见游标卡尺的典型结构。

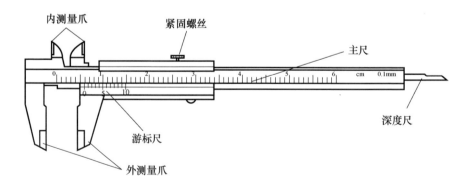

图4.1 常见游标卡尺的典型结构

3) 检验内容

检验内容包括组成针刺、撞击发火机构中的各零件的外观(缺损、锈蚀、污

第 4 章 废旧防化危险品识别检测与销毁

点等)和关键尺寸。对于针刺、撞击发火机构中的塑料零件,应预先确定塑料老化定量分析方法和老化缺陷阈值。对于针刺、撞击发火机构中的金属零件应预先确定金属锈蚀定量分析方法和金属腐蚀缺陷阈值。尺寸检验标准以该弹的产品质量检验方法和产品技术图纸为准,重点检验各零部件的配合尺寸。两者如有冲突,以产品质量检验方法为准。

4) 统计分析缺陷数量

统计一般缺陷和严重缺陷或致命缺陷的数量然后按下式计算其缺陷百分率:

$$一般缺陷百分数\ D_1 = \frac{一般缺陷数}{每发弹检验参数的总数 \times 检验弹数} \times 100\%$$

$$严重缺陷百分数\ D_2 = \frac{严重缺陷数}{每发弹检验参数的总数 \times 检验弹数} \times 100\%$$

$$致命缺陷百分数\ D_3 = \frac{致命缺陷数}{每发弹检验参数的总数 \times 检验弹数} \times 100\%$$

$$严重及以下缺陷总百分数\ D = D_1 + D_2$$

4. 相关术语和定义

1) 锈蚀

金属表面与周围介质发生化学反应或电化学反应而产生的腐蚀现象,根据锈蚀对防化危险品储存、使用性能的影响程度将其分为三个等级。其中二级锈蚀是指金属表面有轻微锈蚀,经擦拭后锈坑深度不超过 0.5mm,其面积不超过总表面积的 1/5。

2) 退役

不宜继续使用的防化危险品,经一定的报批手续退出服役状态。

3) 报废

失去使用和修复价值或无法修复的防化危险品,经申报批准后作废品处埋。

4) AQL

Acceptable Quality Lever,可接受质量水平。

5. 检测结果评定与应用

对送达销毁站的防化弹药,依据《防化危险品退役报废条件》评定检测结果,检测结果按其质量等级分为良好、退役和报废三种情况。

对于不明弹药或情况较为复杂的弹药由专家组进行鉴定后撰写《鉴定报告》。

根据检测结果对接收的防化弹药进行分类登记,恢复原包装后以适当方式对检测结果进行标示并提出进一步处理意见:

(1)检测结果为新品(质量等级为良好),报请上级主管部门并建议退回原单位继续保管或使用。

(2)检测结果为训品(质量等级为堪用),作为退役处理,应标明存在的主要技术缺陷,分类登记后移送防化危险品销毁站临时仓库封存,等待解体或销毁处理。

(3)检测结果为废品(质量等级为报废),作为报废处理,必须在醒目位置标明致命缺陷的种类,并根据致命缺陷的种类进行必要的包覆、固定、密封、消毒等应急处理,提出储存、解体和销毁作业中应该注意的安全事项,彻底消除防化弹药销毁作业中的安全隐患。

6. 防化弹药检测安全注意事项

(1)检测防化发烟燃烧弹药应在户外进行且远离库房、弹药堆放地和高压线。

(2)静电是引发火工品和弹药意外爆炸的主要因素之一,因此现场检测人员要穿防静电服,检测地点要有防静电设施,在接触弹药之前要消除身体上的静电,确保人体静电电位小于100V。图4.2所示为静电电压测试仪。

(3)在弹药检测现场应禁止穿戴铁钉的鞋,最好统一穿着防静电胶鞋。

(4)在检测包含雷管、炸药等火工品的爆炸型弹药时应使用防爆墙或防爆板等隔离设施。

(5)检测电雷管时应使用专用的电雷管测试仪,如QJ41型电雷管测试仪,见图4.3。

(6)移动弹药时要轻拿轻放,避免猛烈撞击或摩擦。

(7)在检查发烟手榴弹时,特别注意不能拉开保险销,以防发生事故。

(8)在检查发烟罐的过程中,不准破坏发烟罐的密封结构,以防点火装置吸湿后失效。

图 4.2　静电电压测试仪

图 4.3　QJ41 型电雷管测试仪

（9）在检查喷火器轻装药及凝油粉时，不准打开内包装，否则会破坏密封状态，使产品储存期缩短或影响使用性能。

（10）检查后要恢复原包装。

总之，防化弹药检测是一项危险性极高的工作，必须严格执行有关安全规定，做好安全防护并按照操作规程逐步进行检测作业。

4.3.2　防化发烟燃烧弹药检测

防化发烟燃烧弹药根据其质量状况分为新品（良好）、训品（堪用）和废品（报废）三级。

（1）新品。未超过保管和使用时限，完好无损，符合技术条件的防化发烟燃烧弹药。

（2）训品。符合下列条件之一：①性能达不到战术技术要求；②型号技术性能落后，不能满足使用要求；③由于其他原因不能继续配发单位使用。

（3）废品。符合下列条件之一：①超过储存期的；②战术、技术性能下降不能满足使用要求，且出现性能缺陷的；③因事故、战斗、自然灾害等原因损坏，无法修复或无修复价值以及影响使用安全的。

对防化发烟燃烧弹药的检测与识别通常应按照如下程度展开。

1. 外观检查

对防化发烟燃烧弹药的外观检查，一般只进行目测，检查弹药包装（包括外

包装、内包装及弹药外观)以及保管和使用期限。其基本方法如下:

(1) 检查外包装。检查包装木箱(或包装桶)是否完好无损,识别标志(弹药代号、名称,装箱数量、重量,装箱批号、年号及厂代号等)是否齐全清晰。

(2) 检查包装筒。观察外观有无变化、有无裂纹,标志(弹种代号、批号、年号及厂代号等)是否清晰。

(3) 检查弹药。观察外观有无裂纹、有无锈蚀。

(4) 检查期限。弹药是否已过保管和使用期限。

2. 组批与抽样

(1) 同种防化发烟燃烧弹药的同一生产批组成一个检查批。

(2) 不宜组批的防化发烟燃烧弹药应逐件进行外观检查或按5%抽检。

(3) 储存中的防化发烟燃烧弹药,按一次正常检验进行抽样。根据GJB179A—1996中确定样本大小字码、确定抽样方案。

3. 检验项目与方法

(1) 发烟、燃烧火箭弹。检验项目通常有弹体外观、发射后筒外观、战技指标等内容,检验方法通常采用目视或量具测量等方法。

(2) 发烟手榴弹。检验项目通常有外观检查、性能检查等内容,检验方法通常采用目视或量具测量等方法。

(3) 发烟罐。检验项目通常有外观检查、延期引燃时间、发烟时间、正常作用率、性能等内容,检验方法通常采用目视或量具测量等方法。

(4) 轻装药。检验项目通常有外观检验等内容,检验方法通常采用目视或量具测量等方法。

(5) 凝油粉。检验项目通常有外观检验等内容,检验方法通常采用目视或量具测量等方法。

(6) 遥控器点火可靠性测定:

① 适用范围。适用于组合发烟罐遥控器接收机可靠性测定。

② 方法。选定符合使用要求的收、发工作点,工作点应选择利于电磁波传播的地形。测量点火管及导线阻值。将接收机执行机构输出端严格按照战技指标要求与点火线连接。检查连接正确后,通知发射点发出遥控点火指令,接收点用场仪记监测信号场强。发射点发射完一组遥控指令后,通知接

受点,接受点检查并记录点火管点燃情况。在此期间接受机执行机构不应误动。

4.3.3 化学防暴弹药的检测

根据《化学防暴弹药定级检验方法》的有关规定,将其质量情况分为新品(良好)、训品(堪用)和废品(报废)三级。

(1) 新品。未超过保管和使用时限,完好无损,符合技术条件的化学防暴弹药。

(2) 训品。超过保管和使用时限,质量、性能低于指标,不能用于防暴技术保障,但能用于防暴训练的化学防暴弹药。

(3) 废品。不能用于平时反恐、防暴训练,需报废销毁的化学防暴弹药。

1. 检查准备与要求

(1) 检查前,要适当准备些包装箱和铝塑包装袋及其便携式封口设备等。

(2) 对严重损坏的包装木箱要作更换。若装入包装筒发生松动现象,周围需用硬纸板来挤紧,不得窜动,并注上标记。

(3) 对检查过的防暴弹要恢复原样包装。防暴弹装入新铝塑包装袋中,封口后装入包装筒,再放到包装箱内,不得窜动。

(4) 对检查过腐蚀严重,包装袋变色的防暴弹,应再套上一层铝塑包装袋置入包装筒内,以防泄漏。

(5) 对检查过零部件散落的防暴弹,应谨慎小心,最好将其装入铁制容器内,防止万一。

2. 质量检测

化学防暴弹药质量检验方法分静态检查、动态检查和分解检验。

1) 静态检查

目测弹药包装情况,包括外包装和内包装(单件包装)及弹药的外观有无损坏、识别标志是否清晰、弹药有无锈蚀及裂纹等缺陷:

(1) 检查外包装。检查包装木箱是否完好无损;识别标志(弹药代号、名称,装箱数量、重量,装箱批号、年号及厂代号等)是否齐全清晰。

(2) 检查单件包装。检查包装筒有无变化(包括有无裂纹及筒内有无其他物质);观察铝塑包装袋有无腐蚀及颜色变化。

(3) 检查弹药。观察外观有无裂纹,有无锈蚀,特别是观察保险销是否保持原来状态等。

2) 动态检查

必要时(指对弹药的判别发生疑问时),随机抽取一定数量弹药,进行投掷或枪抛试验等,测定其主要技术性能能否达到战术技术指标要求。动态检查应按下列要求进行:

(1) 试验场地应远离仓库和人口居住集中的地方,最好选择专门的试验靶场。

(2) 按GJB179A—96《计数抽样检查程序及表》随机抽取一定数量的弹药(被试弹),装入其他包装箱,放置一边待用。

(3) 将被试弹进行投掷和枪抛,统计其正常作用率。

3) 分解检验

化学防暴弹药经静态检查和动态检查,仍不能判别其质量等级时,需进行详细的分解检验。具体参照《化学防暴弹药定级检验方法》执行。

4) 检查登记

检查登记是定期质量检查工作的重要环节。主要是对化学防暴弹药的数量进行核对,对检查的详细情况进行登记,分清新品、训品和废品,并分门别类加以标志,以便后处理。

3. 结果判定和处理

(1) 静态检查未超过保管和使用期限,完好无损,可作为新品保存。

(2) 静态检查发现已超过保管和使用期限,但完好无损,动态检查符合战术技术指标要求的,可作为训品保存。凡超过三年的一律作为废品处理。

(3) 染色弹检查发现已超过保管和使用期限的,一律作废品处理。

(4) 凡静态检查识别标记模糊不清且无法辨认的,铝塑包装有腐蚀及颜色变化的,弹药外观有裂纹、有严重锈蚀的,保险销有移位的一律作废品处理。

(5) 凡静态检查包装箱有严重损坏的,产品已超过保管和使用期限的,一律作废品处理;产品未超过保管和使用期限,再作动态检查后进行判别。

4. 注意检查后的包装

（1）对检查完的批次弹按照确定的处理结果在包装箱上贴上相应的标志。

（2）对检查中严重损坏的包装木箱要作更换。若装入包装筒发生松动现象，周围需用硬纸板来挤紧，不得窜动，并注上标记。

（3）对检查过的防暴弹要恢复原样包装。防暴弹装入新铝塑包装袋中，封口后，并装入包装筒，再放到包装箱内，不得窜动。

（4）对腐蚀严重，包装袋变色的防暴弹，应再套上一层铝塑包装袋置入包装筒内，以防泄漏，等待处理。

（5）对检查过零部件散落的防暴弹，应谨慎小心，最好将其装入铁制容器内，以防万一。

5. 检验项目与方法

（1）爆炸型防暴弹。检验项目通常有外观检查、性能检查等内容，检验方法通常采用目视或手检具等方法。

（2）燃烧型防暴弹。检验项目通常有外观检查、性能检查等内容，检验方法通常采用目视或手检具等方法。

4.4 防化危险品销毁技术原理及设备

防化危险品根据其性质和用途，可分为防化特种危险化学品、防化放射性物质、防化发烟燃烧弹药、化学防暴弹药等四类。其中对废旧防化放射性物质的安全处置只有一种方法—回收并集中储存，待废旧放射源衰变到其活度达到豁免水平，所以本节仅介绍其他三类防化危险品的销毁。

防化危险品焚烧销毁的本质是利用高温条件下的热分解和热氧化反应破坏特种危险化学品、发烟剂、防暴剂等，从而消除特种危险化学品的主要毒性或者将其转化为小分子的无毒或低毒的化合物。防化发烟燃烧弹药和化学防暴弹药在销毁之前首先要进行解体处理，解体分离出发烟燃烧剂、防化防暴剂和火工品，然后按规定包装进行焚烧处理。

在防化危险品焚烧处理过程中有关人员会不可避免地接触到防化特种危

险化学品、防化发烟燃烧弹药主装药和化学防暴弹药的主装药,这就要求操作人员必须掌握防化危险品的基本特性和有关反应原理,从而有利于科学、规范地开展防化危险品焚烧销毁作业。

4.4.1 防化特种药剂焚烧销毁技术原理及设备

防化特种危险化学品和防暴弹、发烟燃烧弹的主装药等防化特种药剂的销毁,需要利用高温焚烧和尾气净化等技术进行焚烧、处理。

1. 通用焚烧原理

1) 燃烧的定义

燃烧是一种剧烈的氧化反应,具有强烈的放热效应,有基态和电子激发态的自由基出现,常伴有光与热的现象,即辐射热会导致周围温度的升高。燃烧也常伴有火焰现象,而火焰又能在合适的可燃介质中自行传播。火焰能否自行传播,是区分燃烧与其他化学反应的特征。其他化学反应都只局限在反应开始的那个局部地方进行,而燃烧反应的火焰一旦出现,就会不断向四周传播,直到整个系统完全反应完毕为止。燃烧过程伴随着化学反应、流动、传热相传质等化学过程及物理过程,这些过程是相互影响、相互制约的。因此,燃烧过程是一个极为复杂的综合过程。

2) 燃烧的基本过程

可燃性物质的燃烧过程通常由热分解、熔融、蒸发和化学反应等传热、传质过程所组成。可燃物质因种类不同存在三种不同的燃烧方式。

(1) 蒸发燃烧。可燃固体受热熔化成液体,继而变成蒸气,与空气扩散混合而燃烧。

(2) 分解燃烧。可燃固体首先受热分解,轻质的碳氢化合物挥发,留下固定碳及惰性物,挥发成分与空气扩散混合而燃烧,固定碳的表面与空气接触进行表面燃烧。

(3) 表面燃烧。如木炭、焦炭等可燃固体受热后不是发生熔化、蒸发和分解等过程,而是在固体表面与空气反应进行燃烧。

防化危险品中可燃组分种类复杂,因此防化危险品的燃烧过程是蒸发燃烧、分解燃烧和表面燃烧的综合过程。对于固体危险化学品,根据危险品在焚

第 4 章　废旧防化危险品识别检测与销毁

烧炉的实际焚烧过程,将其焚烧过程依次划分为干燥、热分解和燃烧三个过程:

（1）干燥。固体防化危险品的干燥阶段是利用燃烧室的热能使危险品的附着水和固有水汽化,生成水蒸气的过程。按热量传递的方式,可将干燥分为传导干燥、对流干燥和辐射干燥三种方式。固体防化危险品的含水率越大,干燥阶段越长,消耗的热能也就越高,从而导致炉内温度降低,影响固体防化危险品的整个焚烧过程。

（2）热分解。固体防化危险品中的可燃组分在高温作用下分解和挥发,生成各种烃类挥发分和固体炭等产物。热分解过程包括多种反应,这些反应有吸热的,也有放热的。固体防化危险品的热分解速度与可燃组分组成、传热及传质速度和有机固体物粒度有关。

（3）燃烧。在高温条件下,干燥和热分解产生的气态和固态可燃物,与焚烧炉中的空气允分接触,达到着火所需的必要条件时,就会形成火焰而燃烧。因此,固体防化危险品的焚烧是气相燃烧和非均相燃烧的混合过程,它比气态燃料和液态燃料的燃烧过程更复杂。

防化危险品含有丰富的可燃元素,在高温条件下的燃烧与普通物质的燃烧很类似,物质自身并未燃烧,但是受热分解后释放出的可燃气体在空气中能发生猛烈燃烧。因此,可燃物质的燃烧多在气态下进行,其燃烧过程如图4.4所示。从中可知,任何可燃物的燃烧必须经过氧化、分解和燃烧等过程。

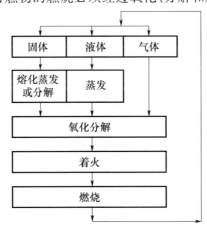

图 4.4　物质的燃烧过程

3) 火焰的传播原理

假设在一装满可燃气体混合物的水平管中,用点火机构在管的一端点燃,起初极少量直接靠近点火处的混合气体着火并燃烧,火焰逐层传播下去,如图4.5所示。

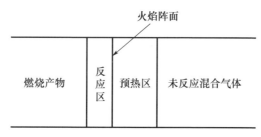

图4.5 在可燃气体混合物中火焰传播的示意图

火焰传播的过程是反应区以一定的速度沿着管子向未反应的混合气体移动的过程。在每一瞬间,尚未发生反应的区域和已经反应的区域被一狭窄的正在进行反应的混合物层隔开,这个混合物层就称为火焰阵面。实践证明,火焰传播的瞬间,反应在靠近火焰阵面极薄的一层进行,而且在未反应区和火焰阵面前,还有一个预热层。在燃烧过程中,火焰阵面沿管子移动,当反应到达管末端时,混合物全部反应完毕,火焰传播过程也就结束。

火焰传播的速度,首先与可燃混合物的物理化学性质有关,可燃混合物的化学反应速度越快反应时放出的热量就越多,则燃速越大。可燃气体混合物的成分也影响燃速,如加入惰性无催化作用的附加物则降低燃速。另外,混合物的导热性质、热容对燃速都有影响。

可燃气体混合物火焰传播的速度与外界压力有密切的关系。若在燃烧过程中环境压力保持一定,火焰以恒定速度传播,这样的燃烧过程称为火焰的正常传播,其速度称为火焰的正常速度。

可燃物质的聚集状态不同,当其接近火源时变化也不同。气体最容易燃烧,其燃烧所需热量只用于本身的氧化分解,并使其达到燃点。液体燃烧,在火源作用下首先使其蒸发成蒸气,然后蒸气氧化分解进行燃烧。固体燃烧,如果是简单物质硫、磷等,受热时首先熔化,然后蒸发变成蒸气进行燃烧,没有分解过程。如果是复杂物质,在受热时首先分解为物质组成部分,生成气态产物和液态产物,然后,气态产物和液态产物的蒸气着火燃烧。

4)影响焚烧过程的因素

影响防化危险品焚烧过程的因素主要包括物质的性质、停留时间、温度、湍流度和空气过量系数。其中停留时间、温度、湍流度和空气过量系数称为3T-1E,是焚烧炉设计和运行的主要控制参数。

(1)物质的性质。物质的热值、成分组成和颗粒粒度等是影响防化危险品焚烧的主要因素。物质的热值越高,焚烧释放的热能越高,焚烧也就越容易启动。物质的粒度越小,物质与周围氧气的接触面积也就越大,焚烧过程中的传热及传质效果越好,燃烧越完全。因此,在物质焚烧前,应进行破碎预处理。防化危险品的水分过高,导致干燥阶段过长,着火困难,影响燃烧速度,不易达到完全燃烧。

(2)停留时间。物质的焚烧是气相燃烧和非均相燃烧的混合过程,因此物质在炉中的停留时间必须大于理论上固体废物干燥、热分解及固定碳组分完全燃烧所需的总时间,同时还必须满足固体废物的挥发成分在燃烧室中有足够的停留时间以保证达到完全燃烧。虽然停留时间越长焚烧效果越好,但停留时间过长也会使焚烧炉的处理量减少。

(3)温度。是指物质焚烧所能达到的最高焚烧温度,一般来说位于物质层上方并靠近燃烧火焰的区域内的温度最高,可达850~1000℃。焚烧温度越高,燃烧越充分,二恶英类物质去除的也就越彻底。物质焚烧设备的焚烧温度可以达到1200℃以上,足以使特种危险化学品完全燃烧。

停留时间和温度的乘积又可称为可燃组分的高温暴露。在满足最低高温暴露条件下,可以通过提高焚烧温度,缩短停留时间;同样可以在燃烧温度较低的情况下,通过延长停留时间来达到可燃组分的完全燃烧。

(4)湍流度。是表征物质和空气混合程度的指标。在物质焚烧过程中,当焚烧炉一定时,可以通过提高助燃空气量来提高焚烧炉中的流场湍流度,改善传质与传热效果。

(5)过量空气系数。在焚烧室中,固体废物颗粒很难与空气形成理想混合,因此为了保证物质燃烧完全,实际空气供给量明显高于理论空气需要量。实际空气量与理论空气量之比为过量空气系数。但是如果助燃空气过剩系数太高,会导致炉温降低,影响防化危险品的焚烧效果。

综上所述,不难发现以上 3T – 1E 因素相互依赖、相互制约,构成一个有机系统。任何一个因素的波动,都会产生"牵一发而动全身"的效果。因此必须从系统的角度来控制和选择以上运行参数。

5) 物质的焚烧产物

物质的完全燃烧反应只是理想状态,实际的燃烧过程非常复杂,最终的反应产物未必是 CO_2、HCl、N_2、SO_2 与 H_2O。在实际燃烧过程中,只能通过控制 3T – 1E 因素,使燃烧反应接近完全燃烧。若燃烧工况控制不良,物质焚烧过程会产生大量的酸性气体、炭烟、CO、未完全燃烧有机组分、粉尘、灰渣等物质,甚至可能产生有毒气体,包括二恶英、多环碳氢化合物(PAH)和醛类等。因此有必要对物质燃烧污染产物的产生和控制原理进行深入的研究。

(1) 粉尘的产生和特性。

焚烧烟气中的粉尘可以分为无机烟尘和有机烟尘两部分,主要形态是物质焚烧过程中由于物理原因和热化学反应产生的微小颗粒物质。其中无机烟尘主要来自固体废物中的灰分,而有机烟尘主要是由于灰分包裹固定炭粒形成。无机烟尘主要是由燃烧空气卷起的不燃物、可燃灰分和高温燃烧区域中低沸点物质汽化后又冷凝的产物;有机烟尘来源于纸屑等的卷起和不完全燃烧引起的未燃碳分。在燃烧室中气固或气气反应会产生无机烟尘,排烟道内由于高热的烟气冷却生成的成分也属于无机粉尘。

粉尘的产生量与物质性质和燃烧方法有关。粉尘粒径的分布十分广,微小粒径的粉尘比较多,30μm 以下的粉尘占 50% ~ 60%。由于碱性成分多有一定的黏性,因此微小粒径的粉尘可能会含有重金属。部分无机盐类在高温下氧化而排出,在炉外遇冷凝结成粒状物形成粉尘。

(2) 炉渣、飞灰的产生和特性。

焚烧过程产生的灰渣(包括炉渣和飞灰)一般为无机物质,它们主要是金属的氧化物、氢氧化物、碳酸盐、硫酸盐、磷酸盐以及硅酸盐。大量的灰渣,特别是其中含有重金属化合物的灰渣,对环境会造成很大危害。

物质焚烧设施灰渣的产量与物质种类、焚烧炉型式、焚烧条件有关。一般焚烧 1t 可燃物质会产生 100 ~ 150kg 炉渣,除尘器飞灰为 10kg 左右,余热锅炉室飞灰的量与除尘器飞灰差不多。

物质中通常会包含一些不可燃组分或元素,由于物质在高温下发生热分解、氧化作用,燃烧物和其产物的粒度都大大减小,其中的不可燃物质大部分将以炉渣的形式成为底灰排出,而一小部分质小体轻的粒状物则随废气排出炉外成为飞灰。

(3)烟气的组成与特性。

根据固体废物的元素分析结果,固体废物中的主要可燃和助燃组分可用 $C_xH_yO_zN_uS_vCl_w$ 表示,固体废物完全燃烧的氧化反应可用总反应式来表示,即

$$C_xH_yO_zN_uS_vCl_w + \left(x + v + \frac{y-w}{4} - \frac{z}{2}\right)O_2 \longrightarrow xCO_2 + wHCl + \frac{u}{2}N_2 + vSO_2 + \left(\frac{y-w}{2}\right)H_2O$$

在适当或完全燃烧条件下,固体废物中的硫与氧气反应的主要产物是 SO_2 和 SO_3,其中大部分是 SO_2。但如果燃料燃烧的过量空气系数低于1.0,有机硫将分解氧化生成 SO_2、S 和 H_2S 等物质。

固体废物燃烧过程中生成的氮氧化物,主要由燃烧空气和固体废物中的氮在高温下氧化而成。相对于空气中的氮来说,物质的 N 元素含量很少,一般可以忽略不计。

固体中的有机氯化物的焚烧产物是 HCl。当体系中氢量不足时,有游离的氯气产生。PVC 塑料燃烧也会产生较多的 HCl。添加辅助燃料(天然气或石油)或较高温度的水蒸气(1100℃)可以减少废气中游离氯气的含量。氟代碳氢化合物会产生 HF,而含硫物质通常会产生大量的 SO_2 等物质。

固体废物中的金属元素在焚烧过程中可生成卤化物、硫酸盐、磷酸盐、碳酸盐、氢氧化物和氧化物等,具体产物取决于金属元素的种类、燃烧温度以及固体物质的组成。

2. 毒剂焚烧销毁原理

毒剂大多含有丰富的 C 元素和 H 元素,因此几乎都是很好的燃料,在高温下遇明火能够猛烈燃烧并分解生成小分子无毒或低毒的化合物或者单质气体。

1) 沙林燃烧反应原理

沙林在高温条件下会迅速分解,其中富含的 C、H、O、P 等元素和热分解生成的各种中间产物会在外界氧气的参与下遇明火而发生完全燃烧。

沙林完全燃烧的化学反应方程为

$$2CH_3-\overset{\overset{O}{\|}}{\underset{F}{P}}-O-iC_3H_7 + 13O_2 \longrightarrow 8CO_2 + 9H_2O + P_2O_5 + 2HF$$

根据反应方程可知,沙林完全燃烧的产物中含有 P_2O_5 和 HF 等酸性气体,直接排放会引起大气酸化,必须经过净化处理之后才能排放焚烧产生的废气。

2) VX 燃烧反应原理

VX 在高温条件下遇明火也会迅速分解并发生燃烧反应。VX 燃烧的反应方程如下:

$$2CH_3-\overset{\overset{O}{\|}}{\underset{SC_2H_4N-(iC_3H_7)_2}{P}}-OC_2H_5 + 39.5O_2 \longrightarrow NO_2 + P_2O_5 + 2SO_2 + 22CO_2 + 26H_2O$$

可见,VX 燃烧的产物主要是 NO_2、P_2O_5、SO_2 和 H_2O 等小分子无毒或低毒化合物,但由于 P_2O_5、SO_2 和空气中的水分结合能够形成酸雾而污染大气环境,因此应严格控制其排放。

3) 芥子气燃烧反应原理

根据化学结构式可知,芥子气中包含大量的 C、H、S 等可燃元素,分解后遇氧能够发生完全燃烧反应。

芥子气在高温下完全燃烧的反应方程为

$$2(ClC_2H_4)_2S + 13O_2 \longrightarrow 8CO_2 + 2SO_2 + 4HCl + 6H_2O$$

反应产物中包含大量的 SO_2 和 HCl 等酸性气体,必须经过净化处理之后才能排放。

3. 刺激性毒物焚烧销毁原理

1) 苯氯乙酮的燃烧反应原理

苯氯乙酮中富含 C、H 元素,但含氧量很少,因此燃烧时对外界氧气需求量

很大。在氧气供应充足的情况下,苯氯乙酮完全燃烧的反应方程为

$$2C_6H_5COCH_2Cl + 18O_2 \longrightarrow 16CO_2 + 2HCl + 6H_2O$$

若氧气供应不足,则会生成大量的 CO 有毒气体,甚至会析出游离的碳,前者排放后会对大气环境造成污染。

2) CS 燃烧反应原理

CS 中含有大量的 C 元素和 H 元素,在高温下与氧气能发生猛烈燃烧。在氧气充足的情况下,CS 完全燃烧的化学反应方程为

$$2C_8H_5(CN)_2Cl + 26O_2 \longrightarrow 2HCl + 20CO_2 + 4NO_2 + 4H_2O$$

可见,CS 完全燃烧的产物中多为 HCl、CO_2、NO_2、H_2O 等小分子无毒气体产物,但若氧气供应不足,则可能会生成 CO 和 NO_x 等有害物质。

3) 亚当氏剂燃烧反应原理

亚当氏剂中含有大量的 C 元素和 H 元素,因此在高温条件下遇明火会迅速分解燃烧生成小分子无毒或低毒的物质。亚当氏剂完全燃烧的反应方程如下:

$$2C_{12}H_9NAsCl + 31.5O_2 \longrightarrow 24CO_2 + 2NO_2 + 2HCl + 8H_2O + As_2O_3$$

根据反应方程可知,亚当氏剂燃烧时将会消耗大量的氧。因此,若外界供养不足,则反应不完全,从而会生成较多的 NO_x、CO 等有害的气体产物。此外,燃烧法焚烧亚当氏剂时,因产物中氧化砷 As_2O_3 的含量较高,因此必须对燃烧产物经冷凝后作进一步的化学处理才能排放销毁过程中产生的废液。

4) CR 燃烧反应原理

CR 中含有大量的 C 元素和 H 元素,因此在高温条件下遇明火会迅速分解燃烧生成小分子无毒或低毒的物质。CR 完全燃烧的反应方程如下:

$$2C_{13}H_9NO + 31.5O_2 \longrightarrow 2NO_2 + 26CO_2 + 9H_2O$$

CR 燃烧将会消耗大量的氧气,若燃烧室内供氧不充裕,则会生成 CO、NO_x 等有害气体,直接排放后将会对环境造成危害。

4. 防化发烟燃烧弹土装药焚烧销毁原理

防化发烟燃烧弹药可分为发烟弹药和燃烧弹药两类,其中装填的化学物质均属于特殊的烟火剂,都是由可燃剂、氧化剂、黏结剂(或稠化剂)以及添加剂组成。在选择可燃剂时,必须仔细研究所期望的燃烧效应,性能好的可燃剂应该能与氧气反应生成稳定的化合物,并释放大量的热量,同时还应考虑热释放速

率,可燃剂与氧化剂等混合后的稳定性等。常用的可燃剂可以是金属、非金属和有机化合物。氧化剂通常是在中到高温时分解并能释放出氧气的富氧离子固体,在选择时必须考虑应具有适当的分解热以及具有尽可能高的活化氧含量。黏结剂通常为有机聚合物,它使燃烧剂在制备和储存过程中,避免因材料密度和粒度的变化而分离。选择黏结剂时,应尽可能用最少的聚合物提供最好的均匀性。添加剂可以是阻燃剂或是延滞剂等,以降低燃烧速率。

1) 磷的发烟燃烧过程

磷是一种化学性质很活泼的元素,在与其他元素化合时可以是三价的也可以是二价的,但不同的磷反应的强弱程度是不同的。黄磷的燃点很低,在空气中经摩擦(如在切碎或捣碎时)即能燃烧,甚至能自燃。红磷燃烧时发出稳定光亮的火焰,也生成烟状产物。红磷在使用时危险性较小,但与强氧化剂在一起时经摩擦也能发火燃烧甚至爆炸,操作时要特别小心。

磷的燃烧过程主要是与空气中的氧气发生氧化反应:

$$4P + 5O_2 \longrightarrow 2P_2O_5 (磷酸酐)$$

磷酸酐吸收空气中的水分生成正磷酸,其反应可以分为以下两个阶段:

第一阶段: $4P + 5O_2 \longrightarrow 2P_2O_5 (磷酸酐)$

第二阶段: H_3PO_4 吸水性强,形成正磷酸雾。$P_2O_5 + 3H_2O \longrightarrow 2H_3PO_4 (正磷酸)$

2) 蒽发烟剂燃烧过程

发烟剂配方中含有足够的氧化剂,点火药点燃快速发烟剂,产生巨大的热量使基本发烟剂中的氧化剂氯酸钾分解放出氧供给燃烧,因此,该发烟剂无须外界供养也可以持续燃烧。

$$2KClO_3 \longrightarrow 2KCl + 3O_2$$
$$C_{14}H_{10} + 16.5O_2 \longrightarrow 14CO_2 + 5H_2O$$

在高温条件下氯化铵升华,蒽、菲部分升华,遇冷成烟,并吸收水分使烟增强。焚烧炉的燃烧室内因为温度非常高,装药中的蒽将完全燃烧并生成小分子的 CO_2 和 H_2O 直接排放到大气中。

3) 金属氯化物发烟剂燃烧反应原理

许多沸点不太高的金属氯化物,其蒸气在冷却时能生成烟,如 $CuCl_2$、$FeCl_3$、

AlCl₃、ZnCl₂、CdCl₂、HgCl₂等都如此。其中有些是吸湿性很强的化合物,如 AlCl₃、ZnCl₂,从而可以使烟的浓度大大增强,更好地发挥出了金属氯化物的发烟能力。

金属氯化物发烟剂中的主要成分为 Zn、Al 等金属粉,四氯化碳、六氯乙烷等氯化物。在高温下燃烧时主要发生以下反应(以 Zn、氯化碳为例):

$$Zn + O_2 \longrightarrow ZnO$$

$$2Zn + CCl_4 \longrightarrow 2ZnCl_2 + C$$

$$3Zn + C_2Cl_6 \longrightarrow 3ZnCl_2 + 2C$$

$$2ZnO + C \longrightarrow 2Zn + CO_2$$

$$C + O_2 \longrightarrow H_2O + CO_2$$

根据上述反应原理可知,金属氯化物发烟剂焚烧后的主要产物为 $ZnCl_2$、H_2O 和 CO_2,以及少量未完全氧化的游离 C 和未被还原的 ZnO,对环境和健康不会构成危害,可以直接排放到大气中。

4) 燃烧剂燃烧反应原理

(1) 金属高热剂。金属可燃剂在高热燃烧剂中有广泛应用。高热燃烧剂由金属氧化物和其他金属可燃剂组成,反应时由可燃金属置换了金属氧化物中的金属并释放出大量的热量。常用的金属可燃剂有 Al 和 Mg 等。以铁铝高热剂为例,其燃烧反应方程为

$$3Fe_3O_4 + 8Al =\!=\!= 4Al_2O_3 + 9Fe + Q$$

这种高热剂在燃烧时能放出大量的热量,并产生大约 2773K 的高温,点燃后难以扑灭,甚至在水中也能燃烧。

(2) 稠化三乙基铝燃烧反应。三乙基铝自身不含 O 元素,燃烧时需要借助于外界提供的氧气反应才能得以进行。在外界氧气充足的情况下,三氧化铝完全燃烧的主要产物为氧化铝和蒸气态的二氧化碳,反应方程如下:

$$(CH_3CH_2)_3Al + O_2 \longrightarrow Al_2O_3 + CO_2 + H_2O$$

(3) 聚异丁烯稠化剂及其燃烧反应。聚异丁烯($[C_4H_8]_n$)为常用的稠化剂与黏结剂,属于易燃物,粉体与空气可形成爆炸性混合物,当达到一定浓度时,遇火星会发生爆炸。

聚异丁烯属于易燃物质,其中的元素全部为最具燃烧性的 C 和 H 元素,因

此在高温下能够猛烈燃烧。聚异丁烯完全燃烧反应为

$$[C_4H_8]_n + O_2 \longrightarrow CO_2 + H_2O$$

根据反应方程可知,聚异丁烯完全燃烧的产物为无公害的 CO_2 和水分子,因此可以直接将燃烧产物排放至大气中。但若燃烧时空气量不足或者燃烧时间过短,则有可能产生 CO 等不完全燃烧的有害产物。

5. 热源技术

一是采用燃油燃烧作为热源。油箱用作燃料油的储备,由油泵将燃料油输送到燃烧器,在其间加过滤器,除去油中杂质;经燃烧器油泵加压后喷入一燃室,同燃烧器风扇鼓入的一次风混合,完成点燃、燃烧、燃尽的全过程。燃烧器采用进口轻柴油燃烧器,具有全自动管理燃烧程序、火焰检测、自动判断与提示故障等功能。燃烧器能在程控器的控制下,进行自动点火。燃烧器自带油泵,内设滤油网,用以保护齿轮;内置调压阀,保证出口油压稳定。高压燃油经喷头小孔雾化与空气混合后燃烧均匀充分无烟。燃烧器具有自动点火、灭火保护、故障报警等功能和火焰强度大、燃烧稳定、安全性好、功率调整大等特点。

二是采用等离子发生器作为热源。一燃室、二燃室各设置一套等离子发生器。一燃室等离子发生器最大输出功率100kW,二燃室等离子发生器最大输出功率50kW。等离子发生装置由一个电源柜控制两个等离子发生器(一拖二),两台等离子发生器可单独控制。输入电压:(380 ± 10%)V,50/60Hz,三相四线。电源内置引弧电路,引弧方式:双极转移弧,自动引弧,自动转弧,引弧时间小于1s。电源效率60% ~ 90%。如果采用直流放电法,在电极上所加电压的极性在时间上是恒定的。正电位一侧为阳极,负电位一侧为阴极,当电极所加电压达到一定值后,电极间的工作气体被电离形成正负离子和电子混合物,高速从发生器出口喷射出,形成等离子体喷焰。此时,喷焰具有很高的热焓,其焰芯温度可达10000 ~ 20000℃,外焰部分也可达3000℃。

6. 尾气处理技术

采用半干式尾气处理方法,其工艺组合形式为喷雾吸收塔 + 布袋除尘器。尾气处理系统包括喷雾吸收塔、碱液制备输送系统、布袋除尘器、压缩空气制备系统。

换热后的烟气进入喷雾吸收塔,碱性吸收液通过雾化喷枪被压缩空气雾化成较小的液滴,从而与烟气充分接触,在被烟气干燥的同时也中和烟气中的酸

性物质。反应后的烟气进入布袋除尘器,烟气经处理达到国家排放标准后经引风机、烟囱高空排放。经过上述过程,酸性气态污染物、粉尘等均被除掉,并不产生污水,基本实现零排放。

7. 自动控制技术

为保证焚烧系统的正常运行、确保人员安全和减小人工的劳动强度,系统设有以下控制环节:

(1)多点温度自控与显示。焚烧炉内温度及袋式除尘器前温度自动调节。

(2)负压自动调节。在二燃室设有负压测点,以监测系统运行时负压的大小,并通过变频调速器调整引风机的转速(即引风量大小)来保证系统在微负压下运行,防止烟气外溢。其实现过程是:负压探头测出负压大小,通过传感器反馈给变频器,变频器通过引风机无级调速来实现负压的稳定调节。

(3)电动送料小车与炉门升降许锁,炉前自动送料。

(4)系统采用过流、过载和误操作等安全保护装置,保证系统在特殊状态的安全性。

8. 移动(固定)式焚烧销毁设备

移动(固定)式防化危险品焚烧销毁设备是利用专有的高温焚烧炉或燃烧室对防化危险品进行焚烧销毁的设备,如图4.6所示。

图4.6　固定式防化危险品焚烧销毁设备

设备总体组成由预处理系统、车载平台、助燃系统、焚烧处理系统、换热系统、尾气处理系统、电气控制系统等部分组成。

1)固定(移动)式防化危险品焚烧设备工艺流程

固定式防化危险品焚烧设备工艺流程如图4.7所示。

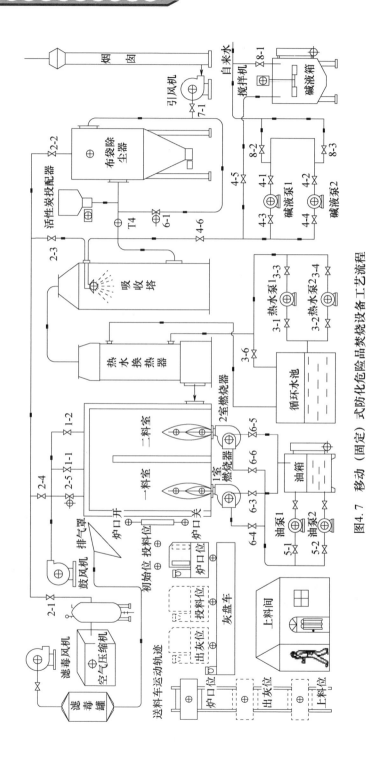

图4.7 移动(固定)式防化危险品焚烧设备工艺流程

2）工艺流程简介

移动(固定)式防化危险品焚烧设备工艺流程模拟如图4.8所示。

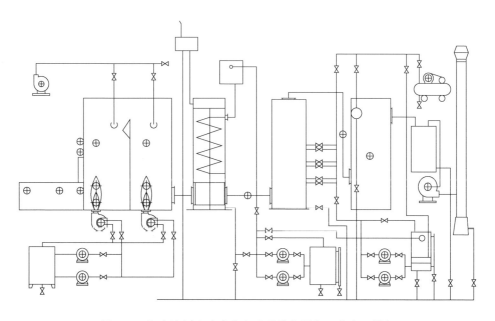

图4.8　移动(固定)式防化危险品焚烧设备工艺流程模拟

（1）上料、焚烧系统。首先将一燃室用油燃烧器加热至600℃，二燃室加热至1200℃。然后将解体后的袋装可燃药按规定频次人工向炉内投加或将封装好的液体特种危险化学品人工放在托盘上，由机械设备将物料送到炉门前，打开炉门，物料被推入炉内，上料机后退，炉门关闭，完成上料工序。

炉体采用两个燃烧室的固定床炉，炉内设有辅助燃烧器助燃；助燃空气采用强制多管配风形式，一燃室炉膛温度控制在600℃，物料在炉内高温剧烈燃烧，产生高温烟气进入二燃室。人工辅助机械出灰，灰由运输车运到焚烧厂外指定场所固化填埋。二燃室是对一燃室烟气中未燃尽的有害物质做进一步销毁，二燃室内温度控制在1200℃，控制烟气停留时间2s，使废物中的有害物质完全燃尽。由于焚烧物在燃烧过程中会产生大量的烟尘并进入二燃室，烟尘在二燃室有90℃转弯，大粒径的粉尘由于自身重力落入二燃室底部完成第一级除尘。

(2) 换热系统。烟气侧：为了使烟气迅速降温，物料经焚烧后产生的烟气进入常压饱和蒸汽换热器。在蒸汽换热器中，烟气温度由1200℃降至300℃。水汽侧：设储水箱、循环水泵、高位水箱及汽水分离器。水在储水箱与水泵之间循环，在水泵出口设一支路与高位水箱相连，高位水箱液位由浮球阀控制，高位水箱与换热器相连接，换热器内水分汽化，液位降低，高位水箱自动向换热器补水，同时水泵向高位水箱补水，从而保持液位相对稳定。蒸汽进入汽水分离器后，将蒸汽中的水分离出来进入排水管道外排，蒸汽直接排入大气。储水箱内水量减少，需向水箱内加冷水补充。

(3) 尾气处理系统。采用半干式尾气处理方法，其工艺组合形式为喷雾吸收塔+布袋除尘器。首先用碱液吸收烟气中的酸性气态污染物，并且碱液中的雾滴在高温下水分得以蒸发；布袋除尘器完成颗粒物的净化过程，布袋除尘器捕获的颗粒物以固态的形式排出，布袋除尘器用压缩空气脉冲除灰。布袋除尘器中的布袋采用特殊的P84材质制作，该材质截水防油，可避免低温黏袋。经过上述既成熟可靠又简单易操作的工艺过程，酸性气态污染物、粉尘等均被除掉，并不产生污水，基本实现零排放。

3) 主要指标

(1) 环境适应性：

温度　－10～+40℃。

相对湿度　≤90%。

海拔高度　≤2500m。

(2) 主要技术指标：

① 炉型。固定床焚烧炉，主要用于焚烧处理控暴弹药主装药以及其他不含砷元素的固体有毒物料，也适用于焚烧销毁处理少量封装的液体有毒物料。

② 销毁处理能力。不低于3kg/h。

③ 辅助燃料。轻柴油。

④ 焚烧销毁处理温度。二燃室不低于1200℃。

⑤ 被销毁物烟气在不低于1200℃状态下停留时间不小于2s。

⑥ 系统负压不低于50Pa。

⑦ 总装机功率40kW。

⑧ 主要焚烧设备装载于一辆专用车辆,并可在此平台上安装焚烧系统、完成主要焚烧销毁操作。车辆具备有限越野条件。焚烧销毁系统的各部分,包括炉体、换热器、吸收塔、除尘器、排气筒等,作业时应相互可靠地连接并应牢固地固定在运载车辆平台上,保证焚烧处置作业的需求。

⑨ 系统能够按要求自动运行,具备温度、负压等参数的自动控制和人工控制功能。能够测量和显示系统各主要部位的运行参数,如温度、负压、燃烧状态等。

⑩ 系统有防止二次污染措施,系统在负压下运行,严格防止进料、出渣等过程烟气外溢,进料过程应确保人员安全。

⑪ 尾气净化系统保证尾气中有害气体能被有效吸收,从而保证废气、废渣中各类污染物的排放符合(CB 18484—2001)《危险废物焚烧污染控制标准》和有关规定。

⑫ 对于排气中被销毁的目标物的排放浓度限值,参照 GBT-06020 等相关标准或主管部门批准的排放限值标准执行。

⑬ 系统具有过流、过载和误操作等安全保护装置,关键部件或装置应有1∶1冗余,以保证系统在特殊状态下的安全性。

⑭ 系统易于操作和维护,易损部件易于更换,以确保整体系统的可运行寿命。

⑮ 系统运行时,噪声水平不应超过(12348-90)《工业企业厂界噪声标准》Ⅱ类标准。

4.4.2 防化弹药解体技术原理与设备

主要是对被销毁的防化弹药进行解体,把火工品和主装药进行分离,以便下一步对火工品的烧毁引爆处理和主装药的高温焚烧销毁、处理。防化弹药具有种类多、结构各异、有毒、易燃易爆、解体难度大、方法不尽相同的特点,所以采用数控车床结构和PLC控制技术实现。

1. 解体工艺

根据弹体的结构,采用如下解体工艺。

（1）握片翻板引信类和拉发火引信类防暴弹解体工艺如图4.9所示。

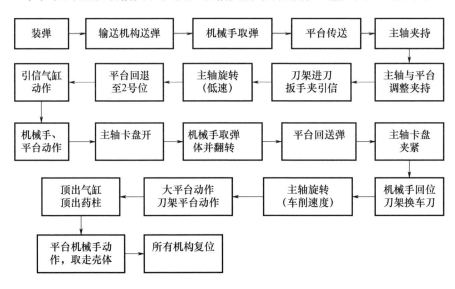

图4.9　握片翻板引信类和拉发火引信类防暴弹解体工艺

（2）系列防暴弹车削工艺如图4.10所示。

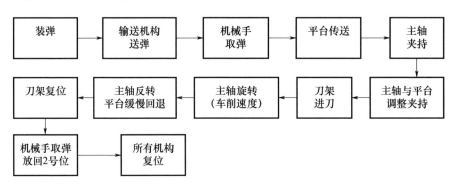

图4.10　系列防暴弹车削工艺

弹药解体作业时弹体装入输送机构的弹药卡爪后，不需人员参与，解体、分离、判断处理均由设备自动进行，具有解体弹药自动计数功能。装置具有防护罩，与外界的通风、滤毒装置相通。在解体作业时，操作人员与被解体弹药应由防护板分隔并保证一定的安全距离，设备具有一定的抗爆炸能力，能够保证在解体过程中的意外爆炸情况下作业人员的安全。弹药解体后泄漏出的催泪剂等有毒、刺激性气体通过滤毒装置后排到室外,不会对作业人员造成伤害。

2. 弹药输送原理

为保证弹体由装置外部到解体空间内的传输,设计由无杆气缸、导杆、翻转架、夹爪体组成。其中翻转架完成弹体装夹由垂直面向水平面过渡,方便操作人员对弹体的装夹;夹爪体采用双开式,安装在翻砖架上,能保证不同直径的弹体装夹时同心,端面夹持定位有利于拆弹的准确进行。

3. 弹药切割分离原理

在弹药的解体过程中,需要对弹体进行旋转拆除引信,车削弹体底部以利于顶出主装药。经综合考虑在平台作为工位转换的同时,增加可移动翻转式机械手臂机构和数控刀架平台机构,实现解体弹体所需的各项动作和工具的转换。

机械手部分由气缸、步进电机、减速箱、导杆等组成,形成了包括伸缩、平移、旋转及夹紧多个动作在内的复杂动作机构。可以对弹体实施取、送、转、夹从而实现弹体的完整解体。

刀架平台部分由电动刀架、丝杠平台、落料气缸和步进电机等组成,实现自动拆弹过程中的工具切换,并产生径向伺服进给,保证拆弹过程中装置对引信体夹、拧、卸,对弹体车削动作的准确控制性。落料气缸与不同工具配合下可对解体的引信体进行准确的分类。

平台驱动机构由减速机和交流伺服电机等组成,用于平台上各机构在装置轴向各位置间的切换和准确定位。

主轴夹紧顶出机构由顶出气缸、回转锁紧缸、主轴伺服电机、主轴箱和动力卡盘等组成。由于弹体的解体是一个自动装夹、顶出过程,为了保证夹紧力与夹紧、顶出动作的准确实现,应用了数控车床的动力卡盘及类似于加工中心中自动锁刀的结构。通过动力卡盘对由机械手送来的弹体进行夹持和调整,在主轴电机的驱动下实现弹体的旋转。而轴中的顶出机构既要保证顶杆动作,又要避开主轴旋转时的影响,因而附加了端面轴承、万向接头及直线轴衬座等构件。

4. 装置控制原理

装置控制是以 FX1N-60MT、FX1N-40MT 和 FX0N-3A 组成 PLC 为中心的小型控制系统,通过编程使 PLC 处理反馈点信息,对各控制点发出执行信号,实现整个装置的动作过程。其中包括:主轴电机扭矩反馈和转速调整;平台、旋转和刀架步进电机伺服控制;各气缸回路的控制及其位置反馈处理;各相关位置点、报警点的反馈和报警提示等。

通过对PLC的编程及参数设置,可对相应弹体的程序进行编辑并存储,以便使用过程中取调,操作简捷。相关数据在触摸屏上直接显示,控制输入直接明了。

5. 防化弹药解体设备

防化弹药解体设备主要用于废旧防化弹药的火工品和主装药进行解体分离,便于下一步对火工品的烧毁引爆处理和主装药的高温焚烧处理。该设备如图4.11所示。

图4.11　防化弹药解体设备

(1) 设备组成。由输送系统、解体系统、辅助系统、控制系统四部分组成。

(2) 主要特点。防化弹药种类多、结构各异、有毒、易燃易爆、解体难度大,所以废旧防化弹药的销毁技术难度高、危险性大,与常规弹药销毁比较有其特殊性。常规弹药销毁一般直接采用野外引爆、殉爆等。防化废旧弹药采用此方法,将会伤害人员、污染环境,不能满足国家环保排放标准,因此,必须对弹体先解体,后按其部件性质分类进行分别销毁净化。为了对废旧防化弹药进行安全、有效的解体分离,便于下一步对火工品的烧毁引爆处理和主装药的高温焚烧处理。防化弹药解体设备针对以上的特点,采用了数控车床原理和PLC控制技术,并充分利用多种机电行业中的成熟部件,能满足对在役的各种防化弹药解体的需要。

第4章 废旧防化危险品识别检测与销毁

4.4.3 防化火工品烧毁技术原理与设备

防化火工品烧毁设备主要是利用燃烧器火焰产生的高温,使火工品在抗爆容器内引爆或销毁的装置,其任务是科学、安全地销毁各类防化弹药解体得到的火工品和其他防化爆炸危险品。

1. 火工品烧毁工艺

火工品烧毁工艺流程如图 4.12 所示。

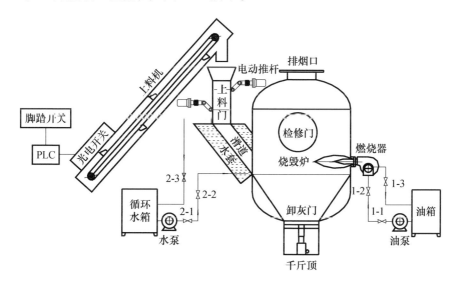

图 4.12 火工品烧毁工艺流程

人工将防化火工品放入多斗式提升机内,由提升机输送至料斗,在上料机出口布置了 F3W 区域传感器(光幕)。F3W 区域传感器检测到火工品后反馈信号至 PLC,由 PLC 发出指令控制第一级电动密封门打开,火工品落入第二级密封门上,第一级电动密封门关闭后,第二级密封门自动打开,火工品落入滑道内,同时第二级密封门关闭,火工品沿滑道滑至烧毁装置内由燃烧机引爆。爆炸后烟气滤毒或高温焚烧后排入大气。

装料口设光电开关,当另外一个小斗经过上料处时,小斗被光电开关检测到,光电开关就会反馈信号至 PLC,由 PLC 发出指令控制上料机停止。当进入炉内的火工品引爆后,再往小斗内装火工品,用脚踏开关开启上料机再次上料。

烧毁装置设有内置式密闭清灰门,定期清灰。灰渣经检查无未爆炸火工品后进行填埋处理。烧毁产生的烟气通过排烟筒排出室外。

2. 助燃与安全防爆原理

辅助燃料采用轻柴油,轻柴油本身属于易燃易爆危险品,故油箱、油泵设计及存放需考虑防火。火工品只有在一定温度下或有明火存在的情况下才会引爆,燃烧器选型需要能够抵御爆炸冲击力,火焰熄灭后能自动点火。轻柴油中含有杂质,过滤器需经常清洗,系统管路要求便于拆卸、维修。

在350℃时,各类防化火工品即可引爆或引燃销毁,温度越高,引爆引燃时间越短。考虑到防化火工品销毁的安全因素、销毁效率、炉体容积设计、温度冗余等诸多方面,将温度范围指标设定为300~500℃,保证防化火工品完全烧毁。炉体经燃烧器加温后,金属温度达到350~400℃,在该温度下能够抵御40gTNT当量火工品爆炸力的破坏。炉体通过采取以下措施达到技术要求。

(1) 根据计算及实验数据,烧毁装置壁厚设计为30mm厚碳钢,能抵御40gTNT当量爆炸威力,是安全的。

(2) 进料段滑道内设水冷夹套,最高温度小于100℃,在该温度下,火工品不会被引爆。在滑道出口设挡板,防止气流冲击滑道,阻挡炉内热辐射,保证上料门及滑道安全。

(3) 采用延时出灰方式,出灰前将燃烧器开启保持高温状态20~30min,使炉内未爆火工品引爆,然后待烧毁装置温度降到一定程度时,操作人员着防雷服除灰,以保证操作人员安全。

(4) 清灰门采用内置式,避免被炸开,清灰门外加锁紧装置,以保证清灰门密闭。

(5) 燃烧器口设挡板,阻挡气流冲击火焰,避免火焰被熄灭。改进燃烧器结构,避免燃烧器损坏。

(6) 烧毁装置底座及烟气出口采用减震措施,以免建筑物损坏。

(7) 烧毁装置上盖可打开,另外在筒体上设检修门。

3. 装置控制原理

由于烧毁作业对象为防化危险品,系统的可靠性、安全性至关重要,需要采用可编程控制器的自动控制技术与相关的自动检测技术相结合。可编程控制

第 4 章 废旧防化危险品识别检测与销毁

器(PLC)其逻辑控制是以内部状态判断替代传统的继电器控制,从而使可靠性大为提高,PLC 的制作是以工业环境为目标,在工艺上保证工业环境工作的可靠性。PLC 的高可靠性及计算机功能使其适应复杂的控制程序,系统控制采用可编程控制器,实现系统启停机、点火、炉温控制、来料检测、上料、报警等自动控制。进料口采用区域传感器检测来料,确保来料全部入炉。投料口安装扩散式光电开关,方便操作者控制上料频率,防止来料在炉内堆积危及系统安全。

1) 区域传感器(光幕)

由于需烧毁的火工品种类繁多,尺寸大小不等,尤其是有些品种尺寸较小,因此,如何保证每种火工品投料到一级密封门前时,一级密封门均能及时迅速地打开让其进入炉内处理就显得很重要。基于火工品防爆防静电的要求,选用光电检测。由于炉子上料口空间有限,光电开关的安装成了问题,且由于元件多,故障率相应增加,系统今后的运行维护不利。暂时放弃经济因素的考虑而选用 OMRON 公司的 F3W 区域传感器。该产品一般在数控机床行业较多采用,它的原理是发光器同时发出多束平行光,受光器接受。如果有物体进入传感器光面内,传感器立即发出信号给 PLC,PLC 接到来料信号后开门进料。实验证明,该区域传感器安装方便,性能可靠。

2) 投料频率的控制

上料机的传送速度为 5m/min,传送带上均匀布了四只装料斗。不同的火工品入炉后引爆的时间长短不一,且由于火工品自身存放时间等诸多不可知因素的影响,火工品入炉后的引爆时间常超过 1min。如果连续不停地投料,将造成火工品在炉内堆积,堆积量过多会超过系统设计当量,危及系统及人员安全。因此,为避免此类情况发生,系统中设计考虑由操作者控制上料频率,操作者确定入炉火工品已经引爆后再继续投料。首先,控制系统方面,在投料口安装 OMRON 扩散式光电开关,用来检测装料斗。当料斗到达投料位置时,光电开关将信号反馈给 PLC,PLC 通过程序自动停止上料机,操作者开始按要求当量投料,投料结束后,用脚踏开关重新启动上料机上料,区域传感器检测到来料后系统 PLC 程序自动打开一级、二级炉门进料入炉引爆。其次,在烧毁装置进料口上方安装工业摄像头监视一级、二级炉门电动推杆推拉动作情况,图像信号送到投料间显示器上显示;在烧毁间墙壁上安装声音检测,此声音信号送到投料间,操作者听到引爆声后,脚踏开关启动上料机,继续下面的投料。这样,操作者对一墙之隔的烧毁间情况了如指掌,可自主控制上料频率。

3) 一级、二级炉门的控制

为了避免火工品在进炉之前引爆,系统设计考虑尽量缩短火工品在炉门前停留时间。将区域传感器检测的来料信号、炉门开关、开关到位信号送入PLC,通过PLC程序自动完成来料检测、开门入炉的全过程。

4) 炉膛温度控制

火工品烧毁过程中,炉内落料区温度要求控制在300~500℃,这样,既节约燃料,又能延长燃烧器的使用寿命。考虑到检测温度用热电偶的抗爆性有限,决定将温度测点安装在接近排烟口底部位置,通过空载实际测量落料区温度与排烟口温度,确定了用于系统控温的温度为300~500℃。当测点温度小于300℃时,系统通过PLC程序控制自动点火升温,测点温度大于500℃后,自动灭火停止升温。炉内温度维持在火工品处理需要温度范围内。燃烧器控制系统检测到燃烧器火焰被剧烈爆炸炸灭时,自动重新点火,确保工作温度要求。如果30s内火焰未能重新点燃,则"火熄灭"灯点亮,电铃响报警。

4. 防化火工品烧毁设备

1) 用途

防化火工品烧毁设备是废旧防化弹药的主要销毁设备之一,销毁对象是:防化发烟弹、燃烧弹引信、控爆弹引信及雷管等火工品。销毁原理是在具有一定抗爆性能的烧毁炉内,利用燃烧器提供的热能引爆火工品。该方法安全可靠,适用于防化火工品药量少、体积小、数量多的特点。防化火工品烧毁设备如图4.13所示。

图4.13 防化火工品烧毁设备

第 4 章 废旧防化危险品识别检测与销毁

2）设备特点

防化火工品烧毁设备的作业对象为防化危险品,系统的可靠性、安全性是至关重要的,必须充分考虑操作者的安全,并尽可能减轻操作者的劳动强度。该设备具有以下特点:

(1) 安全性好。防化火工品烧毁设备的抗爆设计强度符合要求,作业安全防护装置完备可靠。

(2) 可靠性高。系统采用了 PLC 可编程序控制器技术和相关的自动检测技术,从而使可靠性大为提高,PLC 的制作是以工业环境为目标,在工艺上保证了工业环境工作的可靠性。实现了系统启停机、点火、火焰检测、炉温控制、来料检测、上料、断油、重新点火及报警等过程的自动控制,可靠性高。

系统具有过流、过载和误操作等安全保护装置,关键部件或装置有 1∶1 冗余,保证系统在特殊状态下的安全性。

(3) 实用性强,手动和自动控制相结合,直观简单,易于掌握。系统有防止二次污染措施,防止进料、出渣等过程烟气外溢。

3）设备总体组成与工作过程

(1) 总体组成。火工品烧毁设备主要由上料系统、助燃系统、焚烧系统、控制系统四大部分组成。其中,上料系统由上料机、上料门组成,通过脚踏开关控制实现自动上料;上料门为两级式开关门,通过光电开关与 PLC 自动检测物料位置,控制电动推杆实现两级门的按顺序开关,大大提高了上料过程的安全性。助燃系统由燃烧器、油泵、油箱等组成,实现点火、升温等功能,通过热能引燃火工品,达到烧毁的目的。焚烧系统由烧毁炉、冷却装置、排烟装置等组成,主要功能是进行火工品烧毁。控制系统由控制面板及各种控制元件组成,实现启动、停机、烧毁操作及报警等功能。

(2) 工作过程。由人工将火工品放入多斗式提升机内,由提升机输送至料斗,在上料机出口布置的 F3W 区域传感器,F3W 区域传感器检测到火工品后反馈信号至 PLC,由 PLC 发出指令控制第一级电动上料门打开,火工品落入第二级上料门上,第一级电动上料门关闭后,第二级上料门自动打开,火工品落入滑道内,同时第二级上料门关闭,火工品沿滑道滑至烧毁炉内引燃。小斗返回上料处,被光电开关检测到反馈信号,控制上料机自动停止,完成整个上料过程。

爆炸后烟气直接排出室外。再进行上料,用脚踏开关开启上料机,重复上述过程,见图4.14。

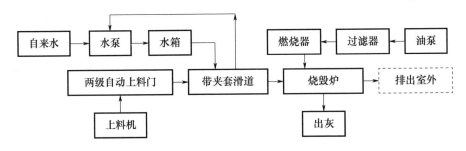

图4.14 工作过程示意图

火工品没有外来能量,自身不能引爆,需采用燃料加热。燃料用轻柴油。燃料油由油箱油泵输送到燃烧器,再经燃烧器油泵加压后喷入炉内,同鼓风机鼓入的一次风混合,完成点燃、燃烧和燃尽的全过程。

上料口受辐射温度较高,故设有水冷却系统,水储存在水箱内,水箱液位由浮球阀自动控制,用水泵抽出打入上料斗夹套,回水进入水箱内循环使用。

在烧毁炉上部设有温度测点,通过设定的温度,控制燃烧器点火或关火。假设设定的上限温度为340℃,下限温度为280℃(烧毁炉内落料区的实际温度为350℃)。当温度测点显示280℃时,燃烧器自动点火;当温度测点显示340℃时,燃烧器自动关火。

烧毁炉设有内置式密闭清灰门,定期清灰。灰渣进行填埋处理。烧毁产生的烟气直接排至室外。

4) 主要指标

(1) 环境适应性:

温度　　-10~+40℃。

相对湿度　≤90%。

海拔高度　≤2500m。

(2) 主要技术指标:

上料频率　60次/h。

入料口端温度　≤100℃。

烧毁炉炉体防护能力　抵御40gTNT爆炸力破坏。

第 4 章　废旧防化危险品识别检测与销毁

炉内落料区工作温度范围　300～500℃（可调）并能自动控制在设定的温度范围。

进料口　采用两级密封，无破片飞出。

从点火至炉内达到工作温度时间　≤40min。

投爆时间　≤2min。

烧毁率　100%。

烧毁速率　≥300 个/h。

废渣除净率　≥95%。

耗油量　≤15kg/h。

点火方式　自动、手动点火。作业过程中，当火焰被炸灭时，能自动或手动重新点火。

（3）可靠性指标：

连续工作时间　≥8h。

平均无故障时间（不含操作者 1h 内可以排除的故障）　≥200h。

故障平均修复时间　≤6h。

使用寿命　在保证正常维修、保养及更换易损件的情况下，如果按每年运行 150 天，每天工作 6h 计算，电气及机械使用寿命不低于 5 年。

第 5 章

防化危险品储存安全分析与评价

防化危险品的储存是其安全管理的重要内容之一,因此防化危险品的储存安全分析与评价十分重要。通过安全分析与评价,可以使相关单位了解防化危险品储存安全管理基础原理,全面掌握防化危险品储存过程中的危险因素,并有针对性地对这些因素进行科学管理,避免储存期间事故的发生。

5.1 防化危险品储存的危险因素辨识

危险因素辨识是安全评价的首要工作,只有全面、系统地对防化危险化学品储存管理中存在的危险因素进行识别,才能通过定性或定量的评价方法对这些危险因素进行评价,从而对防化危险品储存的安全状况有一个全面的认识。因此,要对防化危险品储存进行安全评价,必须先对其进行危险因素辨识。

5.1.1 防化危险品危险特征

1. 队属防化危险品仓库的概况

队属防化危险品仓库是指特定单位专门用于存放特种危险化学品和放射源的场所,分为特种危险化学品存放室、放射源存放室和特种危险化学品分装室三部分。其中,特种危险化学品存放室是专门存储特种危险化学品的库室,具有通风装置和设有保险柜,其所存储的特种危险化学品主要有两种状态:一种是未开封的整箱包装的特种危险化学品,需进行整齐的码垛堆放;另一种是开过封的零散特种危险化学品,必须存放在保险柜内。放射源存放室是存放放射源的库室,放射源需存放在地坑(沟)内。特种危险化学品分装室是仓库管理人员进行特种危险化学品分装工作的操作室,里面配有工作台、通风柜、分装工具、侦防设备、急救药品等设备设施。

2. 仓库内存放的特种危险化学品的种类和危险特征

由各种特种危险化学品的特性可以总结出其危险特征:

(1) 存放的物资都具有毒性。可以通过毒害作用对人员起到杀伤效果,吸入或接触少量特种危险化学品即可致人中毒、受伤甚至死亡。

(2) 伤害方式较多,过程隐蔽。所存放的特种危险化学品可以通过呼吸道吸入、皮肤接触吸收、眼睛或伤口入侵等多种途径引起人员中毒。而且由于其独特的物理和化学特性,泄漏后不易被人发现,染毒人员当场难以察觉,不利于及时进行解毒救治。

(3) 危害持续性强,传播范围广。一般而言,常规危险品爆炸的杀伤作用只是在爆炸的瞬间,而特种危险化学品的杀伤作用可以从几分钟延续到数天。其特种危险化学品云团容易随风传播扩散,能够渗入建筑物的内部、沉积、滞留于低洼处。

3. 仓库内存放的放射源种类和危险特征

放射源是采用放射性物质制成的辐射源的通称,包括与各类防化仪器配套的随装放射源、防化训练用放射源、防化教学与科研所使用的放射源。放射源能够自发地放出 α、β、γ 等射线,这些射线都有一定的穿透能力,也都具有电离作用。

放射源对人员造成的伤害方式,不同于爆炸物品、剧毒物品、枪支、弹药。放射源发射出的射线是看不见、摸不着的,其相比特种危险化学品更加隐秘和无形。射线是通过与人体相互作用,将辐射能量传递给人体组织,从而导致某些生物效应,乃至机体遭受损伤或直接死亡,甚至可能会影响到受照射人员的下一代。此外,人员如果长期受小剂量照射,累积到一定剂量,并且机体失去代偿能力或代偿能力不足时,可能会产生慢性放射病,并且剂量与人员机体损伤程度之间的关系十分复杂,很难提出导致慢性放射病产生的受照剂量范围。

5.1.2 防化危险品储存危险因素辨识方法

1. 几种常用的危险因素辨识方法

选择科学、合适的方法是准确而有效地对队属防化危险品仓库进行危险因素辨识的前提条件。常用的危险因素辨识方法见表5.1

表5.1 常用的几种危险辨识方法的优缺点及应用条件比较

方法	原理	优点	缺点	所需条件
鱼骨图分析法	把事故的每一个方面作为一个分支,然后逐次向下分析,直到基本原因为止	逻辑严谨,简捷实用,深入直观地分析与表达各个因素的主次关系	无法将各种因素相互作用的关系完全展现出来	施工流程及施工工艺、经验丰富的专家小组
事故树分析法	从顶事件开始找出导致事故发生的原因以及联系	能有效地识别导致事故的各种因素的组合,是寻找系统故障的有效途径	大量的事故树的逻辑关系较复杂	施工环境、施工流程、各阶段的施工工艺以及事件过程中各因素的作用
事件树分析法	基于事件发展时间顺序由初始事件推导事故后果	理论基础简单易懂,分析简单系统的时候,较为方便快捷	适用于局部、简单问题的分析,不适合全面、详细的分析	施工环境、施工流程、各阶段的施工工艺以及事件过程中人为因素
安全检查表法	根据分析对象对应不同的安全检查表	可简单快速地分析危险因素	受分析人员的经验限制	以往工程经验、工程资料、相关规定
预先危险性分析	在项目开始阶段消除、减少并控制主要的危险	是其他危害分析的基础,可对项目的危害性有总体的认识	粗略分析,不够全面细致	设计标准、工艺说明、设备说明等

第 5 章 防化危险品储存安全分析与评价

2. 队属防化危险品仓库危险因素辨识方法的选取

由表 5.1 可知,危险因素的各种辨识方法的优缺点各不相同。由于安全检查表法和预先危险分析法都属于模糊定性的分析方法,受评价人员经验的影响很大,难以保障系统、全面地辨识危险因素。鱼骨图分析法的缺点在于无法表达其不同分支上的因素之间的联系,而实际中这些因素是有所联系的。事件树分析法的逻辑只有是和否两种状态,不适合全面、详细的分析。因而比较以上各种危险因素辨识方法,事故树分析法的逻辑关系更适合用来对队属防化危险品仓库中的危险因素进行辨识。

5.1.3 防化危险品储存危险因素事故树分析方法

1. 事故树分析法的概述

事故树分析法(Fault Tree Analysis)是一种通过演绎分析来研究危险因素的方法,该方法可以把队属防化危险品仓库可能发生的某种事故与导致事故发生的各种原因之间的逻辑关系,用一种称为事故树的图形表示出来。事故树分析法从队属防化危险品仓库可能发生的某种事故(顶上事件)开始,一步步分解各种中间原因(中间事件),直到得出造成该种事故发生的基本原因(底事件)为止。

事故树是描述事故树分析法分析过程的工具,它把顶上事件与各层次的因素之间的逻辑关系用一种树形图来表示。事故树分析法是一种"下降形"的分析方法,即顶上事件 – 中间事件 – 底事件的分析过程。它通过各种逻辑关系和逻辑符号把各层次的因素和顶事件的因果关系联系起来,并最终绘制一个倒立的树状分析图。事故树中通过符号表示各种因素的类型:顶事件与中间事件通过矩形符号来表示;基本事件通过圆形符号表示。

事故树的逻辑关系主要通过逻辑门符号来表示,基本的逻辑门符号主要有或门和与门:或门的逻辑关系为 $A = X_1 \cup X_2$,即只要 X_1 或 X_2 中任一事件发生,都可以导致事件 A 发生;与门的逻辑关系可表示为 $A = X_1 \cap X_2$,即只有事件 X_1 和 X_2 同时发生的情况下,事件 A 才会发生,如图 5.1 所示。

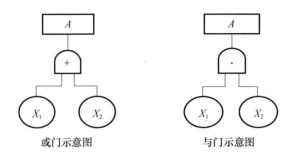

图 5.1　事故树或门和与门示意图

利用事故树分析法进行队属防化危险品仓库危险因素的辨识工作,具有辨识逻辑严谨、分析过程清晰、思路明了形象的优点。具体的分析步骤如下:

(1) 熟悉队属防化危险品仓库的管理,了解该类仓库的基本特性。

(2) 收集队属防化危险品仓库发生过的事故资料,统计、预测可能发生的事故。

(3) 选取后果严重且易发生的事故,确定队属防化危险品仓库事故发生的顶上事件。

(4) 从顶上事件开始,逐级查找原因事件,按因果逻辑关系,用逻辑门将上、下层事件连接起来,绘制成事故树。

(5) 运用布尔代数工具,求出队属防化危险品仓库事故的最小割集或最小径集,确定该事故树中各基本事件的结构重要度排序。

2. 绘制队属防化危险品仓库的事故树分析图

通过查阅资料和实地调研,得出队属防化危险品仓库容易发生且后果严重的事故主要有三类,分别为特种危险化学品泄漏事故、火灾事故、特种危险化学品(放射源)遗失事故,在三类事故互为或门关系,为了方便绘制和计算,分别对这三类事故绘制事故分析图。

第一类,特种危险化学品泄漏事故树分析,见图 5.2 和表 5.2。此类事故的发生主要有两种情况:一是因储存方式不当或储存环境不达标造成库存特种危险化学品泄漏;二是仓库管理人员在日常工作中操作失误造成泄漏。此两种情况互为或门关系,即任何一种情况发生都可以导致顶上事件 T(特种危险化学品泄漏事故)的发生。

第 5 章 防化危险品储存安全分析与评价

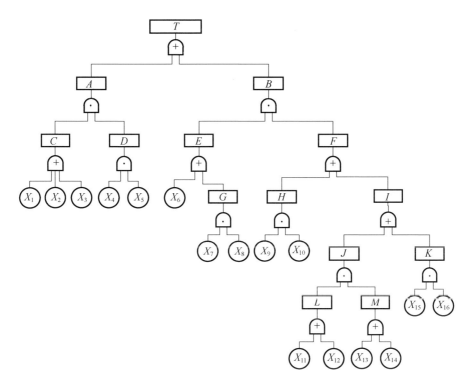

图 5.2 特种危险化学品泄漏事故树分析

表 5.2 特种危险化学品泄漏事故树事件

代号	含义	代号	含义	代号	含义
A	库存有毒物质自身泄漏事故	K	处置过程中人员中毒	X_8	通风柜未起作用
B	人员作业操作失误事故	L	洗消不彻底	X_9	报警器失灵
C	库存有毒物质泄漏	M	未进行有效侦检	X_{10}	人员安全意识淡薄
D	入库人员中毒	X_1	堆放不合规	X_{11}	人员洗消技术不合格
E	人员作业失误造成泄漏	X_2	与腐蚀性物质混放	X_{12}	洗消剂数量或质量未达标
F	处置过程出现问题	X_3	零散特种危险化学品包装不严	X_{13}	侦检设备故障
G	分装过程中发生泄漏	X_4	入库人员防护不严	X_{14}	人员侦检技术不合格

（续）

代号	含义	代号	含义	代号	含义
H	未发现泄漏	X_5	入库前未进行有效通风	X_{15}	作业人员穿戴防护不严
I	发现泄漏,处置不当	X_6	人员违规搬运导致泄漏	X_{16}	人员处置方法不合规
J	未有效进行洗消	X_7	分装人员操作失误	—	—

第二类,火灾事故树分析,见图5.3和表5.3。造成此类事故发生的主要原因为起火燃烧和未能控制火情,此两种原因互为与门关系,即两种情况同时发生才可以导致顶上事件T(火灾事故)的发生。

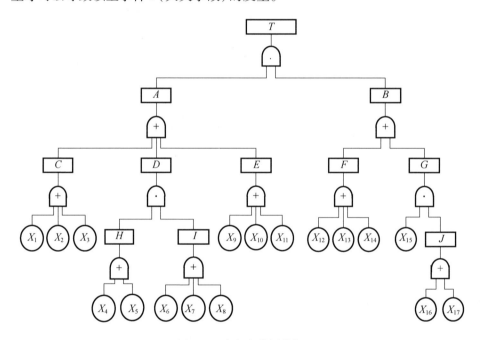

图5.3 火灾事故树分析

表5.3 火灾事故树事件

代号	含义	代号	含义	代号	含义
A	起火燃烧	J	未及时发现火情	X_9	电器设备未达防爆标准
B	未能控制火情	X_1	人为纵火	X_{10}	线路老化
C	明火	X_2	人员带火种进库区	X_{11}	防爆设备损坏

(续)

代号	含义	代号	含义	代号	含义
D	闪电雷击起火	X_3	库区内吸烟	X_{12}	人员操作灭火器不熟练
E	电火花起火	X_4	雷击中库房	X_{13}	灭火器失效
F	消防设施未起作用	X_5	周边树木距离较近	X_{14}	灭火器数量不够
G	未及时扑救	X_6	避雷针损坏	X_{15}	报警装置失灵
H	闪电雷击	X_7	避雷针接地不良	X_{16}	监控覆盖不全
I	避雷设备失效	X_8	避雷针阻值过大	X_{17}	未严格落实巡查制度

第三类，特种危险化学品（放射源）遗失事故树分析，见图 5.4 和表 5.4。此类事故主要分特种危险化学品（放射源）被盗和管理人员意外丢失两种情况，此两种情况互为或门关系，即任何一种情况发生都可以导致顶上事件 T（遗失事故）的发生。

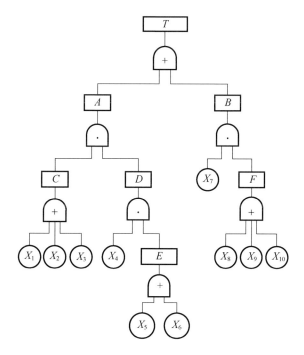

图 5.4　特种危险化学品（放射源）遗失事故树分析

表5.4 特种危险化学品(放射源)遗失事故树事件

代号	含义	代号	含义	代号	含义
A	被盗	X_1	补风口设置不合规	X_6	未严格落实巡查制度
B	意外丢失	X_2	库房钥匙管理不合规	X_7	管理人员不清楚物资底数
C	盗贼进入库房	X_3	库门库锁不合格	X_8	收发手续不合规
D	未被发现	X_4	防盗报警器失灵	X_9	登记统计不规范
E	警卫人员未察觉	X_5	监控覆盖不全	X_{10}	账目不符

3. 最小割集分析

最小割集是指事故树中能够引起顶上事件发生的最低数量的基本事件的集合。最小割集指明了哪些基本事件同时发生,就可以导致顶上事件发生。如果割集中任意基本事件不发生,顶上事件绝不会发生。最小割集表明了队属防化危险品仓库系统的危险性,每个最小割集都是事故发生的一种可能性。最小割集的数目越多,系统越危险。

求解最小割集,常用的方法是行列法和布尔代数法。在此以特种危险化学品泄漏事故树(图5.2)为例,利用布尔代数法计算如下:

$$\begin{aligned}
T &= A + B \\
&= C \times D + E \times F \\
&= (X_1 + X_2 + X_3) \times X_4 \times X_5 + (X_6 + G) \times (H + I) \\
&= (X_1 + X_2 + X_3) \times X_4 \times X_5 + (X_6 + X_7 \times X_8) \times [X_9 \times X_{10} + (J + K)] \\
&= (X_1 + X_2 + X_3) \times X_4 \times X_5 + (X_6 + X_7 \times X_8) \times [X_9 \times X_{10} + (X_{11} + X_{12}) \times \\
&\quad (X_{13} + X_{14}) + X_{15} \times X_{16}]
\end{aligned} \tag{5.1}$$

将式(5.1)展开计算,得特种危险化学品泄漏事故树的15个最小割集($P_1 \sim P_{15}$),见表5.5,表明这16个基本事件,存在15种途径导致顶上事件T(特种危险化学品泄漏事故)发生。

表5.5 特种危险化学品泄漏事故的最小割集

变量	最小割集	变量	最小割集
P_1	X_1, X_4, X_5	P_9	X_6, X_{15}, X_{16}

(续)

变量	最小割集	变量	最小割集
P_2	X_2,X_4,X_5	P_{10}	X_7,X_8,X_9,X_{10}
P_3	X_3,X_4,X_5	P_{11}	X_7,X_8,X_{11},X_{13}
P_4	X_6,X_9,X_{10}	P_{12}	X_7,X_8,X_{11},X_{14}
P_5	X_6,X_{11},X_{13}	P_{13}	X_7,X_8,X_{12},X_{13}
P_6	X_6,X_{11},X_{14}	P_{14}	X_7,X_8,X_{12},X_{14}
P_7	X_6,X_{12},X_{13}	P_{15}	X_7,X_8,X_{15},X_{16}
P_8	X_6,X_{12},X_{14}		

4. 结构重要度分析

事故树中的基本事件都会对顶上事件产生影响,为了确定各事件对顶上事件的影响程度,需要对各基本事件进行结构重要度分析。结构重要度分析是假定各基本事件的发生概率相等情况下,分析各基本事件的发生对顶上事件(特种危险化学品泄漏事故)发生的影响程度,从而得出该事故中危害最大的危险因素。可以用下面的近似判断式计算:

$$I_{(i)} = 1 - \prod_{x_i \in K_j}\left(1 - \frac{1}{2^{(n_j-1)}}\right) \tag{5.2}$$

式中:$I_{(i)}$ 为结构重要度系数;x_i 为基本事件,x_i 属于最小割集 K_j;n_j 为基本事件 x_i 所在最小割集中包含的基本事件的数目。经过计算,可以得出特种危险化学品泄漏事故中各基本事件结构重要度系数,见表5.6。

表5.6 特种危险化学品泄漏事故各基本事件的结构重要度系数

代号	基本事件	结构重要度系数	代号	基本事件	结构重要度系数
X_1	堆放不合规	0.25	X_9	报警器失灵	0.34375
X_2	与腐蚀性物质混放	0.25	X_{10}	人员安全意识淡薄	0.34375
X_3	零散特种危险化学品包装不严	0.25	X_{11}	人员洗消技术不合格	0.569336
X_4	入库人员防护不严	0.578125	X_{12}	洗消剂数量或质量未达标	0.569336

(续)

代号	基本事件	结构重要度系数	代号	基本事件	结构重要度系数
X_5	入库前未进行有效通风	0.578125	X_{13}	侦检设备故障	0.569336
X_6	人员违规搬运导致泄漏	0.822021	X_{14}	人员侦检技术不合格	0.569336
X_7	分装人员操作失误	0.551205	X_{15}	作业人员穿戴防护不严	0.34375
X_8	通风柜未起作用	0.551205	X_{16}	人员处置方法不合规	0.34375

因此,得出特种危险化学品泄漏事故树中各基本事件的结构重要度排序为 $X_6 > X_4 = X_5 > X_{11} = X_{12} = X_{13} = X_{14} > X_7 = X_8 > X_9 = X_{10} = X_{15} = X_{16} > X_1 = X_2 = X_3$。

事件的结构重要度系数越大,越是特种危险化学品泄漏事故发生的重要条件。从分析计算可以看出,X_6 人员违规搬运导致泄漏为特种危险化学品库特种危险化学品泄漏事故的最重要条件。X_4 入库人员防护不严和 X_5 入库前未进行有效通风是造成特种危险化学品库泄漏事故的第二类重要条件。

同理,可以分别计算出火灾事故树(图 5.3)、遗失事故树(图 5.4)中各基本事件结构重要度系数,见表 5.7 和表 5.8。

表 5.7 火灾事故各基本事件结构重要度系数

代号	基本事件	结构重要度系数	代号	基本事件	结构重要度系数
X_1	人为纵火	0.011688	X_{10}	线路老化	0.011688
X_2	人员带火种进库区	0.011688	X_{11}	防爆设备损坏	0.011688
X_3	库区内吸烟	0.011688	X_{12}	人员操作灭火器不熟练	0.179688
X_4	雷击中库房	0.007813	X_{13}	灭火器失效	0.179688
X_5	周边树木距离较近	0.007813	X_{14}	灭火器数量不够	0.179688
X_6	避雷针损坏	0.003906	X_{15}	报警装置失灵	0.125
X_7	避雷针接地不良	0.003906	X_{16}	监控覆盖不全	0.0625
X_8	避雷针阻值过大	0.003906	X_{17}	未严格落实巡查制度	0.0625
X_9	电器设备未达防爆标准	0.011688			

表 5.8 遗失事故各基本事件结构重要度系数

代号	基本事件	结构重要度系数	代号	基本事件	结构重要度系数
X_1	补风口设置不合规	0.4375	X_6	未严格落实巡查制度	0.578125
X_2	库房钥匙管理不合规	0.4375	X_7	管理人员不清楚物资底数	0.875
X_3	库门库锁不合格	0.4375	X_8	收发手续不合规	0.5
X_4	防盗报警器失灵	0.822021	X_9	登记统计不规范	0.5
X_5	监控覆盖不全	0.578125	X_{10}	账目不符	0.5

火灾事故树各基本事件的结构重要度排序为

$$X_{12} = X_{13} = X_{14} > X_{15} > X_{16} = X_{17} > X_1 = X_2 = X_3 = X_9 = X_{10} = X_{11} > X_4 = X_5 > X_6 = X_7 = X_8$$

遗失事故树各基本事件的结构重要度排序为

$$X_7 > X_4 > X_5 = X_6 > X_8 = X_9 = X_{10} > X_1 = X_2 = X_3$$

以上计算出的各项结构重要度系数和排序可以为接下来的安全评价提供参考依据。

5.1.4 防化危险品储存安全评价指标体系

在前面事故树分析法对队属防化危险品仓库危险因素辨识的基础上,同时参考关于队属防化危险品仓库管理和检查方面的制度和规定。根据指标体系构建的原理,将所有影响队属防化危险品仓库安全的危险因素,从管理人员因素、设备设施因素、工作环境因素、管理制度落实因素四个方面,进一步全面地考察和分析各个因素独立作用或相互作用对于其安全的影响,最终得到队属防化危险品仓库安全指标体系。

1. 管理人员因素

队属防化危险品仓库的管理人员主要包括业务部门的主管领导、负责业务的参谋(助理员)和仓库管理员。这些人员对整个队属防化危险品仓库的安全管理工作具有十分重要的影响,从设备设施的操作到管理制度的落实,整个队属防化危险品仓库的日常工作都离不开管理人员。然而,管理人员的不安全行为是触发队属防化危险品仓库事故的直接原因一,主要有以下三种因素可能影响队属防化危险品仓库的安全。

(1) 管理人员的选用。从事队属防化危险品仓库管理的人员必须经过专业技术培训,拥有上岗资格后才可从事库房管理工作。

(2) 管理人员的业务水平。队属防化危险品仓库的管理人员必须熟悉库房的基本情况,掌握特种危险化学品和放射源的性能及管理要求,熟记库存物资的数量底数,能够熟练使用和操作库房里配备的设备器材。

(3) 管理人员的责任意识。队属防化危险品仓库的管理人员应了解自身职责、掌握相关安全管理规定以及人员的思想状况。

2. 设备设施因素

队属防化危险品仓库的设备设施主要由消防设施、防盗设施、避雷设施、通风设施、侦防装备、急救药品等九类组成,这些设备设施是保证队属防化危险品仓库日常工作顺利完成的关键因素,其自身状况的好坏直接影响着队属防化危险品仓库的安全。

(1) 消防设施。灭火器配备的数量要满足库房的面积要求,面积在 $100m^2$ 以下的库房至少配备两个,面积在 $100m^2$ 以上的库房需随面积的增加进行加配,每 $50m^2$ 增加一个。灭火器的质量要达到标准,每年进行专业检测,压力达标,每个质量达到 5kg。

(2) 防盗设施。队属防化危险品仓库必须配置"三铁一器"。防盗门上应配备双锁;库房不得设置窗户,补风口安装防盗窗,窗沿至少高于地面 2m,规格不大于 300m(宽)×250mm(高);防盗报警装置要灵敏可靠。

(3) 避雷设施。队属防化危险品仓库的避雷针应完好,电阻值不超过 10Ω,覆盖范围需在 3~5m,每年进行专业检测;库房与周围树木的距离应大于 5m,枝叶不与库房接触。

(4) 防爆设施。队属防化危险品仓库内的电器设备需要有 EX 标识,符合防爆标准;电器线路为铠装电缆或镀锌钢管穿线;线路拐角和接头应安装防爆接线盒。

(5) 侦防装备。队属防化危险品仓库内需配备侦毒器,相关危险品的报警器、辐射仪、剂量仪各一部,所有仪器性能良好;需配备四套质量完好的防毒面具、防毒衣和防毒手套。

（6）急救药品。队属防化危险品仓库内需配备急救药品,解磷针,神经性特种危险化学品预防片,消毒包。

（7）分装、消毒工具。队属防化危险品仓库内需配备分装和消毒工具;"三合二"洗消剂不少于30kg,质量完好。

（8）通风设施。特种危险化学品库应当安装通风装置,通风量满足库室每小时的换气次数达到8次,通风管道排风口高出库房顶部2m以上。分装室安装可以独立通风的台式通风柜,规格为800mm×1500mm×2000mm,可以满足特种危险化学品分装操作需要。废水回收池做防渗处理,容积不小于0.5m^3,距离特种危险化学品库外墙不小于3m。

（9）警示标志。队属防化危险品仓库库房内外应当在醒目处设置电离辐射、严禁烟火等标志。

3. 工作环境因素

工作环境是影响队属防化危险品仓库安全的重要因素,库房选址的不合规,库房面积的不达标,库房布局的不合理都会对队属防化危险品仓库安全状态产生影响。

（1）库房选址。队属防化危险品仓库库房应当独立地设置在远离水源、气候干燥、便于警戒的地方,距离库房100m以内、主下风方向200m以内无行政生活区;保持与易燃易爆危险品库房的安全距离。

（2）库房面积。队属防化危险品仓库的使用面积一般至少要达到25m^2,其中特种危险化学品存放室至少15m^2,特种危险化学品分装室至少10m^2,放射源存放室至少10m^2。

（3）库房布局。队属防化危险品仓库库房布局一般分为特种危险化学品存放室、放射源存放室和特种危险化学品分装室;放射源存放室内应当至少设有两个混凝土浇制的地坑(沟),规格满足1000mm(长)×500mm(宽)×600mm(深),地沟盖与地面持平,厚度至少80mm。

4. 管理制度落实因素

在队属防化危险品仓库日常管理的过程中,许多安全隐患都是因为管理制度落实不到位而产生的,根据队属防化危险品仓库的日常管理实际,可以总结出以下几点影响因素。

(1) 物资保管。队属防化危险品仓库内的库存物资应当在数量和质量上与账目相符;特种危险化学品必须存放在特种危险化学品存放室内,严禁与其他物资混放。特种危险化学品箱需正面向上放置,堆放稳固,标志明显,高度低于1.5m。零散特种危险化学品必须放入保险柜内;库存特种危险化学品的数量不得超过一年的消耗量。放射源应放入地坑(地沟)内的特制铅罐中,剂量率在地坑盖板上方0.5m处不得高于0.05mSv/h,在库房外壁0.2m处不得高于2.5μSv/h。

(2) 巡视检查。仓库管理员每周至少对队属防化危险品仓库进行三次巡查,主管参谋(助理员)每月至少一次,主管领导每季度至少一次;每年要抽取每批物资的2%~3%进行全面检查。

(3) 钥匙管控。队属防化危险品仓库的库房钥匙必须由业务主管干部和保管员双人掌管,库房钥匙的动态实时在监控范围内,钥匙使用记录留存完整。

(4) 温湿度检测。特种危险化学品库要配备温湿度计,温度保持在5~25℃,最高不得超过30℃,相对湿度不得超过70%。

(5) 业务管理。人员进入库房前应将火种和电子设备放在指定位置,严禁带入库房。管理人员进入特种危险化学品存放室时应当提前通风,防护严密后方可进入。其他人员未经允许严禁靠近和进入库房,需要入库时,必须经过业务领导审批后,在管理人员的陪同下方可进入,严格履行登记手续。管理人员离开库房时,必须检查各种警报设施是否工作正常。特种危险化学品分装工作必须由专业技术人员进行操作,分装时严格按照操作规程进行,分装的容器标识明显。拥有完善的应急预案,按时进行应急演练;各项统计齐全,无漏签和代签现象;出入库调拨单手续齐全,数量一致。

(6) 监控管理。队属防化危险品仓库的监控必须覆盖全面,具备全天候昼夜监视功能,视频资料能够保存1个月以上。

综上所述,队属防化危险品仓库指标体系见表5.9。

表 5.9 队属防化危险品仓库安全评价指标体系

总体指标	一级指标	二级指标
仓库安全 C	管理人员因素 P_1	管理人员的选用 D_1
		管理人员的业务水平 D_2
		管理人员的责任意识 D_3
	设施设备因素 P_2	消防设施 E_1
		防盗设施 E_2
		避雷设施 E_3
		防爆设施 E_4
		侦防仪器 E_5
		急救药品 E_6
		分装、消毒工具 E_7
		通风设施 E_8
		警示标志 E_9
	工作环境因素 P_3	库房选址 F_1
		库房面积 F_2
		库房布局 F_3
	管理制度落实因素 P_4	物资保管 G_1
		巡视检查 G_2
		钥匙管控 G_3
		温湿度监测 G_4
		业务管理 G_5
		监控管理 G_6

5.2 防化危险品储存安全集对分析评价方法

将集对分析法应用于安全检查评价中,其基本思路是将检查结果与评价标准构成集对,并根据两者的联系程度构建相应联系度表达式,同时结合各指标权重,计算出综合联系度,最后按照相应准则确定检查结果的评价级别,实现对队属特种危险化学品库的安全状况的评价。

5.2.1　集对分析法概述

集对分析(Set Pair Analysis, SPA)是1989年由我国学者赵克勤提出的一种新的确定不确定系统的分析理论方法,其应用领域广泛。集对,是指具有一定联系的两个集合组成的对子。从系统科学的角度看,系统内的任何两个组成部分,系统与环境,系统与人等,都可以在一定的条件下看作一组集对。在系统危险性分析中,可将安全与事故看成一个集对;在安全评价中,将实际评价值与评价标准看成一个集对。

假定 A 与 B 两个集合构成集对 H,即 $H=(A,B)$,用 u 来表示两个集合的联系度系数,则

$$u = a + bi + cj \tag{5.3}$$

式中:i 为差异度标识数,$i \in [-1,1]$,体现了确定性与不确定性之间的相互转换,一个集合中的某指标实际值越接近另一个集合的某个评价等级,i 越接近于1,而越接近相隔的评价等级,i 越接近于 -1;j 为对立度标识数,$j=-1$。由定义,a、b、c 满足归一化条件:

$$a + b + c = 1 \tag{5.4}$$

式(5.4)可进一步扩展为

$$u = a + b_1 i_1 + b_2 i_2 + \cdots + b_{k-2} i_{k-2} + cj \tag{5.5}$$

式中:$b_1, b_2, \cdots, b_{k-2}$ 为差异度分量。

集对分析评价过程的核心是确定联系度,而确定联系度的核心是确定差异度系数。

某个指标与某个安全等级的联系度是一种变化的函数表达式,其构造原则如下:将队属特种危险化学品库安全检查的评价指标所得的实际分值与安全评价标准构成集对,当某指标实际得分值处于某安全等级范围内时,则认为该评价指标与该安全等级是同一,联系度为1;若某指标实际得分值处于相隔的安全等级中,则认为是对立,联系度为 -1;若某指标实际得分值处于相邻的安全等级中,其联系度则由某个函数式来确定。

本书选取5元联系度的队属特种危险化学品库安全评价方法,根据安全等级评价标准的5级分类,分别为"安全""较安全""一般安全""较危险""相当危

险",将实际的各个指标得分值与评价标准构筑成一个集对 H。队属特种危险化学品库安全状况的 5 元联系度为

$$u = a + b_1 i_1 + b_2 i_2 + b_3 i_3 + cj, k = 5$$

5.2.2 集对分析评价方法建立

1. 安全检查表的制定

分析研究所得的评价指标体系是一个层次多并且含有权重的指标体系,其在实际应用中显得繁杂。为了方便实际应用,使队属特种危险化学品库安全检查评价工作操作简单,流程明确,将评价指标体系转化为相应的量化检查评价表。这里采用实际安全检查工作中经常使用的安全检查表的形式,赋予相应的分值,让评价者通过现场提问、实地查看、查阅资料、资料核对、对相关管理人员抽查考核等方式,综合了解队属特种危险化学品库安全现状,在检查表相应的项目上逐项打分,汇总计算后得出评价结果,确定安全等级,提出整改建议。

这里制定了人员因素、环境因素、设备设施、管理因素四张安全检查表,需要检查人员结合相关规定,进行实地考察,从上述四个方面,将队属特种危险化学品库的安全状况结合对应的安全评语等级按照百分制评分,见表5.10~表5.13。

根据安全检查表,各项内容所得的不同评分分别对应不同的安全等级:

评分区间在[90,100],说明安全状况很好,位于第一等级,评价为"安全";

评分区间在[80,90),说明安全状况较好,位于第二等级,评价为"较安全";

评分区间在[70,80),说明安全状况一般,位于第三等级,评价为"一般安全";

评分区间在[60,70),说明安全状况较差,位于第四等级,评价为"较危险";

评分区间在[0,60),说明安全状况很差,位于第五等级,评价为"相当危险"。

表5.10 人员因素安全检查内容、标准及方法

检查内容	检查标准	检查方法	评分
对库室情况的了解	库室管理相关人员应掌握库室基本情况,防化危险品数质量	【现场提问】判断管理人员是否掌握库室账物,是否熟悉自身职责,对仪器操作是否熟练	
自身职责、管理规定	库室相关人员应了解掌握自身职责和相关安全管理规定		
仪器操作	库室相关人员应熟练掌握配备器材的使用方法,做到会使用、会检测		

表5.11 环境因素安全检查内容、标准及方法

检查内容	检查标准	检查方法	评分
库房位置	一般应当建在主下风方向200m以内无行政生活区、便于警戒和远离水源的地方,与易燃易爆危险品库房必须保持规定的安全距离	【实地查看】勘测位置是否适宜	
库房面积	一般不小于35m^2(18m^2),其中特种危险化学品存放室不小于15m^2(6m^2),放射性物质存放室不小于10m^2(3m^2),特种危险化学品分装室不小于10m^2(9m^2)	【实地查看】测量面积是否达到规范要求	
库房布局	队属特种危险化学品库一般为地面建筑,气候干燥地区也可采取地下或半地下洞库结构,设特种危险化学品存放室、放射性物质存放室和特种危险化学品分装室	【实地查看】队属特种危险化学品库布局是否合理	
工作环境	照明、防尘、通风、取暖符合要求	【实地查看】工作环境是否符合要求	

表5.12 设备设施安全检查内容、标准及方法(示例)

检查内容	检查标准	检查方法	评分
地坑地沟	放射性物质存放室应当建有用于放置放射性物质的地坑(沟),地坑(沟)应当用防水混凝土浇制,数量不少于2个,规格为1000mm(长)×500mm(宽)×600mm(深),地沟上部设企口,企口宽度不小于100mm	【实地查看】测量设置是否达到指标要求	

第 5 章 防化危险品储存安全分析与评价

(续)

检查内容	检查标准	检查方法	评分
通风设施	特种危险化学品库应当安装通风装置;通风管道排风口应当高出库房顶部2m以上	【实地查看】通风设施是否符合标准要求,运行是否正常	
消防设施	灭火器,专业部门年检标签,压力器指针位于合格区域,喷射效果正常,数量配备达标	【实地查看】检查数量是否符合要求;灭火瓶是否年检,查看压力值是否正常	
防盗设施	洞库应设置通风门、防护门、密闭门,地面库房应设置通风门、密闭门,通风门应设置挂锁,密闭门应设置机械密码锁或电子密码锁	【实地查看】防盗设施是否符合要求、设置是否合理,人员操作是否熟悉	
防雷设施	避雷针应距离库房 3~5m,保护范围应覆盖库房	【实地查看】避雷针设置情况,计算保护范围和安全距离	
其他	…	…	

表 5.13 管理因素安全检查内容、标准和方法(示例)

检查内容	检查标准	检查方法	评分
温湿度检测	特种危险化学品库应当配备温湿度计,能对库内温湿度进行检测和记录,温度不超过30℃,相对湿度不超过70%	【实地查看】是否设置温湿度监测	
特种危险化学品保管	库存特种危险化学品数量、质量与账目相符;零散特种危险化学品放入保险柜保管;特种危险化学品箱应铅封,特种危险化学品无泄漏	【实地查看】物资存放是否符合要求,账物是否相符,保管存放是否符合要求	
放射源存放	库存放射源数量、质量与账目相符;放射源应放入特制铅罐内;铅罐应存放于地坑(地沟)内;地坑盖板上方 0.5m 处剂量率不得高于 0.05mSv/h,库房外壁 0.2m 处剂量率不得高于 2.5μSv/h	【实地查看】物资存放是否符合要求,账物是否相符,保管存放是否符合要求;仪器检测是否符合辐射标准	

(续)

检查内容	检查标准	检查方法	评分
查库巡库情况	业务主管部门检查每月不少于1次,主任每周不少于1次,保管员每周不少于3次的查库;各级各类人员查库时间、查库项目、查库内容、查库意见、填写情况等能够达到发现问题督促落实的效果	【查阅资料】看登记是否落实检查制度,调阅录像回查检查情况	
其他	…	…	

2. 计算二级指标联系度

集对分析的核心是联系度的确定,根据集对分析的思想,参照周超明等建立的集对分析模型,联系度确定方法如下:

安全评价指标针对一级安全等级的联系度为

$$u_{i1} = \begin{cases} 1, & X_i \in [S_{i2}, S_{i1}] \\ 1 - \dfrac{2(X_i - S_{i2})}{S_{i3} - S_{i2}}, & X_i \in [S_{i3}, S_{i2}) \\ -1, & X_i \in (0, S_{i3}] \end{cases} \tag{5.6}$$

安全评价指标针对二级安全等级的联系度为

$$u_{i2} = \begin{cases} 1, X_i \in [S_{i3}, S_{i2}) \\ 1 - \dfrac{2(X_i - S_{i2})}{S_{i1} - S_{i2}}, X_i \in [S_{i2}, S_{i1}] \\ 1 - \dfrac{2(X_i - S_{i3})}{S_{i4} - S_{i3}}, X_i \in [S_{i4}, S_{i3}) \\ -1, X_i \in [0, S_{i4}) \end{cases} \tag{5.7}$$

安全评价指标针对三级安全等级的联系度为

$$u_{i3} = \begin{cases} 1, X_i \in (S_{i4}, S_{i3}] \\ 1 - \dfrac{2(X_i - S_{i3})}{S_{i2} - S_{i3}}, X_i \in (S_{i3}, S_{i2}] \\ 1 - \dfrac{2(X_i - S_{i4})}{S_{i5} - S_{i4}}, X_i \in (S_{i5}, S_{i4}] \\ -1, X_i \in [0, S_{i5}] \text{ 或 } X_i \in (S_{i2}, S_{i1}] \end{cases} \tag{5.8}$$

第5章 防化危险品储存安全分析与评价

安全评价指标针对四级安全等级的联系度为

$$u_{i4} = \begin{cases} 1, X_i \in [S_{i5}, S_{i4}) \\ 1 - \dfrac{2(X_i - S_{i4})}{S_{i3} - S_{i4}}, X_i \in [S_{i4}, S_{i3}) \\ 1 - \dfrac{2(X_i - S_{i5})}{0 - S_{i5}}, X_i \in [0, S_{i5}) \\ -1, X_i \in [S_{i3}, S_{i1}] \end{cases} \tag{5.9}$$

安全评价指标针对五级安全等级的联系度为

$$u_{i5} = \begin{cases} 1, X_i \in [0, S_{i5}) \\ 1 - \dfrac{2(X_i - S_{i5})}{S_{i4} - S_{i5}}, X_i \in [S_{i5}, S_{i4}) \\ -1, X_i \in [S_{i4}, S_{i1}] \end{cases} \tag{5.10}$$

式中:X_i 为第 i 项安全评价指标的实际值;S_{i1}、S_{i2}、S_{i3}、S_{i4}、S_{i5} 分别为第 i 项安全评价指标评价等级的限值。

确定了各项二级指标的实际得分和安全评价等级划分之后,就可以根据联系度函数公式确定各级指标分别与五个安全评价等级的联系度。计算得到表 5.14。

表 5.14 二级指标联系度值

联系度	一级	二级	三级	四级	五级
对库室情况的了解					
自身职责、管理规定					
仪器操作					
地坑地沟					
通风设施					
消防设施					
防盗设施					
防雷设施					
辐射器材					

(续)

联系度	一级	二级	三级	四级	五级
侦毒器材					
防护器材					
分装及消毒工具					
急救药品					
警示标志					
库房位置					
库房面积					
库房布局					
工作环境					
温湿度检测					
特种危险化学品保管					
放射源存放					
技术检查					
查库巡库情况					
登记统计					
视频监控					
钥匙管控					

3. 计算一级指标联系度

根据二级指标联系度值(表5.14)和权重向量可以确定一级指标联系度。计算得到表5.15。

表5.15 一级指标联系度值

联系度	一级	二级	三级	四级	五级
人员因素					
环境因素					

第5章 防化危险品储存安全分析与评价

（续）

联系度	一级	二级	三级	四级	五级
设备设施因素					
管理制度落实因素					

4. 确定安全评价等级

根据联系度表达式，确定评价指标集对于评语集的联系度矩阵为

$$R = \begin{bmatrix} u_{11} & u_{12} & \cdots & u_{1n} \\ u_{21} & u_{22} & \cdots & u_{2n} \\ \vdots & \vdots & & \vdots \\ u_{m1} & u_{m2} & \cdots & u_{mn} \end{bmatrix}$$

结合权重向量 W 和联系度矩阵 R 得到综合联系度 U，进而进行综合评价：

$$U = W \times R = (w_1 \quad w_2 \quad \cdots \quad w_j \quad \cdots \quad w_m) \begin{bmatrix} u_{11} & u_{12} & \cdots & u_{1n} \\ u_{21} & u_{22} & \cdots & u_{2n} \\ \vdots & \vdots & & \vdots \\ u_{m1} & u_{m2} & \cdots & u_{mn} \end{bmatrix}$$

$$= (u_1 \quad u_2 \quad \cdots \quad u_j \quad \cdots \quad u_n) \quad (5.11)$$

取最大联系度所在等级作为评价结果，即评价对象处于第几安全等级。

5.2.3 基于集对分析法的防化危险品仓库安全评价示例

1. 确定防化危险品仓库安全评价指标集

根据所建立的指标体系，可以把防化危险品仓库的评价指标集确立为 $U = (u_1 \quad u_2 \quad u_3 \quad u_4)$，其中 u_1 为人员因素，u_2 为设备设施因素，u_3 为环境因素，u_4 为管理制度落实。

2. 建立防化危险品仓库评语集

依据防化危险品仓库的自身特点，以及单位安全检查的要求，把评语集分为 Ⅰ、Ⅱ、Ⅲ、Ⅳ、Ⅴ五个等级，其分别表示安全（好）、较安全（较好）、一般安全（一般）、较危险（差）、很危险（很差）。

第Ⅰ等级:评分区间在[90,100],防化危险品仓库安全状况很好。

第Ⅱ等级:评分区间在[80,90),防化危险品仓库安全状况较好。

第Ⅲ等级:评分区间在[70,80),防化危险品仓库安全状况一般。

第Ⅳ等级:评分区间在[60,70),防化危险品仓库安全状况较差。

第Ⅴ等级:评分区间在[0,60),防化危险品仓库安全状况很差。

3. 确定评价指标集中的每个指标对评语集的联系度

根据联系度表达式,确定防化危险品仓库评价指标集对于评语集的联系度矩阵为

$$R = \begin{pmatrix} u_{11} & u_{12} & u_{13} & u_{14} & u_{15} \\ u_{21} & u_{22} & u_{23} & u_{24} & u_{25} \\ u_{31} & u_{32} & u_{33} & u_{34} & u_{35} \\ u_{41} & u_{42} & u_{43} & u_{44} & u_{45} \end{pmatrix} \quad (5.12)$$

4. 层次分析法确定各项指标的权重

层次分析法(Analytical Hierarchy Process,AHP),是一种将定性分析和定量分析结合的典型多目标决策分析方法。该方法的主要思想是它将复杂的问题中的各因素通过建立递阶层次结构划分成相关联的有序层次,将各层次的指标因素进行两两重要性比较形成判断矩阵,通过计算得出不同指标各因素的权重,为决策者的多方案决策提供依据。

层次分析法确定指标权重分为四个步骤:

(1) 建立递阶层次结构。将决策问题的元素按照特性一次分解成目标层、准则层和子准则层。处于最高层的是目标层,是决策问题的理想或者目标;处于中间层的为准则层,次之为子准则层。

目标层:决策的目标,这里指防化危险品仓库系统的安全。

准则层:表示按层分析的中间环节,这里将影响防化危险品仓库的四大主要因素人员、设备设施、环境和管理情况列为准则层。

子准则层:安全评价的具体指标。

(2) 构造两两判断矩阵。判断矩阵的构造通常使用1~9度相对重要性比例标度,如表5.16所列。

第 5 章 防化危险品储存安全分析与评价

表 5.16 指标权重评判

第 i 个因素与第 j 个因素比较	判断尺度
第 i 个因素与第 j 个因素同样重要	1
第 i 个因素比第 j 个因素稍微重要	3
第 i 个因素比第 j 个因素明显重要	5
第 i 个因素比第 j 个因素强烈重要	7
第 i 个因素比第 j 个因素极端重要	9
介于上述相邻两个判断尺度的中间值	2、4、6、8

两两比较判断矩阵为

$$\boldsymbol{A} = \begin{pmatrix} a_{11} & a_{12} & \cdots & a_{1n} \\ a_{21} & a_{22} & \cdots & a_{2n} \\ \vdots & \vdots & & \vdots \\ a_{n1} & a_{n2} & \cdots & a_{nn} \end{pmatrix} = \boldsymbol{A}(a_{ij}) \tag{5.13}$$

(3) 计算各指标相对权重。这里用特征根值法确定指标的相对权重。

(4) 一致性检验。实际给出的比较值与客观存在的向量比有一定的偏差,为了保证判断矩阵具有一致性,使计算结果更合理,需要对判断矩阵进行一致性检验。检验通过,特征向量归一化后即为权向量;若通不过,需重新构建两两比较矩阵。

一致性检验指标为

$$\mathrm{CI} = \frac{\lambda_{\max} - n}{n - 1} \tag{5.14}$$

一致性比率为

$$\mathrm{CR} = \frac{\mathrm{CI}}{\mathrm{RI}} \tag{5.15}$$

当 CR 值小于 0.1 时,认为一致性检验通过,即可用特征根向量作为权向量。

表 5.17 一致性检验系数

矩阵阶数	2	3	4	5	6	7	8	9	10	11
RI	0.00	0.52	0.89	1.12	1.26	1.36	1.41	1.46	1.50	1.52

根据事故树的结构重要度分析，以及参考多位专家的建议，结合所建立的安全评价指标体系，建立各级指标的两两判断矩阵，之后通过上述方法计算矩阵权重并进行一致性检验。

表 5.18 一级指标判断矩阵

	人员因素	环境因素	设备设施因素	管理制度落实因素
人员因素	1	6	3/2	6/7
环境因素	1/6	1	1/4	1/7
设备设施因素	2/3	4	1	4/7
管理制度落实因素	7/6	7	7/4	1

对其进行数据处理得到：$W_{一级指标} = (0.3333, 0.0556, 0.2222, 0.3889)$。最大特征根 $\lambda_{max} = 4$，一致性检验指标 $CI = (\lambda - n)/(n - 1) = 0$，一致性比率 $CR = CI/RI = 0 < 0.10$，一致性检验通过。

表 5.19 人员因素判断矩阵

	管理人员的选用	管理人员的业务水平	管理人员的责任意识
管理人员的选用	1	1/5	1/3
管理人员的业务水平	5	1	2
管理人员的责任意识	3	1/2	1

对其进行数据处理得到：$W_{人员} = (0.1095, 0.5816, 0.3090)$。最大特征根 $\lambda_{max} = 3.0037$，一致性检验指标 $CI = (\lambda - n)/(n - 1) = 0.0018$，一致性比率 $CR = CI/RI = 0.0034 < 0.10$，一致性检验通过。

表 5.20 环境因素判断矩阵

	库房位置	库房面积	库房布局
库房位置	1	4	3
库房面积	1/4	1	1/2
库房布局	1/3	2	1

对其进行数据处理得到：$W_{环境} = (0.6250, 0.1365, 0.2385)$，最大特征根

$\lambda_{max} = 3.0183$,一致性检验指标 $CI = (\lambda - n)/(n - 1) = 0.0091$,一致性比率 $CR = CI/RI = 0.0176 < 0.10$,一致性检验通过。

表5.21 设施设备因素判断矩阵

	消防设施	防盗设施	避雷设施	防爆设施	侦防器材	急救药品	分装消毒工具	通风设施	警示标志
消防设施	1	7/8	7/5	7/6	7/4	7/2	7/3	7/5	7
防盗设施	8/7	1	8/5	4/3	8/3	4	8/3	8/5	8
避雷设施	5/7	5/8	1	5/6	3/2	5/2	5/3	1	5
防爆设施	6/7	3/4	6/5	1	3/2	3	2	6/5	6
侦防仪器	4/7	3/8	2/3	2/3	1	2	4/3	4/5	4
急救药品	2/7	1/4	2/5	1/3	1/2	1	2/3	2/5	2
分装消毒工具	3/7	3/8	3/5	1/2	3/4	3/2	1	3/5	3
通风设施	5/7	5/8	1	5/6	5/4	5/2	5/3	1	5
警示标志	1/7	1/8	1/5	1/6	1/4	1/2	1/3	1/5	1

对其进行数据处理得到:$W_{设施设备}$ = (0.1699, 0.2010, 0.1239, 0.1456, 0.0925, 0.0485, 0.0728, 0.1214, 0.0243)。最大特征根 $\lambda_{max} = 9.0088$,一致性检验指标 $CI = (\lambda - n)/(n - 1) = 0.011$,一致性比率 $CR = CI/RI = 0.0075 < 0.10$,一致性检验通过。

表5.22 管理制度落实因素判断矩阵

	物资保管	巡视检查	钥匙管控	温湿度监测	业务管理	监控设备
物资保管	1	7/2	7/4	7	7/8	7/4
巡视检查	2/7	1	1/2	2	1/4	1/2

(续)

	物资保管	巡视检查	钥匙管控	温湿度监测	业务管理	监控设备
钥匙管控	7/4	2	1	4	1/2	1
温湿度监测	1/7	1/2	1/4	1	1/8	1/4
业务管理	8/7	4	2	8	1	2
监控设备	4/7	2	1	4	1/2	1

对其进行数据处理得到：$W_{管理}$ = (0.2564,0.0732,0.1943,0.0366,0.2930,0.1465)。最大特征根 λ_{max} = 6.3260，一致性检验指标 CI = $(\lambda - n)/(n - 1)$ = 0.0652，一致性比率 CR = CI/RI = 0.0479 < 0.10，一致性检验通过。

5. 利用评价模型计算联系度

依据对具体一个特种危险化学品库的安全检查实际打分表（按表5.10 - 表5.13内容对照实际情况打分），可确定安全评价等级划分和各项二级指标的实际得分，之后就可以根据集对分析法中的联系度函数确定各级指标分别与五个安全评价等级的联系度，举例示意见表5.23。

表5.23 二级指标联系度值

	一级	二级	三级	四级	五级
管理人员的选用	0	1	0	-1	-1
管理人员的业务水平	-0.4	1	0.4	-1	-1
管理人员的责任意识	-0.8	1	0.8	-1	-1
库房选址	-1	0.4	1	-0.4	-1
库房面积	1	-0.2	-1	-1	-1
库房布局	1	0	-1	-1	-1
通风设施	0.8	1	-0.8	-1	-1
消防设施	-1	0.2	1	-0.2	-1
防盗设施	0.6	1	-0.6	-1	-1
防爆设施	1	0	-1	-1	-1

第5章 防化危险品储存安全分析与评价

防雷设施	1	0	-1	-1	-1
侦防装备	0.2	1	-0.2	-1	-1
分装及消毒工具	-1	0.6	1	0.6	-1
急救药品	-1	0	1	0	-1
警示标志	1	0.6	-1	-1	-1
温湿度检测	0.8	1	-0.8	-1	-1
物资保管	1	0	-1	-1	-1
巡视检查	0	1	0	-1	-1
视频监控	1	0.2	-1	-1	-1
钥匙管控	-1	0.6	1	-0.6	-1
业务管理	-1	0.2	1	-0.2	-1

根据二级指标联系度值和上面运用层次分析法计算出的权重向量,可以用矩阵相乘的算法确定一级指标联系度值,见表5.24。

表 5.24 一级指标联系度值

联系度	一级	二级	三级	四级	五级	所处等级
人员因素	-0.5505	1	0.5505	-1	-1	二级
设备设施	0.4032	0.3027	-0.4032	-0.7942	-1	一级
环境因素	0.0562	0.5081	-0.0562	-0.8031	-1	二级
管理制度落实因素	0.3100	0.0478	-0.3100	-0.8774	-1	一级

由一级指标的联系度值可以得出,该仓库的设备设施因素和管理制度落实因素处于一级,略好于管理人员因素和工作环境因素。

根据一级指标权重和一级指标联系度值,计算总联系度,得

$$U = W \times R = (w_1 \quad w_2 \quad \cdots \quad w_i \quad \cdots \quad w_m) \begin{pmatrix} u_{12} & u_{12} & \cdots & u_{1n} \\ u_{21} & u_{22} & \cdots & u_{12} \\ \vdots & \vdots & \cdots & \cdots \\ u_{m1} & u_{m2} & \cdots & u_{mn} \end{pmatrix}$$

$$= (0.3423 \quad 0.0571 \quad 0.2281 \quad 0.3724)$$

$$\begin{pmatrix} -0.5505 & 1.0000 & 0.5505 & -1.0000 & -1.0000 \\ 0.4032 & 0.3027 & -0.4032 & -0.7942 & -1.0000 \\ 0.0562 & 0.5081 & -0.0562 & -0.8031 & -1.0000 \\ 0.3100 & 0.0478 & -0.3100 & -0.8774 & -1.0000 \end{pmatrix}$$

$$= (-0.0372 \quad 0.4933 \quad 0.0372 \quad -0.8976 \quad -0.9999)$$

6. 评价结果

按照最大联系度原则,该特种危险化学品库与二级安全等级的总联系度最大,为0.4933,即该特种危险化学品库处在第二安全等级,因此本次安全检查中,对该特种危险化学品库的整体安全状况所得出定性的评价为"较安全"。

5.3 防化危险品储存安全检查表评价方法

5.3.1 防化危险品储存安全检查表设计

1. 安全检查表

系统地对一个生产系统或设备进行科学的分析,从中找出各种不安全因素,依据检查项目,把找出的不安全因素以问题清单的形式列制成表,以便进行检查和避免漏检,这种表就称为安全检查表(Safety Check List,SCL)。

安全检查表有定性检查表、半定量检查表两种类型。

(1)定性检查表。是列出每个检查单元的检查要点,逐项进行检查,检查结果以"是""否"表示,检查结果不能量化。

(2)半定量检查表。是给每个检查要点赋以分值,检查结果以总分表示,不同的检查对象可以相互比较。

2. 编制安全检查表的主要依据

安全检查表的编制主要针对防化危险品仓库管理的实际情况,依据《防化仓库业务正规化考评标准》《队属防化特种危险化学品库建设标准》《仓库防火

第5章 防化危险品储存安全分析与评价

安全管理规则》《特种危险化学品管理规定》《××物质管理规定》《防化仓库管理规则》等相关法律、规章制度和标准编制。

3. 安全检查表的结构形式和内容

××防化危险品仓库安全检查表的结构形式包括项目、序号、检查内容、检查依据、检查结果和备注六个栏目如表5.25所列。

（1）项目。表示要检查的项目。

（2）序号。表示检查项目的顺序编号。

（3）检查内容。表示该项目下需要检查的详细内容。

（4）检查依据。表示检查该项目依据的国家和军队的相关法律、法规、规章和标准等条款。

（5）检查结果。按照检查结果判定表，选择适当的判定符号。

（6）备注。必要的说明。

表5.25 消防设施安全检查项目

项目	序号	检查内容	检查依据	备注
消防管理	1	消防设施设备是否有专人定期进行维护检修	《仓库防火安全管理规则》第七章第五十三条	
	2	消防设施设备维护检修是否立卡登记	《××仓库业务正规化考评标准》三、考评标准与评分细则（五）设施设备管理	
	3	消防设施设备是否有明显标志	《××危险品仓库建设配套标准》五、消防设施	
	4	消防设施、器材，是否经常进行检查，保持完整好用	《仓库防火安全管理规则》第七章第五十五条	
	5	是否按照国家有关消防技术规范，设置、配备消防设施和器材	《仓库防火安全管理规则》第七章第五十一条	
	6	消防器材是否设置在明显和便于取用的地点且周围无杂物	《仓库防火安全管理规则》第七章第五十二条	
	7	消防设施设备配件是否齐全	《××仓库业务正规化考评标准》三、考评标准与评分细则（五）设施设备管理	

项目	序号	检查内容	检查依据	备注
消防给水设施	8	室外消防给水管网布置是否合理	《××危险品仓库建设配套标准》五、消防设施	
	9	储存区和作业区是否有消防蓄水池	《××危险品仓库建设配套标准》五、消防设施	
	10	消防蓄水池是否保持常年有水	《××危险品仓库建设配套标准》五、消防设施	
	11	消防车取水是否方便	《××危险品仓库建设配套标准》五、消防设施	
	12	库房外消防水池和消防沙池是否符合要求	《××危险品仓库建设配套标准》五、消防设施	
	13	采用自然水源作为消防蓄水池时是否有吸水台	《仓库防火安全管理规则》第七章	

检查人：　　　　　　　　　　　　　　　检查时间：

4. 检查结果的赋分

根据检查项目的不同，将检查结果分为成败型、量化型、空项、特殊项四类。成败型检查结果只有两种"是"或"否"，是为 100 分否为 0 分；量化型检查结果根据等级的不同分成四类；合格率＝100% 为 100 分，100%≥合格率≥80% 为 75 分，80%≥合格率≥60% 为 50 分，合格率≤60% 为 0 分；空项是在检查过程中无此条目，此时检查结果不计分；特殊项是指特殊不合格条目此时检查结果不计分。

队属防化危险品仓库安全检查的检查结果，采用确定符号的方式来回答，主要是有利于区别不同情况、便于统计分析，其检查结果判定表如表 5.26 所列。

表 5.26　检查结果判定表

类型	符号	区分标准	分值
成败型	A	是否判定条目的肯定判定	100
	D	是否判定条目的否定判定	0

第5章 防化危险品储存安全分析与评价

(续)

类型	符号	区分标准	分值
量化型	A	合格率=100%	100
	B	合格率≥80%	75
	C	合格率≥60%	50
	D	合格率≤60%	0
空项	K	无此结果条目或不检查此条目	不计分
特殊项	T	特殊不合格条目	不计分

5. 队属防化危险品仓库安全检查表

根据前文防腐防化危险品仓库危险因素分析,安全检查可以从人员、库区、设备设施、管理四个方面展开。分别设计相应安全检查表见表5.27~表5.32。

表5.27 人员安全检查表

项目	序号	检查内容	检查依据	检查结果	备注
组织领导	1	仓库是否做到年初有年度工作要点,每月有工作计划,半年有小结,年终有总结	《××仓库业务正规化考评标准》三、考评标准与评分细则(一)组织领导		
	2	仓库领导是否按时召开库存党委会或办公会专题研究	《××仓库业务正规化考评标准》三、考评标准与评分细则(一)组织领导		
	3	仓库领导分工是否明确	《××仓库业务正规化考评标准》三、考评标准与评分细则(一)组织领导		
	4	仓库领导是否清楚自身职责	《××仓库业务正规化考评标准》三、考评标准与评分细则(一)组织领导		
	5	仓库领导是否熟悉仓库基本设施设备库存设备器材的基本情况	《××仓库业务正规化考评标准》三、考评标准与评分细则(二)人员素质		
	6	仓库领导是否熟悉业务管理的各项规定标准	《××仓库业务正规化考评标准》三、考评标准与评分细则(二)人员素质		
	7	仓库领导是否会拟制各种方(预)案	《××仓库业务正规化考评标准》三、考评标准与评分细则(二)人员素质		

（续）

项目	序号	检查内容	检查依据	检查结果	备注
业务处	8	业务处领导是否经常深入库房检查(每月检查一次业务工作)指导	《××仓库业务正规化考评标准》三、考评标准与评分细则(一)组织领导		
	9	业务处领导是否在收发作业现场指挥得力	《××仓库业务正规化考评标准》三、考评标准与评分细则(一)组织领导		
	10	业务处领导是否精通收、管、发、运各环节工人和要求	《××仓库业务正规化考评标准》三、考评标准与评分细则(二)人员素质		
	11	业务处领导对仓库拟制的各种方(预)案,否能熟练地组织演练	《××仓库业务正规化考评标准》三、考评标准与评分细则(二)人员素质		
保管队	12	保管队领导是否组织管理人员认真学习各项规章制度	《××仓库业务正规化考评标准》三、考评标准与评分细则(一)组织领导		
	13	保管队组织业务训练是否做到"四落实"	《××仓库业务正规化考评标准》三、考评标准与评分细则(一)组织领导		
	14	保管队领导是否清楚危险品仓库主要装备器材的种类、数量、储存分布情况	《××仓库业务正规化考评标准》三、考评标准与评分细则(二)人员素质		
	15	保管队领导是否熟悉装备器材收发程序和立卡、登账、建档要求	《××仓库业务正规化考评标准》三、考评标准与评分细则(二)人员素质		
	16	保管队领导是否掌握库存装备器材的数量质量情况和堆积排列、检查维护保养方法	《××仓库业务正规化考评标准》三、考评标准与评分细则(二)人员素质		
	17	保管队领导是否具有熟练组织收、管、发的能力	《××仓库业务正规化考评标准》三、考评标准与评分细则(二)人员素质		
	18	保管队领导是否掌握库房基本情况	《××仓库业务正规化考评标准》三、考评标准与评分细则(二)人员素质		
	19	保管队领导是否熟悉设施配置情况	《××仓库业务正规化考评标准》三、考评标准与评分细则(二)人员素质		

第5章 防化危险品储存安全分析与评价

(续)

项目	序号	检查内容	检查依据	检查结果	备注
保管处	20	保管队领导是否熟悉有关方(预)案并能组织实施	《××仓库业务正规化考评标准》三、考评标准与评分细则(二)人员素质		
业务助理员	21	业务助理员是否熟悉工作职责,精通分管的业务工作	《××仓库业务正规化考评标准》三、考评标准与评分细则(二)人员素质		
业务助理员	22	业务助理员是否熟悉库存装备器材各种管理规定和库用设备使用情况	《××仓库业务正规化考评标准》三、考评标准与评分细则(二)人员素质		
业务助理员	23	业务助理员是否掌握收、管、发、运知识	《××仓库业务正规化考评标准》三、考评标准与评分细则(二)人员素质		
业务助理员	24	业务助理员是否熟悉库存装备器材的品种、数量、质量情况和存放位置	《××仓库业务正规化考评标准》三、考评标准与评分细则(二)人员素质		
业务助理员	25	业务助理员是否熟悉统计(登记)工作	《××仓库业务正规化考评标准》三、考评标准与评分细则(二)人员素质		
保管员	26	保管员是否熟悉所管危险品的种类、数量、质量、存放位置、年号(批次)、年限	《××仓库业务正规化考评标准》三、考评标准与评分细则(二)人员素质		
保管员	27	保管员是否熟悉库存装备器材的管理制度	《××仓库业务正规化考评标准》三、考评标准与评分细则(二)人员素质		
保管员	28	保管员是否熟悉库存装备器材的收发程序	《××仓库业务正规化考评标准》三、考评标准与评分细则(二)人员素质		
保管员	29	保管员是否熟悉库存装备器材的堆积排列要求	《××仓库业务正规化考评标准》三、考评标准与评分细则(二)人员素质		
保管员	30	保管员是否会正确使用库房设备(消防器材、温湿度计、作业机具)	《××仓库业务正规化考评标准》三、考评标准与评分细则(二)人员素质		

(续)

项目	序号	检查内容	检查依据	检查结果	备注
保管员	31	保管员是否熟悉库房温、湿度的变化规律和库房装备器材运载温、湿度的要求以及调控方法	《××仓库业务正规化考评标准》三、考评标准与评分细则(二)人员素质		
	32	保管员是否按规定达到相应技术等级	《××仓库业务正规化考评标准》三、考评标准与评分细则(二)人员素质		
检查人：		检查时间：			

表5.28 库区安全检查表

项目	序号	检查内容	检查依据	检查结果	备注
存储区管理	1	与生活区是否有明显的界限且四周围墙、刺网或铁栅栏完好无损	《××仓库业务正规化考评标准》三、考评标准与评分细则(三)库区管理		
	2	是否设立昼夜值班室	《××仓库业务正规化考评标准》三、考评标准与评分细则(三)库区管理		
	3	防化特种危险化学品库主下风方向200m以内是否无行政生活区	《××特种危险化学品库建设标准》2.1库房建设		
	4	进出车辆人员和器材、物资是否持出入证或调拨单	《××仓库业务正规化考评标准》三、考评标准与评分细则(三)库区管理		
	5	值班人员是否检查登记	《××仓库业务正规化考评标准》三、考评标准与评分细则(三)库区管理		
	6	是否设有严禁烟火,严禁携带火种和易燃、易爆物品进入警示牌	《××仓库业务正规化考评标准》三、考评标准与评分细则(三)库区管理		
	7	值班室是否有收缴火种设施	《××仓库业务正规化考评标准》三、考评标准与评分细则(三)库区管理		
	8	库区是否安装门禁警报系统、视屏监控系统、查库巡检系统、消防警报系统且运行正常	《后方仓库业务基础》第十一章第二节		

第 5 章 防化危险品储存安全分析与评价

(续)

项目	序号	检查内容	检查依据	检查结果	备注
库房管理	9	库房周围是否无险石、危险上层和堆积物	《××仓库业务正规化考评标准》三、考评标准与评分细则(三)库区管理		高草为20cm，库房牢固可靠是指地基无下沉。地面无变形，潮湿返碱，墙体无裂缝，屋顶、墙体无漏雨、渗水
	10	库房周围是否5m之内无高草四周无积水、积雪	《××仓库业务正规化考评标准》三、考评标准与评分细则(三)库区管理		
	11	库房是否牢固可靠	《××仓库业务正规化考评标准》三、考评标准与评分细则(三)库区管理		
	12	通风、除湿、调温设备性能是否良好	《××仓库业务正规化考评标准》三、考评标准与评分细则(三)库区管理		
	13	人员进入特种危险化学品库是否经批准	《库存防化危险品安全管理规定》第一条		
	14	人员进入特种危险化学品库是否提前通风并佩戴面具	《库存防化危险品安全管理规定》第一条		
	15	特种危险化学品库内是否配备防护装备、侦察装备、消毒剂、急救药品	《特种危险化学品管理规定》第四章第十七条(四)		
	16	人员进入放射性物质存放室是否携带个人剂量检查仪	《××物质管理规定》第三章		库房周围辐射剂量率不高于0.05mSv/h
	17	放射性物质库内是否有辐射屏蔽、监测器材	《××物质管理规定》第三章第十条(二)		
	18	是否在放射性物质库房外醒目处设置电离辐射标志	《××物质管理规定》第三章第十条(三)		
	19	是否定期对放射性物质库内和库外周围环境进行监测	《××物质管理规定》第三章第十一条(四)		

(续)

项目	序号	检查内容	检查依据	检查结果	备注
数质量管理	20	是否按照要求专库专放,不与其他装备物资混放	《库存防化危险品安全管理规定》		
	21	是否按规定对危险品进行检查	《库存防化危险品安全管理规定》		
	22	特种危险化学品储存量是否超过"一个年度的消耗标准"	《特种危险化学品管理规定》第四章第十五条。		
	23	领导是否对危险品库内物资数量、质量了如指掌	《××仓库业务正规化考评标准》三、考评标准与评分细则(三)库区管理		
堆积排列	24	堆积排列是否符合"三区""三道""一垫五不靠""三条线"的要求	《××仓库业务正规化考评标准》三、考评标准与评分细则(三)库区管理		三区:作业、存放、办公区。三道:垛(架)间通道、检查道、主通道。一垫五不靠:下面垫离地面、四面不靠墙、上面不靠顶棚或房梁。三条线:器材堆放上下、左右、前后一条线。离源容器表面1m处的剂量率不高于0.1mSv/h
	25	放射性物质是否按射线种类、半衰期、活度和使用的频度分类存放	《××物质管理规定》第三章第九条(二)		
	26	地坑存放放射性物质时,盖板上方0.5m处的剂量率是否不高于0.05mSv/h	《××物质管理规定》第三章第九条(三)		
	27	放射性物质库房内堆积时,离源容器表面的剂量率是否符合要求	《××物质管理规定》第三章第九条(三)		
	28	放射性物质库房外壁20cm处的剂量率是否小于2.5μSv/h	《××物质管理规定》第三章第九条(三)		
	29	特种危险化学品储存是否按照批次存放,堆垛整齐稳固且零散包装存放在特种危险化学品保险柜(箱)中	《特种危险化学品管理规定》第四章第十七条(二)		
	30	特种危险化学品的容器和包装是否有明显的标志	《特种危险化学品管理规定》第四章第十七条(二)		
	31	防化特种危险化学品堆垛是否正向稳固,高度不超过1.5m	《库存防化危险品安全管理规定》		

检查人： 检查时间：

第 5 章 防化危险品储存安全分析与评价

表 5.29 管理安全检查表

项目	序号	检查内容	检查依据	检查结果	备注
安全制度	1	钥匙是否集中管理	《××仓库业务正规化考评标准》三、考评标准与评分细则(六)安全管理		
	2	库房钥匙是否统一存放在库值班室(中控室)	《××仓库业务正规化考评标准》三、考评标准与评分细则(六)安全管理		
	3	是否严格使用手续,进行登记	《××仓库业务正规化考评标准》三、考评标准与评分细则(六)安全管理		
	4	是否坚持重点库房"两人双锁"联管制度	《××仓库业务正规化考评标准》三、考评标准与评分细则(六)安全管理		
	5	是否坚持温湿度登记制度	《××仓库业务正规化考评标准》三、考评标准与评分细则(六)安全管理		
	6	是否坚持领导值班(24h)和请示报告制度	《××仓库业务正规化考评标准》三、考评标准与评分细则(六)安全管理		
	7	动用车辆、机械是否有派遣通知单并做好登记	《××仓库业务正规化考评标准》三、考评标准与评分细则(六)安全管理		
安全教育	8	是否经常进行各种安全基本常识教育	《××仓库业务正规化考评标准》三、考评标准与评分细则(六)安全管理		
	9	是否根据仓库的特殊性进行职责教育	《××仓库业务正规化考评标准》三、考评标准与评分细则(六)安全管理		
	10	是否根据季节、任务变换进行随机教育	《××仓库业务正规化考评标准》三、考评标准与评分细则(六)安全管理		
	11	是否结合事故、通报进行警戒教育	《××仓库业务正规化考评标准》三、考评标准与评分细则(六)安全管理		

(续)

项目	序号	检查内容	检查依据	检查结果	备注
安全组织	12	库是否有安全领导小组	《××仓库业务正规化考评标准》三、考评标准与评分细则(六)安全管理		
	13	小组成员是否分工明、责任清、措施得力可行	《××仓库业务正规化考评标准》三、考评标准与评分细则(六)安全管理		
	14	班是否有安全员	《××仓库业务正规化考评标准》三、考评标准与评分细则(六)安全管理		
	15	是否按期召开安全形势分析会	《××仓库业务正规化考评标准》三、考评标准与评分细则(六)安全管理		
安全训练	16	是否每周组织消防演练	《××仓库业务正规化考评标准》三、考评标准与评分细则(六)安全管理		
	17	每年汛期是否组织防洪演练	《××仓库业务正规化考评标准》三、考评标准与评分细则(六)安全管理		
	18	是否按方(预)案认真组织训练和实际演练,做到"四落实"	《××仓库业务正规化考评标准》三、考评标准与评分细则(六)安全管理		
	19	专业技术训练是否有计划、有教案、有教员和示范人员	《××仓库业务正规化考评标准》三、考评标准与评分细则(六)安全管理		

检查人： 检查时间：

表5.30 消防设施安全检查表

项目	序号	检查内容	检查依据	检查结果	备注
消防管理	1	消防设施设备是否有专人定期进行维护检修	《仓库防火安全管理规则》第七章第五十三条		
	2	消防设施设备维护检修是否立卡登记	《××仓库业务正规化考评标准》三、考评标准与评分细则(五)设施设备管理		

第5章 防化危险品储存安全分析与评价

(续)

项目	序号	检查内容	检查依据	检查结果	备注
消防管理	3	消防设施设备是否有明显标志	《××危险品仓库建设配套标准》五、消防设施		
	4	消防设施、器材,是否经常进行检查,保持完整好用	《仓库防火安全管理规则》第七章第五十五条		
	5	是否按照国家有关消防技术规范,设置、配备消防设施和器材	《仓库防火安全管理规则》第七章第五十一条		
	6	消防器材是否设置在明显和便于取用的地点且周围无杂物	《仓库防火安全管理规则》第七章第五十二条		
	7	消防设施设备配件是否齐全	《××仓库业务正规化考评标准》三、考评标准与评分细则(五)设施设备管理		
	8	是否有挪用消防器材现象	《仓库防火安全管理规则》第七章第五十三条		
	9	灭火器药剂是否按期更换	《××仓库业务正规化考评标准》三、考评标准与评分细则(五)设施设备管理		
	10	消防设施设备配件数量是否符合要求	《××仓库业务正规化考评标准》三、考评标准与评分细则(五)设施设备管理		
	11	消防车是否坚持过车场日	《××仓库业务正规化考评标准》三、考评标准与评分细则(五)设施设备管理		
消防给水设施	12	室外消防给水管网布置是否合理	《××危险品仓库建设配套标准》五、消防设施		
	13	储存区和作业区是否有消防蓄水池	《××危险品仓库建设配套标准》五、消防设施		
	14	消防蓄水池是否保持常年有水	《××危险品仓库建设配套标准》五、消防设施		
	15	消防车取水是否方便	《××危险品仓库建设配套标准》五、消防设施		
	16	库房外消防水池和消防沙池是否符合要求	《××危险品仓库建设配套标准》五、消防设施		
	17	采用自然水源作为消防蓄水池时是否有吸水台	《仓库防火安全管理规则》第七章		

(续)

项目	序号	检查内容	检查依据	检查结果	备注
灭火设施设备	18	消防车技术状况是否良好	《××仓库业务正规化考评标准》三、考评标准与评分细则(五)设施设备管理		
	19	消防车配套器材是否符合要求	《××仓库业务正规化考评标准》三、考评标准与评分细则(五)设施设备管理		
	20	灭火器是否有效	《××危险品仓库建设配套标准》五、消防设施		
	21	消防栓是否可用	《××危险品仓库建设配套标准》五、消防设施		
	22	库内灭火器数量是否按规定配齐和放置	《××危险品仓库建设配套标准》五、消防设施		
警报装置	23	是否设有报警装置	《××危险品仓库建设配套标准》三、安全技术防范		
	24	报警装置工作是否良好	《××危险品仓库建设配套标准》三、安全技术防范		
	25	警报是否容易发现	《××危险品仓库建设配套标准》三、安全技术防范		

检查人：　　　　检查时间：

表5.31　防盗设施安全检查表

项目	序号	检查内容	检查依据	检查结果	备注
门窗锁具	1	库房密闭门、防护门的设置是否符合规定要求	《××危险品仓库建设配套标准》三、安全技术防范		
	2	是否采用双锁互控管理制度	《××危险品仓库建设配套标准》三、安全技术防范		
	3	通风门锁是否符合防盗技术要求	《××危险品仓库建设配套标准》三、安全技术防范		
	4	门窗是否采取了保护和隐蔽措施	《××危险品仓库建设配套标准》三、安全技术防范		
	5	锁具使用是否可靠	《××危险品仓库建设配套标准》三、安全技术防范		

第 5 章　防化危险品储存安全分析与评价

(续)

项目	序号	检查内容	检查依据	检查结果	备注
警报装置	6	是否设有报警装置	《××危险品仓库建设配套标准》三、安全技术防范		
	7	报警装置工作是否良好	《××危险品仓库建设配套标准》三、安全技术防范		
	8	警报是否容易发现	《××危险品仓库建设配套标准》三、安全技术防范		
检查人：		检查时间：			

表 5.32　防雷设施安全检查表

项目	序号	检查内容	检查依据	检查结果	备注
防雷管理	1	每年雨季到来之前是否组织防雷设施检修	《××仓库业务正规化考评标准》三、考评标准与评分细则(五)设施设备管理		
	2	防雷设施设备技术档案是否齐全完整	《××危险品仓库建设配套标准》七、防雷设施		
防雷击设施设备	3	库房是否设避雷针	《××仓库业务正规化考评标准》三、考评标准与评分细则(五)设施设备管理		标准阻值小于10Ω
	4	避雷针选择是否符合有关技术要求	《××危险品仓库建设配套标准》七、防雷设施		
	5	避雷针的安装是否符合技术要求	《××危险品仓库建设配套标准》七、防雷设施		
	6	避雷针、线路、引下线之间连接是否良好	《××危险品仓库建设配套标准》七、防雷设施		
	7	接地体接地电阻是否符合要求	《××危险品仓库建设配套标准》七、防雷设施		
	8	检查接地电阻前是否将引下线与火线断开	《××危险品仓库建设配套标准》七、防雷设施		
	9	库区是否设避雷塔(针)	《××仓库业务正规化考评标准》三、考评标准与评分细则(五)设施设备管理		

(续)

项目	序号	检查内容	检查依据	检查结果	备注
感应电避雷设备	10	是否安装感应电避雷器	《××仓库业务正规化考评标准》三、考评标准与评分细则(五)设施设备管理		
	11	感应电避雷器保护范围是否能覆盖储存区重要设施	《××危险品仓库建设配套标准》七、防雷设施		
	12	室内距离小于10cm的平行金属之间是否要求阵线连接	《××危险品仓库建设配套标准》七、防雷设施		
	13	室内金属管道、金属构架是否按规定接地	《××危险品仓库建设配套标准》七、防雷设施		
	14	接地体与库房、接地体与按地体之间的间距是否符合规定	《××危险品仓库建设配套标准》七、防雷设施		
	15	接地体冲击接地电阻是否符合要求	《××危险品仓库建设配套标准》七、防雷设施		
检查人：		检查时间：			

5.3.2 防化危险品储存安全检查表评价方法

防化危险品储存安全评价采用的是定性与定量相结合的综合评价方法。在评价时以安全检查表为依据来计分,以各安全检查表的得分为基础,综合所有安全检查表的得分来确定评价的结果。

1. 安全评价的数学模型

1)单个安全检查表评价

评价时每个安全检查表的分值都是由条目得分计算项目得分,由项目得分计算安全检查表的得分。

条目得分按检查判定的符号(A、B、C、D)给定分值 T_k 除以条目中的条目数 m_j,项目的得分即为条目得分之和($\sum_{k=1}^{m_j} T_k / m_j$);表的得分即为项目得分与项目权重 x_j 之积再求和($\sum_{j=1}^{n} x_j \sum_{k=1}^{m_j} T_k / m_j$);如果某一单个安全检查表采取 h 个人员同时检查,各人员的权重相等,$j=1, k=1$,则单个安全检查表的得分为 h 个人

第 5 章 防化危险品储存安全分析与评价

员的评定表的分值求和再除以人数和 h。综合上述,单个安全检查表分值评定的数学模型如下:

$$F_i = (\sum_{r=1}^{h} \sum_{j=1}^{n} x_j \sum_{k=1}^{m_j} T_k / m_j)/h \qquad (5.16)$$

式中:F_i 为某个安全检查表的得分;H 为参加检查的人数;n 为检查表的项目数;x_j 为第 j 项目的权重;T_k 为第 j 项目中的第 k 条的得分(A、B、C、D);m_j 为第 j 项目中的检查条目数。

2. 所有安全检查表的综合评价

安全检查表的综合得分是参与安全检查的各单个安全检查表的得分乘以各自的权重值再求和:

$$Z = \sum_{i=1}^{n} V_i F_i \qquad (5.17)$$

式中:Z 为安全检查表综合得分;n 为安全检查表数目;V_i 为第 i 个检查表的权重系数;F_i 为第 i 个检查表的得分。

3. 权重的确定

权重是指项目在安全检查表中和各检查表在安全检查中的重要程度,用数值方法表示的权,简称权重。在队属防化危险品仓库安全评价中权重的评定方法采用的是 0~4 评分法。

0~4 评分法是专家依据 0~4 评分法则对评分项的重要程度分成五级,将评分项进行直观的两两比较,给定分级数值(0、1、2、3、4)。0~4 评分法先将各评分项填表,然后进行一对一的比较评分,两两相比,非常重要的打 4 分,较重要的打 3 分,同等重要的打 2 分,不太重要的打 0 分。例如评分项 1 和评分项 2 相比,评分项 2 比评分项 1 重要,则评分项 1 比评分项 2 不重要,故在评分项 1 对评分项 2 相比栏给 1 分,在评分项 2 和评分项 1 相比栏给 3 分,如表 5.33 所列。

表 5.33 评 分

评分项	一对一评比结果				权重得分	权重系数
	评分项 1	评分项 2	评分项 3	评分项 4		
评分项 1	2	1	3	2	8	0.25

(续)

评分项	一对一评比结果				权重得分	权重系数
	评分项1	评分项2	评分项3	评分项4		
评分项2	3	2	3	4	12	0.38
评分项3	1	1	2	3	7	0.22
评分项4	2	0	1	2	5	0.15

在安全检查表中,每个安全检查表和各表中项目的权重分析,都直接采用专家0~4评分法,评定权重。以管理安全检查表项目的权重确定为例,如表5.34所列。

表5.34 管理安全检查表项目权重评分

评分项	一对一评比结果				权重得分	权重系数
	安全制度	安全教育	安全组织	安全训练		
安全制度	2	3	3	3	11	0.344
安全教育	1	2	3	3	9	0.281
安全组织	1	1	2	1	5	0.156
安全训练	1	1	3	2	7	0.219

4. 安全评价结果

1) 安全等级评定

安全等级评定如表5.35所列。

表5.35 安全等级判定

评定标准	安全等级
$Z \geqslant 90$	绿牌
$75 \leqslant Z < 90$	黄牌
$Z < 75$	红牌

2) 安全检查结果分析报告

在对队属防化危险品仓库进行的安全检查工作结束之后,应写出专题安全检查结果分析报告。报告包括以下六个部分:

(1) 受检单位；

(2) 检查单位；

(3) 检查纪要(检查表数、检查项目、条目数、检查时间、检查人)；

(4) 评分结果；

(5) 安全等级提示：某牌；

(6) 检查结果分析：

① 安全检查结果中的 D 级项目如表 5.36 所列。

表 5.36　安全检查结果中的 D 级项目

序号	检查内容

② 安全检查结果中的 T 级项目如表 5.37 所列。

表 5.37　安全检查结果中的 T 级项目

序号	检查内容

通过安全检查评价结果,可以掌握队属防化危险品仓库的安全状况和总体水平。同时通过安全等级、不合格项(D)、特殊不合格项(T)的提示,为各级领导机关和仓库在实施决策、改进工作、制定措施和仓库之间的评比提供了基本依据。

5.3.3　基于安全检查表法的防化危险品仓库安全评价示例

某危险品仓库组织安全检查,参加安全检查的专家为 X 人。

(1) 组织专家确定权重。经专家评定得出各安全检查表的权重和表中项目的权重(表 5.38)。

表5.38 专家评定权重情况

评分项	一对一评比结果				权重得分	权重系数
	安全制度	安全教育	安全组织	安全训练		
安全制度	2	3	3	3	11	0.344
安全教育	1	2	3	3	9	0.281
安全组织	1	1	2	1	5	0.156
安全训练	1	1	3	2	7	0.219

(2)组织专家依据安全检查表(表5.39)对仓库进行安全检查。

表5.39 管理安全检查具体情况

评分项	一对一评比结果						权重得分	权重系数
	人员	库区	管理	消防设施	防盗设施	防雷设施		
人员	2	1	3	1	1	1	9	0.125
库区	3	2	3	2	2	2	14	0.194
管理	1	1	2	1	1	1	7	0.097
消防设施	3	2	3	2	2	2	14	0.194
防盗设施	3	2	3	2	2	2	14	0.194
防雷设施	3	2	3	2	2	2	14	0.194

(3)处理检查表的结果,得出综合得分。

由式(5.16)求得各安全检查表的得分F_i。

由式(5.17)求得所有安全检查表的综合得分Z。

(4)安全等级评定:*

(5)填写安全检查结果分析报告。

一、受检单位:＊＊＊＊＊＊＊＊＊＊＊＊

二、检查单位:＊＊＊＊＊＊＊＊＊＊＊＊

三、检查纪要:检查表*个、检查项目*条、条目数*条、检查时间*年*月*日、检查人李＊＊

四、评分结果:*分

五、安全等级提示:*牌

六、检查结果分析(表5.40):

第 5 章　防化危险品储存安全分析与评价

表 5.40　检查结果分析

项目	序号	检查内容	检查依据	检查结果	备注
安全制度	1	钥匙是否集中管理	《防化仓库业务正规化考评标准》三、考评标准与评分细则（六）安全管理	A	
	2	库房钥匙是否统一存放在库值班室(中控室)	《防化仓库业务正规化考评标准》三、考评标准与评分细则（六）安全管理	A	
	3	是否严格使用手续，进行登记	《防化仓库业务正规化考评标准》三、考评标准与评分细则（六）安全管理	A	
	4	是否坚持重点库房"两人双锁"联管制度	《防化仓库业务正规化考评标准》三、考评标准与评分细则（六）安全管理	A	
	5	是否坚持温湿度登记制度	《防化仓库业务正规化考评标准》三、考评标准与评分细则（六）安全管理	D	
	6	是否坚持领导值班(24h)和请示报告制度	《防化仓库业务正规化考评标准》三、考评标准与评分细则（六）安全管理	A	
	7	动用车辆、机械是否有派遣通知单并做好登记	《防化仓库业务正规化考评标准》三、考评标准与评分细则（六）安全管理	A	
安全教育	8	是否经常进行各种安全基本常识教育	《防化仓库业务正规化考评标准》三、考评标准与评分细则（六）安全管理	A	
	9	是否根据仓库的特殊性，进行职责教育	《防化仓库业务正规化考评标准》三、考评标准与评分细则（六）安全管理	D	
	10	是否根据季节、任务变换进行随机教育	《防化仓库业务正规化考评标准》三、考评标准与评分细则（六）安全管理	D	
	11	是否结合事故、通报进行警戒教育	《防化仓库业务正规化考评标准》三、考评标准与评分细则（六）安全管理	A	

（续）

项目	序号	检查内容	检查依据	检查结果	备注
安全组织	12	库是否有安全领导小组	《防化仓库业务正规化考评标准》三、考评标准与评分细则（六）安全管理	A	
安全组织	13	小组成员是否分工明,责任清,措施得力可行	《防化仓库业务正规化考评标准》三、考评标准与评分细则（六）安全管理	A	
安全组织	14	班是否有安全员	《防化仓库业务正规化考评标准》三、考评标准与评分细则（六）安全管理	A	
安全组织	15	是否按期召开安全形势分析会	《防化仓库业务正规化考评标准》三、考评标准与评分细则（六）安全管理	A	
安全训练	16	是否每周组织消防演练	《防化仓库业务正规化考评标准》三、考评标准与评分细则（六）安全管理	A	
安全训练	17	每年汛期是否组织防洪演练	《防化仓库业务正规化考评标准》三、考评标准与评分细则（六）安全管理	A	
安全训练	18	是否按方(预)案认真组织训练和实际演练,做到"四落实"	《防化仓库业务正规化考评标准》三、考评标准与评分细则（六）安全管理	A	
安全训练	19	专业技术训练是否有计划、有教案、有教员和示范人员	《防化仓库业务正规化考评标准》三、考评标准与评分细则（六）安全管理	A	

检查人:李＊＊　　检查时间:＊年＊月＊日

表5.41　安全检查结果中的D级项目

序号	检查内容
5	是否坚持温湿度登记制度
9	是否根据仓库的特殊性进行职责教育
10	是否根据季节、任务变换进行随机教育

第 6 章

防化危险品运输与使用安全分析及评价

防化危险品运输与使用过程是防化危险品处于"动态"的过程,一旦处置不当,极易发生危险事故。本章研究了防化危险品运输与使用过程中的各项危险因素,分析了道路运输事故的形成机理,研究了基于危害分析的路径优化、道路运输安全评价、使用安全分析等问题,为提高运输和使用安全提供了有益指导。

6.1 防化危险品运输与使用的危险因素辨识

6.1.1 人为因素

1. 相关人员的失误或失职

在防化危险品运输和使用管理方面,很多单位高度重视,但也存在个别保管人员因思想麻痹、玩忽职守、责任心不强、安全意识弱而导致一些事故。有一些专业人员和管理人员,由于常年在使用和管理防化危险品过程中没有发生事故,思想上逐渐放松,为图方便,有时在使用防化危险品时,不按操作规程办事,极有可能在防化危险品的封装、搬运、装卸、整理过程中忽视和违反安全规定。例如,未使用规定的核化危险品储运箱进行外包装,防化弹药箱未按规定进行横装,防化危险品使用地域未设置安全警戒和标志等。同时,保管人员身心健康状况,体能素质等原因也可能会引起安全事故。这些都存在一定的安全隐患,易导致事故发生。

2. 监督检查不到位

通常防化危险品运输和使用安全管理主要由相应基层单位主官和相关业务部门领导负责,相关负责人应定期、不定期地对防化危险品运输和使用情况进行检查督促。如果负责人未按照规定进行定期检查,没有按照相关规定履行职责,监督和检查力度不够,工作态度不够端正,发现问题未能及时给予处理,相关安全隐患未及时消除等,时间久了会导致安全事故的发生。

3. 装卸运输未按规程

防化危险品在运输过程中运输车辆、驾驶员状态、运输路线和防化危险品的状态没有进行有效的监管,不落实有关规定。行车之前未检查车辆性能、未指定专人负责、人员未配备必要的保障设备器材。驾驶员驾驶过程中,没有合理地对其进行管控,驾驶员有疲劳驾驶、酒后驾驶、超速行驶、违章驾驶和不按规定路线驾驶等情况。在运输时没有用专用防化危险品保险箱对防化危险品进行盛装。一旦上述情况发生,极易导致防化危险品在运输过程中发生交通事故,造成防化危险品损坏、泄漏、扩散等,进而造成人员、环境等安全事故。

4. 作业过程组织不规范

防化危险品属于高度危险化学品,在组织相关作业时,场地设置不规范,安全警戒和围栏设置不规范,安全管控组织混乱,作业组织人员没有加强组织领导,不落实相关管理规定,组织过程不严格,对存在的安全问题和安全隐患得过且过。作业人员没有落实相关规定,违章作业,防护不到位,安全意识不强。作业场地洗消不彻底,训练过程中粗心大意,对安全细节不注意,随意实施。上述情况都是防化危险品在使用环节的重大安全危险源,在组织作业时,各级组织务必确保将其消除。

6.1.2 设备因素

防化危险品有较强的杀伤性、破坏性,相关配套设备原因也是影响其运输和安全使用的重要因素,所以在训练过程中必须考虑相关设备的安全可靠。

1. 防化危险品储运工具

防化危险品需使用专用储运工具进行作业。在运输防化特种危险化学品、

第6章 防化危险品运输与使用安全分析及评价

防化放射性物质时,除对其使用专用包装箱进行包装外,还需使用专用保险箱进行封装,确保一旦发生事故也能处于安全状态。在运输防化弹药时,需采用专门的包装箱,并在包装箱内用防撞抗震材料进行加固。在使用防化危险品时,需使用专用的危险品包装和分装工具设备。对于上述专用储运工具要定期进行安全状态检测,确保

2. 防化危险品包装箱

防化特种危险化学品一般以"小包装"存放。储存时间久、储存环境不符合要求时,包装容器易发生破损或锈蚀等变化,这些变化可能直接导致防化特种危险化学品泄漏等事故发生。

3. 监测报警设备

防化危险品在使用与运输过程中应当配备必要的保障设备、防盗设备、报警装置、侦检设备等,这些设备可以提前发现危险并报警,对保证防化危险品运输和安全使用有很大的作用。

4. 配套防护急救器材

防化危险品在运输和使用中,防护急救器材也是必不可少的。一旦发生安全事故,有无防护装备、急救药品、消毒器材、急救照明器材、消防处置设备等,关系着事故能否妥善处理。

6.1.3 环境因素

防化危险品的运输和使用在一定空间和时间中进行,空间和时间对防化危险品的运输和安全使用有直接或间接的影响,主要区分为储存环境因素、训练场地设置因素和自然环境因素等方面。

1. 储存环境因素

在防化危险品安全管理中,储存与保管过程中的安全是确保防化危险品质量和保障训练任务完成必不可少的重要环节。存在防化危险品没有在专用库房中存放,与其他物资混合存放,存放不符合规定,库房库室内的建设也不符合安全要求,防化危险品储存的温度湿度条件也不符合规定等。

2. 自然环境因素

由于季节的变化和气温的变化,防化危险品仓库的环境也会发生变化,这

就容易发生泄漏、防化特种危险化学品包装损坏等安全事故。在实毒训练时，可能会遇到高温、低温、雨雪、大雾、刮风等恶劣天气，造成许多安全隐患。温度过高时，防化特种危险化学品蒸发较快，人员在防护条件下作业，易出现中暑、头晕等状况，作业人员稍有不慎将造成安全事故。雨雪天作业时容易发生摔倒、滑倒等情况，人员容易染毒。刮风时布毒、侦毒过程比较困难，作业人员容易被沾染。在恶劣的天气条件下销毁特种危险化学品过程中也存在很多困难。大自然发生的强烈地震、火山爆发、龙卷风、台风、洪水、山体滑坡、泥石流、雷击、高热高温、电源线路自然老化等自然灾害都可能造成特种危险化学品存储设施遭到破坏，引起防化特种危险化学品泄漏，造成突发性安全事故。

6.1.4　管理因素

1. 管理制度和相关措施针对性不够全面

当前防化危险品管理制度相对完善，有比较详细的规定，但由于地域和实际情况的不同，很多单位对防化危险品的管理制度和相关措施，没有根据自身特点做出相应的调整改动和针对性修订，在管理制度上存在不全面的地方，如许多单位对于防化危险品的管理制度内容相对不够完善，标准细则不能统一等。

安全管理的各项措施不落实，打折扣，思想认识不够，存在过于随意不遵守规定流程的现象。在落实管理机制上也暴露出了一些问题。

2. 管理制度落实相对不够完善

管理上的原因主要集中在日常管理松懈和相关配套制度落实不够，致使防化危险品在运输和使用环节存在安全隐患。有的管理单位存在部分管理措施流于形式情况，各项规章的目的和初衷不是为了抓好安全管理，而是为了应付上级部门的检查，导致安全管理的各项措施落实打折扣，思想认识不够，过于随意不遵守规定流程的现象。在落实管理机制上也暴露出了一些问题，如存放没有严格按照标准和说明执行，没有按照合格的标准进行存储，下发到训练分队的没有落实管理机制，未做到常检查保管，导致保管不到位。

3. 应急预案的编制及演练不够精细

有的单位存在没有根据处置原则制定严格的应急处置预案和处置程序，应急机构及人员责任不明确,人员编组有误,应急预案过时等情况。应急演练培训没有针对性和有效性,没有实质性的效果,应急物资配备不齐全等。

6.2 防化危险品道路运输事故分析

6.2.1 防化危险品道路运输事故影响因素

依据海因里希和博德事故因果连锁理论,对防化危险品运输事故影响因素的分析可知,防化危险品运输系统是一个由人、车、物质、环境和管理五个子系统构成的复杂动态系统。其中:人员子系统是指由运输参与者共同构成的系统(管理人员属管理子系统),他们身体状况、年龄、心理、生理以及操作上的不安全行为直接导致防化危险品运输事故的发生,并且以驾驶员的地位和作用最为重要;车辆子系统是指由运输车辆、运输保险箱以及相应安全防护设施等一系列技术要素构成的子系统,其设计缺陷、机件故障或防护装置失效等不安全状态是运输事故发生的直接原因。物质子系统则指防化危险品本身所具有的易燃、易爆、腐蚀、剧毒等特性。它们独特的理化特性所带来的不安全状态也是运输事故发生的直接原因;环境子系统不仅包括道路条件、交通环境以及自然环境等要素,还包括政治、经济、文化等社会环境要素。该子系统对人员、车辆以及物质子系统的协调运行都有影响;管理子系统则涵盖单位业务主管部门和运输分队自身管理两部分,该子系统从宏观上对人员、车辆、物质以及环境子系统进行管理和调控,进而确保各子系统间能够协调运作。

6.2.2 防化危险品道路运输事故形成机理

防化危险品运输系统所涉及的人、车、物质、环境和管理五个子系统,其在构成具有特定功能的防化危险品运输系统整体的同时,彼此之间也产生了互相依赖、互相作用的特定而不可分离的联系。系统中任一要素的状态或性质变化都不再具有独立性,而是与其他要素紧密联系在一起。尤其是人与车之间的紧密联系,使之成为防化危险品运输系统中具有相对独立性和功能完备性的子系统——人车系统(或称人机系统)。该子系统中人与车之间的任何不匹配或不协调都会影响到车辆的安全运行状态,进而影响到整个防化危险品运输系统安全。此外,由于人员子系统、车辆子系统、物质子系统等都要受到管理子系统的影响,因此,只看到导致事故的直接原因是不够的,还必须看到引发车辆、道路和物质不安全状态及人员违法行为和失误,增加系统运行危险性的根本原因——管理上的缺陷,它们之间的相互影响进而形成了车辆管理子系统、物质管理子系统、环境管理子系统和人员管理子系统等。尽管上述子系统的失效是通过人员子系统和车辆子系统的失效表现出来的,并且管理部门的决策在时间、空间上也远离事故现场,但它对运输事故发生率的影响是巨大的。管理部门如果未能从宏观上协调人员子系统、车辆子系统和环境子系统的关系,就有可能使防化危险品运输系统中存在导致事故的潜在危险。从这点来看,虽然车辆、道路的不安全状态和人员的违法和失误是造成防化危险品道路运输事故的直接原因,但它们并不是一种独立、随机的现象,而是由管理与环境、人员、车辆、物质等系统共同作用的结果。通过合理的组织管理,可以使人员子系统、车辆子系统以及物质子系统在一定的环境子系统条件下协调运作,避免交通系统中潜在危险的发生。

防化危险品运输事故的形成机理图投影到平面上,可得到如图 6.1 所示的防化危险品运输事故形成机理投影。其中,a 区表示由危险货物本身特性变化而导致爆炸、泄漏等事故;b 区表示单纯由人为因素而造成的事故,包括操纵人(驾驶员、押运员以及装卸员)和行人存在的不安全行为;c 区表示单纯由运输车辆本身或容器、安全防护设备以及包装的性能结构缺陷等导致的事故;d 区则表示单纯由环境因素造成的事故,如不良道路条件(道路线形、道路等级等)、恶劣气候条件等;e 区则是由安全管理不善所带来的事故,防化危险品运输安全管理的对象包括对危险货物、人、车和环境以及交叉区域的管理,e 区存在的缺陷是其他事故区域出现不安全行为或不安全状态的深层次原因;f 区则表示由危险货物不安全状态和人为操纵错误共同导致的事故;g 区是由危险货物因素和不良交通环境共同造成的事故,对防化危险品运输来说,不良交通环境(如恶劣气候条件等)极易导致某些性质不稳定的危险品发生化学或物理变化而使恶性事故发生;h 区是由人员不安全行为与车辆不安全状态相互作用造成的事故;

i 区则表示由车辆和不良交通环境共同作用导致的事故区域;j 区则是由人员不安全行为、车辆和物质不安全状态三方面原因共同造成的事故;k 区表示防化危险品特性、不良交通环境和人员失误三者共同作用导致的事故;n 区表示由环境、车辆和防化危险品三者共同作用导致的事故;o 区表示由人员、环境和车辆三方面共同作用导致的事故;m 区则是由防化危险品、人员、车辆以及环境四者之间不协调而导致的事故。

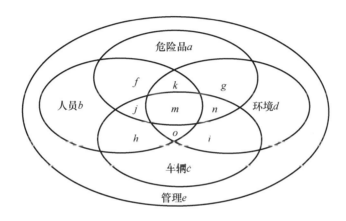

图 6.1 防化危险品运输事故形成机理投影

从上述分析可看出,防化危险品运输事故的发生是一个或多个要素共同作用的结果。在事故发生的各个因素中,管理要素是降低事故发生的重要因素。除了从技术角度提高人的操纵水平、防化危险品的包装水平、运输车辆的结构性能和交通环境的硬件水平之外,交通安全状况主要取决于对人、车辆和环境要素的管理效果。

6.2.3 防化危险品道路运输风险减缓的措施

由于防化危险品道路运输事故属于典型的小概率大后果事件,如何加强道路运输监管,控制运输事故的发生,已成为防化危险品业务主管部门需解决的重要问题之一。针对上述分析的防化危险品运输全过程存在的不安全行为或状态现状,结合风险管理理论,提出从事前、事中和事后三个阶段实施全过程风险管理的若干措施。

1. 事前管理

1）严格制定防化危险品运输的准入条件

制定严格的防化危险品运输的准入条件,真正从源头上防止运输事故。虽然相关规定对防化危险品运输进行了详细规范,并明确了违反有关规定的法律责任。但对运输准入条件的规定仍显得较为粗略,特别对从事防化危险品运输的驾驶员资质要求仍不够明确。为此,必须严把防化危险品运输从业人员资格关,加强从业人员的培训教育,推行严格的从业人员准入考试制度,以有效遏制运输的安全隐患。在培训考试过程中应杜绝驾驶人员培训考试走过场的现象,强化道路的真实驾驶训练,并将基本的心理训练和驾驶道德规范纳入训练和考试之中,以培养良好的驾驶心理、驾驶习惯和职业道德,以及灵活的异常事故应变处理能力,还应定期审查驾驶员的营运资格,切实保证驾驶员的专业素质。

2）严格遵守操作规程,做好行车前各项准备工作

做好运输前的各项准备工作,如检查车辆是否处于良好的技术状态、车辆的底板是否完好,周围的栏板是否牢固、各处连接以及灯光照明是否安全可靠。特别需要检查车辆的制动系统,看是否灵敏可靠。如果装运易燃易爆弹药,还需给铁质车厢底板铺垫木板或橡胶板;检查运输车辆的容器是否检验合格,各安全附件是否安全有效。此外,还需配置明显的符合标准的"危险货物"标志,佩戴防护装备、配备相应的灭火器材和防雨淋的器具,检查运输过程中必须佩带的相关运输证件是否齐全,检查从业人员的安全防护装备佩戴是否齐全等。另外,在运输前还需注意天气状况。一旦遇到恶劣天气如雨、雪、雾天,大风沙天,则尽量避免出车。在夏天运输危险货物时,需要特别注意气温,一旦气温高于30℃,则避免白天运输,而尽量改为晚上运输。另外,夏季雷雨天气也较多,要做好相应的防淋措施。

2. 事中管理

1）慎重选择合理的运输路线

合理选择运输路线是一种控制防化危险品运输事故频发,减轻可能事故后果及后果严重程度的有效措施之一。通过缜密的路线规划,选择恰当的运输时间和运输路线进行运输,避免车辆在人口或车辆出行高峰期经过诸如风景名胜、政府机关部门以及学校等人口密集区,有效降低防化危险品运输事故的发

第 6 章　防化危险品运输与使用安全分析及评价

生概率,减少事故所造成的人员伤亡、环境污染以及财产损失。另外,据统计,目前我国95%以上的道路危险货物运输事故都涉及异地运输。由于在长途异地运输过程中道路可选择的余地较大,再加上驾驶员有可能对异地运输路线和交通状况不够熟悉,更易造成事故的发生。因此,需要特别强调异地防化危险品运输路线的规划。

2）强化道路危险货物运输的途中监管

对于运输防化危险品的车辆应当安装行驶记录仪或北斗定位系统,以起到动态监管的目的,确保驾驶人员严格遵守法律的相关规定安全驾驶。此外,单位要提前与地方安全生产监管局、公安局、交通管理等相关部门进行沟通协调,应从整治和规范防化危险品安全运输着手,探索建立"信息共享、部门联手"的区域联动机制。通过建立联控机制,编织覆盖运输路线的安全网络,以有效实施防化危险品运输的途中监管。

3. 事后管理

除重点防范运输事故发生之外,一旦获知防化危险品运输存在违章行为或出现运输交通事故,必须有效加以处理,尽可能控制事故的发展。因此,建立系统、有效的违章处理方案和科学、专业的应急处理机制显得至关重要。对于违规装载的防化危险品运输车辆,一经发现,需立即将违规车辆押运至某一专门地点进行卸载处理。业务部门和责任单位还应制定或完善防化危险品运输事故的应急预案,有针对性地开展不同条件下的应急预案演练活动,以提高危机处理的能力。

6.3　防化危险品公路运输路径安全优化分析

6.3.1　防化危险品公路运输路径优化的目标

防化危险品公路运输不同于一般的货物运输,在进行防化危险品公路运输路径优化时,不仅要考虑运输路径的长短,还要考虑每种影响因素在不同路段下对运输的影响。

在运输过程中要充分考虑每条道路段存在的风险隐患即各个影响因素造成危险事故的概率以及事故发生带来的后果。

最优路径选择上，要充分考虑保障性和安全性的均衡状态，既不能一味地追求运输距离的短近，使得运输风险过高，也不能一味地追求安全使得运输成本过高，运输效率过低。

最终的最优路径是将保障性（路径距离、运输时间、运输效率等）和安全性（发生事故的概率乘以事故造成的后果）充分结合，得到一条高效、经济并且安全的公路运输路径。

6.3.2 路径优化的常见算法比较和选取

现阶段常见的路径优化有关模型算法有遗传算法、粒子群算法、最大最小准则、多准则优化模型、TOPSIS算法、蚁群算法等。

遗传算法主要研究方向以最小优化路径长度、最小运输风险为目标建立优化模型，研究结果表明遗传算法能有效解决最短和风险最小路径搜索问题。但遗传算法过早地将最优解区域锁定，局限性较大。换而言之就是其覆盖的范围较小不适合大空间的收缩。

粒子群算法主要思路通过评估道路安全系统的方法，将脆弱中心（指人口相对集中且短时间内不容易疏散的区域）到运输路段的最短距离与其人口数量之比作为该路段的安全系数，但其对于离散的优化情况处置不佳，容易陷入局部僵局。

最大最小准则（绝对鲁棒优化方法）是最具有悲观与保守特征的不确定型准则，总是在不同情形下最坏的方案中选择最好的那个。该方法在此问题研究上会使得安全所占比例过大，打破了经济和安全之间的平衡，会导致得出的最优路径相对其他路径，运输成本过高以及运输效率过低。

多准则优化模型通过删除原网络图中非可行路段和非可用点，生成不同类别危险品的剩余运输网络，在剩余网络中搜索不同准则下的最优路径。

TOPSIS算法则是将所有危险因素转化为路径的综合属性，同时将计算得到的综合属性值在运行过程中选择压力由大变小，从而选择出最优路径。

蚁群算法是将每个节点的信息元素进行携带处理，相对更适合大空间的范围搜索。

综合各个算法的特点,结合防化危险品公路运输路径优化的具体存在条件和其固有的特殊性,采用蚁群算法。首先,蚁群算法能够满足路线范围大不存在局部优化的局限性,能充分考虑各个节点的影响条件;其次,防化危险品公路运输的五大影响因素蚁群算法也可以考虑进来,它可以将信息因素携带在最后的路径比较分析中,得出更为适合防化危险品公路运输的最优路径。

6.3.3 防化危险品公路运输路径优化算法分析与建立

防化危险品公路运输路线不同于一般货物的运输,防化危险品公路运输的优化目标对于安全的特殊需求,首要考虑的因素便是安全,在追求安全的前提下去寻找运输路径最短、运输时间短以及运输效率最高的路径。当然防化危险品公路运输路径的优化需在满足安全性的基础上提升保障性。从两个大方向入手:一是选择运输路径最短,路径短,时间就少,可以在客观角度上降低危险度,缩短运输时间,提升运输效率;二是从道路危险程度出发,将道路危险程度换算为具体数值。

1. 分析影响因素

上面已经将公路运输防化危险品的影响因素进行了分析和总结。影响防化危险品公路运输的经济成本主要影响因素为路程长度。影响防化危险品公路运输的事故成本主要影响因素有人口密度、环境状况、应急救援能力、交通状况。

(1)路程长度。具体的运输路线经过的路径长度越长也就意味着运输时间越久。每多1s的运输时间或多1m的运输距离也会增加运输的风险以及发生事故的概率。

(2)人口密度。指当运输路段经过居民区时,该段居民区的人口密度。人多就存在更多不确定的人为破坏因素以及当危险事故发生时会增加对人员生命安全和财产损失的威胁。

(3)环境状况。环境状况主要对路径经过的重大景点个数和人流量的程度进行衡量,因为一旦发生事故对环境的破坏程度有很大一部分取决于路径周围的重大景点个数和人流量。因为不同的环境下事故发生后造成的损失结果是完全不同的。

(4)应急救援能力。事故发生后如果能得到及时的处理和解决会最大程度上减小造成的经济损失,因此应急救援能力也是在选取最优路径时必须考虑的重要因素。

(5) 交通状况。在城市中每条路况的车流量不同,红绿灯以及道路的复杂程度也不同。因此在运输过程中运输实际交通状况会直接影响交通事故发生的概率。

2. 对影响因素进行权重赋值

主要的影响因素为路程长度、人口密度、环境状况、应急救援能力、交通状况。由于每种影响因素对公路运输存在的具体影响效果并不形同,同一影响因素不同条件下达到的影响效果也不同。考虑到这一因素,参考了大量的公路运输危险品事故案例以及我国公路运输意外事故的大数据,对近几年我国发生公路运输意外事件的造成因素进行比重分析以及公路运输危险品所造成事故的原因进行比重分析,整理并对数据进行处理得到具体权重比例制定评分细则。C_1、C_2、C_3、C_4、C_5 分别为路径长度、人口密度、环境情况、应急救援能力和交通事故状况的评价打分值;制定如下评分标准。具体权重值打分见表 6.1。

表 6.1 影响因素权重值分析

因素 分数	路程长度 $d/m\ C_1$	人口密度 (万人/km^2) C_2	环境情况 C_3	应急救援能力 C_4	交通状况 C_5
1	0~500	0~0.4	道路不经过景点	附近两个以上应急事故处置救援点,能在 3min 内抵达事故现场	不路过事故多发频段,道路畅通
2	500~1000	0.4~0.8	道路经过 1~2 个景点	两个应急事故处置救援点,能在 5min 内抵达事故现场	不路过事故多发频段,路过城市主干道路
3	1000~2500	0.8~1.2	道路经过三四个景点	附近仅有一个应急事故处置救援点,能在 5min 内抵达事故现场	路过一个事故多发路段,地形不复杂
4	2500~5000	1.2~1.6	道路经过四五个景点	最近的救援点,能在 15min 内抵达事故现场	路过一个事故多发路段且地形复杂
5	5000 以上	1.6 以上	道路经过 5 个人以上景点	周围基本没有应急事故救援点或其他支援机构	路过多个事故多发路段且地形复杂

第 6 章　防化危险品运输与使用安全分析及评价

3. 算法的选取

结合防化危险品公路运输背景以及各类算法的优缺点,采用蚁群算法。

4. 目标函数的建立

(1) 设运输总成本为 Y,保障性为 J,安全性为 S。为了确定运输路线上的总成本,结合相关运输系统的实际数据,并参考相关数据,综合考虑运输过程中的实际影响因素,将这些因素进行量化分析,转换成数字进行计算和整理,分析最终的路径运输总成本。

(2) 保障性。防化危险品的保障性和运输距离有直接关系。通过实例分析计算路径中各个节点的总长度得到运输成本。每两个节点构成的路径长度便指代了保障性。

(3) 通过计算相关路径的距离和运输成本,进行排序分析,为下步结合运输过程中的事故发生概率和事故成本打下基础。

(4) 安全性。计算运输过程中事故发生的概率和事故发生后造成的经济损失,两者相乘即为事故成本。事故成本 = 发生事故的概率 × 事故造成的经济损失。在衡量安全性中有关事故发生概率时应从以下几个方面考虑:人口密度、环境情况、应急救援能力、交通状况。

将公路中每个分叉路或遇到需要进行选择的路口用节点表示,连续两节点之间的运输路径表示具体的道路路线,并将影响公路运输事故成本的四大主要因素赋予具体权重的值,那么就可以将影响因素具体量化。

通过构建两两比较矩阵,计算得四个影响各因素所占权重比重值为

$$W = (0.5, 0.1, 0.1, 0.3)$$

将经济成本和事故成本两个目标权重值均衡得到运输总成本的表达式,参考分析图表计算每组数据得出最终 5 个指标的分别权重进行计算,即

$$Y_{ij} = kS''_{ij} + (1-k)J''_{ij}, 0 \leq k \leq 1 \tag{6.1}$$

式中:Y_{ij} 为每段路径对应的权重值,即每个路径对应成本;J''_{ij} 为每条边上的保障性指标;S''_{ij} 为安全性指标;k 为安全性指标所占权重比例,考虑到防化危险品运输过程中安全是必须确保的首要因素,因此对安全性指标和保障性指标在总成

本中的权重赋予值比为 6∶4,即 $k=0.6$。

运输总成本最小的危险品路径优化的目标函数为

$$F = \min Y = \min \sum \left[(0.4J''_{ij} + 0.6S''_{ij})T_{ij} \right] \quad (6.2)$$

$$Y_{ij} = 0.6 \times (0.5C_2 + 0.1C_3 + 0.3C_4 + 0.1C_5) + 0.4C_1 \quad (6.3)$$

$$T_{ij} \begin{cases} 0, \text{此路径不通} \\ 1, \text{路径可以正常通过} \end{cases}$$

式中:Y 为运算输入从起点到终点的总成本;T_{ij} 为判断路线是否通过。

目标函数的约束条件如下:

(1) 不考虑天灾等非人为可控因素的干扰。

(2) 所有蚂蚁从起点 O 出发,到目的地点 Z 结束,指定固定的方向并且不能两次经过同一路径。

(3) 两个节点之间无法通行时,将其路权值评价为 0。

(4) 运输过程中每只蚂蚁需要对四个影响因素权重值的信息进行携带和比较。

(5) 将 M 只蚂蚁放置起点同时出发,最后在终点时蚂蚁们依次进行信息的源数值大小的比较,经比较将路权值最小的路径输出,此路径即为最优路径。

(6) 常规的蚁群算法中,只考虑了节点之间的距离问题。而本次需要结合防化危险品自身的特点,充分考虑其特殊性,在传统的蚁群算法仅仅只携带距离信息的基础上增加了每个节点的有关危险因素的权重值情况的携带以便于最后的比较。

6.3.4 防化危险品公路运输路径优化算法实例应用

根据上级通知,为加强核生化防护训练,提高训练效果,急需从 412 洞库对某单位进行防化危险品补充。

1. 影响因素分析并赋值

对从 412 洞库到某单位所有路径上存在的重点影响因素进行分析,412 洞库到某单位途径主要繁华城市道路两条,高速公路两条,城建小路以及乡间土路若干,途径五个人口相对密集的村庄,沿途拥有两个消防站可用于救援以及

第 6 章 防化危险品运输与使用安全分析及评价

出现事故的救援点,交通主要通行路段经过了三个风景区周边,少数道路经过五六个风景点。考虑整个公路运输环境需要对五大影响因素全部考虑在内。对道路起终点之间的所有节点对应的五大影响因素权重值进行评分并判定节点权重值。

2. 针对目标函数编写计算代码

针对上述五个影响因素的赋值情况,并结合目标函数 $F = \min Y = \min \sum [(0.4J''_{ij} + 0.6S''_{ij})T_{ij}]$,基于 matlab 编写优化算法代码,如图 6.2 所示。

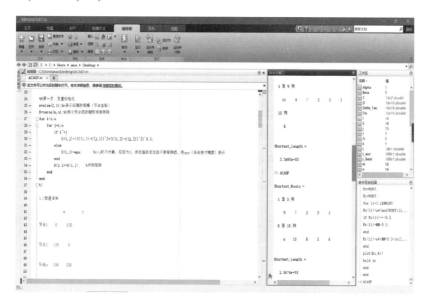

图 6.2 在 matlab 的具体应用

3. 进行应用仿真

根据编写程序代码,将相关影响因子数值代入目标函数,并进行仿真,结果如图 6.3 所示。

图 6.3 所示为程序运行出的整体节点选择图,运行出整个路径的路线选择图,即从 412 洞库到某单位的最优运输路径。

生成的最终路线为:节点 1—节点 2—节点 5—节点 8—节点 9—节点 12—节点 14—节点 15—节点 17—节点 22—节点 23—节点 25—节点 26—节点 27—节点 29,得到最终总路权值为 22.4,全程长 55.6 km。

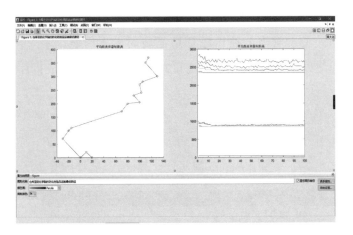

图 6.3　生成的具体路线选择图和距离

6.4　防化危险品道路运输安全评价

6.4.1　建立评价指标体系的依据

1. 安全科学理论

引起事故的主要因素包括人、物、环境和管理。其中,人的因素可总体上划分为管理人员、工作人员相关的因素,在安全管理过程中,他们的行为与事故密切相关,是导致事故的直接原因。物的因素主要是危险品本身,以及与运输相关的设备、工具等。环境因素包括自然环境和社会环境,不良的环境也可能会导致事故的发生。管理因素是指管理制度与管理手段,事故的发生往往伴随着管理的缺失或失效。

2. 防化危险品道路运输实践和相关规章

运输实践是评价指标选取的基础,在实地调研中发现运输实践中存在问题,结合问题改进指标体系,使指标体系更符合实际。指标体系制定过程中需要参考到防化危险品运输系列规范性文件,这些规章是建立指标体系重要的参考。

第 6 章 防化危险品运输与使用安全分析及评价

3. 国家和军队相关法规、标准

防化危险品运输相关的法规和标准,也是指标体系确立的重要依据,如《铁路危险货物运输管理规则》中提到了很多关键的风险源和管理重点,这些对于指标的选取具有指导意义。

6.4.2 建立运输安全评价指标体系

防化危险品运输安全评价指标体系如图 6.4 所示。

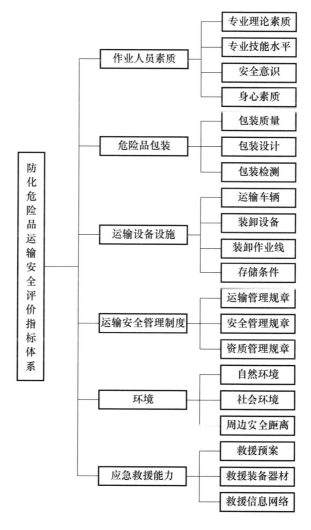

图 6.4 防化危险品运输安全评价指标体系

6.4.3 运输安全综合评价模型

1. 确定评语集

目前应用较多的评语集有 3 级、5 级、7 级和 9 级评语,考虑到评价指标中量化处理方法和单位保障能力评价的可操作性、准确性,拟用 5 级评语将评价结果分为:优秀(V1)、良好(V2)、一般(V3)、较差(V4)、劣(V5)。

2. 计算单因素评价矩阵

1) 定量指标的单因素评价矩阵

(1) 指标取值范围的确定:优秀 95% 以上、良好 85%~95%、一般 75%~85%、较差 60%~75%、劣 60% 以下。

(2) 建立隶属度函数,确定隶属度。为消除两个等级相连区域等级跃变带来的不合理现象,对过中点的数据进行模糊处理,具体做法是:将每个等级区间的中点作为分界点,当指标进入区间的中点时,该指标对等级的隶属度为 1,进入相邻区间中点时,对该等级的隶属度为 0,量化指标值对各等级的隶属度关系。

各指标评语的隶属度函数的数学表达式为

$$\mu V_1(u_i) = \begin{cases} 1.0, u_i \geqslant 95\% \\ 20(u_i - 90\%), 90\% < u_i < 95\% \\ 0, 其他 \end{cases} \quad (6.4)$$

$$\mu V_2(u_i) = \begin{cases} 20(95\% - u_i), 90\% \leqslant u_i \leqslant 95\% \\ 10(u_i - 80\%), 80\% < u_i < 90\% \\ 0, 其他 \end{cases} \quad (6.5)$$

$$\mu V_3(u_i) = \begin{cases} 10(90\% - u_i), 80\% \leqslant u_i \leqslant 90\% \\ 8(u_i - 67.5\%), 67.5\% < u_i < 80\% \\ 0, 其他 \end{cases} \quad (6.6)$$

$$\mu V_4(u_i) = \begin{cases} 8(70\% - u_i), 67.5\% \leqslant u_i \leqslant 80\% \\ 40(u_i - 60\%)/3, 60\% < u_i < 67.5\% \\ 0, 其他 \end{cases} \quad (6.7)$$

第6章 防化危险品运输与使用安全分析及评价

$$\mu V_5(u_i) = \begin{cases} 40(67.5\% - u_i)/3, 60\% \leq u_i \leq 67.5\% \\ 1.0, u_i < 60\% \\ 0, 其他 \end{cases} \quad (6.8)$$

2）定性指标的单因素评价

定性指标的单因素评价主要是在专家咨询的基础上，通过采用模糊统计方法予以确定的。其方法是，在评价的过程中，让参加评价的专家，按预先确定好的评价标准给各定性指标确定等级，统计后，按下式确定各定性指标对各等级的隶属度，即

$$\mu V_j(u_i) = M_{ij}/n \quad (6.9)$$

式中：M_{ij} 为 $u_i \in V_j$ 的次数；n 为参与评价的专家人数；$\mu V_j(u_i)$ 为 $u_i \in V_j$ 的隶属度。

根据得到的隶属度值，即可得出对 u_i 的单因素评价。

$$\widetilde{R}_{u_i} = \frac{\mu V_1(u_i)}{V_1} + \frac{\mu V_2(u_i)}{V_2} + \frac{\mu V_3(u_i)}{V_3} + \frac{\mu V_4(u_i)}{V_4} + \frac{\mu V_5(u_i)}{V_5} \quad (6.10)$$

3）评价矩阵的计算

在得到各指标的单因素评价矩阵后，即可得到系统的评价矩阵。

3. 权重计算

按照层次分析法的要求，将全部指标和分指标排列成表，分发给参加评定的专家，根据两两比较的原则，按 1/9、1/8、…、1/2、1、2、…、8、9 的比值，由专家分别给出每层指标的两两比较数值，得到两两比较矩阵。运用层次分析法，逐层求出各指标的权重。由专家对运输安全评价体系各指标两两比较数值进行打分。

利用抽样数据，用假设检验法对矩阵进行一致性检验，假设评定组成员的评分服从离散型随机变量分布，检验水平 $\alpha = 0.01$。

各元素的相对权重值采用特征根和特征向量法求出，并用统计检验法进行一致性检验，最后得出各指标的权重向量，即对成对比较矩阵求最大特征根和特征向量。

4. 综合评估

对多层次模糊综合评定的计算过程是由下而上进行的。

设下层中同隶属于上层某个元素或指标的 n 个单因素评价矩阵为 $\widetilde{R} = (r_{ij})_{n \times 5}$，又知该 n 个元素的权重向量 $W = (\omega_1, \omega_2, \cdots, \omega_n)$，则上层元素的单因素评价矩阵为

$$\widetilde{B} = W \cdot \widetilde{R} = (\omega_1, \omega_2, \cdots, \omega_n)(r_{ij})_{n \times 5} = (b_1, b_2, b_3, b_4, b_5) \quad (6.11)$$

再通过 $\widetilde{R} = \widetilde{B}$（以下一层的结果，作为上层的模糊评价）转换，重复上述方法，即可得到防化危险品运输安全评价结果，即

$$\widetilde{B} = (b_1, b_2, b_3, b_4, b_5)$$

5. 评估指标处理

对评判指标 b_j，根据需要和实际情况采用以下两种方法进行处理：

（1）最大隶属度法。取与最大评判指标 $\max b_j$ 相对应的评价元素 V_i 为评判结果，即

$$V = \{V_i \mid V_i \to \max b_j\}$$

这种方法仅考虑了最大评判指标的贡献，舍去了其他指标的影响，当最大评判指标不止一个时，很难决定评判指标。

（2）加权平均法。以 b_j 为权数，对各评价元素 V_j 进行加权平均，其值为评判结果，即

$$V = \frac{\sum_{j=1}^{n} b_j v_j}{\sum_{j=1}^{n} b_j} \quad (6.12)$$

应用中，如果评判指标已归一化，则 $V = \sum_{j=1}^{n} b_j v_j$

与预先设定的评语集计算，由 $V = (95, 85, 75, 60, 0)$，即可得到最终的防化危险品运输安全评价得分。

$$D = 95 \times b_1 + 85 \times b_2 + 75 \times b_3 + 60 \times b_4 + 0 \times b_5$$

6.4.4 安全评价应用实例

1. 指标权重及取值确定

对防化危险品运输安全评价的一级、二级指标权重和取值进行确定，结果如表 6.2 所列。

第 6 章 防化危险品运输与使用安全分析及评价

表 6.2 防化危险品运输安全评价指标体系打分情况

一级指标	权重	二级指标	权重	取值
作业人员素质	0.28	专业理论素质	0.28	8.2
		专业技能水平	0.42	8
		安全意识	0.19	7.9
		身心素质	0.11	8.3
危险品包装	0.13	包装质量	0.60	9
		包装设计	0.16	9.2
		包装检测	0.24	8.3
运输设备设施	0.19	运输车辆	0.18	8
		装卸设备	0.42	7.7
		装卸作业线	0.12	8.3
		存储条件	0.28	9.1
运输安全管理制度	0.19	运输管理规章	0.45	8.2
		安全管理规章	0.32	9
		资质管理规章	0.23	7.2
环境	0.08	自然环境	0.35	6
		社会环境	0.43	5
		周边安全距离	0.22	5.7
应急救援能力	0.13	救援预案	0.48	8.8
		救援装备器材	0.21	8.5
		救援信息网络	0.31	8.2

2. 单因素评价

根据各指标的评估内容以及评估准则,由评估组对各指标进行评估打分,并依据指标评语的隶属度函数的数学表达式,求出各指标的评价矩阵。以作业人员素质一级指标为例,专业理论素质、专业技能水平、安全意识、身心素质的评价矩阵 R_1 为

$$R_1 = \begin{bmatrix} 0 & 0.2 & 0.8 & 0 & 0 \\ 0 & 0 & 1 & 0 & 0 \\ 0 & 0 & 0.92 & 0.08 & 0 \\ 0 & 0.3 & 0.7 & 0 & 0 \end{bmatrix}$$

作业人员素质的评价矩阵为

$$B_1 = \omega_1 \cdot R_1 = (0.28\ 0.42\ 0.19\ 0.11)\begin{bmatrix} 0 & 0.2 & 0.8 & 0 & 0 \\ 0 & 0 & 1 & 0 & 0 \\ 0 & 0 & 0.92 & 0.08 & 0 \\ 0 & 0.3 & 0.7 & 0 & 0 \end{bmatrix}$$

$$= (0, 0.089, 0.8958, 0.0152, 0)$$

与预先设定的评语集计算,由 $V = (95, 85, 75, 60, 0)$,即可得到作业人员素质评价得分。

$$M_1 = B_1 \cdot V^T = (0, 0.089, 0.8958, 0.0152, 0)(95, 85, 75, 60, 0)^T = 75.66$$

同理,可求出其他五个一级指标的评价得分为

$$M_2 = 88.2, M_3 = 76.4, M_4 = 84.5, M_5 = 79.6, M_6 = 86.2$$

3. 构造总评价矩阵,完成运输安全评价

将各级指标的隶属度向量进行汇总,得到防化危险品道路运输安全的总评价矩阵为

$$R = \begin{bmatrix} B_1 \\ B_2 \\ B_3 \\ B_4 \\ B_5 \\ B_6 \end{bmatrix} = \begin{bmatrix} 0 & 0.089 & 0.8958 & 0.0152 & 0 \\ 0 & 0.82 & 0.18 & 0 & 0 \\ 0 & 0 & 0.712 & 0.288 & 0 \\ 0 & 0.45 & 0.55 & 0 & 0 \\ 0 & 0 & 0.968 & 0.032 & 0 \\ 0 & 0.62 & 0.38 & 0 & 0 \end{bmatrix}$$

由一级指标的权重集 $\omega = (0.28, 0.13, 0.19, 0.19, 0.08, 0.13)$,防化危险品道路运输安全评价结果为

$$B = \omega \cdot R = (0\ 0.2976\ 0.6408\ 0.0615\ 0)$$

结合预先设定的评语集,计算得出防化危险品道路运输安全评价值为 $M = B \cdot V^T = 77.05$。

6.5 防化特种危险化学品使用安全分析

通过分析使用防化特种危险化学品的安全影响因素,按照性质可归为四

第 6 章 防化危险品运输与使用安全分析及评价

类,即人为原因、有毒物质本身原因、环境原因和管理制度原因。运用因果分析法对特种危险化学品安全因素进行定性研究,在此基础上运用层次分析法进行定量分析,得出各个因素的比重。

6.5.1 定性分析防化特种危险化学品使用的安全因素

1. 因果分析法的基本原理、分析步骤

1) 因果分析法的来源以及基本原理

因果分析法(Causal Analytical Method),亦称特征要因图法、鱼刺图法或石川图法,是由日本管理大师石川馨先生发展出来的,故又名石川图,它是一种发现问题"根本原因"的分析方法,也可以称为"因果图"。它是以事故发展变化的因果变化为依据,抓住事物发展的主要矛盾与次要矛盾的相互关系,建立数学模型进行预测,广泛用于工商管理等领域。

因果分析法的基本原理是对每一个质量特征或问题,采用鱼刺图的方法,逐层深入排查可能原因,然后确定其中最主要的原因,进行有的放矢的处置和管理,因此能很好地描述定性问题。

2) 因果分析法的步骤介绍

实际中,由于主观、客观方面的原因,对问题的分析判断往往会有遗漏。因果分析法可以帮助管理者将相关的分析工作做到思路清晰、无所遗漏。实践中事故的发生往往是多种原因共同作用的结果,因果分析法的应用有助于我们通过将原因按照各自特性进行分类,并按照原因间的相互作用进行关联性排列,进而能够帮助我们发现结果发生的表面原因和根本原因。

因果分析法主要是运用鱼刺图来分析问题的,鱼骨图作图过程一般由以下几步组成:

(1) 查找要解决的问题;

(2) 将问题写在鱼骨的头上;

(3) 召集工作组成员共同讨论问题出现的可能原因,尽可能地找出问题;

(4) 把相同的问题分组,在鱼骨上标出;

(5) 根据不同的问题征求大家的意见,总结出正确的原因;

(6) 对鱼骨图进行优化整理;

（7）根据鱼骨图进行讨论。

由于鱼骨图不以数值来分析处理问题，而是通过整理问题与它的原因的层次来标明关系，因此，能很好地描述定性问题。

2. 构建防化特种危险化学品使用安全隐患因果分析图

通过分析整理可得出影响防化特种危险化学品使用安全的人、防化特种危险化学品、环境、管理制度因素分别主要有以下几种：

（1）人为原因。包括保管人员的失误或失职，负责人检查管理不到位，装卸运输人员装卸运输不按规定，作业人员作业过程不严格等。

（2）防化特种危险化学品原因。防化特种危险化学品自身性质及其包装的变化等。

（3）环境原因。包括储存环境因素、训练环境设置因素、自然环境恶劣等。

（4）管理制度原因。包括管理制度相对不健全、管理制度形式主义、管理措施不落实等。

图6.5所示为防化特种危险化学品使用安全隐患的定性分析。

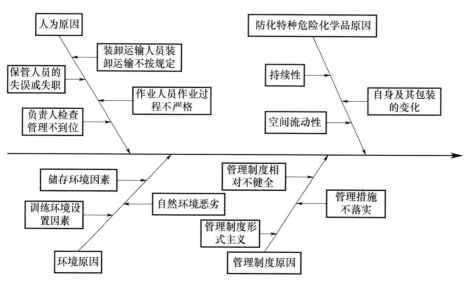

图6.5　防化特种危险化学品使用安全隐患的定性分析

3. 运用因果分析法对安全因素进行分析研究

通过因果分析图可以清楚地看出影响防化特种危险化学品使用的安全因

第 6 章　防化危险品运输与使用安全分析及评价

素,进而对其进行分析和研究。

1) 人为原因

通过人对特种危险化学品使用安全因素影响的描述,大体可以将人为原因分为四类。保管人员的失误或失职可能会为安全事故的发生埋下隐患,也可能直接导致事故的发生。负责人检查管理不到位,这一点可能会使防化特种危险化学品管理上出现问题,让与防化特种危险化学品有接触的人受到危害。作业人员作业过程不严格,不按照规定,这样可能直接导致中毒等安全事故的发生。运输装卸过程中,装卸运输人员不按规定装卸运输,可能会引起重大事故的发生,造成重大的伤害,如发生交通事故,防化特种危险化学品泄漏到街道、河流水源、居民区等人口众多的地方。

2) 防化特种危险化学品原因

防化特种危险化学品具有持续性、空间流动性、自身及其包装的变化这些特点。防化特种危险化学品本身具有较强的毒害作用,可在蒸气、雾、烟、微粉和液态五种形态下,通过空气、水源、食物等多种介质,经呼吸道、皮肤、误食或直接接触造成化学性伤害或功能性伤害。中毒后,特种危险化学品进入机体能与细胞内的重要物质(如酶、蛋白质、核酸等)作用,改变细胞内正常组分的含量与结构,破坏细胞的正常代谢,从而导致机体功能紊乱,破坏人体正常的生理功能,引起人员中毒或受到伤害,具有极强的杀伤性,且杀伤后难以治疗。防化特种危险化学品的杀伤作用可持续很久,且具有很强的流动性,其性能在一定程度上也会发生变化,包装容易破损锈蚀、泄漏。这些都是影响防化特种危险化学品安全使用的重要因素。

3) 环境原因

储存环境不符合规定可能致使防化特种危险化学品在储存过程中存在许多安全漏洞,且未能发出警示,这样人员进入防化特种危险化学品仓库就存在很大的危险,且不能及时发现,埋下许多安全隐患。训练场地环境设置不合理可能会引发一系列问题,甚至会导致在训练中发生安全事故。自然环境恶劣会给训练带来不便的同时在恶劣天气条件下作业存在许多安全隐患,其次自然灾害往往也会使防化特种危险化学品发生安全事故。

4) 管理制度原因

防化特种危险化学品管理制度是规范各类管理人员实施管理工作的行为

准则,管理制度是否符合单位防化特种危险化学品安全管理工作的客观实际,实施管理的人员是否能在复杂的环境中落实各项管理制度措施,大力度的管理,管理制度是否能发挥其真正的管理作用,是影响防化特种危险化学品安全稳定管理的重要因素。

6.5.2 定量分析防化特种危险化学品使用的安全因素

层次分析法分析和研究问题不但能使错综复杂的问题变得清晰、有层次性,还能将所研究的问题定量化,找出关键的问题。对于防化特种危险化学品使用的安全因素,在定性分析的基础上,运用层次分析法对安全因素进行分析,找出主要的安全因素。

1. 建立层次结构

根据对防化特种危险化学品的了解和分析,可以把上述涉及的安全因素按性质分不同层进行排列,构成层次分析图。最高层为目标层,为系统的总目标,中间层是指研究问题所考虑的因素,决策的准则,最低层为因素层。将上述鱼骨图转化为层次分析结构图,如图 6.6 所示。

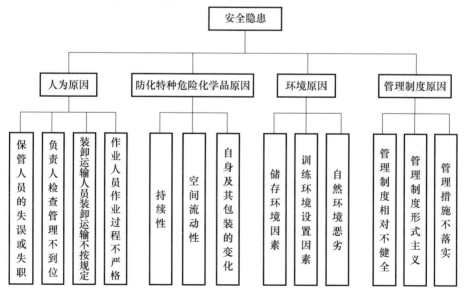

图 6.6 防化特种危险化学品使用安全隐患的层次分析

第 6 章 防化危险品运输与使用安全分析及评价

2. 建立层次判断矩阵

在确定各层次各因素之间的权重时,如果只是定性的结果,则往往不容易被人接受,因而 Saaty 等提出一致矩阵法,即不把所有的因素放在一起比较,而是两两相互进行比较,对此采用相对尺度,尽可能减少性质不同的因素相互比较时的困难,以提高准确度。针对上述图中第二层、第三层相关指标,进行指标两两比较,构造出各指标的两两判断矩阵。

3. 进行各指标权重计算

层次单排序计算经常使用的方法是和法。层次单排序是指根据判断矩阵计算对于上一层某因素而言本层与之有联系的因素的重要性次序的权值。它是本层次所有因素相对上一层而言的重要性进行排序的基础。从层次单排序计算问题可归结为计算判断矩阵的最大特征根及其特征向量的问题。

B 层包括人为原因、设备原因、环境原因、管理原因,对其计算最大特征根和特征向量,得到结果特征值 $\lambda_{\max} = 4.1185$,特征向量 $\boldsymbol{\omega} = (0.5579, 0.129, 0.0569, 0.2633)^{\mathrm{T}}$。

c_1 层代表人为原因,影响人为原因有四个方面:保管人员的失误或失职、负责人检查不到位、人员装卸运输时不按规定、人员作业过程不严格,对其计算最大特征根和特征向量,得到结果特征值 $\lambda_{\max} = 4.0724$,特征向量 $\boldsymbol{\omega} = (0.5193, 0.0789, 0.2009, 0.2009)^{\mathrm{T}}$。

c_2 层代表设备原因,影响防化特种危险化学品的原因有三个方面:监测报警设备、防护急救器材、防化特种危险化学品包装的变化,对其计算最大特征根和特征向量,得到结果特征值 $\lambda_{\max} = 3$,特征向量 $\boldsymbol{\omega} = (0.2, 0.2, 0.6)^{\mathrm{T}}$。防化特种危险化学品包装的变化原因是第一大原因。

c_3 层代表环境原因,影响环境原因的有三个方面:储存环境因素、训练环境设置因素、自然环境恶劣,对其计算最大特征根和特征向量,得到特征值 $\lambda_{\max} = 3.0387$,特征向量 $\boldsymbol{\omega} = (0.2605, 0.1062, 0.6333)^{\mathrm{T}}$,自然环境恶劣占最大原因。

c_4 层代表管理制度原因,影响管理原因有三个方面:管理措施不落实、管理制度相对不健全、应急预案的编制及演练,对其计算最大特征根和特征向量,得到结果特征值 $\lambda_{\max} = 3.0648$,特征向量 $\boldsymbol{\omega} = (0.6434, 0.2828, 0.0738)^{\mathrm{T}}$。管理措施不落实是最大的原因。

分别计算上述两两比较矩阵随机一致性比率,CR<0.10,其一致性检验通过。

4. 影响防化特种危险化学品使用安全因素的层次总排序

在计算了各级要素的相对重要度后,即可从最上级开始,自上而下地求出各级要素关于系统总体的综合重要度,即层次总排序,见表6.3。

表6.3 影响特种危险化学品安全隐患因素层次总排序

原因	总权重	排序
(c_{11})保管人员的失误或失职	0.2897	1
(c_{41})管理措施不落实	0.1694	2
(c_{13})人员装卸运输时不按规定	0.1121	3
(c_{14})人员作业过程不严格	0.1121	4
(c_{42})管理制度相对不健全	0.0745	5
(c_{23})防化特种危险化学品包装的变化	0.0731	6
(c_{33})自然环境恶劣	0.0360	7
(c_{22})防护急救器材	0.0244	8
(c_{21})监测报警设备	0.0244	9
(c_{12})负责人检查不到位	0.0208	10
(c_{43})应急预案的编制及演练	0.0194	11
(c_{31})储存环境因素	0.0148	12
(c_{32})训练环境设置因素	0.0060	13

通过对影响防化特种危险化学品使用安全因素总排序,可以看出:保管人员的失误或失职是影响特种危险化学品安全使用的最大因素;管理原因中的管理措施不落实也是影响安全使用的重要因素,排在第二位;排在第三、第四位的是人为原因里的人员作业过程不严格和人员装卸运输时不按规定,两者有着相同的比重;在现有管理制度的基础上,管理制度可能只是细微的不足或考虑不全,所以管理制度相对不健全,排在第五位。设备原因中的监测报警设备和防护急救器材排在第八和第九位。环境原因中的储存环境因素和训练环境设置因素分别排在第十二位和十三位。所以,为确保防化特种危险化学品的安全使用,应当从主要方面着手。可见,采用因果分析法和层次分析法能较好地分析综合问题的各方面原因,易于从错综复杂的原因中找出关键原因。

第 7 章

防化危险品销毁安全分析与评价

防化危险品销毁涉及易燃、易爆、剧毒等高危废旧危险品,销毁过程专业性强、危险性大、保障要求高、组织协调复杂,而且销毁作业安全事关地方社会稳定和单位安全建设,因此必须对其开展充分的安全分析与评价,以确保销毁工作的安全实施。本章研究了防化危险品销毁安全评价指标体系的构建,系统分析了防化危险品销毁各个危险要素的安全分析与评价方法,并且以移动式销毁装置为例进行了应用。

7.1 防化危险品销毁的危险因素辨识

销毁工作涉及多作业要素,评价工作复杂,如何构建全面、合理的评价指标体系,从而针对关键因素采取有效评价方法,提出针对性改进措施,达到作业安全的同时,实现经济效益的最优化,是目前特种危险品销毁作业安全评价急需解决的核心问题之一。

7.1.1 安全评价指标体系构建方法研究

安全评价的主要目的是通过评价找出系统运行管理过程中存在的危险和隐患,以及危险等级和风险大小,同时对系统的安全现状给出一个总的评价结论,为单位安排整改计划、确定整改措施提供依据。但这类评价需要建立一套衡量系统安全性的评价指标以及相应的评价标准。

目前已有的关于安全评价指标体系构建问题研究,大体可分为定性分析和定量计算两类。定性分析原则或思想为指标体系筛选提供基本思路;定量方法用于指标体系筛选,方法多采用多元统计分析法和统计指标评价能力测量法,研究侧重于指标体系筛选、指标优化、指标权重确立等。具体包括:①基于系统科学理论与方法,通过系统分析研究问题的实质,找出最能反映研究对象本质属性的指标,并尽量消除指标间的相关性,同时提出了指标体系构建的原则以及构建过程;②基于指标体系量化的差异性,综合运用主观赋权法和客观赋权法及各种方法计算出指标的权重;③基于指标体系数量的不可控性,提出了定性选取指标的五条基本原则,定量选取时采用逐步判别分析、系统聚类与动态聚类、极小广义方差法、主成分分析法等数理统计方法选取评价指标。

指标体系构建方法虽有不同,但分析出发点基本为待评价对象或作业中已发生的安全事故,也即正向分析或逆向分析。正向分析是先对拟分析对象综合运用多种分析方法进行全面安全性分析,从而确定主要危险因素,构建评价指标体系;逆向分析则是从系统既有事故出发,利用事故树等分析方法反推而得到主要危险因素,分析模式如图7.1所示。

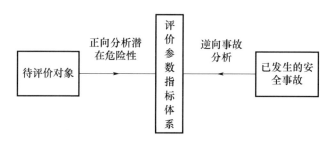

图7.1 安全评价指标体系分析模式

正向分析的优势在于它可以全面分析待评价系统中的所有(潜在)危险,考虑危险因素细而全、数量多,但同时也造成了确立参数重要顺序的困难,处理和建模过程复杂,歪曲系统本质特性的可能性增大的不足。而逆向思路的优势在于危险性分析的针对性强,确定的指标体系范围窄、数量少,但也造成了越难全面反映系统特点的严重不足。无论采用什么思想,建立理想的安全评价指标体系应解决好下列两个基本问题:①如何使评价指标体系能较好地同时满足上述评价目的;②如何使评价指标体系的建立更具有科学性。

7.1.2 安全评价指标体系构建程序

对于复杂系统评价指标体系的构建,在遵循构建原则的基础上,还应采取科学的程序、有效的危险因素分析方法及指标优化,才能实现指标体系的合理、全面、科学,考虑到特种危险化学品销毁作业安全评价的复杂性及构建方法、思路的优缺点,指标体系构建时选用从待评价系统展开全面危险因素分析的正向分析思路,构建程序如图7.2所示。

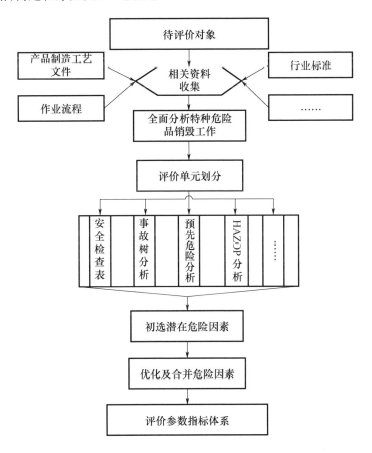

图7.2 安全评价指标体系构建程序

（1）为了高效、准确地实施评价,构建合理的指标体系,必须收集系统相关的大量信息,包括产品制造工艺文件、作业流程等,并对系统进行深入地了解。

（2）对待评价系统进行单元划分,以使评价工作能够详细、全面、顺利开展。

（3）根据不同安全分析方法的特点及优缺点,选用合适的分析策略对各单元展开分析。为了达到对安全现状给出一个总的安全性结论的目的,需要对评价指标进行定量化处理,且给出评价标准。

（4）在全面安全性分析基础上,以危险后果严重程度为指标,初步确定系统中主要的(潜在)危险因素,构成初始评价指标体系。

（5）根据系统中各危险因素的相关性、系统内不同部分的因果关系及指标体系构建原则,对初始指标体系进行优化合并,从而形成最终的安全评价指标体系。

7.1.3 基于半定量化 PHA 的系统危险性因素分析方法

由现有评价方法介绍知,预先危险分析(Preliminary Hazard Analysis,PHA)以其在危险物质和项目装置的主要工艺区域及工艺过程等方面的宏观安全概略分析优势,在很多领域广泛应用。其目的就是通过综合分析,早期识别系统中存在的潜在危险。通过对特种危险品销毁系统各单元的 PHA,查找主要危险因素,提取各要素间的共性,以便确定危险评价指标。

但 PHA 以定性分析为主,对评价单元危险程度区分较模糊,无法确定同严重程度因素的等级。因此,以危险等级是由危险严重程度和出现概率决定为法则对其进行改进。以 GB/T 13816—2009《生产过程危险有有害因素分类与代码》中规定的危险和有害因素为依据对各评价单元进行危险等级赋值,得到危险严重程度,再据该危险因素在所占比例得到出现概率,进而得到危险等级并排序,以此辨识出整个系统的主要危险、有害因素,确定危险品销毁系统安全评价指标。

针对具体评价单元,在 PHA 分析时应考虑其工艺特点,列出可能的危险性和危险状态,包括原料、中间物、催化剂、三废、最终产品的危险特性及其反应活性、装置设备、设备布置、操作环境(测试、维修等)及操作规程,各单元之间的联系、防火及安全设备等方面。然后,可根据危险程度、现场勘察和相关技术资料,按照系统工艺生产过程对每个评价单元在销毁作业运行状态出现的危险情况进行分级,按照表7.1条件赋值,形成"工艺生产过程危险、有害因素辨识表",每个工艺单元作为一个危险过程,每个状态的赋值均计算在内,通过对所有数据进行统计,形成"评价单元(设备、设施、规程等到)固有危险程度统计判定表"和"主要危险、有害因素统计判定表",进而确定整体项目主要危险和有害因素、危险装置(设备)及其危险程度。

表 7.1 危险等级赋值

序号	危险程度	危险等级赋值
1	安全的,几乎不可能发生或可能发生但不会造成人员伤害或财产损失,可以忽略	0
2	安全的,可能发生,可造成财产轻微损失,发生轻伤事故	1
3	临界的,处于事故边缘状态,发生可造成人员轻伤或财产损失,发生轻伤事故	3
4	危险的,造成人员轻伤或系统及财产较大损失,发生较大事故	5
5	危险的,造成人员重伤或系统及财产损失,发生重伤事故	7
6	危险的,造成人员死亡或系统瘫痪及财产较大损失,发生死亡事故	8
7	破坏性的,造成多人重大伤亡、财产巨大损失,发生死亡事故	9
8	灾难性的,可造成区域性的重大人员伤亡和财产巨大损失,发生重大事故	10

7.1.4 防化危险品销毁的安全评价指标体系

对防化危险品销毁作业开展安全评价,构建评价指标体系时主要涉及待销毁物料、销毁设备、影响设备和物料的环境因素、销毁作业人员、销毁作业规程等几个方面。这里仅以对物料等第一类危险源、销毁设备分析为例,说明分析方法的应用,对于销毁作业过程及操作人员等危险源的分析不再赘述。

1. 评价单元划分

根据待评价系统的特点及相关要求,划分评价单元如表 7.2 所列。

表 7.2　移动式特种危险品焚烧销毁设备评价单元划分

序号	一级评价单元		说明	
1	载车		承载主要焚烧设备,直接在车上操作,待作业完成后返回驻地存放在库房内	
2	进料、出灰系统		系统在密闭状态下上料和出灰	
3	助燃系统		给焚烧炉提供热量	
4	焚烧系统		提供焚烧销毁作业空间	
5	换热系统		使烟气迅速降温	
6.1	尾气处理	喷雾吸收塔	去除烟气中酸性气态污染物,净化吸收剂为碱液	净化后的烟气污染物含量:排尘 30 ~ 50mg/N/m^3,HCl50mg/N/m^3,$SO_2$30mg/N/m^3
6.2		布袋除尘器	滤除烟气中的粉尘	
6.3		自激式除尘器	再次去除烟气中的酸性气体	
7	电气控制系统		监测焚烧系统重要参数,同时实现系统作业的自动控制	
8	附件部分		完成销毁作业所需准备工作	

2. 半定量化 PHA 分析

1) 对物料等第一类危险源的分析

防化危险品销毁作业所处理的对象均为高毒、强腐蚀物质,销毁作业时其在各反应器或管道中密闭流动,销毁作业流程如图 7.3 所示。出于销毁安全考虑必须对其实施分装,以小包装形式销毁;销毁产物中可能含有 SO_2、SO_3、S、H_2S、HCl 和 HF 等物质。对其进行 PHA,结果如表 7.3 所列。

第 7 章 防化危险品销毁安全分析与评价

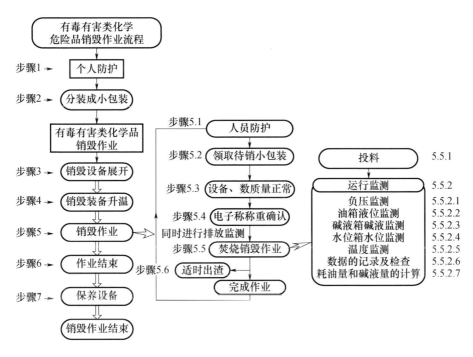

图 7.3 特种危险品销毁作业流程模型

表 7.3 危险物料及中间产物 PHA 分析结果

评价单元	危险模式	物料所处单元	原因	主要后果	危险等级	改正或避免措施
待销毁物料及过程、最终产物	有毒物质泄漏	分装	小包装破裂	少量释放则会造成致命危险	Ⅳ	(1) 安装报警系统； (2) 选用耐腐蚀、不易碎的封装容器； (3) 加强分装人员训练, 提高心理素质； (4) 切实做好个人防护； (5) 增加通风措施
		焚烧系统	防化特种危险化学品在销毁过程中未完全反应	大量释放则会造成致命危险	Ⅲ	(1) 保证工艺温度要求及物料在反应器中停留时间； (2) 增加尾气检测； (3) 增加二次处理系统
		销毁设备	反应容器及管道破裂	大量释放则有可能造成危险	Ⅱ	建立并严格执行设备检查规程

(续)

评价单元	危险模式	物料所处单元	原因	主要后果	危险等级	改正或避免措施
待销毁物料及过程、最终产物	有毒物质泄漏	吸收塔	中和用消毒剂用完未及时补充	大量释放则有可能造成危险	II	(1)安装液位报警系统；(2)增加尾气检测
		焚烧系统	系统中产生长时间正压	大量释放则会造成危险	IV	(1)安装负压监测报警系统；(2)建立负压备份系统；(3)切实做好个人防护
轻质柴油	意外燃烧	助燃系统	输油管路泄漏,柴油遇明火燃烧	燃烧机损坏造成操作人员烧伤	III	(1)准备好消防器材及急救药品；(2)增设供油管路火警自动切断装置

待销毁物料是高危源,由表7.3分析可知,通过对其分析还进一步得到重要工艺步骤是分装和保持系统负压,其次是保证物料的充分反应等工艺过程。

2)对销毁设备、销毁作业过程及操作人员等第二类危险源的分析

依据对评价单元的划分情况,对各单元进行半定量化PHA分析,情况如表7.4~表7.7所列。

表7.4 设备PHA分析

序号	评价单元	危险模式	原因	主要后果	危险等级	改正或避免措施
1	载车	车辆无法行驶	车辆系统自身问题或人为操作造成	无法行驶	I	作业前提前检查车辆系统
2		出现交通事故	人为操作造成	可能造成系统或人员损坏	II	增强人员驾驶技能
3	进料、出灰系统	机械卡止	机械故障	无法进料出灰	I	作业前检查设备
4		炉门未按要求开启,毒性物质泄漏	系统故障	操作人员有中毒危险、周围作业环境将受污染	III	增设炉门开启检测装置,同时加大系统负压程度,人员防护确实
5		人员烫伤	出灰盘高温时人员误操作	人员烫伤	III	改进出灰装置,规范人员操作,加强培训

第7章 防化危险品销毁安全分析与评价

(续)

序号	评价单元	危险模式	原因	主要后果	危险等级	改正或避免措施
6	助燃系统	尾气物质超标	点火装置故障	炉内温度未达到要求	Ⅱ	明确系统检查程序及要求
7			供油不足			增设燃油液位检测装置
8		火灾爆炸	燃油雾化不好	人员伤亡	Ⅱ	适时调整喷油装置
9			液压系统漏油遇明火			安放灭火装置
10	焚烧系统	尾气中有害物质超标	燃烧温度低人员监控失误	有毒物质未分解完全而排入大气	Ⅳ	注意温度控制
11			燃烧温度高人员监控失误	氮氧化物的含量超标	Ⅳ	注意温度控制
12			待燃物停留时间不足	有毒物质未分解完全而排入大气	Ⅳ	增设阻流板
13		烫伤	人员误操作	人员烫伤	Ⅲ	规范操作
14	换热系统	爆炸	高位水箱缺水	设备干烧、爆炸损坏	Ⅳ	增设水位监测装置
15		烫伤	人员误操作	人员烫伤	Ⅲ	规范操作
16	喷雾吸收塔	尾气物质超标	吸收液不足	尾气内物质未完全中合	Ⅱ	增设高位水箱液位检测装置
17			雾化效果不好	尾气内物质未完全中合	Ⅱ	规范系统检查
18	布袋除尘器	尾气中含有大量有害烟尘	滤带损坏	烟尘超标	Ⅱ	控制进口烟气温度
19	自激式除尘器	尾气中酸性气体超标	碱液吸收液缺少	烟尘超标	Ⅱ	高内部碱液位检测装置
20	电气控制系统	销毁作业无法正常进行	电器故障	无法作业	Ⅱ	规范系统检查制度
21			线路故障	设备无法正常工作	Ⅱ	
22			控制程序故障	作业混乱	Ⅱ	
23	附件部分	高空坠落	安装附件时操作失误	人员、设备损坏	Ⅲ	增加操作人员培训及作业安全意识

表 7.5 工艺生产过程危险、有害因素辨识

危险、有害因素	评价单元	进料、出灰系统	助燃系统	焚烧系统	换热系统	喷雾吸收塔	布袋除尘器	自激式除尘器	电气控制系统	附件部分
物理性	噪声危险									2
物理性	高温伤害	5	5	7	4					
物理性	粉尘与气溶胶					2	2	2		
物理性	火灾爆炸		5		8					
物理性	机械损伤	5						3		7
化学性	易燃易爆性物质		7							
化学性	有毒物质	9		9	9	7	7	5	7	
其他	作业空间窄小									3
备注	车辆并入附件部分									

表 7.6 销毁设备、设施固有危险程度统计判定

序号	评价单元	危险等级赋值之和	占单元内危险情况的比例/%	装置固有危险程度	排序
1	进料、出灰系统	19	15.83		1
2	助燃系统	17	12.94		4
3	焚烧系统	16	12.94		5
4	换热系统	21	14.12		2
5	喷雾吸收塔	9	8.24		6
6	布袋除尘器	9	8.24		7
7	自激式除尘器	10	8.24		8
8	电气控制系统	7	5.88		9
9	附件部分	12	14.12		3
	合计	120	100		

第7章 防化危险品销毁安全分析与评价

表7.7 主要危险、有害因素统计判定

危险、有害因素		危险得分之和	危险过程之和	危险等级比数	危险过程比数	危险指数	排序
物理性	噪声危险	2	1	1.73	4.55	7.8715	8
	高温伤害	21	4	18.1	18.18	329.058	2
	粉尘与气溶胶	6	3	5.17	13.64	70.5188	5
	火灾爆炸	13	2	11.21	9.09	101.8989	4
	机械损伤	15	3	12.93	13.64	176.3652	3
化学性	易燃易爆性物质	7	1	6.03	4.55	27.4365	6
	有毒物质	53	7	45.69	31.82	1453.856	1
其它	作业空间窄小	3	1	2.59	4.55	11.7845	7
合计		116	22	100	100	—	—

从以上表格分析可知,防化危险品销毁设备各评价单元中主要危险模式为有毒物质泄漏,其次是高温伤害、机械损伤、火灾爆炸等,主要危险单元为进料、出灰系统、助燃系统、焚烧系统、换热系统,其中电控部分虽排序较低,但由于其是整个装置的控制核心,因此也应进行重点安全分析。同理对销毁作业流程分析后得知,主要的危害操作步骤是作业前毒性物质分装、销毁过程中的进料、出灰、装备状态监测,作业过程中主要危险模式为分装时毒性物质泄漏、操作人员监测控制失误、操作人员误操作导致的烫伤或装备故障等。销毁作业环境及操作人员的可靠也是应该重点考虑的内容。基于上述分析,考虑各危险因素之间的相关性,系统评价时的全面性、可操作性、评价指标体系构建原则等因素,对初选危险指标进行优化,合并相关因素,控制指标数量,从而得到防化危险品销毁作业安全评价指标体系如表7.8所列。

表7.8 防化危险品销毁作业安全评价指标体系

评价目标	准则层	评价指标	
防化危险品销毁作业安全性	待销毁危险品及物料安全性	1.1	健康危害
		1.2	爆炸危害
		1.3	放射危害
		1.4	生态环境危害

(续)

评价目标	准则层	评价指标	
防化危险品销毁作业安全性	销毁规程安全性	2.1	故障模式
		2.2	严重程度
	销毁设备安全性	3.1	故障模式
		3.2	单元安全等级
	作业人员可靠性	4.1	失误模式
		4.2	严重程度
	作业环境安全性	5.1	待销毁对象危险性
		5.2	销毁设备
		5.3	作业环境
		5.4	人员暴露于危险环境的频繁程度
		5.5	事故发生后产生的后果

7.2 防化危险品销毁危险要素安全分析与评价方法

防化危险品销毁作业规程贯穿销毁作业的始末，作业中涉及多种危险物质、多设备单元、多作业人员、多作业环境等。本部分以作业规程安全分析为主线，针对不同危险要素的特点，研究相应分析方法，使安全分析与评价工作的针对性更强。

7.2.1 评价程序及评价方法分析

1. 评价程序

通过大量相关资料收集与分析，结合防化危险品销毁作业的特点及安全评价指标体系，对防化危险品销毁作业实施安全分析与评价的一般步骤如图7.4所示。

1）准备

了解防化危险品销毁作业情况，收集有关法律法规、技术标准，根据评价要求明确防化危险品销毁待评价对象和评价范围，组建评价组，实地调查并搜集

第 7 章 防化危险品销毁安全分析与评价

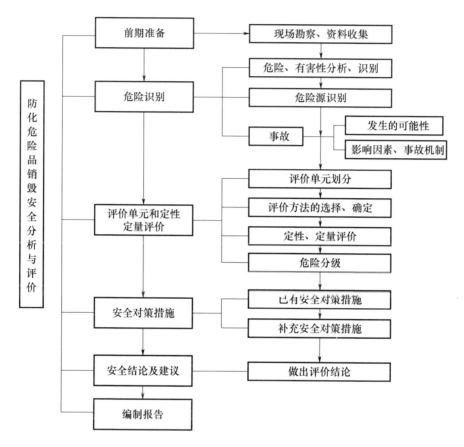

图 7.4 防化危险品销毁安全分析与评价程序

相关技术资料。

2）危险源辨识

通过预先危害分析方法分析和辨识危险品销毁过程中存在的危险、有害因素，确定危险、有害因素存在的部位和存在的形式，确定危险、有害因素发生作用的途径及其变化的规律。

3）危险性评价

依据重大危险源的辨识结果，参照销毁过程 HAZOP 分析结论，对评价对象的待销毁物、装置、工艺、人员、环境等要素展开危险性分析，分析其发生危险的可能性，并对分析结果进行量化，对系统内的风险进行赋值，列出风险矩阵，确定系统存在的风险。通过采取一定的措施确定系统的风险是否在有条件接受的范围之内,倘若仍未达到要求则应采取一定的安全技术措施后再评估,最后使系统经优化设计强健后达到相应的安全要求。

4) 危险源控制

销毁作业单位在对重大危险源进行辨识和评价的基础上,应对每一个重大危险源制定出一套严格的安全管理制度,通过安全技术措施(包括装备的设计、建造、安全监控系统、维修以及有关计划的检查)和组织措施(包括对人员的培训与指导,提供保证其安全的设备,工作人员的技术水平、工作时间、职责的确定)对重大危险源进行严格控制和管理。

5) 形成安全评价结论

安全评价结论涉及对危险、有害因素所处状况下的评价结果,评价对象在特定条件下是否符合国家有关法律、法规、技术标准等。

6) 编制安全评价报告

安全评价报告是基于对评价对象危险危害因素的分析,运用评价方法评价、推理、判断的结果。报告应客观公正,对危险危害性分类、分级的确定应恰如其分,实事求是,定量评价的计算结果应认真分析并判断是否与实际情况相符,评价观点明确、清晰、准确。报告内容主要包括评价结果分析,应从人、机、料、法、环方面展开分析评价,即人力资源和制度方面、设备装置、物质物料和材质材料方面、方法工艺和作业操作、生产环境和安全条件等,评价结果归类及重要性判断,评价结论,即作业安全现状分级,存在的问题及改进措施等。

2. 评价方法选择

每种评价方法都有其适用条件和范围,在进行危险品销毁作业安全分析与评价时,必须对整个销毁作业流程进行认真分析并熟悉待评价系统,遵循充分、适应、系统、针对性和合理性的选择原则,同时依据危险品销毁作业的特点来选择相应评价方法,过程如图7.5所示。

首先应明确销毁作业安全评价要达到的目标,即通过安全评价需要给出什么样的安全评价结果;然后详细分析销毁作业装备及工艺过程,明确被评价对象能够提供的基础数据、工艺和其他资料;最后在充分调研安全评价方法的基础上,根据既定目标以及所需的基础数据资料,选择适用的安全评价方法。

第 7 章　防化危险品销毁安全分析与评价

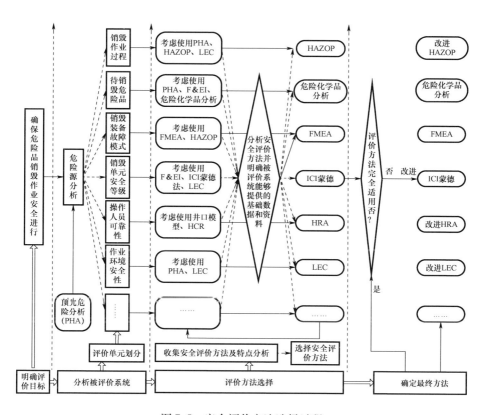

图 7.5　安全评价方法选择过程

按照上述方法最终确定评价方法：首先通过预先危险分析（PHA），对系统整体提供初期分析，辨识重要危险源，确定危险等级情况，构建安全评价指标体系，为后续评价奠定基础。其次对危险品销毁工艺过程开展危险和可操作性分析（HAZOP），寻找过程中的危险模式，进而确定主要危险因素。再次对各主要因素选取并开发恰当的分析与评价方法并展开深入研究，对待销毁物采用危险化学品分析方法确定危险性等级，对销毁设备采用 FMEA 及 ICI 火灾、爆炸、毒性指标评价法（ICI 蒙德法），确定主要单元的危险模式及危险等级；对操作人员采用人员可靠性分析（HRA）展开分析；对作业环境则采用基于格雷厄姆－金尼评价法（LEC）的综合评价方法进行评价；同时对所选方法进行改进，以适应防化危险品销毁作业安全分析的需要。

7.2.2 销毁作业规程潜在危险性分析与评价

防化危险品销毁就其操作而言是间歇性的,而待销毁品在装备内的销毁则是连续过程,不同作业人员及设备单元分工明确,按照既定规程协调配合共同完成任务。复杂的销毁过程使得工序间相互联系、相互制约,形成一个动态的有机体,任一环节出现问题都会导致事故发生。因而必须严格操作规范、优化作业规程及工艺,并对其进行有效的安全评价,同时确定主要危险因素的发生环节,为后续要素评价界定范围、明确对象,确保危险品销毁作业规程的合理性和作业的顺利实施。

1. 销毁作业规程潜在危险性分析

依据销毁作业特点,结合事故偏差理论,对危险品销毁规程分析可知,规程中为达到作业安全而规定了一系列规范、标准、要求即系统变量。作业中操作人员必须严格执行,否则就会出现偏差。偏差就是出现异常或是不希望有的效应,进而造成人员损伤、装备破损,或是由于事故原因而释放到环境中污染物、销毁质量降低等问题。销毁作业规程潜在危险性分析模型如图 7.6 所示。

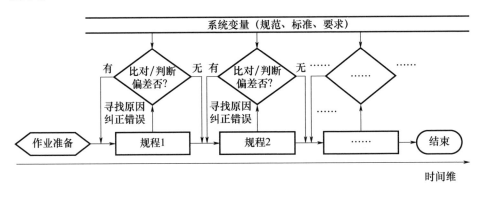

图 7.6 销毁作业规程潜在危险性分析模型

模型中通过实际规程作业效果同系统变量相比较后得到偏差,进而判定规程的合理性。偏差来源可从表 7.9 分类中分析得出,也可根据实际作业情况适时分析。

第 7 章　防化危险品销毁安全分析与评价

表 7.9　偏差的分类

理论或模型和变量	种类
过程模型 时间 事故序列的阶段	事件/行为、情况 起始阶段、结束阶段、损伤阶段
系统理论 人 – 物 系统工效学 工业工程	人的动作,机器/身体状况 个人、任务、装备、环境 物质、劳动力、信息、技术、个人防护装备
人为错误 人的动作 能量的类型	疏忽、犯错、无关动作、系列错误、时间上的量模型 热(量的)的、辐射、力学的、电力的、化学的控制能量系统的类型技术、人
后果 损失的类型 损失程度	没有的明显时间损失、产品质量下降、设备损坏、物质损失、环境污染、个人损伤 可忽略的、边缘的、关键的、灾难的

2. 评价方法研究

依据危险品销毁作业的特殊性及评价方法自身的优缺点,危险性与可操作性分析(Hazard and Operability Analysis,HAZOP)成为较优选择。HAZOP 是一种用于辨识设计缺陷、工艺过程危险及操作性问题的结构化分析方法,适用于间歇和连续两种过程,可以系统化地发现工艺安全隐患及可操作性问题,通过逐一分析工艺过程装置的危险性,保证了分析的全面性和且易操作,对数据资料要求不是很高。

HAZOP 分析的基本思想是:任何偏离预先设定操作条件值的现象(危险模式)都可能引起危险,最终导致事故和损失。分析过程如图 7.7 所示。

在这个过程中,由各专业人员组成的分析组按规定方式系统地分析每一个节点,通过引导词引出偏差即危险模式,寻找偏离设计工艺条件的偏差所导致的危险和可操作性问题,识别出那些具有潜在危险的偏差,从而保证对所有工艺的偏差都进行分析。同时对每个有意义的偏差都进行分析,找出其可能原因、后果和已有安全保护并通过风险评估确定其中重要危险模式、给出危险等级,最后提出应该采取的措施,这就是 HAZOP 风险分析的核心内容。防化危险品销毁作业过程潜在危险模式 HAZOP 方法核心内容包括以下几点。

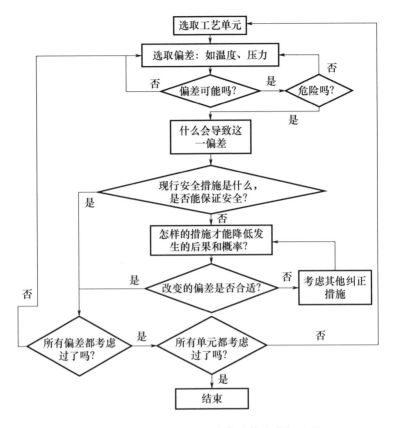

图 7.7 防化危险品销毁设备危险模式分析流程

1）确定分析节点

针对危险品销毁作业系统特点，对待销毁物装备内销毁过程其分析节点取工艺单元，即具有确定边界的设备，如燃烧系统、换热系统等，而对于销毁作业间歇操作过程其分析节点则为操作步骤，即间歇过程不连续动作或者是由分析组分析确定的操作步骤，如组织防护、待销毁物分装等。

2）偏差确定

采用基于偏差库的方法进行危险模式分析，参考销毁设备相关技术要求、工艺参数等，根据分析节点构建危险模式（偏差）库，例如以移动式特种危险品销毁系统中有毒物质分装及焚烧系统为例，其危险模式库见表 7.10。其他内容参见相关资料。

表 7.10　待评价单元危险模式(偏差)库

评价单元	序号	危险模式	偏差原因	偏差后果	说明
焚烧系统	3.1	燃油供给量不足	燃油泵输出功率不足 油箱油量不足 油路堵塞 油管破裂	燃烧机工作不正常,燃烧室温度低	给焚烧炉提供热量,提供焚烧销毁作业空间
	3.2	燃油供给压力高或低	燃油供给回路堵塞 供给回路泄压阀故障 油管破裂 油箱油量不足	燃油外泄,如遇明火造成火灾 燃烧不充分	
	3.3	燃烧室温度不足或过热	燃油燃烧不充分 燃烧室保温性差 燃烧室门多次开闭或常开 燃烧机故障 温度传感器失灵 温控系统故障 配风系统进风量太大或不足	有毒物质未完全分解,排入大气造成环境污染、人员中毒 增加燃油消耗量 燃烧室损坏	

3) 偏差分析

确定了每个分析节点的偏差即危险模式后,需要对每个偏差进行原因及后果分析。偏差原因是指引起偏差发生的危险原因,找到发生偏差的原因也就找到了对付偏差的改进措施和方法,从而定位销毁作业的危险因素,为后续分析指明方向。这些原因可能是设备故障、人为失误、不可预见的工艺状态、来自外部的破坏等。后果是指偏差造成的后果,只考虑与安全相关的后果且假定发生偏差时已有保护措施失效。

4) 风险评价

传统的 HAZOP 分析只是定性分析,缺少定量分析手段,只能得出危险模式而不能进行危险大小的排序,模糊的结论使得安全整改资金投入的针对性不强,整改措施效率大打折扣。利用风险评估理论并将风险矩阵引入分析中,建立作业事故后果严重等级与事故发生频率等级风险矩阵,从而确定相应危险模式的等级,为销毁作业安全整改措施的实施提供优先等级参考。销毁作业规程风险评价中首先确定危险模式后果严重等级,然后确定危险模式发生频率,最后得出危险模式风险等级。

（1）危险模式后果严重等级确定。由于销毁作业涉及因素繁多不便于量化处理，所以这里采用定性分级方法处理，等级区分见表7.11。

表7.11 后果严重等级分类

等级(S)	严重程度	说明			
		作业人员	周边群众	环境	设备
1	微后果	无伤害	无任何影响	事件影响未超过界区	最小的设备损害，估计损失低于10000元，没有产品损失
2	低后果	很小伤害或无伤害，无时间损失	无伤害、危险	事件不会受到管理处的通行或违反允许条件	最小的设备损害，估计损失大于10000元，没有产品损失
3	中后果	一人受到伤害，不是特别严重，可能会损失时间	因气味或噪声等公众的报告	释放事件受到管理处的通行或违反允许条件	有些设备受到损害，估计损失大于100000元或有少量产品损失
4	高后果	一人或多人严重受伤	一人或多人受伤	重大泄漏，给工作场所外带来严重影响	生产过程设备受到损害，估计损失大于1000000元或损失部分产品
5	很高后果	人员死亡或永久推动劳动能力的伤害	一人或多人严重受伤	重大泄漏，给工作场所外带来严重的环境影响，且会导致直接的健康危害	生产设备严重或全部损害，估计损失大于10000000元或产品严重损失

（2）危险模式发生频率等级确定。危险模式的频率分为两种，即不考虑保护措施的危险模式频率 F_u 和考虑保护措施的危险模式频率 F_m。F_u 是由初始原因事件频率和初始原因事件发展为后果事件的条件事件发生概率决定，其分析数据可利用事件树原理得到。而 F_m 则是在 F_u 的基础上考虑保护措施的失效概率后得出的。公式为

$$F_u = F \times P_1 \times P_2 \times P_3 \times \cdots \tag{7.1}$$

式中：F 为初始原因事件的频率；PFD 为保护措施失效概率；P_1、P_2、P_3…为条件事件频率。

$$F_m = F_u \times \text{PFD} \tag{7.2}$$

第 7 章 防化危险品销毁安全分析与评价

危险模式频率等级分类见表7.12。

表 7.12 危险模式频率等级分类

频率等级	频率说明
1	后果频率 = $10^{-6} \sim 10^{-7}$/年
2	后果频率 = $10^{-5} \sim 10^{-6}$/年
3	后果频率 = $10^{-4} \sim 10^{-5}$/年
4	后果频率 = $10^{-3} \sim 10^{-4}$/年
5	后果频率 = $10^{-2} \sim 10^{-3}$/年
6	后果频率 = $10^{-1} \sim 10^{-2}$/年
7	后果频率 = $1 \sim 10^{-1}$/年(或更高)

（3）确定危险模式风险等级。风险是危险模式后果严重程度与发生频率的结合,这里主要指同时考虑保护措施和被动安全防护的剩余风险(RRA),根据销毁对象危险性高、毒副作用强、爆炸性危险突出的特点,构建了针对危险品销毁风险评价的 5×7 危险模式风险矩阵图,如图 7.8 所示进行危险模式风险管理。

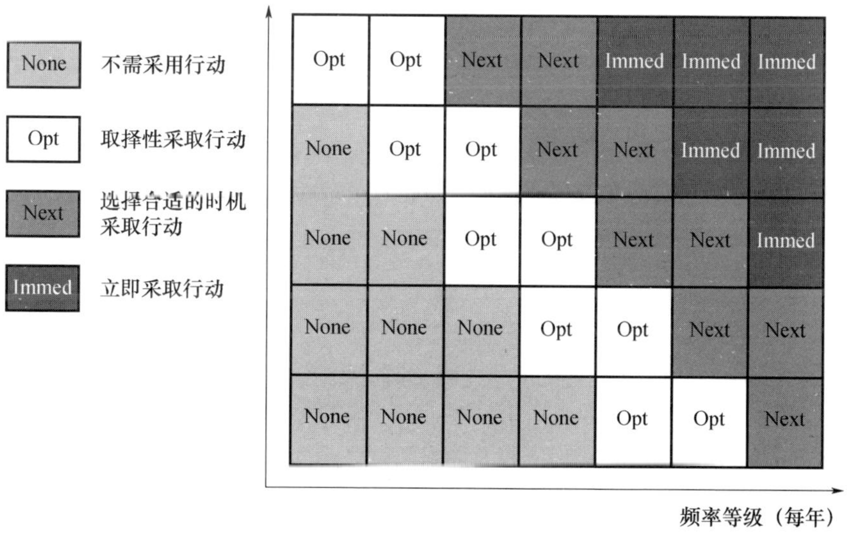

图 7.8 5×7 危险模式风险矩阵

（4）保护措施是指设计的工程系统或调节控制系统,用以避免或减轻偏差发生时所造成的后果,如报警、连锁、操作规程等。

(5) 建议措施是指修改设计、操作步骤,或者进一步进行分析研究(如增加压力报警、改变操作步骤的顺序)的建议等。

(6) HAZOP 分析报告。

HAZOP 分析报告通常是以分析表的形式出现,根据特种危险品销毁作业规程的特点制定分析表形式如表 7.13 所列。

表 7.13 特种危险品销毁作业过程危险模式风险分析

装备所属单位		装备名称		日期		
工艺单位		分析小组成员		页数		
分析节点				图号		

设计意图:

偏差	原因	后果	促成后果出现的条件	潜在危险模式风险		独立的安全保护层 IPL			剩余危险模式风险		建议措施	RSno
	描述	描述	描述	u	Ru	描述	型	FD	PFD	m	m	RRm

表中符号意义同前。

经过上述分析便可以找出关键危险模式,在此基础上进行后果模拟分析,可得相应分析图表,从而采取针对性措施予以改进。

7.2.3 待销毁危险品的安全分析与评价

1. 待销毁危险品危害机理分析

防化危险品容易引起燃烧、爆炸、中毒或具有放射性。待销毁危险品即指上述因存放时间过期、理化(力学)性能下降,或因机械、高空坠落等环境原因造成安全性能下降不适于继续使用的危险品。由于其高度危险的特性,故此类物品必须及时销毁。根据其性质和用途,待销毁危险品分为有毒物质、发烟燃烧物质、化学防暴物质等三类,每类危险品的危害机理各不相同。

(1) 有毒物质。指用于化学防护训练的物质。该类物质以固态、液态、气态、气溶胶等形式对人员及环境造成严重伤害,其毒害作用通过呼吸道、眼、伤口、消化道、皮肤等途径进入人体,通过血液分布到全身,然后到达各种细胞内

第7章 防化危险品销毁安全分析与评价

的作用部位而发生毒性效应。例如:G 类有害物质对胆碱酯酶有很强的抑制作用,导致出现以神经症状为主的中毒症状;而全身中毒性物质的结构中含有 CN—,可使细胞色素氧化酶失去活性,导致细胞内窒息而引起缺氧。体内有毒物质最后在体内经过某些酶的氧化、还原、水解及结合等作用而代谢或转化为其他物质,有毒物质的代谢过程主要在肝内进行,其次是在它进入机体或排出时所经过的脏器与组织(肺、肠、肾及皮肤等)中发生转变。

(2)发烟燃烧及化学防暴物质。它们是发烟装备和燃烧武器使用的弹药与专用消耗器材的统称及遂行防暴任务使用的催泪弹、染色弹等。其伤害机理主要是通过灼烧及弹片损伤、刺激性物质对机体的作用及过量时生产的致死效应。对于发烟燃烧类其伤害作用类似于爆炸,而防暴物质则类似于有毒物质的伤害机理。

2. 评价方法研究

对于不同危险品其安全分析与评价方法有所不同,需分别采取不同的评价方法进行客观评价。

1) 有毒物质

待销毁有毒物质主要以毒性为主,因此评价时主要考虑毒性危害,对其健康危害及生态环境危害进行评价。

(1)健康危害评价。急性毒性分级标准:根据 HJ/T 154—2004《新化学物质危害评估导则》规定,急性毒性分级标准如表 7.14 所列,有毒物质的毒性可通过查找相应手册资料获得。

表 7.14 急性毒性分级标准

毒性级别	经口 LD_{50}(mg/kg)	经皮 LD_{50}(mg/kg)	吸入 LD_{50}
剧毒(++++)	≤5	≤50	气体:≤100×10^{-6} 蒸气:≤0.5mg/L 尘、雾:≤0.05mg/L
高毒(+++)	>5,≤50	>50,≤200	气体:>100×10^{-6},≤500×10^{-6} 蒸气:>0.5,≤2.0mg/L 尘、雾:>0.05,≤0.5mg/L
中毒(++)	>50,≤300	>200,≤1000	气体:>500×10^{-6},≤2500×10^{-6} 蒸气:>2,≤10mg/L 尘、雾:>0.5,≤1.0mg/L

(续)

毒性级别	经口 LD_{50} (mg/kg)	经皮 LD_{50} (mg/kg)	吸入 LD_{50}
低毒(+)	>300, ≤2000	>1000, ≤2000	气体：$>2500 \times 10^{-6}$, $\leq 5000 \times 10^{-6}$ 蒸气：>10, ≤20mg/L 尘、雾：>1.0, ≤5mg/L
实际无毒(-)	>2000	>2000	气体：$>5000 \times 10^{-6}$ 蒸气：>20mg/L 尘、雾：>5mg/L

人体暴露预评估：主要考虑在正常的生产、运输、使用等过程中的暴露，暴露预评估因子包括暴露和数量两个因子。暴露因子又进一步分为与物质固有性质有关因素（A）组、与销毁过程有关因素（B）组、与非销毁过程有关因素（C）组，各组评分标准如表7.15～表7.17所列。

表7.15 与物质固有性质有关因素（A组）评分基准

影响因素	可能的暴露贡献 高	中	低	忽略	权重值(P_i)	说明
物理化学性质						
A1 气体	3				3	
A2 液体（沸点、蒸气压）	3	2	1	0		3(挥发度高),2(中),1(低),0(几乎不挥发)
A3 固体（湿/干、粒度）	3	2	1			3(≤10u 干),2(≤100u 干),1(>100u 干/湿)
A4 溶解度	3	2	1	0		3(高),2(中),1(低),0(难溶)
A5 溢出或排放时可清除性	3	2	1			3(不易),2(较易),1(易)
有利于减少暴露的毒理学性质					2	
A6 刺激性	3	2	1	0		3(无),2(弱),1(较强),0(强)
A7 腐蚀性	3	2	1	0		3(无),2(弱),1(较强),0(强)
可检测性					1	
A8 气味	1					1(无),0(可)
A9 检测方法的有效性	3	2	1	0		3(无方法),2(欠准确),1(尚可),0(有效)

第 7 章 防化危险品销毁安全分析与评价

表 7.16 与销毁过程有关因素(B 组)评分基准

影响因素	可能的暴露贡献				权重值 (Pi)	说明
	高	中	低	忽略		
销毁过程中物质的情况	3	2	1	0	3	
B1 原料	3	2	1	0		3(危害高/不明),2(中),1(低),0(忽略)
B2 主要中间产物(分离)	3	2	1	0		3(危害高/不明),2(中),1(低),0(忽略)
B3 预期的产物	3	2	1	0		3(危害高/不明),2(中),1(低),0(忽略)
B4 溶剂或其他稀料	3	2	1	0		3(危害高/不明),2(中),1(低),0(忽略)
销毁过程的类型					1	
B5 间歇/连续	3		1			3(间歇),1(连续)
销毁系统						
B6 设备:敞开/封闭	3	2	1			3(敞开),2(部分敞开),1(封闭)
B7 工厂露天/封闭	3	2	1			3(敞开),2(部分敞开),1(封闭)
销毁作业场所的污染源					2	
B8 物质的装载(溢散)	3	2	1	0		3(高),2(中),1(低),0(无)
B9 排放液	3	2	1	0		3(量大),2(中),1(量小),0(无)
B10 渗漏(特别是气液)或固体溢散物	3	2	1	0		3(量大),2(中),1(量小),0(无)

表 7.17 与非销毁过程有关因素(C 组)评分基准

影响因素	可能的暴露贡献				权重值 (Pi)	说明
	高	中	低	忽略		
运输						
C1 大容器		1				
C2 有包装		2	1			2(无),1(有)
储存						
C3 压力情况	3	2	1			2(带压),1(减压)
C4 存放条件	3	2	1			3(露天),2(敞棚),1(仓库)
C5 储存期间的装卸	3	2	1		2	3(散装、重新包装),2(有泄漏),1(低/无泄漏)
C6 使用方式						3(社会上大量分散使用),2(社会上分散使用),1(特殊用户集中使用)
处置						
C7 废料数量与形状	3	2	1			3(量大、易扩散),2(中等),1(量小不易扩散)
C8 处理方法如焚烧、存储、再生/再循环/粉碎等	3	2	1	0		3(无合理处置),2(处理不善),1(尚可),0(极难)

在上表基础上进行暴露因子分级计算,即暴露因子的积分(SHE)采用加权求和法进行计算。如下式：

$$S_{HE} = A + B + C = \sum A_i \cdot p_i + \sum B_j \cdot p_j + \sum C_k \cdot p_k \qquad (7.3)$$

根据暴露因子的积分(SHE)与积分最大值(SHEmax)的比值(RE)范围确定暴露因子的分级水平,即 RE = SHE/ SHE_{max}, $0 \leqslant RE \leqslant 1$。RE 分 3 级:高 RE $\geqslant$ 0.70;中等 0.40 $\leqslant$ RE < 0.70;低 RE $\leqslant$ 0.40。

最后由毒性综合评估和暴露预评估分级进行健康危害评估,分四级极高危害(++++)、高危害(+++)、中危害(++)、低危害(+),如表 7.18 所列。

表 7.18　健康危害评价分级标准

综合毒性分级	暴露分级			
	极高(++++)	高(+++)	中(++)	低(+)
剧毒(++++)	++++	++++	+++	++
高毒(+++)	++++	+++	++	+
中毒(++)	+++	++	++	+
低毒(+)	++	++	+	+

(2)生态环境危害评价。生态毒理学危害性分级标准:分 4 级即极高、高、中、低,并赋予分值 3、2、1、0。分级及赋分标准如表 7.19 所列。

表 7.19　生态毒理学危害分级

数据项目	危害性分级及赋分值			
	极高(3)	高(2)	中(1)	低(0)
急性毒性 LC50/EC50/(mg/L)	≤1	>1~10	>10~100	>100
鸟类 7 天 LC50(mg/L)	≤15	>15~150	>150	
降解		不降解或难降解	固有生物降解	易降解
吸附/解吸 吸附/% 解吸/%		>75 ≤25	25~75 25~75	<25 >75
蚤类 21 开延长毒性 NOEC/(mg/L)	≤0.01	>0.01~0.1	>0.1~1	>1
生物蓄积毒性 BCF POW		≥1000 ≥10000	100~1000 100~10000	<100 <100
鱼类 14 天/5 性毒性 NOEC/(mg/L)	≤0.01	0.01~0.1	0.1~1	>1

第 7 章 防化危险品销毁安全分析与评价

在表 7.19 基础上进行综合生态危害评价,即以叠加方式计算,分别求得各评价水平综合生态危害性效应的总分值为

$$S_{HE} = \sum_{i=1}^{n} i / \sum_{j=1}^{n} j, 0 \leqslant S_{HE} \leqslant 1 \qquad (7.4)$$

式中:S_{HE} 为综合生态危害性效应的总分值;i 为各项生态危害性的分值;j 为各项生态危害性的最大值;n 为生态危害性的项数。

综合生态危害性 SHE 分三级:高 RE≥0.70;中 0.30≤RE<0.70;低 RE<0.30。

环境暴露预评价:评价因子包括数量、释放到环境中的潜在可能性和环境中的残留期。其分级和赋值标准见表 7.20 所列。

表 7.20 环境暴露预评价因子的分级和赋分标准

赋分值 预评价因子	0	1	2	3	4	5
$Q/(\times 10^3 kg)$	<1	1~10	$10~10^2$	$10^2~10^3$	$10^3~10^4$	$>10^4$
使用方式	封闭系统	开放系统	特殊用户大量分散	社会上大量分散		
半衰期/d			<10	10~100	≥100	

以表 7.20 为基础进行环境暴露预评价分级计算,即

$$S_{EE} = a + b + c \qquad (7.5)$$

式中:S_{EE} 为环境暴露总分值;a 为数量的分值;b 为使用的分值;c 为半衰期的分值。

环境暴露 SEE 分三级:高 RE≥8;中 5≤RE<7;低 RE≤4。

最后由生态毒理学危害性评价和环境暴露评价进行生态环境危害评价,其分 5 级:极高(++++)、高(+++)、中(++)、低(+)、无(-),生态环境危害等级划分标准如表 7.21 所列。

表 7.21 生态环境危害等级划分标准

生态危害评估分级	坏境暴露分级		
	高	中	低
高	++++	+++	++
中	++	++	+
低	++	+	-

2）燃烧、爆炸类物质

燃烧、爆炸类物质在销毁之前应对其种类、性能状况进行细致检测,并对其进行必要的安全评价。评价主要从待销毁物外观及自身理化性能两个方面进行半定量评价,评价指标如图7.9所示。

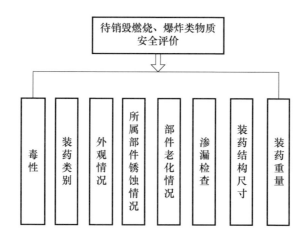

图7.9 燃烧、爆炸类物质安全评价

各评价指标评判标准如表7.22所列。

表7.22 燃烧、爆炸类物质定性评判因子评判标准

评价指标c	分类及赋值					权重 $v/\%$	说明
	8~10	6~8	4~6	2~4	0~2		
c_1 毒性	剧毒类		刺激类		无	10	随物质危险程度其赋值增高,总分值为10分,物质分类查相关资料
c_2 装药类别	特种炸药	一般炸药	特种易燃物质	一般易燃物质	非易燃物质	50	
c_3 外观检查	破损极为严重,内装物大量外露	破损严重,有少量外露物	破损较重	破损一般	外包装完好	20	
c_4 弹体与密封老化情况	弹体损坏、老化严重且部件丢失	弹体损坏、老化严重	较重	一般	完好	10	
c_5 渗漏情况	渗漏严重		渗漏较严重	有轻微渗漏	无渗漏	10	

燃烧、爆炸类物质危险系数 $H = \sum_{i=1}^{5} c_i v_i$，危险评价结果分类如表 7.23 所列的 5 类。

表 7.23　燃烧、爆炸类物质分类

评价指标 c	对应取值				
	8~10	6~8	4~6	2~4	0~2
危险程度	极危险	很危险	中等危险	轻微危险	无

将计算结果同表 7.22 对比，便可得到燃烧、爆炸类物质的危险程度评价。

3. 放射性物质

根据 GB 4075—2003《密封放射源一般要求和分级》附录 A 分级如表 7.24 所列。

表 7.24　放射性物质危险分级

对象种类/分级	极毒	高毒	中毒	低毒	无毒
放射物	A 组（U235、P241 等）	B_1 组（I125、Ac228 等）	B_2 组（Ag105、Fe55 等）	C 组（Ar37、Zn69 等）	无放射性

查表便可得放射物对应危害等级。

7.2.4　销毁设备潜在危险模式分析与评价

1. 销毁设备潜在危险模式危害机理分析

链式理论认为危险事故的发生发展具有链式规律性，是一个逐渐演化的过程，是以一定的物质、能量等信息形式予以表征，同时体现了由量变到质变的内涵和外延关系的演化，即"链式关系"或"链式效应"。销毁设备潜在危险模式由始发至最终成为导致严重危险事故的传导过程就是一个链式效应过程。危险模式的最初技术状态、存在空间和质量变化，在系统中物流、能量或能量载体的信息控制及保障体系的影响下，彼此相互作用，共存于事故从开始到结束的整个过程中。这种连续作用的结果使危险模式状态发生突变，系统功能产生质的恶化，导致危险事故发生。过程状态和影响因素的复杂性决定了这种连续变化的复杂性和多模态。这种连续变化表现了系统结构和状态变化与影响因素之间的因果关系,反映出因素的连续变化如何使系统结构和状态发生突跃,或因素的连续变化使系统功能产生的恶化和衰减,显示出影响因素的不同作用状态和作用质量导致危险事故发生的过程。危险模式链索传导过程如图 7.10 所示。

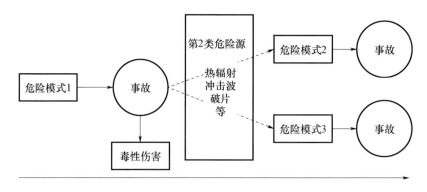

图 7.10　危险模式链索传导反应

危险模式的链式形态与危险事故类型构成了一一对应的关系,根据阶段特性危险模式发展分为初期尚未形成破坏力的孕育阶段,就是在灾害链的形成初期、孕育阶段,破坏作用力度极微弱或尚未形成的危险模式,能量等信息也处于初始聚集和耦合阶段。处于这个灾变过程时的控制,将最大限度地遏制危险的蔓延和扩展,将危险的破坏性消除在萌发阶段,从而减少危险事故发生的可能性。

2. 评价方法研究

失效模式与影响分析(Failure Mode Effects Analysis, FMEA)是风险分析的重要方法之一,它根据系统可以分成子系统、设备或元件这一特点,按实际需要将系统进行分割,逐个分析可能发生的失效模式及其产生的效应,并采取相应的防治措施提高系统的安全性。FMEA 方法的优势在于研制成功并实际应用,但应用时间有限,导致分析所需相关设计资料较完善,而可用既往故障资料不多的设备可靠性分析较适用。FMEA 分析方法的核心内容如图 7.11 所示。

(1)输入。主要收集销毁设备 FMEA 有关的主要信息,包括销毁作业有关技术规范、装备研制方案、设计图样、可靠性信息等。

第 7 章　防化危险品销毁安全分析与评价

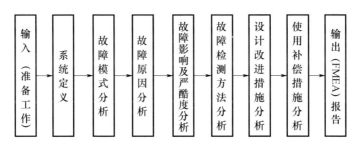

图 7.11　功能 FMEA 步骤

（2）系统定义。销毁设备 FMEA 的系统定义是使分析人员有针对性地对待分析单元在给定任务功能下进行所有故障模式、故障原因及影响分析，可包括产品功能分析与绘制产品框图。

（3）故障模式分析。在明确了销毁设备待评价单元功能，给出故障判据的基础上进行故障模式分析。也就是从系统定义的功能及故障判据的要求中，分析单元所有可能的故障模式，对每个假设的模式进行分析，从而找出原因并给出对策。有关机电产品故障模式及频数比可参考《FMECA 技术及其应用》附录 B。

（4）故障原因分析。进行销毁设备故障原因分析的目的是找出每个"引起故障的设计、制造、使用和维修等有关因素"，进而采取有效的改进、补偿措施，以防止或减少故障发生的可能性。原因分析时主要从单元自身因素、外部因素进行综合故障原因分析，并考虑单元相邻约定层次的关系。

（5）故障影响及严酷度分析。是指故障对单元的使用、功能状态所导致的结果。分析的目的是找出单元的每个可能的故障模式所产生的影响，并对其结果的严重程度进行分析，严酷度以最终影响的严酷程度来确定，故障影响分三级，如表 7.25 所列，严酷度类别如表 7.26 所列。

表 7.25　按约定层次划分故障影响分级

影响分级	定义	特点	提示
局部影响	待评价单元对其自身的使用、功能或状态的影响	是对自身局部产生的影响	局部影响可能就是故障模式本身

（续）

影响分级	定义	特点	提示
高一层次影响	某产品的故障模式对该产品的紧邻上一层层单元的使用、功能或状态的影响	是对紧邻上一层次产品的影响	—
最终影响	对初始约定层次单元的使用、功能或状态的影响	是故障逻辑分析的终点,同时也是划分严酷度、确定设计改进与使用补偿措施的依据	指待分析单元对"初始约定层次"的影响

表 7.26 常用装备严酷度类别

严酷度类别	严酷度定义
Ⅰ（灾难的）	引起人员死亡或产品毁坏及重大环境损害
Ⅱ（致命的）	引起人员的严重伤害或重大经济损失、导致任务失败、产品严重毁坏及严重环境损害
Ⅲ（中等的）	引起人员中等程度伤害、中等程度的经济损失或导致任务延误、降级、产品中等程度损坏及中等程度的环境损害
Ⅳ（轻度的）	不足以导致人员伤害、功轻度经济损失、产品轻度损坏及轻度的环境损害,但会导致非计划性的维护或修理

（6）故障检测方法及设计改进和使用补偿措施分析。故障检测方法及有关补偿措施应根据实际情况展开,目的就是采取最有效的检测手段查找故障,使用最有效的补偿措施尽量避免或预防故障的发生,提高单元的可靠性。

（7）输出。销毁设备 FMEA 的实施通常以填写 FMEA 表作为分析结果的输出,表格如表 7.27 所列。

表 7.27 销毁设备功能故障模式及影响分析

代码	单元标志	功能	故障模式	故障原因	任务阶段与工作方式	故障影响			严酷度类别	故障检测方法	设计改进措施	使用补偿措施
						局部影响	高一层影响	最终影响				

经过上述分析便可以找出危险品销毁规程中的各种故障模式,从而进一步确定产生这一模式的危险要素,为后续要素分析找准对象。

7.2.5 销毁设备核心单元安全等级评价

1. 危险品销毁设备核心单元分析

由危险品销毁工艺可知,待销毁物由上料系统送入燃烧室,经高温焚烧后分解为无毒或低毒物,高温燃气进入换热系统迅速降温,而后烟气和粉尘进入尾气处理系统,依次经过喷雾吸收、布袋除尘,最后经碱液吸收完毕后基本实现零排放。有毒有害物质的无害化处理主要发生在燃烧系统、换热系统及尾气处理系统中,其他系统都是提供辅助功能。又根据销毁作业规程 HAZOP 分析可知,规程中主要故障模式也都与此三系统相关,所以其核心单元应该就是上述主要作业单元,但由于整个系统是在电控系统的统一调控下实现的自动作业,所以电控系统也应为核心单元。核心单元中危险程度最高的是燃烧系统、换热系统、电控系统,此三系统顺理成章地成为危险品销毁设备核心单元安全等级评价的重要对象。

2. 评价方法研究

对装备各作业单元进行危险性等级评价的主要目的是客观量化潜在危险事故、预期损失,使有关人员了解各工艺部分可能造成的损失,从而确定可能引起事故发生或扩大的重点装置,并采取有效措施减轻潜在事故的严重性和损失,提高投资效率。可选择的评价方法有 F&EI、ICI 蒙德法、LEC 等,根据特种危险品销毁对象主要是毒性、爆炸性、放射性等物质的特点,选用 ICI 蒙德法更加合理。ICI 蒙德法是在 F&EI 基础上改进的,不仅对火灾、爆炸危险有很好的处理能力,而且引进了毒性概念,发展了某些补偿系数,在毒物因素处理上得到加强,能很好地处理毒物因素,使其对特种危险品销毁设备危险等级的确定更合理,顾而选择 ICI 蒙德法进行危险等级评价。

ICI 蒙德法的主要评价思想及基本评价程序如图 7.12 所示。

1) 确定评价单元

"单元"是装置的一个独立部分,布置上的独立性和工艺上的不同性构成分割评价单元的两个基本原则。将装置划分为不同类型的单元,就能对装置的不同单元的不同危险性特点分别进行评价,根据评价结果,有针对性地采取不同的安全对策措施。

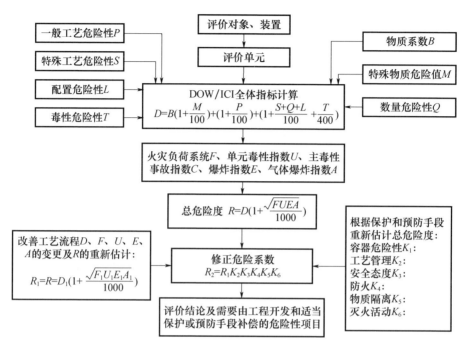

图 7.12　ICI 蒙德火灾、爆炸、毒性评价法要点

2) 确定单元内重要物质及物质系数 B

重要物质的选择应考虑以较多数量存在的、危险性潜能较大的且达到产生危险程度数量的物质作为待评价单元内的重要物质对其进行评价。而其物质系数则由式(7.6)或是查找相应物质系数表来确定,即

$$B = \frac{\Delta H_c \times 1.8 \times 4.186}{1000} \quad (7.6)$$

式中:ΔH_c 为重要物质的燃烧热(kJ/mol)。

3) 特殊物质危险性

危险性系数是所研究的特定单元内重要物质在具体使用环境中的一个函数,应根据单元内重要物质数量、在火灾或可能出现火灾的条件下对其特定性质所产生的影响来决定危险性系数标准。可以从氧化剂、与水反应产生可燃性气体的物质等几类物质分别进行评价,具体分类及取值可查其他情况,参见文献[26]。

第7章 防化危险品销毁安全分析与评价

4）一般工艺过程危险性

一般工艺过程危险性与单元内进行的工艺及其操作的基本危险系数如表7.28所列。

表7.28 一般工艺过程危险性系数

序号	工艺及操作类型	具体工艺及操作	危险性系数	备注
1	纯物理变化	有完备的堤坝、与装卸作业隔离的可燃性物质的储存	10	
		储存地点温度高，用水或蒸汽加热储存容器	50	
		在永久性管路封闭体系中的工艺操作	10	
		离心分离、间歇混合、过滤等工艺	30	
2	单一连续反应	吸热反应，反应在稀溶液中进行，溶剂吸热，不至于发生危险的放热反应	25	
		放热反应，如氧化、聚合、氯化	50	
		粉碎、混合、压缩空气输送、装卸、过滤、固体干燥等与固体物质有关的工艺	50	
3	单一间歇反应	考虑操作人员失误因素，在"单一连续反应"的评分基础上加10～60	在序号2项的系数上再加10～60	反应中速可用较低的系数，反应速度较快或较慢时选择较大的系数
4	反应多重性或在同一装置中进行不同的工艺操作	由一个反应过渡到一个反应时，有污染的危险性或固体堵塞		追加系数。首先在本表1、2、3中选用最大的系数
		反应或操作相互有明显区别，且产品受反应器污染影响很大	最高50	要使用污染系数
		多重反应下，反应物的加入顺序和时间变化会发生不能估计的反应时	最大75	
		反应、操作有多重性，副反应的生成物使反应和操作受到干扰	25	
5	物质输送	使用永久性封闭的配管时	0	与充填、排空或输送转移物质的特定工艺有关的附加危险性
		使用可弯曲的配管或操作中需安装、拆卸管路	25	
		从上盖或底部出品进行充填或排空操作	50	
		使用可拆卸或可弯曲管路进行输送转移操作，同时为了换气或用惰性气体置换，需要连接管路时	50	

(续)

序号	工艺及操作类型	具体工艺及操作	危险性系数	备注
6	可搬动的容器	未装上运输车的满桶	25	桶类、可卸型储罐和槽车,除装卸时间外,效果同密封一样。造成碰撞、外部火灾及其他事故后果比固定装置大,原因是没有放出孔
		装上运输车的满桶	40	
		不论是否装上运输车的空桶	10	
		公路槽车或用汽车装载可卸槽车	100	
		铁路槽车或铁道可卸槽车	75	

5）特殊工艺过程危险性

在重要物质及基本工艺或操作性评价的评分基础上,有些特殊工艺过程可能会使总体危险性增加,如低压、高压、高温等,销毁作业中涉及的特殊工艺主要是高温,所以高温危险性系数及取值如表 7.29 所列,其他情况参见文献[26]。

表 7.29 高温危险性系数

主要物质及温度条件	危险性系统	备注
可燃性液体或固体的温度比例比闭环闪点高	20	
液体或固体的温度比开环闪点高	25	
液体温度比 0.1MPa 时的沸点高	25	对单元内作为液体处理的液化可燃性气体也适用
在常温下是固体,在单元内以液体使用	10	
可燃性气、液、固物质,在标准的自燃着火温度以上使用	35	
金属、塑料、铅等结构部件,在使用温度下发生蠕变或变形	25	使装置适应温度影响的附加系数
操作温度升高 50℃,结构材料的允许强度减少 25%	10	

6）数量的危险性

处理大量的可燃性、着火性和分解性物质时,要给以附加的系数。由于防化危险品销毁所涉及的单次销毁量很小,因此可以不考虑其数量的危险性影响,取值为 1。

 第7章 防化危险品销毁安全分析与评价

7）布置上的危险性

单元布置引起的危险性系数所考察的重要因素是大量可燃性物质在单元内存在的高度。由于销毁作业其装置高度都不高于 3.5m,所以危险性并不太大。

8）毒性的危险性

ICI 法的火灾、爆炸、毒性指标是关于毒性危险性的相对评分,及其对综合危险性评价的影响。可以 TVL 值、物质的类型、短时间暴露、皮肤吸收、物理因素等几方面考虑,具体取值参见文献[26]。

9）初期评价结果计算

对各项危险性系数先进行小计后,根据 DOW 最终确定的方法变换为 DOW/ICI 总指标。结果填入表 7.30 中。

表 7.30 单元危险度初期评价系数值

单元			装置		
物质			反应		
1. 物质系数			接头与垫圈泄漏	0~60	
燃烧热			振动负荷、循环等	0~50	
物质系数 B			难控制的工程反应	20~30	
2. 特殊物质系数	建议系数	采用系数	在爆炸范围或其附近条件下操作	0~150	
氧化性物质	0~20		平均爆炸危险以上	40~100	
与水反应发生可燃气	0~30		粉尘或烟雾危险性	30~70	
混合及扩散特性	-60~60		强氧化性	0~300	
自然发热性	30~250		工程着火敏感度	0~75	
自然聚合性	25~75		静电危险性	0~200	
着火敏感性	-75~150		特殊工艺过程危险性合计 S		
爆炸分解性	125		5. 量的系数	建议系数	采用系数
气体的爆轰性	150		单位物质质量	0~100	
凝缩层爆炸性	200~1500		量系数合计 Q		
其他异常性质	0~150		6. 配置危险性	建议系数	采用系数
特殊物质危险性合计 M			单元详细配置		
3. 一般工艺过程危险性	建议系数	采用系数	高度 H/m		

(续)

单元		装置	
仅使用物理变化	10~50	通常作业区	
单一连续反应	25~50	构造设计	0~200
单一间歇反应	35~110	多米诺效应	0~250
同一装置内的重复反应	0~75	地下	0~150
物质移动	0~75	地表排水沟	0~100
可能输送的容器	10~100	其他	0~250
一般工艺过程危险性合计 P		配置危险性合计 L	
4. 特殊工艺过程危险性	建议系数 / 采用系数	7. 毒性危险性	建议系数 / 采用系数
低压(<103.4kPa, 绝对压力)	0~100	TLV 值	0~300
高压(P)	0~150	物质类型	25~200
低温:a. 碳钢 10~-10℃	15	短期暴露危险	-100~50
b.(碳钢-10℃以下)	30~150	皮肤吸收	0~300
c. 其他物质	0~100	物理因素	0~50
高温:a. 引火性	0~40	毒性合计 T	
b. 构造物质	0~25		
腐蚀与侵蚀	0~150		

(1) DOW/ICI 总指标 D 的计算。D 表示火灾、爆炸危险性潜能的大小,按下式计算:

$$D = B\left(1 + \frac{M}{100}\right)\left(1 + \frac{P}{100}\right)\left(1 + \frac{S+Q+L}{100} + \frac{T}{400}\right) \tag{7.7}$$

式中:符号含意同前。根据计算结果可将 D 划分为 9 个危险等级如表 7.31 所列。

第 7 章 防化危险品销毁安全分析与评价

表 7.31 DOW/ICI 总指标危险度等级

D 值范围	0~20	20~40	40~60	60~75	75~90	90~115	115~150	150~200	200 以上
危险性程度	缓和	轻度	中等	稍重的	重的	极端的	非常极端	潜在灾难性	高度灾难性

（2）火灾潜在危险性评价。F 表示火灾的潜在危险性,是单位面积内的燃烧热值。F 值的大小可以对发生火灾时预测火灾的持续时间很有用。F 计算式如下：

$$F = 2.33 \times 10^8 \frac{BK}{N} \tag{7.8}$$

式中：B 为重要物质的物质系数；K 为单元中可燃物料的总量(t)；N 为单元的通常作业区域(m^2)。

根据计算 F 分为 8 个等级,如表 7.32 所列。

表 7.32 火灾负荷等级及预计火灾持续时间

火灾负荷 F/kJ·m^{-2}通常作业区实际值	等级	预计火灾持续时间/h	备注
0~5×10^4	轻	1/4~1/2	
5×10^4~10^5	低	1/4~1	住宅
10^5~2×10^5	中等	1~2	工厂
2×10^5~4×10^5	高	2~4	工厂
4×10^5~10^6	非常高	4~10	对使用建筑物最大
10^6~2×10^6	强	10~20	橡胶仓库
2×10^6~5×10^6	极端	20~50	
5×10^6~×10^7	非常极端	50~100	

（3）爆炸潜在危险性评价。装置内部爆炸的危险性指标为

$$E = 1 + (M + O + S)/100 \tag{7.9}$$

环境气体爆炸指标为

$$A = B(1 + m/100)QHE(1 + P/1000) \tag{7.10}$$

式中:M 为重要物质的混合与扩散特性系数,如表 7.33 所列。其他参数同前。等级划分如表 7.34 所列。

表 7.33 重要物质的混合与扩散特性系数 m

序号	类别	物质名称	M 值	备注
1	低密度的可燃性气体(易扩散,其火灾、爆炸危险性比等密度的气体小)	氢气 甲烷、氨	-60 -20	与其他物质的混合采用相应数值为基础的比例系数
2	液化可燃性气体		30	临界温度 $t_c > -10℃$,沸点 $t_b < 30℃$ 的可燃物质
3	低温储存的可燃性液体	可燃性的液氢	60	指常压、-73℃ 以下储存的液体
4	黏性物质	焦油、石油、沥青、重质润滑油、重沥青、能变性物质等	-20	重要物质在单元所处的温度下,黏性高时采用

表 7.34 爆炸潜在性分级

装置内部爆炸指标 E	等级	环境气体爆炸性指标 A	等级
0~1	轻	0~10	轻
1~2.5	低	10~30	低
2.5~4	中	30~100	中
4~6	高	100~500	高
6 以上	非常高	500 以上	非常高

(4) 毒性危险性评价。单元毒性指标为

$$U = TE/100 \qquad (7.11)$$

式中:T 为毒性危险性系数合计。计算结果分为 5 个等级,如表 7.35 所列。并将单元毒性指标 U 和量系数 Q 相乘得到主毒性事故指标 $C = UQ$。

表 7.35 毒性危险性分级

单元毒性指标 U	等级	主毒性事故指标 C	等级
0~1	轻	0~20	轻
1~3	低	20~50	低
3~5	中	50~200	中

(续)

单元毒性指标 U	等级	主毒性事故指标 C	等级
6~10	高	200~500	高
10 以上	非常高	500 以上	非常高

(5) 总危险性评分 R。总危险性评分 R 是以 DOW/ICI 总指标 D 为主,并考虑到其他几项指标 F、U、E、A 的强烈影响而提出的,计算式如下:

$$R = D\left(1 + \frac{\sqrt{FUEA}}{1000}\right) \tag{7.12}$$

计算结果分级如表 7.36 所列。

表 7.36 总危险性评分等级

R	0~20	20~100	100~500	500~1000	1100~2500	2500~1250	12500~65000	65000 以上
等级	缓和	低	中等	高1类	高2类	非常高	极端	非常极端

可以接受的危险性程度很难有统一的标准,往往与所使用的物质类型(毒性、腐蚀性等)、工厂周围的环境(居民区、学校、医院等)有关。通常,总危险性评分 R 值在 100 以下是能够接受的,而 R 值在 1000~1100 视为有条件地可以接受,对于 R 值在 1100 以上的单元,必须考虑采取安全对策措施,并进一步作安全对策措施的补偿计算。

7.2.6 销毁作业人员风险分析与评价

资料显示,在各类事故的致因因素中,人为因素占有很大比例,几乎所有的事故都与人的不安全行为有关,如表 7.37 所列。

表 7.37 人因事故在各行业事故中所占的比例

行业名称	人因事故的比例
航空	70%~80%
道路交通	57%完全由人因引起
	90%包含人因的贡献
石油化工	60%以上
核电	60%以上

(续)

行业名称	人因事故的比例
矿山	86%
钢铁冶金	90%

防化危险品销毁作业的特殊性决定了作业的危险性,操作人员心理紧张,加之防护装备给操作人员在视觉、听觉、感觉、生理等方面带来的不便,增大了失误发生的可能性,使得因为人因失误而导致的安全事故的发生不可避免。为有效降低人因失误导致的事故发生率,必须对人的行为进行有效分析,寻找人因失误危险模式,采取可行的防范措施,从而确保销毁作业的安全。

这里借鉴 HAZOP 与 FMEA 两种分析方法并在其基础上加以改进,并对人因失误问题进行分析评价,以实现人因失误概率安全评价(PSA)的目的。

1. 人因失误致因分析

人因失误是指人的行为结果偏离了规定的目标或超出了可接受的界限,并产生了不良的后果。销毁作业过程中,人的行为具有灵活性、机动性和多变性,这些都受心理、生理、工作环境、作业条件与技术水平等因素的影响,往往造成作业目的与实际作业效果之间的偏差,引起这种偏差的原因就是人的失误。根据菲雷尔(R. Ferrell)关于人因事故思想,引发销毁作业人因失误的发生,可以归结为三个方面的原因。

(1) 销毁作业超过作业人员的能力的过负荷。

(2) 与外界刺激要求不一致的反应。

(3) 由于作业过程中作业人员不知道正确方法或故意采取不恰当的行为。

除上述因素外,还必须看到作业环境对人因失误的影响。环境可分为作业场区大环境和个人防护状态下的小环境。防护状态下的微气候对人的影响程度会成倍增加,人体有一定的自我调节机能,但很有限,当超过人体的正常调节限度时,人的生理机能就会遭到破坏,体内平衡受到损害,从而影响心理情绪,造成心理障碍,行为出现反常,因而容易发生操作失误,诱发事故。所以也必须对该因素给予足够的重视。

2. 销毁作业人因失误评价方法研究

人因失误分析主要是确定销毁作业中人因失误模式、失误影响概率和严重度三个方面指标。

1）确定人因失误模式及概率

识别销毁作业人因失误模式的基础是对可能引起失误发生的作业环境进行详细描述，识别起主要影响作业的环境因素，以识别可能发生的各类特定失误模式，步骤如图7.13所示。

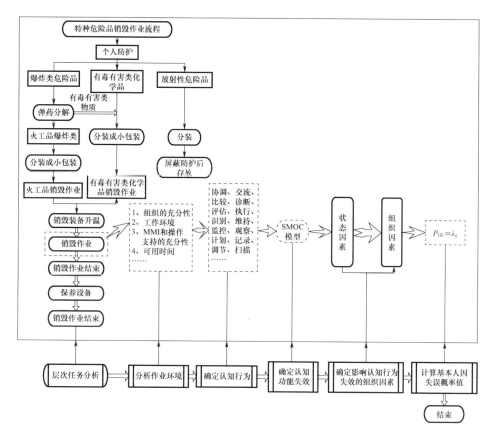

图7.13 确定人因失误模式及概率图析

（1）通过层次任务分析，构建销毁作业过程模型。针对销毁作业过程中的操作等具体工作，利用层次任务分析（HTA）构建任务或子任务模型，获得具体工作过程的结构。

（2）分析作业环境，由于作业环境影响因素较多，利用CREAM方法选择9个主要的影响因素，即共同行为条件（CPC）作为分析对象，分别对每个CPC提出量化等级,具体如表7.38所列。

表7.38 CREAM 中 CPC 对认知影响的重要因子

CPC 名称	序号	等级层次	COCOM 认知功能				CPC 名称	序号	等级层次	COCOM 认知功能			
			观察	解释	计划	执行				观察	解释	计划	执行
组织的充分性	1	非常有效	1.0	1.0	0.8	0.8	需同时响应的目标数量	15	能力之内的	1.0	1.0	1.0	1.0
	2	有效	1.0	1.0	1.0	1.0		16	与能力匹配的	1.0	1.0	1.0	1.0
	3	无效	1.0	1.0	1.2	1.2		17	能力之外的	2.0	2.0	5.0	2.0
	4	不足	1.0	1.0	2.0	1.0	可用时间	18	充分的	0.5	0.5	0.5	0.5
工作环境	5	有利的	0.8	0.8	1.0	0.8		19	暂时不足	1.0	1.0	1.0	1.0
	6	相容的	1.0	1.0	1.0	1.0		20	持续不足	5.0	5.0	5.0	5.0
	7	不相容的	2.0	2.0	1.0	2.0	工作时段	21	白天(可调整的)	1.0	1.0	1.0	1.0
MMI 和操作支持的充分性	8	支持的	0.5	1.0	1.0	0.5		22	夜晚(不可调整的)	1.2	1.2	1.2	1.2
	9	充分的	1.0	1.0	1.0	1.0	培训、准备的充分性	23	充分,经验丰富	0.8	0.5	0.5	0.8
	10	可接受的	1.0	1.0	1.0	1.0		24	充分,有一定的经验	1.0	1.0	1.0	1.0
	11	不合适	5.0	1.0	1.0	5.0		25	不足	2.0	2.0	2.0	2.0
规程/计划的可用性	12	合适的	0.8	1.0	0.5	0.8	操作人员的协作质量	26	非常有效	0.5	0.5	0.5	0.5
	13	可接受的	1.0	1.0	1.0	1.0		27	有效	1.0	1.0	1.0	1.0
	14	不合适	2.0	1.0	5.0	2.0		28	无效	1.0	1.0	1.0	1.0
								29	不足	2.0	2.0	2.0	5.0

(3)确定认知行为。每个基本任务单元都需要某种具体的人的认知行为。人们在实践中表现的主要认知行为有协调、交流、比较、诊断、评估、执行、识别、维持、监控、观察、计划、记录、调节、扫描和核实。

(4)确定认知功能失效。在确定基本任务单元的认知行为后,可能确定认知失误模式,对应于人的认知功能失效,确定认知功能需参考一个认知模型。CREAM 方法中参考的认知模型是简单的认知模型(SMOC),每个认知行为所需的认知功能不止一个,但可依据给定的条件来确定占主要地位的认知功能。根据认知行为所需的认知功能,确定可能的认知失效模式。认知功能失误及概率基本值如表7.39所列。

表7.39 认知功能失误模式及概率基本值

认知功能		内部和外部人误模式	基本概率值
感知失误	O1	错误的观察目标。对错误刺激或事物做出反应	1.0×10^{-3}
	O2	由于线索错误或定义片面,做出错误定义	3.0×10^{-2}
	O3	观察错过(即疏忽)忽视了信号或测量仪	3.0×10^{-2}
解释失误	I1	诊断错误,要么错误要么不完整	2.0×10^{-1}
	I2	决策错误,要么没有做出决策要么决策错误或不完整	1.0×10^{-1}
	I3	解释延迟,即没有及时做出解释	1.0×10^{-2}
计划失误	P1	优先选择错误,如选择了一个错误目标	1.0×10^{-2}
	P2	制定的计划不充分,要么不完整要么完全错误	1.0×10^{-2}
执行失误	E1	在力度、距离、速度或方向上执行不对	3.0×10^{-3}
	E2	动作执行时间不对,要么太早要么太迟	3.0×10^{-3}
	E3	行为的目标不对(邻近的、相信的或不相关的)	5.0×10^{-4}
	E4	行为执行顺序不对,如反复、跳跃或是颠倒	3.0×10^{-3}
	E5	行为错过,没有执行(即疏忽)	3.0×10^{-3}

(5)确定影响认知行为失效的组织因素。每个认知功能失效都可能是由若干状态因素共同作用的结果。从状态因素追溯到组织因素,如操作员从人-机界面无法获取始发事件的相关信息,对应的状态因素就是人-机界面不良这种状态因素,从而可以追溯到组织类的设计类因素;或者由于人的能力水平有限而误识别,则可追溯到组织中的培训因素;或者由于光照不足而引起操作者的观察错过,则可追溯到工作环境的设计问题等。确定组织因素可以更好地为人因失误的控制提供准确的改进意见。

CREMA方法根据数据库收集的资料和专家判断建立与失误模式相对应的基本失误概率值。因此,在预测到可能的失误模式之后,就可得到失误模式的基本失误概率。考虑CPC影响权重,每个CPC对认知功能影响权重见表7.38。对人的行为没有影响的因素权重为1。基于此,对基本失误概率进行修正,确定每个CPC等级对认知功能的影响,最后采用连乘的形式对基本的失误概率进行修正,得到修正后的失误模式概率。假设第i个基本任务中发生了第j个失误模式,则该失误模式概率为$P_{HE} = \lambda_{ij}$。如果失误只是一个简单失误,则直接用于计算;如果人因失误是一个联合失误,则该模式的P_{HE}就是条件人因失误概率。

因此,该人因失误联合概率为 $P'_{HE} = \lambda_{ij} \times \lambda_{ij}$(其中,$\lambda_{ij}$为硬件失效概率)。

2)确定人因失误模式影响概率和严重度

失误影响主要根据失误是否会对硬件系统和系统功以及目标的完成和人员的安全等产生影响进行综合评价,确定失误的影响等级,判断影响发生的可能性。根据美国军方标准 MIL-STD-882C 将失误影响分为四等,如表 7.40 所列,各影响等级对应于相应的发生概率值 β。

表 7.40 失误影响系统等级与概率

等级	失误影响	影响值	平均值 β
1	确实产生影响和损失	1.0	1
2	很有可能	0.1~1.0	0.5
3	有可能	0~0.1	0.05
4	没有	0	0

设确定具体的失误模式概率为 λ_{ij}(简单失误),对应的影响概率为 β_{ij},则定义的失误危险性指标为

$$C_{ij,E} = \lambda_{ij} \times \beta_{ij} \tag{7.13}$$

同理,对于联合失误,其失误危险性指标为

$$C_{ij,E} = \lambda_{ij} \times \gamma_{ij} \times \beta_{ij} \tag{7.14}$$

进而可确定任务危险性指标,对于简单失误,有

$$C_{i,T} = 1 - \prod_j (1 - \lambda_{ij} \times \beta_{ij}) \tag{7.15}$$

对于联合失误,有

$$C_{i,T} = 1 - \prod_j (1 - \lambda_{ij} \times \lambda_{ij} \times \beta_{ij}) \tag{7.16}$$

假设人员的认知失误影响存在,且在反应的过程中,根据操作失误判断心理认知错误对系统的影响。

3)销毁作业过程人因失误风险评价

销毁作业人因失误风险(或严重度)评价是通过建立失误和任务严重度矩阵来识别。首先,建立相应的安全和损失标准等级,依据美国军用标准 MIL-STD-882C 将安全等级、损失等级划分为五等,如表 7.41 所列。以各种等级为横轴,以失误、任务发生概率或失误、任务严重度指标为纵轴建立风险判断矩

阵,通过分析确定具体失误、任务在矩阵中的位置,具体失误、任务的位置离原点越远则越严重,需紧急采取纠正行动。

表 7.41 安全等级分级

等级	安全标准(危险严重度)	损失标准(平均损失/%)	描述
1	灾难性后果的人因失误	100	失误产生,将导致系统损失占100%
2	严重人因失误	75	失误产生,将导致系统损失占75%
3	关键人因失误	50	失误产生,将导致系统损失占50%
4	临界人因失误	25	失误产生,将导致系统损失占25%
5	可忽略的人因失误	0	失误产生,将导致系统损失占0%

3. 人因失误的控制

销毁作业过程中人因失误的种类繁多,对其实施有效控制的难度不言而喻。然而,通过对失误的原因分析可知,失误主要来源于规章性失误、知识性失误、技能性失误三方面。

规章引起的失误是由于不正确地应用这些专门知识,知识引起的失误是由于缺乏专门知识,而技能性失误则是在执行作业时受到干扰,通常是由于注意力发生变化。三种失误分布如图 7.14 所示。

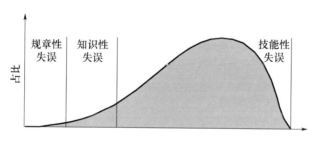

图 7.14 事故发生前人因失误占比

由图 7.14 可知技能性失误是控制的重点,而其他两方面也应得到关注。

对于规章性失误,主要是加强对销毁作业人员的安全操作规章教育,并及时对各项规章制度进行安全性分析,查找隐患。

对于知识性失误,主要是在选择销毁作业操作人员时,充分考虑人员知识文化素质,选择具有相当文化程度的人员担当重任,并进行针对性的岗前培训。

对于技能性失误,由于其最常见于事故发生前的一瞬间,且由于作业环境对其影响很大,故在进行销毁操作培训的基础上,还要优化作业环境,排除可能干扰,以使作业人员能够集中注意力。

7.2.7 销毁作业环境危险性分析与评价

销毁作业环境的危险性评价由于涉及的因素众多,既包括作业环境因素、设备本身事故发生概率,又与操作人员在该环境中的滞留时间、事故损失后果严重程度等相关,所以不能简单处理。必须通过综合的评价方法来进行分析。这里选用作业危险性评价方法,即 LEC 法,并在此基础上对其进行改进,从而对销毁作业环境危险性进行有效的评价。

1. 作业环境潜在危险性因素分析

1)安全隐患分析

危险品销毁作业涉及的安全因素众多,既有人的因素、物的因素、销毁设备因素,也有作业环境等诸多因素,经综合分析后认为影响作业安全的因素见表 7.42 所列。

表 7.42 销毁作业安全隐患因素

序号	安全隐患因素		备注
1	待销毁对象危险性		对象具有剧毒、易燃、易爆、强腐蚀性等特性
2	销毁设备		主要指设备故障发生率及故障导致事故率
3	作业环境	作业环境色彩	不同销毁设备由于作业场合不同因而有不同的环境因素
		作业环境微气候	
		采光和照明	
		噪声	
		有害气体、蒸气和粉尘	
		设施、设备布局	
4	人员暴露于危险环境的频繁程度		
5	事故发生后产生的后果		

2)作业环境影响因素解释

(1)待销毁对象(O)。销毁对象的特殊性直接导致作业的危险性,高毒性、强腐蚀、易爆炸、强放射性等物质对作业人员、设施设备、周边人民生命财产、环

第 7 章 防化危险品销毁安全分析与评价

境都构成巨大的潜在威胁,成为事故的直接危害源,所以作业环评时必须予以考虑。

（2）销毁设备发生事故的可能性大小（L）。销毁设备是销毁作业的主要承载体,是确保作业安全的最直接保证,其可靠性、安全性的高低对事故的发生起着决定作用,是安全评价时的主要因素,主要表征是因设备故障而引起事故发生的可能性大小。设备发生事故的可能性可以通过故障模式及危害影响分析（FMEA）、事故树分析（FTA）等多种分析方法获得。

（3）作业环境（G）。

① 操作现场机械设备的配置。在销毁作业人员活动的周围环境里,存在着机械、装置、各种工具、待销毁物等各种物质,由于操作失误,人体与这些东西剧烈碰撞,就会造成伤害。

② 作业环境微气候。操作环境的微气候主要是指温度和湿度等,其随季节的变化而变化。随着温度、湿度的变化,发生事故的可能性也发生变化,其规律如图 7.15 所示。

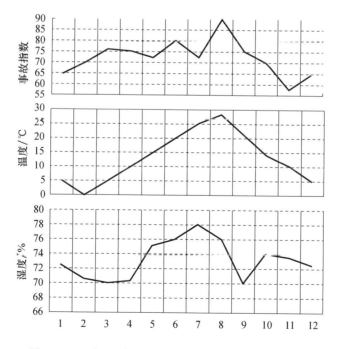

图 7.15 温度、湿度随季节变化与事故发生频率的关系

从图中可以看出,随着气温升高,湿度也增加,由于销毁作业时人员处于全身防护状态,对于操作来说,增加了操作人员生理上的疲劳程度,使操作能力降低,同时使操作人员在心理上产生烦躁、压抑等心理,致使事故发生的可能性增大。

③ 采光和照明。人在作业现场进行的活动,大都是通过视觉对外界的情况做出判断而行动的。环境光线过暗或过亮,都会使作业人员不能清晰地看到周围情况,进而接受错误的信息,并在行动时产生错误,成为事故发生的原因。

④ 噪声的影响。销毁作业环境中,因振动、冲击、摩擦而产生具有杂乱频率的声波,使人产生不愉快的感觉。当噪声强度很大时,会对耳膜造成损伤,即使噪声的强度不大,噪声在心理上也会使人产生不愉快的感觉,尤其是在共同作业的时候,还有引起事故的可能性。对于噪声的容许值不同的学者有不同的看法,而大多数人认为应为 85～95 dB。我国 2002 年颁布的《工业企业设计卫生标准》中,规定了工作场所操作人员接触生产性噪声的卫生限值,如表 7.43 所列。

表 7.43　工作地点噪声声级卫生限值

日接触噪声的时间/h	卫生限值/dB(A)
8	85
4	88
2	91
1	94
1/2	97
1/4	100
1/8	103
最高不得超过 115 dB(A)	

⑤ 有害气体、蒸气和粉尘。销毁作业过程中会从销毁设备、装置中泄漏出有毒气体、蒸气和粉尘,并扩散到整个作业场所。如果在这种环境中连续操作,会对操作人员产生生理影响,甚至威胁人的生命。为此,需测定环境条件的状态,并根据设备、物质的种类,仔细测定有害物质是否保持在允许值范围内。危险废物大气污染物排放限值见表 7.44。

第 7 章 防化危险品销毁安全分析与评价

表 7.44 危险废物大气污染物排放限值

污染物种类	最高限值/(mg/m³)
沙林	3×10^{-4}
维埃斯	3×10^{-4}
芥子气	0.03
苯氯乙酮	0.3
西埃斯	0.05
烟气黑度	林格曼 I 级
烟尘	100
一氧化碳(CO)	100
二氧化硫(SO_2)	100
氟化氢(HF)	9.0
氯化氢(HCl)	100
氮氧化物(以 NO_2 计)	500

（4）人员暴露于危险环境的频繁程度。作业环境的危险性主要是对作业人员而言，如果作业场所没有人员参与其中，即使发生较大的事故也只是造成设施、设备的损坏，相对于有人员伤亡事故来说其事故等级要小很多，这样的场所在进行危险性评价时可以适当地放宽评价标准，降低设计要求，以达到节约成本的目的。但对于有人参与的作业场所，则完全不同，对于作业人员的保护，将是重中之重。然而，人员在某一危险作业环境中的滞留时间是不同的，长时间停留者所面对的危险性要大于只是暂时停留人员的危险性，在危险环境中出现频繁的人员其所受到的危险性要高于偶尔出现者。所以人员暴露于危险环境的频繁程度也是进行作业环境危险性评价的主要因素之一。

（5）发生事故产生的后果。一种可能发生的事故只有知道其后果时，对其危险性分析才算是完整的，对其所进行的危险性评价才是客观的。后果分析是危险源危险性分析的一个主要组成部分，其目的在于定量描述一个可能发生的重大事故对场所、场所内人员、场所外居民甚至对环境造成危害的严重程度。分析可以为决策者和设计者提供采取何种防护措施的信息。

2. 作业环境风险评价方法研究

1) 评价方法的确定

生产作业条件危险性评价法是对生产作业单元危险性的评价,包括人员、设备、物质、能量、信息等系统基本元素。而由格雷厄姆和金尼提出的评价方法即 LEC(Job Risk Analysis)法,将发生事故的可能性、人员暴露于危险环境的情况、事故后果严重度三方面作为影响生产作业条件危险性的因素,该法以被评价的作业条件与作为参考的作业条件的对比为基础,分别考虑它们的评价分数,最后按三者分数的乘积计算生产作业条件的危险性分数,即

$$D = L \cdot E \cdot C \qquad (7.17)$$

式中:D 为生产作业条件危险性分数;L 为事故发生可能性分数;E 为人员暴露情况分数;C 为后果严重度分数。

LEC 是一种模型相对简单、实际操作简便的方法。但其考虑因素有限,销毁作业环境的危险性除上述因素外,还有设备布局、作业环境微气候、危险源等相关因素,且事故发生概率及后果严重程度与作业环境的好坏有很强的正向关联,所以原有方法并不完全适用于销毁作业环境危险性评价,必须改进,融入新的更多因素以达到客观的评价。改进后如下式所示:

$$D = O \cdot L \cdot E \cdot C \cdot G \qquad (7.18)$$

式中:O 为销毁对象;G 为作业环境;其他参数同前。

为了简化评价过程,可采取半定量计值法,给每种因素的不同等级分别确定不同的分值,再以等级分值乘积 D 来评价危险性的大小。D 值大,说明该系统危险性大,需要增加安全措施,或改变发生事故的可能性,或减少人体暴露于危险环境中的频繁程度,或减轻事故损失,直至调整到允许范围。

2) 评价参数等级确定

本书将各级评价指标统一分成 A、B、C、D、E 五个等级,但对应指标其含义有所不同。

(1) 待销毁对象。待销毁对象涉及毒物、爆炸物、放射物等几类,参考 GB 5044—1985《职业性接触毒物危害程度分级》及 GB 4075—2003《密封放射源一般要求和分级》附录 A、爆炸物有关标准分级,如表 7.45 所列。

第 7 章 防化危险品销毁安全分析与评价

表 7.45 待销毁物危险分级及对应分值

对象种类/分级	A	B	C	D	E
对应分值	[90,100)	[80,90)	[70,80)	[60,70)	[0,60)
毒物	神经性(极毒)	糜烂性(高毒)	全身中毒、窒息性(中毒)	刺激性(低毒)	一般物质(无毒)
放射物	A组(U235、P241等)	B1组(I125、Ac228等)	B2组(Ag105、Fe55等)	C组(Ar37、Zn69等)	无放射性
爆炸物	特种炸药	一般炸药	特种易燃物质	一般易燃物质	非易燃物质
备注	各级分数可以在相应的分数段内调整				

(2) 销毁设备导致事故发生的可能性。事故发生的可能性是反映对生产作业中危险源控制程度的重要指标,其大小可以采用事故树分析原理进行定量分析,但过程相对较复杂。出于简化分析程序的目的,这里采取分级赋值的方法来处理。事故或危险事件发生的可能性大小当用概率来表示时,绝对不可能的事件发生的概率为 0,而必然发生的事件的概率为 1。然而,在做系统安全考虑时,绝不发生事故是不可能的,所以人为地将"发生事故可能性极小"的分数定为 0.1,而必然要发生的事件的分数定为 10,介于这两种情况之间的情况指定了若干个中间值,如表 7.46 所列。

表 7.46 事故发生可能性分级

分级	A	B	C	D	E
对应分值	60~100	30~60	5~30	2~5	1~2
分级解释	完全被预料到	相当可能	不经常发生	完全意外或可以设想,但是高度不可能	极不可能或实际上不可能

(3) 作业环境。销毁作业环境涉及很多因素,实际作业时所起的影响作用也有区别,对各子因素的等级划分情况如表 7.47 所列。

表7.47 作业环境因素分级

因素类别/分级	A	B	C	D	E	备注
对应分值	[90,100)	[80,90)	[70,80)	[60,70)	[0,60)	综合评价经加权后比对分级
微气候/℃	>29	(28,29]	(27,28]	(26,27]	≤26	采用三球温度指数(WBGT),中体力劳动
照明	[90,100)	[80,90)	[70,80)	[60,70)	[0,60)	由评价者根据具体监测环境进行打分
色彩调节	[90,100)	[80,90)	[70,80)	[60,70)	[0,60)	
噪声与振动声级/dB	>90	(80,90]	(70,80]	(60,70]	≤60	根据工业工程手册和一些文献关于噪声的研究成果
空气污染	>1	(0.75,1]	(0.5,0.75]	(0.25,0.5]	(0,0.25]	有毒气体浓度和粉尘浓度,根据实测浓度与国标允许值的比值结果进行分级。小于1空气质量合格,否则不合格
设施、设备布局	不合理	不太合理	一般合理	较合理	很合理	指设施、设备对作业人员销毁活动的负面影响程度

从作业环境指标体系来看,作业环境有很多指标是"模糊"的,如照明中的整体印象,环境污染中各有毒气体浓度的高低,都可以看作模糊集的范畴。因此,可采用模糊综合评价法进行作业环境综合评价。步骤如下:

① 确定因素集。评价对象具有六个评价因素,它们构成因素集 $U=\{$微气候、照明、色彩调节、噪声与振动、空气污染、设施设备布局$\}$。

② 确定评价集。评价对象被分成五个评价等级,它们构成评价集 $V=\{$优,良,中,合格,不合格$\}$。

③ 建立模糊关系矩阵。根据隶属度函数,建立模糊关系矩阵:

第 7 章 防化危险品销毁安全分析与评价

$$\boldsymbol{R} = \begin{pmatrix} r_{11} & \cdots & r_{15} \\ \vdots & \ddots & \vdots \\ r_{51} & \cdots & r_{55} \end{pmatrix} \tag{7.19}$$

r_{ij} 的实际意义为 U 中的因素 u_i 对应 V 中等级 v_j 的隶属度关系。其计算公式为

$$r_{ij} = \begin{cases} 0, C_i \geqslant S_{ij-1}, C_i \leqslant S_{ij+1} \\ \dfrac{C_i - S_{ij-1}}{S_{ij} - S_{ij-1}}, S_{ij} \leqslant C_i < S_{ij-1} \\ \dfrac{Ci_j - Si_{j+1}}{S_{ij} - S_{ij+1}}, S_{ij+1} < C_i < S_{ij} \end{cases} \tag{7.20}$$

注:

$$r_{i1} = \begin{cases} 1, C_i > S_{i1} \\ \dfrac{C_i - S_{i2}}{S_{i1} - S_{i2}}, S_{i2} \leqslant C_i < S_{i1} \\ 0, C_i < S_{i2} \end{cases}, \quad r_{im} = \begin{cases} 0, C_i \geqslant S_{im-1} \\ \dfrac{C_i - S_{im-1}}{S_{im} - S_{im-1}}, S_{im} < C_i \leqslant S_{im-1} \\ 1, C_i < S_{im} \end{cases}$$

式中:c_i 为第 i 个指标的评价值;S_{ij-1}、S_{ij}、S_{ij+1} 分别为第 i 个指标的第 $j-1$ 级、第 j 级和第 $j+1$ 级评价值。

④ 确定评价因素权向量。权重的确定体现了各指标对评价对象的影响程度,对于不同的评价对象,各指标的权重是有变化的,为了对作业环境进行综合评价,需求出各一级指标的监测值。为了各指标之间具有可比性,需要统一各指标的单位。本书采用百分制对各指标进行评价。

根据二级指标评价方式不同,本书采用两种方法求一级指标的监测值。

对于照明和色彩调节,利用加权和的方式求一级指标的监测值,即

$$f = \sum_{i=1}^{n} r_i c_i \tag{7.21}$$

式中:f 为待求的一级指标的监测值;r_i 为第 i 个二级指标的权重;c_i 为第 i 个二级指标的监测值。

对于微气候、噪声与振动、空气污染三个指标,首选按下式对其二级指标进行百分制换算:

$$h = \begin{cases} 100, C_i - S_1 \\ g_i - 10 \times \dfrac{C_i - S_{i-1}}{S_i - S_{i-1}}, S_{i-1} \leqslant C_i < S_i \\ 0, C_i > S_n \end{cases} \quad (7.22)$$

式中:h 为待转换某一二级指标的分数;g_i 为第 i 级的评价分数;C_i 为某一二级指标的监测值;S_{i-1}、S_i 分别为某一二级指标第 $i-1$ 级、第 i 级的评价值。

⑤ 选择算子,将 W 与 R 合成,得到评价结果 B。算子通常有模糊取小取大综合评价算子、加权评价算子等。加权法计算简单,比较常用,故选用加权法对其进行计算:

$$B = W \cdot R$$

加权法:

$$b_j = \sum_{i=1}^{n} \omega_i r_{ij}, j = 1, 2, \cdots, m$$

⑥ 结果分析有最大隶属度和调整最大隶属度原则两种,由于评价集 V 的有序性,需分情况恰当选用。当各隶属度相差较大时选择最大隶属度原则相对合理,即 $k = \max\limits_{1 \leqslant j \leqslant m} b_j$,判被评价对象属于 v_k 级。

当各隶属度较为接近时,应选择调整最大隶属度原则对结果进行评价,即设 $b_k = \max\limits_{1 \leqslant j \leqslant m} b_j$,若 $\sum\limits_{j=1}^{k-1} b_j \geqslant 0.5 \sum\limits_{j=1}^{m} b_j$,则判被评价对象属于 v_{k-1} 级,若 $\sum\limits_{j=k+1}^{m} b_j \geqslant 0.5 \sum\limits_{j=1}^{m} b_j$ 则判被评价对象属于 v_{k+1} 级。最后对比表 7.47 得出作业环境评价等级结论。

(4) 人员暴露情况。人员出现在危险环境中的时间越多,则危险性越大。规定连接出现在危险环境的情况定为 10,而非常罕见地出现在危险环境中定为 0.5。同样,将介于两者之间的各种情况规定若干个中间值,如表 7.48 所列。

表 7.48 暴露于危险环境的频繁程度

分级	A	B	C	D	E
分数值	(60,100]	(30,60]	(20,30]	(10,20]	(0,10]
暴露频繁	连续暴露	每天工作时间内暴露	每周一次,或偶然暴露	每月一次暴露	非常罕见或每年几次暴露

第 7 章　防化危险品销毁安全分析与评价

（5）后果严重度。事故造成的人身伤害变化范围很大,对伤亡事故来说,可从极小的轻伤直到多人死亡的严重结果。由于范围广阔,所以规定分数值为 1~100,把需要救护的轻微伤害规定分数为 1,把造成多人死亡的可能性分数规定为 100,其他情况的数值均在 1~100 之间,如表 7.49 列。

表 7.49　发生事故产生的后果

分级	A	B	C	D	E
分数值	(40,100]	(15,40]	(7,15]	(3,7]	(1,3]
后果严重程度	灾难,一人至数人死亡	非常严重,重伤	严重,中伤	一般,轻伤	引起重视,未造成损伤

（6）销毁作业环境评价等级界定。由于销毁作业环境状况的好坏与作业危险性之间有较强的耦合关系,状况好则影响小,反之则较大。对环境危险性的恰当定级可以客观而有效地采取针对性控制措施,降低作业危险性,提高作业效率,所以将作业环境量化分级为优、良、中、合格、不合格五个等级,并提出每级相对应的控制建议,具体如表 7.50 所列。

表 7.50　作业环境评价等级

序号	作业环境评价等级	分级	分数范围($\times 10^5$)	危险程度
1	优	E	0.00001~2.16	没有危险,放心作业
2	良	D	2.16~34.3	稍有危险,可以接受
3	中	C	34.3~864	一般危险,需要注意
4	合格	B	864~11664	显著危险,需要整改
5	不合格	A	11664~100000	极其危险,不能继续作业

7.3 移动式特种危险品销毁安全分析与评价案例应用

防化危险品销毁设备是由特种弹药解体系统、固定式特种危险品焚烧销毁系统、移动式特种危险品焚烧销毁系统、火工品烧毁销毁系统四套不同用途的装备组成,分别完成弹药解体、火工品烧毁、特种危险化学品销毁等任务。篇幅所限,本书只以移动式特种危险化学品焚烧销毁系统对G类有毒物质进行销毁作业为例,并在此基础上展开危险品销毁安全分析与评价工作。

7.3.1 项目概况

1. 待销毁、处理对象

移动式危险品焚烧销毁系统的销毁、处理对象包括:①报废的特种危险化学品;②化学控暴剂;③含有化学控暴剂的防化控暴弹药主装药;④报废的发烟剂;⑤报废的防化控暴弹药壳体等可燃固体废弃物;⑥其他适于焚烧销毁处理的固体、液体化学废物。所处理的物质均为高毒、高爆、易燃烧等高危危险品。

2. 移动式特种危险品焚烧销毁系统

移动式特种危险品焚烧销毁系统,以东风 EQ1206GJ/6X4 二类汽车底盘为载车,主要焚烧设备装载并固定于车上,便于根据任务所需随时移动开展销毁作业。销毁设备由进(出)料系统、助燃系统、焚烧系统、换热系统、尾气处理设备、电气控制系统等组成。工艺设备组成:固定式室烧炉、常压饱和蒸汽换热器、喷雾吸收塔、布袋除尘器、自激式除尘器、鼓引风机、烟囱、电气柜等作为焚烧净化处理工艺,销毁效果完全达到排放标准要求,整体布局如图 7.16 所示。

3. 特种危险品焚烧销毁产物

根据被焚烧物的元素分析结果,其中的主要可燃和助燃组分可用 $C_xH_yO_zN_sS_vCl_w$ 表示,此类物质完全燃烧的氧化反应可用总反应式来表示:

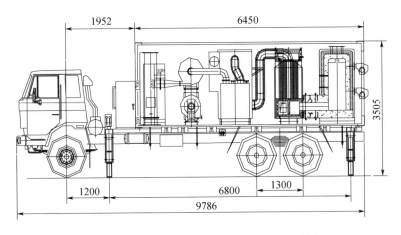

图 7.16　移动式特种危险品焚烧销毁系统整体布局

$$C_xH_yO_zN_uS_vCl_w + \left(x + v + \frac{y-w}{4} - \frac{x}{2}\right)O_2 \longrightarrow xCO_2 + wHCl + \frac{u}{2}N_2 + vSO_2 + \left(\frac{y-w}{2}\right)H_2O$$

在适当或完全燃烧条件下,可燃物中的硫与氧气反应的主要产物是 SO_2 和 SO_3,其中大部分是 SO_2。但如果燃料燃烧的过量空气系数低于 1.0,有机硫将分解氧化生成 SO_2、S 和 H_2S 等物质;可燃物燃烧过程中生成的氮氧化物,主要由燃烧空气和固体废物中的氮在高温下氧化而成。氮芥气等很多危险化学物中都含有 N 元素。

物质中的有机氯化物的焚烧产物是 HCl,当体系中氢量不足时,有游离的氯气产生。PVC 塑料燃烧也会产生较多的 HCl。添加辅助燃料(天然气或石油)或较高温度的水蒸气(1100℃)可以减少废气中游离氯气的含量。氟代碳氢化合物会产生 HF,而含硫物质通常会产生大量的 SO_2 等物质。

被焚烧物中的金属元素在焚烧过程中可生成卤化物、硫酸盐、磷酸盐、碳酸盐、氢氧化物和氧化物,具体产物取决于金属元素的种类、燃烧温度以及固体物质的组成。

4. 销毁工艺流程

销毁工艺过程主要由进出料系统、焚烧系统、换热系统、尾气处理系统、电控系统等五大主要系统组成并辅以附属部分。

1) 上料、焚烧系统

首先,将一燃室用轻质柴油燃烧器加热至600℃,二燃室加热至1200℃。然后将解体后的袋装可燃药按规定频次人工向炉内投加或将封装好的液体有毒物质人工放在托盘上,由机械设备将物料送到炉门前,打开炉门,物料被推入炉内,上料机后退,炉门关闭,完成上料工序。

炉体采用两个燃烧室的固定床炉,炉内设有辅助燃烧器助燃;助燃空气采用强制多管配风形式,一燃室炉膛温度控制在600℃,物料在炉内高温剧烈燃烧,产生高温烟气进入二燃室。人工辅助机械出灰,灰由运输车运到焚烧厂外指定场所固化填埋。二燃室对一燃室烟气中未燃尽的有害物质做进一步销毁,二燃室内温度控制在1200℃,控制烟气停留时间2s,使废物中的有害物质完全燃尽。由于焚烧物在燃烧过程中会产生大量的烟尘并进入二燃室,烟尘在二燃室有90°转弯,大粒径的粉尘由于自身重力落入二燃室底部完成第一级除尘。

2) 换热系统

烟气侧:为了使烟气迅速降温,物料经焚烧后产生的烟气进入常压饱和蒸汽换热器。在蒸汽换热器中,烟气温度由1200℃降至300℃。水汽侧:设储水箱、循环水泵、高位水箱及汽水分离器。水在储水箱与水泵之间循环,在水泵出口设一支路与高位水箱相连,高位水箱液位由浮球阀控制,高位水箱与换热器相连接,换热器内水分汽化液位降低,高位水箱自动向换热器补水,同时水泵向高位水箱补水,从而保持液位相对稳定。蒸汽进入汽水分离器后,将蒸汽中水分离出来进入排水管道外排,蒸汽直接排入大气。储水箱内水量减少,需向水箱内加冷水补充。

3) 尾气处理系统

采用半干式尾气处理方法,其工艺组合形式为喷雾吸收塔+布袋除尘器。用碱液吸收烟气中的酸性气态污染物,并且碱液中的雾滴在高温下水分得以蒸发;布袋除尘器完成颗粒物的净化过程,布袋除尘器捕获的颗粒物以固态的形式排出,布袋除尘器用压缩空气脉冲除灰。布袋除尘器中的布袋采用特殊的P84材质制作,该材质截水防油,可避免低温黏袋。经过上述既成熟可靠又简单

第 7 章 防化危险品销毁安全分析与评价

易操作的工艺过程,酸性气态污染物、粉尘等均被除掉,并不产生污水,基本实现零排放。销毁设备工艺流程如图 7.17 所示。

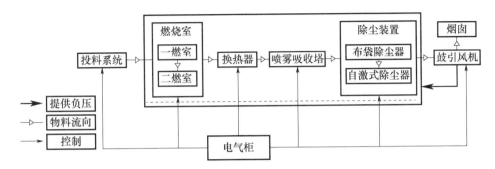

图 7.17 移动式特种危险品销毁设备工艺流程

5. 危险品销毁作业流程

基于过程建模理论构建销毁作业流程模型,如图 7.18 所示。

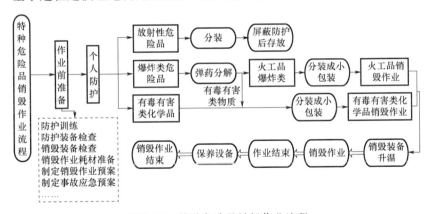

图 7.18 特种危险品销毁作业流程

特种危险品可大体分为三类,对其销毁所采取的方法、步骤有所不同。爆炸类弹药先分解后分类焚烧销毁,有毒有害类化学品则经分装后直接焚烧销毁,而放射性危险品由于其自身物理特性的原因只能采取屏蔽封装后存放自然衰变的方法进行处理。本书仅就有毒、有害类危险化学品销毁作业(图 7.19)进行安全分析与评价,其他作业分析方法与此类似,不做详细说明。

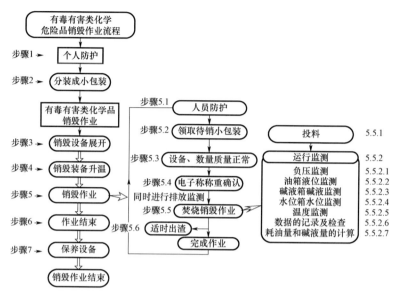

图 7.19 有毒、有害类危险化学品销毁作业流程模型

7.3.2 危险品销毁系统评价单元划分

特种危险品销毁作业安全分析与评价单元划分应以毒性泄漏为主线,结合销毁工艺、物料、危险与有害因素、分布特点等,并依据特种危险品销毁作业过程整体间歇而销毁设备工艺过程连续进行的特点综合考虑,评价节点划分应分成两个部分,即作业全过程以间歇操作为界划分,而销毁设备则以工艺单元为界,以便对整个作业系统进行全面、细致的分析。单元划分如表 7.51、表 7.52 所列。

表 7.51 移动式特种危险品焚烧销毁作业过程评价单元划分

序号	评价单元		说明
	一级评价单元	二级评价单元	
1	组织防护	防护装备检查	检查个人、集防装备的性能
		防护训练与实施	通过训练确保防护确实
2	有毒物质分装	分装场所确认	场所防护措施完好,周围环境适于作业
		分装作业	完成危险品的分装
		数据登记、整理	翔实记录相关数据,确保待销毁物数量无误

第7章 防化危险品销毁安全分析与评价

（续）

序号	评价单元		说明
	一级评价单元	二级评价单元	
3	作业前准备	装备展开及检查	到达指定销毁地点后，进行销毁作业前的准备
		装备升温	实际销毁前装备准备
		3.1	
		3.2	
4	销毁作业	人员防护	人员全身防护
		领料	领取待销毁物
		物料数、质量核实	电子称重与指挥控制系统数据相复核
		投料	实际销毁危险品
		监控	作业中监控相关状态参数
		适时出灰	清除燃烧室及吸收塔内销毁后残留物
5	作业结束	装备降温	销毁作业完成后装备撤收前的准备
		装备撤收	撤收装备返回驻地
		装备保养	对装备进行防腐等保养作业

（注：序号列4.1–4.6对应销毁作业，5.1–5.3对应作业结束）

表7.52　移动式特种危险品焚烧销毁设备评价单元划分

序号	一级评价单元		说明
1	载车		承载主要焚烧设备，直接在车上操作，待作业完成后返回驻地存放在库房内
2	进料、出灰系统		系统在密闭状态下上料和出灰
3	助燃系统		给焚烧炉提供热量
4	焚烧系统		提供焚烧销毁作业空间
5	换热系统		使烟气迅速降温
6.1	尾气处理	喷雾吸收塔	去除烟气中酸性气态污染物，净化吸收剂为碱液
6.2		布袋除尘器	滤除烟气中的粉尘
6.3		自激式除尘器	再次去除烟气中的酸性气体
7	电气控制系统		监测焚烧系统重要参数，同时实现系统作业的自动控制
8	附件部分		完成销毁作业所需准备工作

净化后的烟气污染物含量：排尘 $30 \sim 50 mg/(N/m^3)$，$HCl\ 50mg/(N/m^3)$，$SO_2\ 30mg/(N/m^3)$

7.3.3 销毁作业危险源识别

移动式特种危险品销毁处理的对象主要是报废的防化训练用有毒物质、化学控暴剂等可燃固体废弃物和其他适于焚烧销毁处理的固体、液体化学废物,这些物质多是强毒、强腐蚀性、易燃物品;销毁过程中所需辅料主要是轻质柴油;装备野外操作时涉及重物起吊、安装等过程;销毁作业以高温焚烧为主要工艺;作业中涉及多种工具使用。依据 GBT 13816—2009《生产过程危害和有害因素分类与代码》中规定的危险和有害因素,结合上述分析可得,销毁作业过程发生事故的类型以毒性泄漏造成人员中毒伤亡、环境污染、作业人员高温烫伤、机械伤亡、燃油意外燃烧爆炸为主要危险源。

7.3.4 安全分析与评价

对移动式特种危险品销毁作业应用评价模型,依据评价参数指标体系,展开安全分析与评价工作,具体内容如下。

1. 危险品销毁作业规程安全评价

由前述预先危险分析结论可知,在整个危险品销毁作业过程中,危险性较大的作业环节是有毒物质分装、销毁过程中的进料、出灰、装备状态监测等过程。限于篇幅只就危险品销毁作业流程及燃烧室销毁工艺过程进行 HAZOP 分析,其他作业环节可依同理进行安全分析评价。分析方法对其工艺过程进行评价的内容如下。

1)确定分析节点

销毁作业流程、销毁工艺流程如图 7.20 所示。从图上可知作业流程属间歇过程,应以操作步骤划分评价单元,销毁连续过程以设备单元划评价单元,具体见前面。

2)偏差确定

依据偏差库选取相应偏差进行分析,具体见前面。

3)偏差分析

销毁作业规程及销毁工艺偏差分析见表 7.53 ~ 表 7.57 所列。

第 7 章 防化危险品销毁安全分析与评价

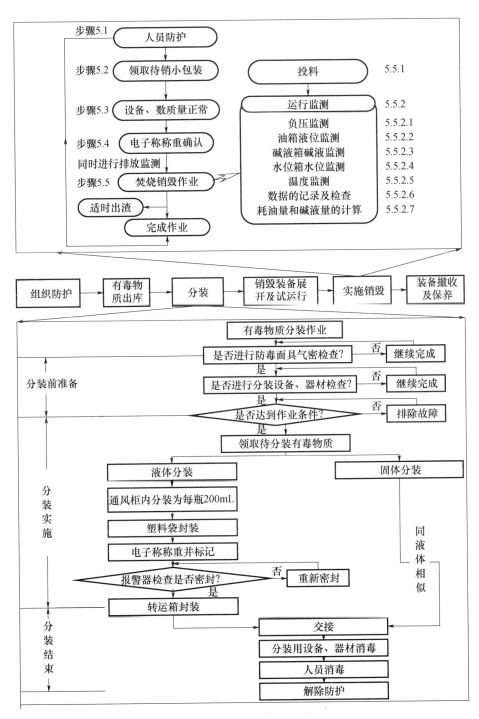

图 7.20 有毒物质销毁工艺流程

表7.53 危险品销毁作业过程 HAZOP 风险分析（一）

作业组名称	移动式焚烧销毁设备作业组		作业场区名称		野外销毁作业场		日 期		
工艺单位	危险品销毁作业工艺过程		分析小组成员				页 数		
分析节点	组织操作人员进行个人防护及应急措施准备								

设计意图：确保操作人员个人防护到位、各项应急措施就绪，保证销毁作业安全

偏差	原因		后果		促成后果出现的条件		潜在事故风险		独立的安全保护层		剩余事故风险		建议措施	RSno
	描述	L	描述	S	描述	P	Lu	RRu	描述型	PFD	Lmm	RRm		
人员无法防护	装备损坏	6	气密性下降	3	人员操作错误	4	3	opt	定期检查	5	1	none	加强培训、提高保护装备意识	
防护不确实	防毒衣穿着不当	7	气密性下降	3	训练不足	4	4	opt	气密性检查	4	4	opt	加强培训	
应急预案不全	前期工作失误	3	应急处理不合理	1	对安全重视不足	2	1	none			1	none	加强检查	
应急物资不足	准备不足	3	无可用物资	1	对事故认识不清	2	1	none			1	none	提高重视，加强责任心	

表7.54 危险品销毁作业过程 HAZOP 风险分析（二）

作业组名称	移动式焚烧销毁设备作业组		作业场区名称		野外销毁作业场		日 期		
工艺单位	危险品销毁作业工艺过程		分析小组成员				页 数		
分析节点	有毒物质出库								

设计意图：确保有毒物质安全、数质量准确、转运及时

偏差	原因		后果		促成后果出现的条件		潜在事故风险		独立的安全保护层		剩余事故风险		建议措施	RSno
	描述	L	描述	S	描述	P	Lu	RRu	描述型	PFD	Lmm	RRm		
数量、质量不准	分装人员失误	3	尾气有害超标	3	人员心理紧张	5	1	none			1	none	增强人员心理素质	

第7章 防化危险品销毁安全分析与评价

(续)

偏差	原因		后果		促成后果出现的条件		潜在事故风险		独立的安全保护层		剩余事故风险		建议措施	RSno
	描述	L	描述	S	描述	P	Lu	RRu	描述型	PFD	Lmm	RRm		
有害物质外漏	转运箱工作不正常	4	人员、环境污染	4	人员操作不当	4	1	none	应急措施	6	1	none	箱内增加吸附剂	
有毒物包装材料破损	分装材料使用不当	3	人员、环境污染	5	物资准备不充分	2	1	opt	应急措施	6	1	opt	加强人员防护	

表7.55 危险品销毁作业过程 HAZOP 风险分析（三）

作业组名称	移动式焚烧销毁设备作业组	作业场区名称	有毒物质分装室	日 期	
工艺单位	危险品销毁作业工艺过程	分析小组成员		页 数	
分析节点	有毒物质分装				

设计意图：使待销毁有毒物质按数量质量要求分成小包装，并记入数据库

偏差	原因		后果		促成后果出现的条件		潜在事故风险		独立的安全保护层		剩余事故风险		建议措施	RSno
	描述	L	描述	S	描述	P	Lu	RRu	描述型	PFD	Lmm	RRm		
防护气密性不足	个人防护不确实	4	人员中毒	5	训练及人员心理	5	2	opt	装备气密性检查	5	1	none	加强培训及装备及时检查	
	防护装备故障	4					2	opt			1	none		
分装器材不足	前期物资准备不充分	2	无法继续作业	1	准备不充分	2	1	none			1	none	严格计划	
分装设施故障	通风柜损坏、引风机故障	4	有毒物泄漏、人员环境污染	4	设备检查、保养不足	5	2	opt			2	opt	加强设施检查	
单包重量异常	1、人为观察失误	4	单包重量不对	1	人为失误，仪器检查不足	3	1	none	电子秤称重		1	none	提高人员心理素质及设备检查	
	2、电子秤故障						1	none			1	none		
有毒物泄漏	1、人为失误	5	人员、环境污染	5	人为失误	4	2	opt	报警器检测		2	opt	增加分装室环境毒剂监测报警器	
	2、报警器故障						2	opt			2	opt		

表 7.56　危险品销毁作业过程 HAZOP 风险分析(四)

作业组名称	移动式焚烧销毁设备作业组		作业场区名称		野外销毁作业场		日 期		
工艺单位	危险品销毁作业工艺过程		分析小组成员				页 数		
分析节点	销毁设备展开及试运行								

设计意图：　展开并组装移动式销毁设备,进行正式作业前装备状态的检查及预热,使其处于正常待命状态

偏差	原因		后果		促成后果出现的条件		潜在事故风险		独立的安全保护层		剩余事故风险		建议措施	RSno
	描述	L	描述	S	描述	P	Lu	RRu	描述型	PFD	Lmm	RRm		
人员机械伤害	操作不当、人为失误	4	人员受伤	4	培训不充分	5	2	opt	人员保护器材	6	1	none	加强培训	
装备参数偏离	检查出现漏项	4	装备工作状况异常	1	装备设计、组件安装等不合理	2	1	none	各种指示仪表	4	1	none	加强装备检查、规范人员操作	
人员烫伤	1、人员心理紧张	5	人员烫伤	4	人为操作失误或装备故障	4	2	opt	急救措施		2	opt	加强培训、规范操作、优化装备设计	
	2、销毁设备故障至外表面超温	4					1	none		1		none		

表 7.57　危险品销毁作业过程 HAZOP 风险分析(五)

作业组名称	移动式焚烧销毁设备作业组		作业场区名称		移动式焚烧销毁设备作业场		日 期		
工艺单位	危险品销毁作业工艺过程		分析小组成员				页 数		
分析节点	销毁作业								

设计意图：　在保证安全前提下进行有毒物质销毁作业

偏差	原因		后果		促成后果出现的条件		潜在事故风险		独立的安全保护层		剩余事故风险		建议措施	RSno
	描述	L	描述	S	描述	P	Lu	RRu	描述型	PFD	Lmm	RRm		
进料过程偏差	(1)进料机故障	7	无法作业,有毒物泄漏,环境污染	4	装备检查不足,安装错误,人为失误	4	4	next	装备试运行	5	2	opt	强化人员培训及心理素质的提高	
	(2)投放时人员紧张导致失误	5					2	opt		5	1	none		

第 7 章 防化危险品销毁安全分析与评价

(续)

偏差	原因		后果		促成后果出现的条件		潜在事故风险		独立的安全保护层		剩余事故风险		建议措施	RSno
	描述	L	描述	S	描述	P	Lu	RRu	描述型	PFD	Lmm	RRm		
系统温度异常	(1)燃烧机故障	3	燃烧室损坏，有毒物分解不充分	4	装备设计不合理或人员操作失误	4	1	none	温度指标表	3	1	none	强化人员培训、优化装备设计	
	(2)燃烧室保温层损坏	3					1	none		3	1	none		
	(3)配风系统故障	2					1	none		3	1	none		
	(4)温度传感器故障	4					1	none		3	1	none		
	(5)操作人员监控失误	5					2	opt		5	1	none		
系统负压异常	(1)燃烧室损坏	2	有毒物泄漏	3	综合原因		2	none	负压指标表	3	1	none	装备优化设计、提高设备的可靠性	
	(2)负压传感器故障	3					3	opt		3	1	none		
	(3)引风机故障	2					2	none		3	1	none		
尾气异常	(1)中合碱液不足	4	污染环境	3	作业规程不合理、作业过程检查不到位	3	1	none	不定时尾气监测	4	1	none	增加适时的尾气监测系统	
	(2)温度不达标至有毒物分解不充分	4					1	none		4	1	none		
	(3)系统参数设定不合理	3					1	none		4	1	None		
	(4)一次投料过多或间隔时间短	3					2	none		4	1	none		

(续)

偏差	原因		后果		促成后果出现的条件		潜在事故风险		独立的安全保护层		剩余事故风险		建议措施	RSno
	描述	L	描述	S	描述	P	Lu	RRu	描述型	PFD	Lmm	RRm		
作业环境中有毒物质超标	(1)投料量及间隔时间不合理	6	有毒物泄漏	4	作业规程不合理、作业过程检查不到位	3	2	opt			2	opt	定时环境监测	
	(2)装备管路破裂						2	opt			2	opt		
人员烫伤	(1)人员心理紧张	5	人员烫伤	4	人为操作失误或装备故障	4	2	opt	急救措施		1	opt	加强培训、规范操作、优化装备设计	
	(2)销毁设备故障至外表面超温	4					2	opt			1	opt		
人员中毒	(1)个人防护失误	2	操作人员中毒	5	准备不足或销毁训练不足	3	1	opt	急救措施		1	opt	加强培训、规范操作、提高心理素质	
	(2)操作不合规范						1	opt			1	opt		

结论:以上对销毁作业过程进行分析后可知,有毒物质分装及焚烧销毁是危险性最高的环节,其他步骤相对危险性较低。危险过程中涉及的危险因素主要有操作规程不合理,操作人员心理素质、操作技能较差,待分装物质危险程度高,装备设计不合理,装备可靠性不佳,操作人员失误,作业环境影响等。

分装过程在备有通风设施的室内进行,即使过程中发生有毒物质泄漏,其危害范围主要还是在室内,另由于每次的分装总量及单包分装量都不是很多,所以污染程度有限,对周边环境不会造成大的污染。对焚烧过程进行分析得知其涉及大量销毁工艺、设备单元问题,所以有必要对焚烧销毁工艺进行更深入的分析,以便对销毁工艺的危险性也有较客观的评价,现以燃烧室为例展开工艺过程分析。由于焚烧销毁是在野外进行,一旦有毒物泄漏会对周边环境造成污染,必须进行危险后果分析,具体分析如表7.58所列。

第 7 章 防化危险品销毁安全分析与评价

表 7.58 危险品销毁工艺过程 HAZOP 风险分析

作业组名称	移动式焚烧销毁设备作业组		作业场区名称	野外销毁作业场		日 期	
工艺单位	移动式特种危险品销毁设备		分析小组成员			页数	
分析节点	燃烧室						

设计意图：待销毁物料主要反应区,经高温燃烧分解使其转化为无毒或低毒物质

偏差	原因		后果		促成后果出现的条件		潜在事故风险		独立的安全保护层		剩余事故风险		建议措施	RSno
	描述	L	描述	S	描述	P	Lu	RRu	描述型	PFD	Lmm	RRm		
空气流量高	(1)鼓风机故障	2	燃烧室温度不达标待销毁物分解不充分	2	设备可靠性不高或装备设计不佳	1	1	none			1	none		
	(2)风量分配不合理	1					1	none			1	none		
空气流量低	(1)鼓风机故障	2	待销毁物燃烧不充分	2	设备可靠性不高或装备设计不佳	1	1	none			1	none		
	(2)风量分配不合理	1					1	none			1	none		
燃料油压力高	(1)油路堵塞	3	油管破裂引发火灾	4	装备检查不确实	2	1	none	燃油泄压阀	4	1	none		
	(2)油泵故障	2					1	none			4	none		
	(3)燃油泄压阀故障	4					1	none			4	none		
燃料油压力低/无	(1)油路破裂	3	无法点火导致不能正常作业	4	装备可靠性低及检查不确实	2	1	none			1	none	加强设备检查	
	(2)油泵故障	2					1	none			1	none		
	(3)燃油泄压阀故障	4					1	none			1	none		

（续）

偏差	原因		后果		促成后果出现的条件		潜在事故风险		独立的安全保护层		剩余事故风险		建议措施	RSno
	描述	L	描述	S	描述	P	Lu	RRu	描述型	PFD	Lmm	RRm		
点火失效	(1)点火器故障	2	无法作业	1	系统检查不确实	2	1	none		none	1	none	增加备份点火系统点火故障系统联动报警	
	(2)控制系统故障	4					1	none			1			
炉膛温度高	(1)系统参数设定错误	3	燃烧室损坏	2	装备设计不合理或人员操作失误	2	1	none	温度低指示表	4	1	none	优化规程及装备定时检查，并增加高温声光报警	
	(2)燃烧机故障	6					1	none		4	1	none		
炉膛温度低	(1)系统参数设定错误	3	待销毁物分解不充分	3	人员培训不足，装备检查不确实，作业规程不合理	4	1	none	温度低指示表	4	1	none	优化规程及装备检查	
	(2)燃烧机故障	6					3	opt		4	1	none		
	(3)燃烧室保温层损坏	4					1	none		4	1	none		
	(4)作业不规范	3					1	none		4	1	none		
燃烧室负压不足	(1)燃烧室损坏	4	有毒物泄漏	3	作业规程不合理或装备可靠性不高、检查不及时	5	2	none	负压指示表	6	1	none	增加负压低声光报警装置	
	(2)引风机故障	3					1	none		6	1	none		
	(3)频繁开启炉门	6					4	opt		6	1	none		
	(4)指示错误	3					1	none		6	1	none		

第7章 防化危险品销毁安全分析与评价

（续）

偏差	原因		后果		促成后果出现的条件		潜在事故风险		独立的安全保护层		剩余事故风险		建议措施	RSno
	描述	L	描述	S	描述	P	Lu	RRu	描述型	PFD	Lmm	RRm		
物流温度高	燃烧室温度高	6	损坏后续单元	5	系统参数设定不合理	4	4	next			4	next	在尾气处理单元进口处设温度探头	
管路泄漏或破损	(1)腐蚀	6	有毒物质泄漏	3	检查及保养不及时	5	4	opt			4	opt	定期检查管路	
	(2)焊接						5	next			5	next		
失去密封	(1)燃烧室变形	1			检查及保养不及时	1	1	none	负压指示表	6	1	none	增加负压低声光报警装置	
	(2)炉门开	6	有毒物质泄漏	3	操作违规	5	4	opt		6	1	opt		
	(3)燃烧室损坏	4				2		none		6	1	none		

有毒物质泄漏后果分析：

鉴于G类有毒物质是一种具有剧毒的高危物质，一旦泄漏危害极大，所以必须进行泄漏后的危害影响模拟分析。

作业时的基本参数：待销毁物为G类有毒物质；大气温度为28℃；大气压力为1atm（1atm=10325Pa）；地表粗糙度系数0.1；地表温度为27℃；相对温度为0.7；风速为4m/s；风向为西风；稳定度为D。G类物质分子量140，半致死（Lct50）=0.1mg·min/L，半失能（Ict50）=0.05～0.07 mg·min/L。

G类物质泄漏后果分析：发生泄漏后，假定泄漏量是一次投放量即200g，由于销毁温度极高，因此物质在泄漏源附近迅速扩散并在其上方形成气溶胶，气溶胶将在大气中进一步扩散，影响广大区域。利用高斯烟团模型便可计算出，发生泄漏事故后到采用有效应急防护措施时的30s时间内其Lct50、Ict50危害范围，计算公式为

$$C(x,y,z) = \frac{2Q_0}{(2\pi)^{3/2}\sigma_y\sigma_x\sigma_z}\exp\left(-\frac{(x-ut)^2}{2\sigma_x^2}\right)\exp\left(-\frac{y^2}{2\sigma_y^2}\right)$$

$$\left\{\exp\left[-\frac{(z-H)^2}{2\sigma_z^2}\right] + \exp\left[-\frac{(z+H)^2}{2\sigma_z^2}\right]\right\} \quad (7.23)$$

式中：$C(x,y,z)$ 为空间点 (x,y,z) 处的浓度（kg/m³）；Q_0 为泄漏源强（kg/s）；μ 为风速（m/s）；σ_x 为下风向扩散系数（m）；σ_y 为侧风向扩散系数（m）；σ_z 为垂直风向扩散系数（m）；H 为有效源高（m），它等于泄漏源高度与抬升高度之和，即 $H = H_s + \Delta H$；H_s 为泄漏源高度（m）；ΔH 为抬升高度，由抬升模型求得。

σ_x、σ_y、σ_z 的取值分别查表 GB/T 3840—91 附表 D_1、D_2 求得，即作业场区取城市远郊区，H 值为 5，计算得 Lct50、Ict50 危险范围如图 7.21 所示。

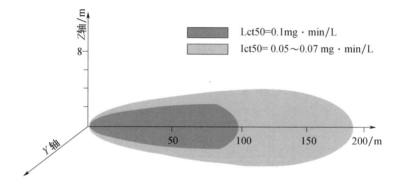

图 7.21 G 类物质 Lct50、Ict50 危险范围

由图可知作业一旦发生泄漏，泄漏区域内 30s Lct50 分布在 100m 内，Ict50 分布在 200m 内，考虑安全距离野外销毁作业时作业区必须离最近的居民区在 500m 以外才有足够的时间进行应急处理。同理可对其他单元进行分析，这里不再赘述。

结论：通过分析可知，销毁作业过程涉及的因素众多，安全评价时所要考虑的指标也较多，既有待销毁有害物的危害性，也有销毁作业过程、销毁工艺流程、销毁设备可靠性、安全性问题，同时又涉及操作人员的作业可靠性、作业环境的影响等方面，要提高安全性，就必须对上述因素进行综合安全分析与评价，进而提出防范措施。

下面就各主要危险因素指标展开分析与评价。

第 7 章 防化危险品销毁安全分析与评价

2. 待销毁危险品安全评价

本例中待销毁有毒物质是 G 类有毒物质,其吸入半数致死量为 70 ~ 100($mg \cdot min/m^3$),吸入半数失能量为 35 ~ 75($mg \cdot min/m^3$),皮肤吸收半数致死量为 24(mg/kg)。评价结果如下。

1) 健康危害评价

急性毒性分级:属剧毒物质。

人体暴露预评估:各值见表 7.59。

表 7.59　人体暴露预评估取值

组别	A						B									C						
	A2	A4	A5	A6	A7	A8	A9	B1	B2	B3	B5	B6	B7	B8	B9	B10	C2	C3	C4	C5	C6	C7	C8
实得分	3	3	2	2	3	0	0	3	2	1	3	2	3	2	2	1	1	1	1	3	1	2	1
应得分	3	4	3	3	3	0	3	3	3	3	3	3	3	3	3	3	2	2	3	3	3	3	3
权重	3			2			1	3		1		2					2						

经计算 A 组得分 34,B 组得分 41,C 组得分 18。由式(7.3)得 $S_{HE} = A + B + C = 93$,$S_{HEmax} = 135$,由式 17.47 得 RE = 0.69,属中等。

最后由表 7.18 可得健康危害评价分级为 + + + ,即高健康危害等级。

2) 生态环境危害评价

生态毒理学危害性分级:各项得分见表 7.60。

表 7.60　生态环境危害评价取值

	急性毒性	鸟类 7 天 LC_{50}	降解	吸附/%	解吸/%	蚤类 21 天延长毒性	BCF	POW	蚤类 14 天/5 性毒性
实得分	3	3	2	2	2	2	2	2	2
应得分	3	3	2	2	2	3	3	3	3

求得综合生态危害性效应的总分值 $S_{HE} = \sum_{i=1}^{n} i / \sum_{j=1}^{n} j = 20/24 = 0.83$,即高

生态危害性。

环境暴露预评价:销毁作业量一般均小于1000kg,取值为0。销毁方式为半开放系统,取值0.5。有毒物自然降解时间很长,取值为3。所以 $S_{EE} = a + b + c = 3.5$,环境暴露评级为低。

最后由生态毒理学危害性评价和环境暴露预评价据表7.21得生态环境危害评价为低(++)。

综上结论可得,待销毁有毒物质对作业人员的健康危害很大,对作业区小环境的危害也很大,但由于有毒物质量少等原因对周边范围环境的危害性有限。

3. 危险品销毁设备潜在危险模式分析

对危险品销毁设备潜在危险模式进行分析可以有效提高其运行可靠性,确保作业的安全。由预先危害分析可知,装备故障对于作业的安全性有着重要影响,是主要危害源之一,又由作业流程分析可知,过程中很多故障都直接或间接来源于装备自身的故障所,所以对危险品销毁设备自身潜在危险模式的分析成为必须之举。具体内容如下。

1) 系统定义

(1) 功能分析。焚烧系统是销毁设备的核心单元,待销毁有毒物质经炉门进入燃烧室在其中经高温焚烧后,经过一系列复杂化学变化降解为无毒或低毒物质,再经后续单元处理排入大气。功能原理如图7.22所示。

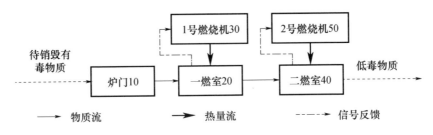

图7.22　焚烧系统功能原理

(2) 焚烧系统功能层次与结构层次如图7.23所示。

第 7 章 防化危险品销毁安全分析与评价

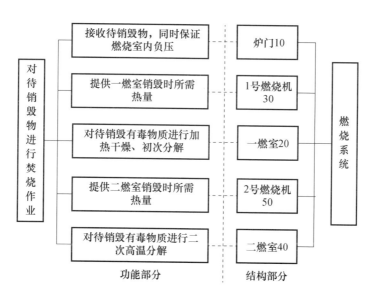

图 7.23 焚烧系统功能层次与结构层次对应图

2）约定层次确定

初始约定层次为销毁设备，约定层次为焚烧系统，最低约定层次为炉门 10、1 号燃烧机 30、一燃室 20 等。

3）严酷度确定

依据燃烧系统各单元故障模式对其高温焚烧任务功能的最终影响程度确定严酷度，如表 7.61 所列。

表 7.61 焚烧系统严酷度类别及定义

类别	定义
Ⅰ（灾难的）	引起销毁设备的焚烧销毁功能完全丧失或造成重大危险事故发生
Ⅱ（致命的）	引起销毁设备的焚烧作业能力下降或造成较小危险事故发生
Ⅲ（中等的）	引起销毁设备部分技术状态不达标，但对焚烧能力影响有限或有可能造成危险事故发生
Ⅳ（轻度的）	对销毁设备正常作业无影响，但会导致非计划维修，不会造成危险事故的发生

4）故障模式分析

焚烧系统的故障模式主要从有关信息中分析得到，如表 7.62 所列。

表 7.62 焚烧系统 FMEA 分析

代码	单元标志	功能	故障模式 识别号	故障模式 模式	故障原因	任务阶段与工作方式	故障影响 局部影响	故障影响 高一层影响	故障影响 最终影响	严酷度类别	故障检测方法	设计改进措施	使用补偿措施
10	炉门	接收待销毁物,同时保证燃烧室内负压	101	无法打开或关闭	(1)炉门开闭连锁机构故障 (2)炉门卡死	销毁作业	炉门不能正常工作	燃烧系统无法正常作业	销毁无法进行	I	目视检查	改进炉门设计,降低卡止可能性	添加手动控制装置
			102	开启幅度小	(1)炉门开闭连锁机构故障 (2)炉门变形或导槽有异物 (3)炉门或导槽变形	销毁作业	上料机无法投料	—	销毁无法进行	I	目视检查	改进炉门设计,降低卡止可能性	添加手动控制装置及相应工具
			103	关闭不确实	(1)炉门开闭连锁机构故障 (2)炉门变形或导槽有异物 (3)炉门或导槽变形	销毁作业	负压及燃烧室温度不达标	燃烧系统无法正常作业	造成有毒物泄漏	II	目视检查	改进炉门设计,降低卡止可能性	添加手动控制装置及相应工具
			104	频繁开启	(1)炉门开闭连锁机构故障 (2)人员操作有误	销毁作业	造成燃烧负压不足	燃烧系统无法正常作业	有毒物可能泄漏	III	目视检查	优化销毁规程,作业中严格执行	负压适时监测与引风机联动补偿负压
			105	炉门损坏	一燃室燃油喷入太多或待销毁物有强爆炸性	销毁作业	造成有毒物质泄漏	燃烧系统无法正常作业	销毁无法进行	I	目视检查	优化销毁规程,控制一次投入量及销毁物种类,作业中严格执行	加强炉门强度

第7章 防化危险品销毁安全分析与评价

（续）

代码	单元标志	功能	识别号	故障模式	故障原因	任务阶段与工作方式	故障影响 局部影响	故障影响 高一层影响	故障影响 最终影响	严酷度类别	故障检测方法	设计改进措施	使用补偿措施
20	一燃室	对待销毁有毒物质进行加热、干燥、初次分解	201	负压不足	(1)炉门频繁开起 (2)负压探头故障至引风机未按要求工作 (3)管路系统有泄漏点	销毁作业	有可能造成有毒物质泄漏	—	有可能造成有毒物质泄漏	Ⅲ	目视检查及负压度仪器检查	无	负压过低时监测并与引风机联动补偿负压
			202	燃烧温度不达标	(1)燃烧机功率不足 (2)燃烧室保温性下降 (3)炉门频繁开起 (4)燃烧机工作不稳定	销毁作业	有毒物初次分解不充分	燃烧系统无法正常工作	销毁作业功能下降	Ⅱ	目视检查	强化销毁作业规范,改进保温层设计及加大燃烧机功率	增加辅助燃烧装置
			203	燃烧温度超过上限	(1)燃烧机温控失灵 (2)温度设定超限	销毁作业	炉体材料损坏	燃烧系统损坏	销毁设备无法正常工作	Ⅰ	目视检查	优化销毁工艺参数,加强燃烧机可靠性	(1)增设超温控制联动机构 (2)增设急降温装置
			20<	一燃室外层温度超过允许值	(1)燃烧室问超温 (2)燃烧室保温层损坏 (3)燃烧室外夹层冷系统故障	销毁作业	外层过热	有可能造成燃烧损坏	作业人员可能烫伤	Ⅲ	温度检测	增加燃烧室保温层保温性	设置配目警戒标志及保护措施

（续）

代码	单元标志	功能	故障模式 识别号	故障模式 模式	故障原因	任务阶段与工作方式	故障影响 局部影响	故障影响 高一层影响	故障影响 最终影响	严酷度类别	故障检测方法	设计改进措施	使用补偿措施
20	一燃烧室	对待销毁有毒物质进行加热干燥、初次分解	205	内层防火材料损坏	(1)燃烧室内超温 (2)机械损坏	销毁作业	一燃室损坏	燃烧系统无法作业	销毁设备无法工作	I	目视检查	增加材料强度及耐火度	提供备用件
			206	燃烧室变形	(1)燃烧室焊接时产生应力 (2)装备长途开进造成损伤 (3)燃烧室超温	销毁作业	影响作业	燃烧系统无法正常作业	销毁设备功能下降	III	—	(1)提前泄去应力 (2)增加强度 (3)优化销毁规范	设计时留有余量
30	1号燃烧机	提供一燃销毁时所需热量	301	不点火不喷油	(1)电控系统故障	销毁作业	一燃室不升温	燃烧系统无法作业	销毁设备无法工作	I	目视检查	选择高可靠性燃烧机	增加辅助电控测试装置
			302	不点火喷油	(1)点火系统故障 (2)点火探头故障	销毁作业	喷入一燃室油太多	燃烧系统无法作业	销毁设备无法工作	I	目视检查	选择高可靠性燃烧机	增加辅助电控测试装置
			303	只点火不喷油	(1)油路控制系统故障 (2)油泵故障 (3)油管断裂	销毁作业	一燃室不升温	燃烧系统无法作业	销毁设备无法工作	I	目视检查	选择高可靠性燃烧机及油泵	增加辅助油路
			304	多次重复点火后燃爆	(1)燃烧质量问题 (2)配风系统太强	销毁作业	造成一燃室损坏	燃烧系统无法作业	销毁设备无法工作	I	目视检查	优先燃烧质量及鼓风系统设计	—

第 7 章 防化危险品销毁安全分析与评价

（续）

代码	单元标志	功能	故障模式 识别号	故障模式 模式	故障原因	任务阶段与工作方式	故障影响 局部影响	故障影响 高一层影响	故障影响 最终影响	严酷度类别	故障检测方法	设计改进措施	使用补偿措施
30	1号燃烧机	提供一燃室销毁所需热量	305	意外灭火后不自动再点火	(1)电控系统故障 (2)点火系统故障 (3)点火探头故障	销毁作业	喷入一燃室油太多	燃烧系统无法正常作业	销毁设备作业功能下降	Ⅲ	仪器检查	(1)选用高性能燃烧机 (2)优化电控系统	增设灭火探头
			306	温控自失灵	燃烧机故障	销毁作业	一燃室温度超温	燃烧系统损坏	销毁设备损坏	Ⅰ	目视检查	选用高性能燃烧机	增设温度控制辅助系统
			307	输油管暴裂	(1)输油管质量不佳 (2)油泵压力大大	销毁作业	燃油泄漏	燃烧系统无法正常作业	销毁设备无法工作	Ⅰ	目视检查	选用高质量油管	增设燃油回路
			308	燃油压力不足	(1)油泵泄漏 (2)油泵功率不足 (3)回油阀压力下限太低	销毁作业	油气混合不佳	燃烧系统无法正常作业	销毁设备作业功能下降	Ⅲ	压力检测	选用高质量油泵	增设备份油泵
40	二燃室	对待销毁有毒物质进行二次高温分解	401	负压不足	(1)炉门频繁开启 (2)负压探云故障至引风机未按要求工作 (3)管路系统有泄漏点	销毁作业	有毒物质停留时间较长	—	有可能造成有毒物质泄漏	Ⅲ	目视检查及负压器检查	—	负压适时监测并与引风机联动补偿负压

（续）

代码	单元标志	功能	故障模式识别号	故障模式	故障原因	任务阶段与工作方式	故障影响 局部影响	故障影响 高一层影响	故障影响 最终影响	严酷度类别	故障检测方法	设计改进措施	使用补偿措施
40	二燃室	对待销毁有毒物质进行二次高温分解	402	负压太大	(1)负压探头故障 (2)二燃烧室通堵塞	销毁作业	有毒物停留时间不足,再次高温分解不充分	—	—	IV	负压仪器检查	选择高可靠度探头	—
			403	燃烧温度不达标	(1)燃烧机功率不足 (2)燃烧室保温性下降 (3)炉门频繁开启 (4)燃烧机工作不稳定	销毁作业	有毒物再次分解不充分	燃烧系统无法正常作业	销毁设备作业功能下降	II	目视检查	强化销毁作业规范,改进保温层设计及加大燃烧机功率	增加辅助燃烧装置
			404	燃烧温度超过上限	(1)燃烧机温控失灵 (2)温度设定超限	销毁作业	炉体材料损坏	燃烧系统损坏	销毁设备无法正常工作	I	目视检查	优化销毁工艺参数,加强燃烧机可靠性	(1)增设超温控制联动机构 (2)增设温度急降装置
			405	二燃室外壁温度过允许值	(1)燃烧室内超温 (2)燃烧室保温层损坏 (3)燃烧室外夹层风冷系统故障	销毁作业	作业人员可能烫伤	有可能造成室燃烧层损坏	作业人员可能烫伤	III	温度检测	增加燃烧保温层保温性	设置配目警戒标志及保护措施

第 7 章 防化危险品销毁安全分析与评价

(续)

代码	单元标志	功能	故障模式识别号	故障模式	故障原因	任务阶段与工作方式	故障影响 局部影响	故障影响 高一层影响	故障影响 最终影响	严酷度类别	故障检测方法	设计改进措施	使用补偿措施
40	二燃室	对待销毁有毒物质进行二次高温分解	406	内层防火材料损坏	(1)燃烧室内超温 (2)机械损坏	销毁作业	二燃室损坏	燃烧系统无法作业	销毁设备无法工作	I	目视检查	增加防火材料及强度及耐火度	提供备用件
40	二燃室		407	燃烧室变形	(1)燃烧室焊接时产生应力 (2)装备长途运输造成损伤 (3)燃烧室超温	销毁作业	影响作业	燃烧系统无法正常作业	销毁设备作业功能下降	III	—	(1)提前泄去应力 (2)增加强度 (3)优化销毁规范	设计时留有余量
50	2号燃烧机	提供二燃室销毁时所需热量	501	不点火不喷油	电控系统故障	销毁作业	二燃室升温	燃烧系统无法作业	销毁设备无法工作	I	目视检查	选择高可靠性燃烧机	增加辅助电控测试装置
50	2号燃烧机		502	不点火只喷油	(1)点火系统故障 (2)点火探头故障	销毁作业	喷入二燃室燃油多	燃烧系统无法作业	销毁设备无法工作	I	目视检查	选择高可靠性燃烧机	增加辅助电控测试装置
50	2号燃烧机		503	只点火不喷油	(1)油路控制系统故障 (2)油泵故障 (3)油管断裂	销毁作业	二燃室升温	燃烧系统无法作业	销毁设备无法工作	I	目视检查	选择高可靠性燃烧机及油泵	增加辅助油路

（续）

代码	单元标志	功能	故障模式 识别号	故障模式 模式	故障原因	任务阶段与工作方式	故障影响 局部影响	故障影响 高一层影响	故障影响 最终影响	严酷度类别	故障检测方法	设计改进措施	使用补偿措施
50	2号燃烧机	提供二燃室销毁时所需热量	504	多次复燃后点爆燃	(1)燃烧质量问题 (2)配风系统太强	销毁作业	造成二燃室损坏	燃烧系统无法作业	销毁设备无法工作	I	目视检查	优先燃烧质量及鼓风系统设计	—
			505	意外灭火后不自动再点火	(1)电控系统故障 (2)点火系统故障 (3)点火探头故障	销毁作业	喷入二燃室油太多	燃烧系统无法正常作业	销毁设备作业功能下降	Ⅲ	仪器检查	(1)选用高性能燃烧机 (2)优化电控系统	增设灭火探头
			506	温度自控失灵	燃烧机故障	销毁作业	二燃室温度超温	燃烧系统损坏	销毁设备损坏	I	目视检查	选用高性能燃烧机	增设温度控制辅助系统
			507	输油管暴裂	(1)输油管质量不佳 (2)油泵压力太大	销毁作业	燃油泄漏	燃烧系统无法正常作业	销毁设备无法工作	I	目视检查	选用高质量油管	增设燃油回路
			508	燃油压力不足	(1)油管泄漏 (2)油泵功率不足 (3)回油阀压力下限太低	销毁作业	燃油气混合不佳	燃烧系统无法正常作业	销毁设备作业功能下降	Ⅲ	压力检测	选用高质量油泵	增设备份油泵

第 7 章 防化危险品销毁安全分析与评价

5）结论与建议

通过表 7.62 分析可知,焚烧系统故障模式多为较严重,对销毁作业的安全影响巨大,是销毁作业安全控制的重点部位。优化装备设计,提高所选组件可靠性,增设相应辅助系统可有效降低作业危险性,保证安全。

对于装备其他单元可依同样分析方式进行评价,这里不再赘述。

4. 销毁设备核心单元安全等级评价

销毁设备的安全性是整个销毁作业安全的基本保证,也是重要的危险源,对其进行安全评价可以有效提高作业安全性。现以销毁设备燃烧室为评价对象对其进行安全等级评价,具体内容如下:

（1）合理区分作业单元。由于销毁过程中装备不同单元内销毁工艺的不同,故按工艺区别进行评价单元划分。

（2）确定单元内重要物质及物质系数 B。销毁作业时各作业单元内部所含物质种类有所不同,因此应针对不同单元选取不同物质进行评价更加合理。譬如,一、二燃室内以有毒物质及燃油混合气体为主,而在换热吸收器内则主要以有毒物质受热分解后所形成的低毒或无毒的 SO_2、SO_3、S、H_2S、HCl 等物质为主,在尾气吸收器中则以碱性液体为主。这里以燃烧室为例,由于有毒物质存量较小,所以应以燃油混合气体作为重要物质。查表或根据公式计算便得轻柴油的物质系数为 10。

（3）特殊物质危险性。燃烧室内所含特殊物质是待销毁有毒物质即 G 类有毒物,在受热情况下发生分解反应,放出大量气体,其危险性系数取 70。

（4）一般工艺过程危险性。对 G 类物质销毁其一般工艺过程危险性系数取值见表 7.63 所示。

（5）特殊工艺过程危险性。焚烧销毁作业属高温作业,由表 7.29 可知其危险性系数是 35,属于可燃性气体物质在标准的自燃着火温度以上使用。

（6）数量的危险性。由于系统内主要物质及待销毁特种危险品数量较小,因此可以不考虑其数量的危险性影响,取值为 1。

（7）布置上的危险性。这里只考虑其结构设计中含有对空气密度 3 以上的可燃物质蒸汽单元且通风排气方向只向上方的构筑物,其危险性系数为 80。

（8）毒性的危险性。根据待评价单元中的特殊物质的毒性可知其重要物质是 G 类有毒物质及其分解后的低毒气体，其 TVL 值为 100，物质类型值为 150，短时间暴露值为 20，皮肤吸收系数为 100，物理因素系数 30。即毒性合计为 400。

表 7.63　单元危险度初期评价各系数值

单元	销毁设备		装置	燃烧室	
物质	轻质柴油		反应	见化学反应式	
（1）物质系数			接头与垫圈泄漏	0～60	
燃烧热	43.5E3kJ/kg		振动负荷、循环等	0～50	
物质系数 B	10		难控制的工程反应	20～30	
（2）特殊物质系数	建议系数	采用系数	在爆炸范围或其附近条件下操作	0～150	
氧化性物质	0～20		平均爆炸危险以上	40～100	
与水反应发生可燃气	0～30		粉尘或烟雾危险性	30～70	
混合及扩散特性	-60～60		强氧化性	0～300	
自然发热性	30～250		工程着火敏感度	0～75	
自然聚合性	25～75		静电危险性	0～200	
着火敏感性	-75～150		特殊工艺过程危险性合计 S	35	
爆炸分解性	125	70	（5）量的系数	建议系数	采用系数
气体的爆轰性	150		单位物质质量	0～100	
凝缩层爆炸性	200～1500		量系数合计 Q	1	
其他异常性质	0～150		（6）配置危险性	建议系数	采用系数
特殊物质危险性合计 M	70		单元详细配置：		
（3）一般工艺过程危险性	建议系数	采用系数	高度 H/m	3m	
仅使用物理变化	10～50	10	通常作业区		
单一连续反应	25～50	25	构造设计	0～200	80
单一间歇反应	35～110		多米诺效应	0～250	
同一装置内的重复反应	0～75		地下	0～150	
物质移动	0～75	40	地表排水沟	0～100	
可能输送的容器	10～100	20	其他	0～250	
一般工艺过程危险性合计 P	95		配置危险性合计 L	80	
（4）特殊工艺过程危险性	建议系数	采用系数	（7）毒性危险性	建议系数	采用系数

第 7 章 防化危险品销毁安全分析与评价

(续)

单元	销毁设备	装置	燃烧室	
低压(<103.4kPa，绝对压力)	0~100	TLV 值	0~300	100
高压(P)	0~150	物质类型	25~200	150
低温： a.(碳钢 10~-10℃)	15	短期暴露危险	-100~50	20
b.(碳钢 -10℃以下)	30~150	皮肤吸收	0~300	100
c. 其他物质	0~100	物理因素	0~50	30
高温：a. 引火性	0~40	35	毒性合计 T	400
b. 构造物质	0~25			
腐蚀与侵蚀	0~150			
化学反应式		$2CH_3 \underset{F}{\overset{O}{\underset{\|}{P}}} O - iC_3H_7 + 13O_2 \longrightarrow 8CO_2 + 9H_2O + P_2O_5 + 2HF$		

(9) 初期评价结果计算：

① DOW/ICI 总指标 D 的计算。根据公式计算 D 值为

$$D = 10 \times \left(1 + \frac{70}{100}\right) \times \left(1 + \frac{95}{100}\right) \times \left(1 + \frac{35+1+80}{100} + \frac{400}{400}\right) = 104.754$$

查表 7.31 知其危险度等级是极端。

② 火灾潜在危险性评价。根据公式计算火灾潜在危险性，即

$$F = 2.33 \times 10^8 \frac{BK}{N} = 2.33 \times 10^8 \times \frac{10 \times 0.02}{900} = 5.17 \times 10^4$$

查表 7.32 知其火灾负荷等级为轻。

③ 爆炸潜在危险性评价。装置内部爆炸的危险性指标为

$$E = 1 + (M + P + S)/100 = 1 + (10 + 95 + 35)/100 = 2.3$$

环境气体爆炸指标为

$$\begin{aligned} A &= B(1 + m/100)QHE(1 + P/1000) \\ &= 10 \times (1 + 30/100) \times 1 \times 3 \times 2.3 \times (1 + 95/1000) \\ &= 98.2215 \end{aligned}$$

查表 7.34 可知其装置内部爆炸危险等级为低，环境气体爆炸指标为中。

④ 毒性危险性评价。单元毒性指标据公式计算得

$$U = TE/100 = 400 \times 2.3/100 = 9.2$$

主毒性事故指标为

$$C = UQ = 9.2 \times 1 = 9.2$$

查表 7.35 可知其单元毒性指标为高，主毒性事故指标为轻。

⑤ 总危险性评分 R。

根据公式计算总危险性评分为

$$R = D\left(1 + \frac{\sqrt{FUEA}}{1000}\right)$$

$$= 104.754 \times \left(1 + \frac{\sqrt{5.17 \times 10^4 \times 9.2 \times 2.3 \times 98.2215}}{1000}\right)$$

$$= 34276.5$$

查表 7.36 可知总危险性评分等级为极端。由于初期评价的结果没有考虑安全措施，所以评价只提供了单元固有的危险性，本例中由于待销毁物属剧毒物质，所以导致燃烧室的固有危险性很高，如果考虑人员防护及必要安全措施后其危险性等级便可以降至可接受等级。

同理可以计算其他单元的危险性等级，这里不再赘述。

5. 销毁作业人员安全分析与评价

危险品销毁人员利用移动特种式危险品销毁设备进行销毁作业时，各作业单元之间彼此协调在电控系统的统一控制下完成销毁任务，操作人员主要参与待销毁物料的分装、上料及装备状态监测等作业环节，重大危险事故诱因中人员操作的失误占有相当比例，加之销毁设备自动化程度较高，电控系统贯穿作业始终，所以对电控系统人员监测的可靠性进行评价，寻找可能的严重失误模式并采取纠正措施对作业安全会有大有裨益。这里以销毁作业电控系统人员监控为例，进行人员操作风险分析与评价。

（1）通过层次任务分析构建事件序列。销毁作业的监控任务包括系统运行参数异常后，操作人员根据实际情况采取必要纠正措施，待装备恢复正常状况后再次实施作业监控。经分析知完成该任务可分解为四个基本任务，即处理系统异常信号、启动应急检查措施、纠正措施实施、重新进行作业监控，其下又

第 7 章 防化危险品销毁安全分析与评价

可细分为子任务,HTA 框图如图 7.24 所示。

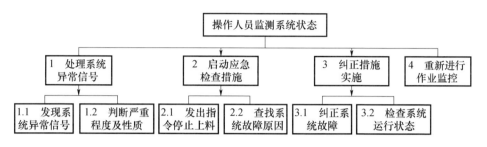

图 7.24 监控任务层次分析框图

(2)进行人误模式预测。根据人误模式预测步骤确定每个基本任务的认知行为和认知功能,分析结果如表 7.64 所列。

表 7.64 电控系统人员监测的人误模式预测

步骤	认知行为	观察			解释			计划		执行				
		O1	O2	O3	I1	I2	I3	P1	P2	E1	E2	E3	E4	E5
1.1	观察			√										
	核实					√								
1.2	比较						√							
	评价								√					
2.1	执行										√			
2.2	执行												√	
	核实					√								
3.1	执行											√		
	调整		√											
3.2	核实					√								
	执行											√		
4	核实				√									
	维持								√					
备注	"√"表示选中													

(3)根据任务中可能的失误模式,由专家讨论并结合销毁作业环境特征确定引发人误的最有可能的组织因素。例如任务 1.1 发现异常信号,对应的人误模式分别是 O3(观察错过,忽视了信号或测量值)和 I2(决策错误,没有做出决

策或决策错误或不完整），对应的状态因素是人-机界面因素问题，追溯到组织因素则为人-机界面设计。其他子任务同理确定。

（4）确定理论失误概率。查表7.39数据，可得到各子任务的基本失误概率。

（5）考虑CPC影响权重，对基本失误概率进行修正，根据公式进行计算便得到工程计算的人误模式概率λ，如表7.65所列。

表7.65 主要人误因素对人误模式概率的影响及调整后的概率

序号	CPC	等级	CPC对认知功能的影响			
			子任务1.1		子任务1.2	
			O3	I2	I3	P1
1	组织的充分性	非常有效	1.0	1.0	1.0	0.8
2	工作环境	有利的	0.8	0.8	0.8	1.0
3	MMI和操作支持的充分性	不合适	5.0	1.0	1.0	1.0
4	规程/计划	可接受的	1.0	1.0	1.0	1.0
5	同时响应的目标数	与能力匹配	1.0	1.0	1.0	1.0
6	可用时间	暂时不足	1.0	1.0	1.0	1.0
7	工作时间	合适	1.0	1.0	1.0	1.0
8	培训、准备的充分性	充分	1.0	1.0	1.0	1.0
9	操作人员的协作质量	非常有效	0.5	0.5	0.5	0.5
主要人误因素总影响：$\prod_{i=1}^{9} C_i$			2.0	0.4	0.4	0.4
调整后的各人误模式概率			6.0×10^{-2}	4.0×10^{-2}	4.0×10^{-3}	4.0×10^{-3}

（6）确定失误影响概率。根据失误对硬件系统、系统功能、目标的完成以及人员的安全等是否有可能产生影响进行综合评价，基于失误影响等级及相对应的概率值，确定失误影响概率，如表7.66所列。

（7）确定失误、任务严重度指标与严重度分析。根据失误模式对系统的影响程度，这里从安全和损失两个方面考虑，假设没有硬件失效，且所有失误都是简单失误，得到失误和任务严重度指标，如表7.66所列。

第 7 章 防化危险品销毁安全分析与评价

表 7.66 电控系统人员监控运行的人误模式、影响和严重度分析结果

步骤	子任务	认知行为	失误模式	组织因素	基本概率	权重因子	调整后概率 λ	失误影响	影响概率	失误危险性指标		系统损失等级	任务危险性指标
1.1	发现系统异常信号	观察	O3	系统设计	3.0×10^{-2}	2.0	6.0×10^{-2}	销毁过程	1.0	6.0×10^{-2}	1.0×10^{-1}	4	0.108
1.2	判断严重程度及性质	核实	I2	系统设计	1.0×10^{-1}	0.4	4.0×10^{-2}	销毁过程	1.0	4.0×10^{-2}		4	
		比较	I3	时间资源	1.0×10^{-2}	0.4	4.0×10^{-3}	销毁过程	1.0	4.0×10^{-3}	8.0×10^{-3}		
		评价	P1	培训	1.0×10^{-2}	0.4	4.0×10^{-3}	销毁过程	1.0	4.0×10^{-3}			
2.1	发出指令停止上料	执行	E2	信息资源	3.0×10^{-2}	1.6	4.8×10^{-2}	销毁作业	1.0	4.8×10^{-2}	4.8×10^{-2}	3	0.0896
2.2	查找系故障原因	执行	E4	规程	3.0×10^{-3}	1.6	4.8×10^{-3}	停止作业	1.0	4.8×10^{-3}	8.48×10^{-2}	3	
		核实	I1	培训	2.0×10^{-1}	0.4	8.0×10^{-2}	停止作业	1.0	8.0×10^{-2}			
3.1	纠正系统故障	执行	E3	工作环境设计	5.0×10^{-4}	1.6	8.0×10^{-4}	故障	0.5	4.0×10^{-4}	3.04×10^{-2}	1	0.0728
		调整	O2	工作环境设计	3.0×10^{-2}	2.0	6.0×10^{-2}	故障	0.5	3.0×10^{-2}			
3.2	检查系统运行状态	核实	I2	培训（操作员能力）	1.0×10^{-1}	0.4	4.0×10^{-2}	销毁过程	1.0	4.0×10^{-2}	4.24×10^{-2}	1	
		执行	E2	时间资源（可用时间）	3.0×10^{-3}	1.6	4.8×10^{-3}	重新检查	0.5	2.4×10^{-3}			
4	重新进行作业监控	核实	I1	系统设计（人-机界面设计）	2.0×10^{-1}	0.4	8.0×10^{-2}	销毁过程	0.5	4.0×10^{-2}	4.2×10^{-2}	4	0.0420
		维持	P2	组织管理功能（计划）	1.0×10^{-2}	0.4	4.0×10^{-3}	销毁过程	0.5	2.0×10^{-3}			

利用严重度矩阵来识别重要的失误模式和任务,现以识别失误模式的严重度为例,横轴代表失误对系统可能产生的损失,纵轴代表失误危险性指标,构建失误模式严重度识别矩阵如图7.25所示,由图可知,造成系统损失最严重的是任务步骤3,发生概率最高的是子任务步骤2.2,这是因为操作人员本身素质及专业知识能力的不同,致使潜在的故障未被发觉,可能给系统带来灾难性的影响。由于人-机界面不合理,指示仪表及信号较多,可能造成概率较高的观察错过和错误识别等。

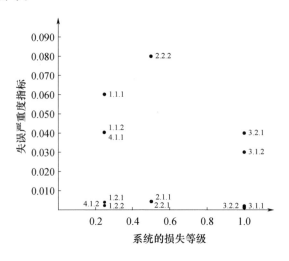

图7.25 基于损失等级的失误严重度识别矩阵

(8) 构建事件树,确定整个任务的失效概率。利用层次分析结果构建的事件树如图7.26所示。根据相应的失误概率计算可确定整个任务的失效概率,由图可见整个任务的失效概率较高,达到0.2785,主要原因在于预测过程中没有考虑失误恢复这一环节,同时,由于是用失误代替失效或是故障来划分,因此,认为失误是潜在的,不会直接导致系统失效,故该方法比较保守。

(9) 确定对系统安全产生重要影响的组织因素。根据表7.66计算的人误危险性指标,可确定对系统安全产生重要影响的组织因素。显然,由于任务1.1中的失误严重度指标计算值为1.0×10^{-1},对应的组织因素为人-机界面设计因素,人-机界面设计是该系统中容易影响人产生失误的最主要的组织因素。同理,对于任务2.2中的执行认知行为,其最有可能发生的人误为行为执行顺

第 7 章　防化危险品销毁安全分析与评价

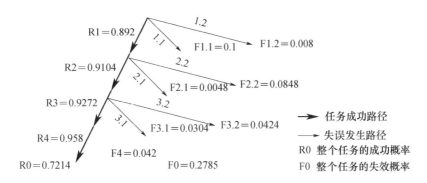

图 7.26　电控系统监控失误重要度分析事件树

序错误。对应的严重度指标计算值为 8.48×10^{-2},对应的组织因素为人员专业培训。依次可得到其他重要的组织因素。因此就组织因素而言,系统界面设计和人员培训是避免销毁系统人员监控失误的重要措施,应该得到重视和提高。

6. 销毁作业环境风险分析与评价

现以移动式特种危险品销毁设备在野外白天对 G 类有毒物质进行销毁时的作业环境潜在危险性进行综合评价为例,验证该评价方法的合理性,作业时人员处于全身防护状态,作业连续进行。

1）影响因素分级取值确定

（1）待销毁物。待销毁物是 G 类有毒物质,查表 7.45,确定分组数值为 95。

（2）销毁设备导致事故发生可能性分级。销毁设备安全性及异常状态报警措施虽较好,但有毒气体发生超压泄漏的可能性还是有的,查表 7.40 表格,定级为 B 分数 50。

（3）人员暴露情况。由于销毁作业连续进行,一般一次性作业都会持续 4~6h,期间人员长时间处在危险环境中,而销毁工作通常会在春、秋季进行,以每季三个月时间为限集中作业,查表 7.48,人员暴露情况定 B 级 55 分。

（4）后果严重度。一旦泄漏事故发生,由于待销毁物属极毒类物质,致死剂量较小,人员会产生较严重的伤亡,虽作业人员作业时都必须全身防护,但危险性仍不容忽视,查表 7.49,定 B 级分数 40 分。

（5）环境影响因素综合评价。作业环境影响因素涉及指标多且很多都是

"模糊"的,可看作模糊集的范畴,加之影响因素复杂,所以采取多因素综合模糊评价能更好地反映作业环境对销毁安全的影响程度。模糊综合评价步骤如下:

① 确定因素集 $U=\{$微气候、照明、色彩调节、噪声与振动、空气污染、设施设备布局$\}$,各二级指标及取值情况详见表 7.67。

表 7.67 作业环境评价指标

序号	一级指标	权重/%	计算值	二级指标	权重/%	评价值	实测值	备注	
1	微气候	5	75	三球温度指数	100	A	29.5	根据三球温度指数与相应的劳动强度下的标准指数进行比较	中等劳动强度
2	照明	8	76.22	整体印象	6	C	75	车间视觉环境作为一个整体给人的印象	
				照明水平	32	B	86	识别作业对象的照明水平	
				眩光状况	9	C	72	视野内有无亮度过高或对比度过大观察能力	
				亮度分布	13	D	69	作业场所内各个部分亮度相对强弱程度	
				光影	9	B	85	物体表面形成的明暗变化及光斑阴影	
				颜色显现	8	A	80	在照明下各种物体及人的皮肤显现的颜色	
				光色	6	C	75	光源的光色	
				表面装饰与色彩	17	D	60	车间内各个表面的装修及色彩设计外观	
3	色彩调节	8	74.8	工作场所用色	26	B	80	与工作房间性质的匹配、光线反向率、色调的性质及配色的合理性、彩度和明度特性要求	
				机器设备用色	16	C	78	与设备功能的适应性、与环境色彩的协调性、运动部位的色彩特征等	
				工作面用色	16	D	60	与加工对象的色调对比、工作面有无反光	
				标志用色	28	D	70	信息的显示与传达、安全色的使用	
				业务管理用色	14	B	88	将颜色运用于报表、文件、图形、卡片、证件、符号和文字之中的程度	

第 7 章 防化危险品销毁安全分析与评价

(续)

序号	一级指标	权重/%	计算值	二级指标	权重/%	评价值	实测值	备注	
4	噪声振动	5	74	等效连续声级	100	B	66	选用不同作业时间的等效声级作为评价标准	中等劳动强度
5	空气污染	5	94.04	有毒气体浓度	60	D	0.0028	各种有毒物质浓度与国家标准对比	
				粉尘浓度	20	B	0.28	粉尘浓度与标准对比	
				二氧化碳浓度	20	B	0.06	以二氧化碳度与空气新鲜程度对应关系进行分析	
6	布局	9	75			C	75	作业现场设施、设备整体布局相对合理,对作业人员销毁活动的负面影响程度不大	
注	待评价环境是对G类有毒物质进行销毁的环境,因此事故中有毒气体泄漏将是主要事故,危险性权重较大。而操作人员处于防护状态,因此人员操作程度较弱,危险性权重不大								

② 确定评价集。评价集 $V=\{A,B,C,D,E\}$。

③ 确定评价因素权向量。各级指标权重通过层次分析法求得见表 7.67 权重栏。对于照明和色彩调节,利用加权和方式求一级指标的监测值。对于微气候、噪声与振动、空气污染三个指标,对其二级指标进行百分制换算。

计算结果为

$$h_{三球温度指数} = 80 - 10 \times \frac{29.5-29}{30-29} = 75$$

$$h_{空气中有毒气体浓度} = 100 - 10 \times \frac{\frac{0.0028}{0.003}-0.75}{1-0.75} = 98.8$$

其他略,然后对各值求解,即

$$f_{空气污染} = \sum_{i=1}^{3} r_i c_i = 94.04$$

最终结果见表 7.67 "计算值"栏。

④ 建立模糊关系矩阵。

依模糊综合评价思想及隶属度计算公式构建模糊关系隶属度矩阵为

$$R = \begin{pmatrix} 0 & 0 & 0.5 & 0.5 & 0 \\ 0 & 0 & 0.622 & 0.378 & 0 \\ 0 & 0 & 0.48 & 0.52 & 0 \\ 0 & 0 & 0.4 & 0.6 & 0 \\ 0.404 & 0.596 & 0 & 0 & 0 \\ 0 & 0 & 0.5 & 0.5 & 0 \end{pmatrix}$$

⑤ 选择算子将 W 与 R 合成,其中

$$W = \{0.25, 0.08, 0.08, 0.15, 0.35, 0.09\}$$

计算得

$$B = \{0.1414, 0.2086, 0.31816, 0.33184, 0\}$$

作业环境二级指标及计算结果如表 7.67 所列。

⑥ 对模糊综合评价的结果进行分析。由于各隶属度较相近,选用最大隶属度原则对结果进行评价,会出现不合理情况,所以选用调整隶属度方法,由于 $b_k = \max\limits_{1 \leqslant j \leqslant m} b_j = 0.33184$,所以拟评定级别 $v_k = 4$,而 $\sum\limits_{j=1}^{k-1} b_j \geqslant 0.5 \sum\limits_{j=1}^{m} b_j \Rightarrow 0.6618 \geqslant 0.5$,所以 $v_{k-1} = 3$,比对表 7.47 "作业环境评价等级" 可知所评价的环境应属于中取值 70。

2) 计算综合评价值

根据前面所确定各影响因素分级数值,由式(7.18)计算销毁作业环境安全评价综合指数为

$$D = O \cdot L \cdot E \cdot C \cdot G$$
$$= 95 \times 50 \times 55 \times 40 \times 70$$
$$= 7315 \times 10^5$$

将计算结果与表 7.50 对比得销毁作业环境安全级别为合格。

3) 结果分析

从评价结果分析可知,作业环境安全评价虽处于合格状态。但由于销毁作业过程中人员处于防护状态,虽然中毒危险下降,但防护服的不透气性、视野受限等原因,使操作人员所处微环境恶劣。加之销毁作业一般为连续进行,随着时间推移,人员疲劳程度逐渐增加,人为操作失误的风险增加,进而导致销毁设

备发生故障的概率提升,有毒物质泄漏可能性增加,最终导致作业环境危险性变大,形成恶性循环。为有效降低危险,应对销毁作业时机及操作人员作业时间加以控制,选择在春秋两季相对较理想,操作人员轮流作业且一次作业时间不宜太长,同时提高销毁设备的可靠性,增设有毒气体泄漏检测报警装置。

7.3.5 安全评价结论

通过基于模型的安全分析与评价,得出移动式特种危险品销毁作业安全状况整体满足要求,并且对全过程有了较清楚的认识,明确了作业中主要危险源及可能的危险事故,抓住了确保作业安全的关键点,同时提出了改进措施,为提高作业的安全性提供理论运行。具体结论如下。

1. 评价结果分析

移动式特种危险品销毁作业安全状况基本满足要求,在安全管理方面已形成一套较全面的作业规范,作业人员经过系统培训基本达到作业要求,设备运行台账清晰、安全检查记录较全面,并且已建立了突发事故应急救援预案,但在分析时也发现了很多安全隐患急待改进解决。

2. 存在的问题

(1) 安全管理方面仍存在漏洞。管理规范虽已健全,但实际执行时存在折扣,人员培训重视程度不足,作业人员心理素质有待提高,销毁作业规范仍有不合理之处,作业中检查力度不足等,导致作业中仍不可避免地发生安全问题。

(2) 销毁设备安全性有待提高。对于核心要害单元应加强安全防范措施,例如:燃烧室、换热器外层有人员烫伤的可能性,但没有设置安全防护网;喷雾吸收塔有高温损坏的可能性,但没有温控探头及系统联动控制装置等。

(3) 物料及待销毁品安全防范措施不足。作业所需燃料为高危物质,其与销毁主设备间缺少安全隔离装置,对待销毁危险品的安全性评估存在缺失现象等。

(4) 销毁工艺及作业过程存在适应能力不足现象。销毁工艺及过程合理性方面相对较好,但适应作业条件改变的能力相对欠缺。例如,销毁温度高或低时都会出现安全状况。作业过程中对于人为参与的步骤安全防范措施不足,例如,进料时人的心理不稳定就有导致毒物泄漏的可能性等。

(5) 作业环境安全性还需改进。销毁作业中人员微气候恶劣,加速疲劳程度,带来安全隐患;销毁作业场区整体布局相对合理,但局部仍有不安全因素,如场区内电线较多,管路交错,给作业人员活动带来不便等。

3. 评价结果及重要性判断

销毁作业中危险性较高的作业过程是有毒物质分装、设备销毁过程,重要的设备核心单元是燃烧室、换热系统、电控系统等。主要设备故障模式是系统负压不足、燃烧室温度异常、换热系统缺水、吸收碱液缺乏等,人员方面则是心理素质不稳定导致的各种危险,包括监测失误、操作不合规范、操作技能掌握不充分等,作业环境不足之处则是作业人员微气候、作业场区温度等。以上都是销毁作业中重要的危险危害因素,其他较次要问题这里不再赘述。

4. 安全改进措施

通过安全性评价,针对安全因素提出如下改进措施:

(1) 待销毁危险品及物料。对于待销毁危险品,在进行安全等级划分的基础上,应采取充分的安全防护措施,例如:改进转运箱安全等级、采用其他销毁方法等;对物料,应加大安全隔离距离,强化应急消防措施等。

(2) 销毁设备。积极改进销毁设备的安全性设计,提高运行可靠性,增设温控探头、负压监测探头、系统冗余备份、防烫伤防护网、系统参数异常联动机构、适时尾气监测等,进一步提高设备的安全性。

(3) 销毁操作规程、工艺方面。进一步优化现有操作规程及销毁工艺,并切实落实各项要求,由于操作规程贯穿作业全程,必须从作业的方方面面入手,既要考虑设备因素也要考虑人员特点,同时销毁工艺的合理性也必须加强研究,从而最大限度地避免重大安全故障的发生。

(4) 操作人员。加强人员培训,提高人员心理素质,强化作业管理及人员的责任感,在规范操作规程及销毁工艺的基础上,加大训练强度,开展广泛的业务学习及经验交流,使操作人员从根本上消除对销毁作业的恐慌感,从而提高人员操作的可靠度,降低销毁作业风险程度。

(5) 作业环境。优化销毁作业的外部环境,选择适合的作业场区,改善场区功能布局,强化各种应急措施及设施设备的准备,积极改善操作人员的防护条件,适时掌握作业强度,避免超体力透支性作业。

第 8 章

防化危险品事故应急处置

防化危险品在生产、储存、运输和使用过程中不可避免地可能会发生泄漏、火灾或爆炸等事故,突发性、事故危险源扩散迅速、对现场人员危险严重、作用范围广是此类事故的共同特点。因此,对防化危险品事故的处置必须做到迅速、准确和有效。正确的处置程序和方法对于控制事故现场、减少人员伤亡和财产损失是十分必要的。

8.1 防化危险品事故应急处置原则

防化危险品事故是危险化学品事故中的一个子项,两者间有诸多相似之处,当发生防化危险品事故时也应遵循危险化学品事故处置时的基本原则。当发生危险化学品事故时,应采取处置救援的基本目标是抢救受害人员、降低财产损失、清除事故造成的后果。为了实现救援目标,在展开事故处置时应该遵循几下原则,使处置救援工作得以最佳实施。

1. 统一指挥的原则

防化危险品事故的抢险救灾工作必须在防化危险品安全应急救援指挥中心的统一领导、指挥下开展。应急预案应当贯彻统一指挥的原则。各类事故具有意外性、突发性、扩展迅速、危害严重的特点,因此,救援工作必须坚持集中领导、统一指挥的原则。因为在紧急情况下,多重领导会导致一线救援人员无所适从,贻误战机。

2. 充分准备、快速反应、高效救援的原则

针对可能发生的防化危险品事故,做好充分的准备;一旦发生防化危险品

事故,快速做出反应,尽可能减少应急救援组织的层次,以利于事故和救援信息的快速传递,减少信息的失真,提高救援的效率。

3. 生命至上的原则

应急救援的首要任务是不惜一切代价,维护人员生命安全。事故发生后,应当首先保护所有无关人员安全撤离现场,转移到安全地点,并全力抢救受伤人员,寻找失踪人员,同时保护应急救援人员的安全。

4. 单位自救和社会救援相结合的原则

在确保单位人员安全的前提下,应急预案应当体现单位自救和社会救援相结合的原则。单位熟悉自身各方面情况,又身处事故现场,有利于初起事故的救援,将事故消灭在初始状态。单位救援人员即使不能完全控制事故的蔓延,也可以为外部的救援赢得时间。事故发生初期,事故单位应按照灾害预防和处理规范(预案)积极组织抢险,并迅速组织遇险人员沿避灾路线撤离,防止事故扩大。

5. 分级负责、协同作战的原则

各级地方政府、有关部门和防化危险品单位及相关的单位按照各自的职责分工实行分级负责、各尽其能、各司其职,做到协调有序、资源共享、快速反应,积极做好应急救援工作。

6. 科学分析、规范运行、措施果断的原则

科学分析是做好应急救援的前提,规范运行能够保证应急预案有效实施,针对事故现场果断决策采取不同的应对措施是保证救援成效的关键。

7. 安全抢险的原则

在事故抢险过程中,应采取切实有效的措施,确保抢险救护人员的安全,严防抢险过程中发生二次事故。

8.2 防化特种危险化学品事故处置

8.2.1 事故处置方案和措施

依据危险源的分析和结论,应制定具体处置方案和措施。

第 8 章 防化危险品事故应急处置

1. 建立应急处置组织机构

突发事故应急救援预案必须明确事故应急救援的组织机构和人员分工。一般要求设置应急救援领导小组、指挥组、事故处置组、警戒组、急救组、消防组等。领导小组组长由单位主管领导担任,指挥组组长由具体负责防化危险品管理的领导担任,其他各组组长应根据所担负的任务选配相应的骨干担任。

2. 应急救援装备器材保障

预案应针对可能发生的事故和场所,准备足够的突发事故应急救援器材、设备、车辆等,明确其存放场所(必要时需绘制示意图)和使用、保管责任人。主要应急救援装备器材包括个人防护装备、灭火装备器材、消毒装备器材、急救药品等,其保障数量针对具体情况而定。一般情况下保障数量如下:

(1)个人防护装备。包括:防毒面具、防毒靴套、防毒手套、防毒服若干套;化学防护服及正压式空气呼吸器 4 套。

(2)灭火装备器材。包括:消防车 1 台,灭火器、灭火沙坑、消防栓等若干。

(3)消毒装备器材。包括:喷洒车 1 台、手动洗消器 1 部、"三合二"消毒剂、碳酸钠 50kg。

(4)急救装备器材。包括:救护车 1 台,复方 11 号(解磷注射液)10 支或复方 68 号(苯克磷)10 支。

3. 处置措施

针对事故的不同类型和可能造成的危害,预案应当明确相对的处置措施。主要内容包括以下几方面:

(1)事故发生时现场人员处置程序。包括控制设备、紧急救治和报告等。

(2)指挥组行动。包括组织指挥各组行动,组织人员疏散、撤离和防护。

(3)各应急保障组行动。迅速到达指定地点,展开相应处置的方法和要求。

(4)规定报警、联络方式。预案中应规定发生突发危险事故时采用的报警方式和联络方法。

8.2.2 事故应急处置的一般程序

事故突然发生后,有可能与预案设想的事故情况相同,也有可能是意外事

故,应当根据预案和现场具体情况进行灵活处置。其一般处置事故程序如下:

(1) 事故发生后,现场安全员应当立即发出突发事故警报并向指挥员报告简要情况,现场设备操作人员应当采取紧急操控措施,制止事故扩大或蔓延。

(2) 指挥员接到报告或警报后,应当即刻向各应急救援组下达应急救援指令并赶往事故现场,查明情况,靠前进行应急救援指挥。根据事故具体情况估算危害的程度、范围和救援需求,指挥各应急救援组的处置行动,必要时上报应急救援领导小组,请求协调友邻单位或地方政府的支援。

(3) 安全警戒组,听到警报并接到指挥员命令后,应当加强警戒,并组织警戒区域内及下风方向危险区域的人员撤离,同时在现场及危害影响区域树立相关危险区域标志。

(4) 侦察组,在防护好自身的情况下,尽快进行取样和分析,查明事故性质,包括污染源类型,污染在空气、水体和土壤中的扩散影响区域等。

(5) 人员救治组,听到警报并接到指挥员命令后,救护车辆、人员立即到达现场,采取防护措施,对受伤人员进行救护和治疗,同时与上级医疗机构进行联系,并负责将危重病人送往上级医疗单位。

(6) 处置组人员,听到警报并接到指挥员的命令后,迅速赶赴现场,根据指挥员的命令,针对所发生事故的性质,采取相应的洗消、消除、消防等处置措施,对事故现场事故源及污染源进行控制,减少危害的扩大。

(7) 处置完毕,指挥组组织各类人员撤离,必要时对事故现场进行监测和警戒,对事故情况进行总结并上报主管机关。

8.2.3 事故应急处置的具体方法

1. 储存和检查过程中可能出现的突发情况及应急措施

(1) 发现库存防化特种危险化学品泄漏时,采取下列措施进行处置:

① 现场人员迅速采取防护措施,并立即撤离现场至有毒现场的上风区域;

② 迅速报告单位值班室;

③ 值班员立即报告值班首长,并在库区发出防化特种危险化学品泄漏警报;

④ 组织现场侦察和救护,查明有毒物质泄漏情况,抢救现场中毒人员,并视

情况送医院治疗,如大量有毒物质泄漏,则迅速佩戴面具防护;

⑤ 组织查明扩散情况,必要时疏散下风方向人员并派出警戒;

⑥ 组织对泄漏有毒物质容器、包装的处理和消毒;

⑦ 对消毒效果进行监测;

⑧ 组织对现场人员进行消毒和卫生处理;

⑨ 编写有毒物质泄漏处置报告,查找原因,制定措施,消除隐患。

(2) 如发现防化特种危险化学品被盗,则迅速向上级报告,同时保护好现场,待有关部门勘察现场完毕后再认真检查,记录被盗有毒物质的数量、质量情况,被盗时间等,并积极协助有关部门破案。

(3) 如果发生地震、水灾等自然灾害,则应迅速检查防化特种危险化学品库受破坏情况、防化特种危险化学品是否泄漏。如果防化特种危险化学品泄漏,则迅速采取相应措施;如果防化特种危险化学品库遭受破坏,应尽快修复;如果防化特种危险化学品库受损严重,无法短期内修复或其地理位置不适宜存放防化特种危险化学品时,则应将防化特种危险化学品转移至安全位置。

2. 运输过程中可能出现的突发情况及应急措施

(1) 运输过程中如因颠簸等原因造成防化特种危险化学品泄漏,押运人员应迅速派出警戒,阻止其他人员和车辆进入危害区,防止群众中毒。

(2) 迅速查明防化特种危险化学品泄漏严重程度。如果泄漏情况轻微,则立即使用随车携带的洗消器材等进行相应处理,经检查确认没有问题后,继续行进,并及时将情况向上级报告。

(3) 如果防化特种危险化学品泄漏严重,押运人员难以在短时间内妥善处理,则应迅速向上级报告,同时向当地驻军和地方政府寻求支援。

3. 销毁过程中可能出现的突发情况及应急措施

(1) 如果正在销毁的防化特种危险化学品泄漏,要按下列程序处置:

① 及时组织现场人员防护,并发出防化特种危险化学品泄漏警报。

② 停止焚烧销毁作业,不要再进料,必要时关闭焚烧销毁设备。

③ 有人员中毒时,迅速组织救护人员,对中毒人员进行急救,并视情送医院治疗。

④ 组织现场侦察和消毒,查明防化特种危险化学品扩散范围,必要时疏散

下风方向人员并派出警戒,并对防化特种危险化学品泄漏地点及其他污染部位进行消毒处理。

⑤ 对消毒效果进行监测。

⑥ 组织对现场人员进行消毒和卫生处理。

⑦ 视情组织继续作业。

⑧ 编写防化特种危险化学品泄漏处置报告,查找原因,制定措施,消除隐患。

（2）焚烧销毁设备出现故障时,按下列程序处置:

① 要及时将未进炉的防化特种危险化学品进行密封包装并放置于主装药暂存间。

② 按照《防化危险品检测销毁站维护保养规程》进行故障排除。

③ 故障排除后视情组织继续作业。

（3）化学法销毁过程中可能出现的突发情况及应急措施。销毁时如发现防化特种危险化学品盛装容器破裂,防化特种危险化学品发生泄漏,应迅速将防化特种危险化学品盛装容器及所有被防化特种危险化学品沾染物品进行消毒处理;因操作不慎致使防化特种危险化学品盛装容器破裂或摔落,在防化特种危险化学品泄漏的同时如造成操作人员染毒,应首先进行自消,然后按上述情况处置;如向消毒液中注入防化特种危险化学品时不慎溅落到身体上,应马上进行洗消处理,然后在上风方向脱掉防护器材,重新作业时,必须更换防护器材。

4. 训练用防化特种危险化学品泄漏的具体处置方法

如是 G 类有毒物质泄漏,用乙醚棉球由外向里包围擦拭,再用浸有碱液的棉球洗消,清水擦洗;泄漏面大,用碱覆盖,并向空气中喷洒氨水,用碱液、三合二液洗消扩散面,再用清水冲洗即可。进入沟槽处的,用碱液、三合二液浸泡,清水冲洗。人员应当在高处和上风方向进行操作。

如是 V 类防化特种危险化学品泄漏,用乙醚棉球由外向里包围擦拭,再用浸有三合二消毒液的棉球洗消,清水擦洗;泄漏面大,用固体三合二覆盖,通风,数小时后,用清水冲洗。进入沟槽处的,用三合二液浸泡,清水冲洗。人员应当在高处和上风方向进行操作。

第 8 章 防化危险品事故应急处置

如是 H 类防化特种危险化学品泄漏,在泄漏物表面覆盖 15% 的次氯酸盐,然后收集到容器内对染毒物体表面妥善处理;现场严禁火花、明火或其他火源;防止污染水源或下水道;喷水雾降低泄漏物挥发;人员应当在高处和上风方向进行操作。

8.3 防化发烟燃烧弹药事故处置

防化发烟燃烧弹药种类繁多,结构不同,在单位训练、使用、储存、运输、销毁过程中因操作不当或因不可控因素容易发生事故,具有爆炸、燃烧、毒害等特点。为使事故及时得到控制,必须遵循事故的处置原则,并制定处置预案和方法。了解防化发烟燃烧弹药的基本防护原则、救护方法和常用的消防方法,最大限度地减少人员伤害及经济损失。

8.3.1 防化发烟燃烧弹药事故的防护方法

对防化发烟燃烧弹药的防护主要分为两部分:一是在使用防化发烟燃烧弹药以及在防化发烟燃烧弹药发生事故需处理时所采用的防护方法;二是在防化发烟燃烧弹药发生事故时所采用的防护措施。在使用防化发烟燃烧弹药时可直接防护,也可穿戴阻燃作战服;在检修、试验、销毁处置防化发烟燃烧弹药时要穿戴防弹背心、头盔和防静电工作服。在检查、销毁处置作业场所应备有足够的干粉灭火器、干燥的沙土和消防水。若弹体内稠化三乙基铝燃烧剂和黄磷发烟剂渗漏,不能用水或泡沫灭火器灭火,可用干粉灭火器喷射干粉覆盖或用干燥沙土掩埋。

当防化发烟燃烧弹药发生事故引起人员烧伤或火灾时,应采取下列措施。

1. 扑灭火源

重点目标应切断电源,关闭煤气、油料管道,保护好水源;根据不同燃烧剂或发烟剂引起的火灾,使用消防车、灭火器或采取破拆阻止火势蔓延,进而扑灭火源。对小范围火区、局部火源除使用灭火器外,可采用铲除法、沉水法、喷水降温法、沙土覆盖法等灭火,并防止熄灭的火源复燃,避免继发性火灾的发生。

2. 抢救

尽快抢救伤员离开火区,迅速转移易爆易燃物,避免继发性毁伤。

8.3.2 常用的灭火方法及灭火剂

1. 灭火方法

灭火方法主要有四种。

(1) 窒息灭火法。阻止空气流入燃烧区,或用不燃气体冲淡空气,使燃烧物质断绝氧气的助燃而熄灭。可采用石棉布、浸湿的棉被、大衣或绿树枝等难燃材料,覆盖燃烧物或封闭孔洞、门窗,用水蒸气、惰性气体(二氧化碳、氮气等)充入燃烧区域内等措施。

(2) 冷却灭火法。将水或灭火剂直接喷洒在燃烧着的物体上,将可燃物质的温度降低到燃点以下,终止燃烧。

(3) 隔离灭火法。将燃烧物与附近易燃物隔离或疏散开,如将木材、粮食、油类、服装、弹药等撤离火区,转移到安全地点,使火因缺少燃烧物而停止燃烧。

(4) 抑制灭火法。将乙基溴或甲烯基溴等化学抑制剂喷射在燃烧区内,使这些化合物蒸气与燃烧分解物产生反应,吸收热量,起中断和抑制燃烧连锁反应的作用,达到灭火的目的。燃烧物质的性能不同,选择的灭火剂和灭火方法应有区别,如扑灭金属燃烧剂和铝热燃烧剂,可采取铲除或沙土封锁火源,也可用密集的冲击性水源,直接喷在燃烧剂上。扑灭油基燃烧剂,可采取雾状水、沙土、干粉或二氧化碳灭火器,进行窒息灭火法灭火。扑灭磷类燃烧剂,一般采用喷雾状水,使磷燃烧剂沉入水中,使之熄灭。对于稠化三乙基铝燃烧剂则只能采用干粉灭火剂或干燥的沙土掩埋覆盖,不能用水灭火,否则反而起到助燃的作用。

2. 灭火器

灭火器根据使用的方式,分为手提式灭火器、推车式灭火器和消防车。手提式灭火器和推车式灭火器装填的灭火剂较少,适用火灾初期或小范围火源的灭火。手提式灭火器有泡沫灭火器、药水灭火器、四氯化碳灭火器、酸碱灭火器和通用干粉灭火器等。酸碱灭火器在钢制圆筒内分装硫酸和碳酸氢钠溶液,使用时将筒倒置,药剂即混合而生成二氧化碳气体迅速喷出。泡沫灭火器,在钢制圆筒内分装硫酸铝和碳酸氢钠溶液,使用时将筒倒转后混合而喷出二氧化碳

第 8 章　防化危险品事故应急处置

为主并含有氢氧化铝的泡沫。推车式灭火器通常使用二氟—氯—溴甲烷灭火剂,这种灭火剂灭火效能高,具有毒性低、绝缘性好的特点,对金属无腐蚀作用,灭火后不留痕迹和久储不变质的特点,对迅速扑灭油类、易燃液体、可燃气体和电器设备的初起火灾以及扑灭珍贵文物、图书、档案和贵重仪器设备的初起火灾很有效。消防车有水罐消防车、泡沫消防车、干粉消防车和二氧化碳消防车等。消防车的灭火剂装填量大,机动性能好,灭火距离远,通常用于大范围的火灾。

3. 灭火剂

灭火剂按主要灭火特点分为冷却型灭火剂、隔绝型灭火剂、冲淡型灭火剂和抑制型灭火剂等四类。冷却型灭火剂主要以水为代表,水落到可燃物上即形成蒸汽,每升水约蒸发出 1.7L 以上的蒸汽并吸收约 $2.5 \times 10^6 J$ (600kcal) 的热量,不但使燃烧区氧的浓度降低,而且使燃烧物温度降低。水对易燃液体造成的火灾不能灭火,水会使火源蔓延,水对带电的电器装置灭火会造成人员触电;对存有金属钠、钾、碳化钙、生石灰及三乙基铝的仓库用水灭火,可能会引起爆炸,产生新的火灾源。隔绝式灭火剂有粉末灭火剂、泡沫灭火剂和沙土等,能迅速隔绝燃烧物与氧气的接触,用于熄灭凝固汽油、可燃液体、碱金属等燃烧剂和混合物的燃烧,对扑灭局部火源和密闭舱室中的火灾最为有效。在铝热剂上撒沙土只能阻止烧熔金属和熔渣的溢流。在铝镁合金上缓慢撒沙土,可使其发生喷溅。在黄磷上喷撒泡沫灭火剂和沙土只能暂时隔绝黄磷与空气接触,不能完全熄灭燃烧。冲淡型灭火剂有水蒸气和二氧化碳等,主要使燃烧区氧的浓度降低,使燃烧的猛烈程度降低。

抑制型灭火剂主要是干粉和卤代烷灭火剂,灭火中常用的卤代烷灭火剂有"1301""1211""2402""1202"等,这些化合物的蒸气与燃烧剂的分解产物反应时,不仅不释放能量,反而吸收能量,导致燃烧反应的中止。在制止火灾蔓延和灭火过程中,应根据燃烧环境和燃烧剂的性能特点选用最合适的灭火剂。

8.3.3　事故的处置

1. 现场处置原则

当发生防化发烟燃烧弹药事故时,要按照以下原则进行现场处置:

(1) 事故发生后,现场人员应迅速采取应急措施,防止事故的扩大和蔓延,组织抢救受伤人员和重要物资,尽量减少损失,减轻事故的危害程度。

(2) 要注意保护事故现场,以便日后勘察事故原因。

(3) 事故发生后,应迅速向上级主管部门报告,必要时,应迅速通报当地公安、交通部门。

(4) 遇火灾事故时,在采取停车、断电、熄灭、关闭油路等措施后应及时按《现场救火处置预案》,迅速将火扑灭。正确选择适应的灭火剂和灭火方法,扑灭火灾人员应处于上风或侧风位置,其中62mm燃烧火箭弹不能用水或二氧化碳灭火器,必须用干粉灭火器或干沙土掩埋。在扑灭火源的同时迅速组织人力转移其他防化发烟燃烧弹药。

(5) 防化发烟燃烧弹药一旦发生意外爆炸或燃烧事故,现场人员除采取有关措施外,还应详细记载和提供发生事故的情况。在事故未做调查处理之前,凡有可能危及人员或装备的防化发烟燃烧弹药一律暂停使用。

(6) 若发生火焰烧伤、化学烧伤、化学腐蚀、冲击波损伤、破片外伤等,应及时按《现场抢救处置预案》对人员进行救治并及时送医院处治。

(7) 事故现场处置完毕,要组织有关人员对事故现场进行勘查并提出勘查报告上报。

2. 事故个案处置

防化发烟燃烧弹药一般情况下在训练、使用、储存、运输、销毁过程中,只要按照技术要求和操作要领,应该是安全的。但也会发生意外个案,下面分别就可能发生的防化发烟燃烧弹药事故的个案及其处置方法进行介绍。

1) 引信受猛烈冲击或跌落

燃烧火箭弹和发烟火箭弹如在运输装卸或使用过程中受到猛烈冲击或跌落,发现引信头部的涡轮脱落,表明引信已经完全解脱保险;若涡轮与引信体之间有明显缝隙,且涡轮松动,说明惯性保险已解除。出现这两种情况应按危险品处理,立即就地销毁。销毁时必须保持弹体水平,严禁震动,转移至安全地点销毁。销毁已解除保险的火箭弹时,要在远离房屋、人员和易燃物的安全地点,挖一个深度不小于0.5m的细长方坑,将待销毁的危险弹轻轻装入壁厚不小于10mm、两端开口的钢管内,运至方坑处,将危险弹轻轻放入方坑内,或使用绳索

第8章 防化危险品事故应急处置

将危险弹套牢,人员撤到距方坑 30m 以外,通过绳索将弹拖入坑内。而后将炸药包轻轻放在战斗部上,引爆炸药将危险弹炸毁。

2) 火箭弹膛炸或近弹爆炸

出现火箭弹膛炸或近弹爆炸的原因主要是火箭弹的战斗部与火箭发动机的强度不够,发生弹药解体,属于意外事故。出现此种情况要按防化发烟燃烧弹药事故处置预案进行现场处置。若有人员受伤,要按《现场抢救处置预案》对受伤人员进行救治并及时送医院进行处治。若由事故引发火灾,要按《现场救火处置方案》迅速扑灭火源,防止事故扩大和蔓延。根据事故现场情况,按《紧急撤离预案》将人员和重要物资(含防化发烟燃烧弹药)撤离事故现场,尽量减少损失,减轻事故的危害程度。详细记载发生事故的情况,迅速向上级主管部门报告,并协同上级主管部门对事故进行勘查,分析其原因,提出事故勘查报告。

3) 火箭弹留膛瞎火

火箭弹留膛瞎火一般有两种情况:一是正常作用故障,其原因是发射后筒接线脱落或是触点有锈痕,导致点火线路不通。此时可按一般故障处理,关闭发射保险机构,检查发射后筒接线柱火箭弹导线是否脱落,如是,重新接通故障排除,又可重新发射。二是不属上述故障,仍不能正常发射则属意外事故,需将该枚弹作为废弹处理。按照退弹的动作要领,从发射器上将火箭弹退出,并按废弹要求就地炸毁销毁。其操作要求可按处理"引信受猛烈冲击或跌落"而作为危险火箭弹销毁的操作要求实施。

4) 火箭弹发射后未爆或半爆

火箭弹在训练和使用中发射后出现哑弹未爆,其原因:一是引信未解脱保险致使不能正常引爆;二是引信保险已经解脱,但传爆不正常致使弹丸不能爆开。此时的火箭弹应属于危险弹,应就地引爆销毁。销毁时不要移动火箭弹,只是在战斗部上轻轻放上炸药包,并在安全距离外将其引爆即可。此种事故不会对人员造成伤害,也不会引起火灾,但要将出现哑弹的情况报告上级主管部门,由其转告生产单位,以加强对火箭弹的作用可靠性的生产和检验监督。至于发射火箭弹后出现的半爆现象,严格意义上不应属于意外事故,其主要原因是引信显然解脱保险正常作用,但传爆系列作用不完全而致使弹丸爆炸不完全。出现这种情况,应将未完全爆开的弹丸中的燃烧剂或发烟剂烧完,以免被拾荒者挖走,造成人员烧伤事故。

5) 发烟手榴弹意外爆炸

发烟手榴弹属燃烧型烟幕施放方式装备器材,从作用机理和技术状态均不应该发生爆炸。若发生爆炸属意外事故,其原因可能是传火系列出现了问题,致使发烟剂燃速剧增来不及发生排放而发生爆炸。若出现意外爆炸,要按防化发烟燃烧弹药事故处置预案进行现场处置。若有人员受伤,要按《现场抢救处置预案》对受伤人员进行救治并及时送医院进行处治。若引发火灾,则要按《现场救火处置方案》迅速扑灭火源。暂停使用该类该批手榴弹,待查明原因后再确定是否继续使用。详细记载发生事故的情况,迅速向上级主管部门报告,并协同上级主管部门对事故进行勘查,分析其原因,提出事故勘查报告。

6) 发烟罐着火

发烟罐在点燃发烟时,有串火是正常现象。但若燃起大火就属不正常了,究其原因可能是发烟剂的装药结构问题,致使发烟剂燃速太快而燃起大火。出现此种情况后,要用干沙土掩埋发烟罐,将其隔离空气把明火扑灭。若由此引燃周围易燃材料而引起火灾,则可按《现场救火处置方案》迅速将火源扑灭,防止扩大和蔓延。

7) 抛撒发烟弹近程掉弹

抛撒发烟弹按技术要求其火箭发动机作用后应将发烟弹射至 400~800m 的距离后,再开始抛撒出发烟罐并点燃施放烟幕。若发生事故,可能会出现近程掉弹,即不到规定的射距,发烟弹就掉地。究其原因主要是火箭发动机工作不正常,造成推力不够而使途中掉弹或是发烟弹与火箭发动机连接强度不够。此时的危险在于开航抛撒机构仍在工作,延迟时间作用完,即将发烟罐抛出并点燃。出现此种情况后,要根据事故现场情况,按《紧急撤离预案》将人员及重要物资撤离到安全地带。若有人员受伤,则按《现场抢救处置预案》对受伤人员进行救治并及时送医院进行处治。若引发了火灾,则应按《现场救火处置预案》迅速扑灭火源。详细记载发生事故的情况,迅速向上级主管部门报告,并协同上级主管部门对事故进行勘查,分析其原因,提出事故勘查报告。

第 8 章　防化危险品事故应急处置

8）安装油料点火管意外走火伤人

喷火器在装填或再装填时,按照操作要求安装油料点火管时,是不应该走火,即使走火也不应该伤人。出现安装油料点火管意外走火并且伤人,完全是违反操作要领,其一是没有关掉开关保险,其二是安装人员的手掌心正对了油料点火管的喷火口。出现此类事故后,首先应立即检查开关保险并关闭,对受伤人员立即进行救治并及时送医院进行处治。详细记载发生事故情况,迅速向上级主管部门报告,并协同上级主管部门对事故进行勘查,分析其原因,提出事故勘查报告。

9）调制喷火油料意外着火

调制喷火油料时按正常的操作要求,不应使用明火,也不允许铁器碰撞,因此没有引起着火的条件,若发生意外着火属意外事故。当此类事故发生时,要根据现场情况,按照《现场救火处置预案》,迅速扑灭火源。迅速搬运其他易燃物资,以免事故扩大和蔓延。若有人员被烧伤,也要按照《现场抢救处置预案》救治受伤人员并及时送医院处治。同样也必须记载发生事故情况,迅速向上级主管部门报告,并协同上级主管部门对事故进行勘查,分析其原因,提出事故勘查报告。

3. 事故勘查及勘查报告

当主管部门接到下属单位发生防化发烟燃烧弹药事故报告后,应组织人员(包括主管部门的领导、业务参谋、技术专家和事故单位领导)成立事故勘查组,对事故进行勘查。勘查的内容应包括发生事故的时间、地点,执行任务情况,执行任务的环境和条件(温度、湿度),使用的弹的品种、型号、批次、出厂日期、生产厂家、技术状态,事故发生详情以及事故初步原因等。勘查结束后要提出事故勘查报告。

8.4　化学防暴弹药事故处置

8.4.1　事故的危害形式与特点

1. 事故的危害形式

化学防暴弹药事故造成危害的主要因素:一是刺激剂的危害;二是爆燃本

身造成的危害。

（1）刺激剂可通过蒸气（粒子直径 0.01~0.1μm）、气溶胶（包括雾和烟,其粒子直径 0.1~10μm）、微粉和液滴四种状态对人员起毒害作用。蒸气、气溶胶主要通过呼吸道吸入作用,同时对裸露皮肤、眼、鼻、喉等产生强烈刺激；微粉既可通过飞扬经呼吸道吸入作用,又可沉降造成地面、物体污染和使裸露皮肤、感官等遭受刺激；液滴可使人员直接或间接遭受刺激。

如苯氯乙酮、西埃斯等可使眼产生强烈的灼痛或刺痛,立即引起眼睑痉挛和大量流泪、流涕。稍高浓度下还可影响视力,并可致恶心、呕吐。暴露时间短,症状仅持续数分钟,离开毒区后迅速缓解,5~10min 后基本消失。暴露时间稍长,可引起结膜炎和暴露部位皮肤损伤。长期暴露在高浓度下,可发生肺水肿。

（2）爆燃型 这类事故由于燃烧、爆炸,使刺激剂泄漏和爆炸等多种形式造成人员伤害及环境严重污染。这类事故的特点是：因燃烧、爆炸本身或次生的灾害造成现场死伤人员多,有中毒的,也有烧伤的、爆震伤的、骨折复合中毒的、冲击伤的等,伤情复杂。

2. 事故的特点

化学防暴弹药事故除具有其他装备事故的共性特点外,还有其自身特点：

（1）危害后果严重。化学防暴弹药发生燃烧、爆炸等事故,可造成装备、设备毁坏和财产损失,甚至人员伤亡、中毒等。

（2）情况处置复杂。化学防暴弹药属易燃、易爆危险品,事故处理专业性强,技术要求高。一般情况下要求有专业技术人员指导,使用专业防护及洗消（除）装备、专用救治药品,以防止装备、人员交叉污染,以及燃烧、爆炸引起的烧伤、爆震伤、骨折等复合伤,这就为诊断和救治带来了一定困难。

（3）社会影响面广。防化危险品一旦发生事故,由于危害后果严重、处置复杂,必然影响大、传播快,给单位造成不良后果,给社会造成严重影响。所以必须千方百计做好安全防事故工作,特别要坚决杜绝重大责任事故的发生。

3. 预防措施

搞好化学防暴弹药的安全管理,要贯彻"预防为主"的原则,防止重大事故发生。

第 8 章 防化危险品事故应急处置

4. 应急措施

（1）事故发生后，现场人员应迅速采取应急措施，防止事故的扩大和蔓延，组织抢救受伤人员和重要物资。要采取措施减少损失，减轻事故的危害程度。

（2）要注意保护现场。在抢救伤员和抢救物资的同时，现场人员还应注意事故现场的保护，因抢救而移动现场时应设标志。

（3）事故发生后，应迅速向上级主管部门报告，必要时，应迅速通报当地公安、交通部门。

（4）遇火灾事故时，在采取停车、断电、熄火等措施后，还应迅速将火扑灭。若没有灭火器，应使用沙土将火焰盖住，绝对禁止用水浇在油火上。同时，迅速组织人力转移一切易燃易爆物品。对于无法扑灭且对附近影响的装备应设法离开危险区，以减少损失。

（5）化学防暴弹药一旦发生爆炸，现场人员除采取有关措施外，还应详细记载和提供事故发生时情况。在事故未做调查处理前，凡有可能危及人员、装备、弹药等安全的易燃易爆品，一律暂停使用。

（6）若发生化学损伤、中毒等事故，应及时按各种伤害救护规程对受伤人员进行抢救，并迅速报告相关部门。

8.4.2 事故的处置

1. 事故的侦检

一旦发生化学防暴弹药事故，将会造成刺激剂严重泄漏。这类化学事故应急救援需各有关部门配合行动。为此，有关部门必须组建相应的专业队伍。现场快速侦检队伍是不可缺少的专业队伍之一，单位有防化侦检分队，能为救援指挥部门提供决策依据。在实施救援任务时，各种队伍在救援指挥部门的统一指挥下接受指令。

对发生的化学防暴弹药事故实施侦检，其内容包括以下几项：

（1）确定事故区有毒气体的种类。化学防暴弹药发生事故而造成的污染，多数情况是由刺激剂形成的，刺激剂种类也是已知的，或已由事故单位报告，但除了刺激剂有害气体外，要注意由燃烧、爆炸产生的次生有毒气体（有待研究）的侦检。有毒气体引起危害事故时，必须对毒物进行定性测定。确定毒物品种,对中毒人员采取针对性急救治疗具有重要意义。

(2) 测定有毒气体危害范围。根据刺激剂毒物浓度高低划分并标志染毒区,为群众撤离标示安全方向,如图8.1所示。灾害性化学事故的危害区域根据中毒人员受伤害的程度,划分为重度、中度及轻度染毒区。

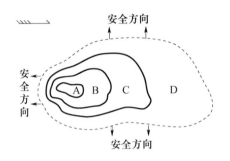

图 8.1　染毒区划分示意图

A—重度区;B—中度区;C—轻度区;D—影响区。

① 重度染毒区是事故中心区,即泄漏毒源附近地域,面积较小,但毒物浓度高,还可能有地面污染,人员遭受严重毒害,受害人员不经紧急抢救可能会有较大的伤亡,因此该区域是紧急救人的重点区域。执行任务的专业人员需佩戴高效能防护器材,如空气呼吸器、防毒面具或氧气面具。该区域的边界可根据不同毒物的严重伤害浓度来确定。

② 中度染毒区是指人员遭受中等伤害的区域,在事故发生后的一段时间出现。该区域毒物浓度已降低,但面积较大,受害人员较多,是组织群众紧急防护和撤离的重点区域。该区边界可根据各种不同毒物的中等伤害浓度确定。

③ 轻度染毒区是指人员遭受轻度伤害的区域。该区域毒物浓度较低,面积大,受害人员更多,但受害人员离开染毒区 5~10min,无须医治即可恢复正常,大部分人员可采取简易防护措施进行自救互救。该区域的边界浓度为轻度伤害浓度。

划分染毒区的目的在于:根据毒物危害程度的不同,区别轻重缓急,以便迅速、有序、有效地实施救援。

染毒区的上风和侧风方向为安全方向,因此事故发生后需及时标示安全方向,以便于群众撤离。

(3) 监视毒区边界的变化。监视毒区边界的变化以便随时了解事故危害的动态变化,并及时提供指挥部门。当事故危害逐渐消失时,确定危害毒物浓度已降至有害浓度以下,以利指挥决策。

2. 防护

在突发化学事故后,必须在各级应急救援指挥部的统一指挥下实施应急救援。为避免和减少群众及救援分队的伤亡和提高救援效果,必须及时采取防护措施。

在实施化学救援时,既要为中毒伤员脱离毒区时提供个人防护,又要为实施救援的人员提供执行各类任务时合适的防护器材。只要正确使用个人防护装备和采取各种防护措施,就能减轻或避免受到毒物伤害。其基本原则是:专业技术防护与群众性防护相结合,制式防护器材与简易防护器材相结合。

1) 个人防护

(1) 遵守毒区行动规则和及时洗消。服从各级救援指挥部的命令,根据预案规定路线进行救援,没有命令不准解除个人防护。在毒区不准随意坐下或躺卧,禁止饮水进食,尽量避免在染毒空气容易滞留的建筑物角落及低洼处停留。一旦发生染毒及离开毒区后,必须尽快组织人员及时对所用器材进行洗消,在洗消过程中也要注意个人的防护。在完成救援任务后,所有参加救援人员必须全身淋浴洗消并换干净衣服。

(2) 器材防护。执行救援任务时,事故现场情况复杂。刺激剂浓度可能很高;由于燃烧、爆炸,致使同时存在高温、缺氧、断电、烟雾大而能见度低等恶劣条件。根据执行任务的需要,正确选择各类个人防护装备,个人防护装备包括:对呼吸道、眼睛的防护为主的各种防毒面具,也可采用正压式呼吸器。对全身防护的全身防毒衣和对局部防护的防毒斗篷、手套、靴套等。

(3) 防毒面具分类。防毒面具无论是军用还是民用,其防毒原理和结构基本是一致的。根据防毒原理,防毒面具分为过滤式和隔绝式两类。

① 过滤式防毒面具。在救援时,要根据发生事故的有毒气体选择合适的滤毒罐结合在防毒面罩上,同时注意滤毒罐的时效性。在缺氧、低氧(氧气含量小于18%)环境下不能使用,应换用隔绝式防毒面具。过滤式防毒面具是救援队

伍的基本个人防护装备之一。

② 隔绝式防毒面具。在作业场所空气中氧含量低于18%或有毒气体含量高于2%(体积)时,严禁使用过滤式防毒面具,必须使用隔绝式防毒面具。

常用的有空气呼吸器和导管式(送气式)面具。这类面具靠自身携带的氧气瓶或压缩空气供呼吸,对有毒气体没有选择性,可在缺氧等特殊环境下,执行切除毒源、抢修、抢救重度毒区伤员等特殊任务。但使用时要注意避免供气压力用完才撤离现场,应留一部分气体供撤离毒区。另外,这类呼吸器内有高压容器,进入高温火场必须有水枪保护,以免引爆发生危险。空气呼吸器由于结构复杂、价格贵,一般属救援分队内的专业技术人员使用。

③ 皮肤的防护:

a. 全身防护。目前研制有连身式防毒衣和透气式防毒衣。还可利用雨衣、塑料布、塑料薄膜、帆布、油布、毯子、棉大衣、斗笠或雨伞等就便器材遮住身体各部位,防止有刺激剂直接落在身上。雨衣、塑料薄膜等都有相当的防渗透能力。

b. 局部防护目前研制有皮肤防护器材,分有袖、无袖两种形式,包括防毒斗篷、手套和靴套。上肢及手可戴上各种手套,橡胶的手套效果更好。下肢可利用长筒雨鞋、胶鞋、皮鞋,也可用塑料布、帆布,麻袋片撕成 2~3m 长,15~20cm 宽的布条裹腿包足。

2) 集体防护

集体防护主要是将人员转移、疏散至上风方向不受有毒有害气(液)体影响的安全区域。如有条件也可将人员转移到设有滤毒通风装置的人防工事、防毒掩蔽部等集体防护工事中,能较长时间进行医疗救护、休息而不致遭受伤害。如来不及撤离,毒区人员应迅速在简易防护下转移至坚固、气密性能好,有隔绝防护能力的钢筋混凝土和砖混合结构的多层建筑内。如钢窗、铝合金门窗的防护效果较好。有关实施数据表明,即使是关紧木制门窗,也可将伤害降至50%以下。人员进行隔离防护后,应立即堵住与外界明显相通的缝隙,并关闭通风机、空调机,同时熄灭火源。人员尽可能停留在房屋内背风一端和外层门窗最少的地方。当毒气过去后,救援指挥部应通知居民先打开下风方向的门窗通风,让儿童、老弱病残者优先按预定路线撤离至安全区域。

3. 扑救化学防暴弹药火灾的要求

化学防暴弹药一旦发生燃烧、爆炸事故,必须采取针对性的扑救方法,若处置不当,不仅不能有效扑灭火灾,反而会使灾情进一步扩大。此外,由于燃烧产生大量的刺激剂蒸汽、气溶胶等,极易造成人员中毒、灼伤。因此,扑救化学防暴弹药火灾是一项极其重要又非常艰巨和危险的工作,总的要求如下:

(1)扑救人员伺机(事故现场不发生爆炸)进入现场,应处于上风或侧风位置。

(2)前方侦察、扑救、疏散人员应采取针对性防护措施,如佩戴面具或空气呼吸器,穿戴专用防护服等。危险物品火灾现场应尽量佩戴空气呼吸器。

(3)应迅速查明燃烧范围、燃烧物品及其周围物品的品名和主要危险特性、火势蔓延的主要途径。

(4)正确选择最适应的灭火剂和灭火方法。火势较大时,应先堵截火势蔓延,控制燃烧范围,然后逐步扑灭火势。

(5)化学防暴弹药极易发生爆炸、爆裂等特别危险情况,随时需紧急撤退。应规定统一的撤退信号和撤退方法,并进行演练(撤退信号应醒目,能使现场所有人员都看到或听到)。

8.5 放射性物质事故处置

8.5.1 辐射事故的危害形式和分级

辐射事故是指能够直接或间接对生命、健康或财产产生危害或损失的辐射失控的异常事件。造成辐射事故的物质有两种:一是放射性核素或称作放射源;二是某些射线装置辐射出的射线,所以这类事故在有些规定中又称放射性事故。尽管不是每次辐射事故都能造成人员的急性损伤,但辐射事故涉及的范围和造成的损失有时相当可观。因此,世界各国对辐射事故都非常重视。自1960年以来,国际原子能机构等国际组织曾多次召开过专门会议,总结事故教训,讨论预防和处理事故的对策。

辐射事故的显著特点是,它的危害往往不限于工作人员本身,其影响范围可能超出工作场所,甚至远远大于本单位管瞎的地区。按照事故影响范围的大小,可将事故分为局部性、场所性和地区性的等三类:

(1) 局部性事故,其影响范围仅限于肇事地点的工作场所,受照人员往往是肇事者本人或其附近的少数人。

(2) 场所性事故,其影响范围较大,能使本单位内部与肇事者没有任何联系的其他人员受到不同程度的过量照射,或使肇事地点以外的场所造成物质上损失。

(3) 地区性事故,造成的后果则超出了本单位的范围,使社会成员及其财产遭受损失。地区性事故主要是由于大型核设施的某些环节发生故障,将大量放射性物质排入大气或水体中,使周围环境污染;或是将放射源失去控制,在居民中造成强烈照射。

从事放射性工作的单位都可能发生局部性和场所性事故。根据辐射事故发生的原因、危害的范围和事故后果的严重程度,我国《放射性同位素及射线事故管理规定》将放射事故分为五类,即超剂量照射事故,撒、漏、丢辐射事故,超过年摄入量限值事故,超表面污染控制水平事故,其他事故。根据事故后果轻重程度又把事故分为若干等级,即一般事故、重大事故、特大事故。人员一次受超剂量照射事故分级标准列于表 8.1。丢失放射性物质事故分级标准列于表 8.2。

表 8.1 人员受超剂量照射事故分级

受照人员及部位		受照剂量/ Gy		
		一般事故	严重事故	重大事故
放射工作人员	全身局部或单个器官	≥0.05 ≥0.5	≥0.5 ≥5	≥5 ≥20
公众成员	全身局部或单个器官	≥0.005 ≥0.05	≥0.05 ≥0.5	≥1 ≥10

注:表中值不包括天然本底照射,以及正常情况下的职业照射、公众照射和医疗照射所致剂量;对于放射工作人员,表中值包括处理放射事故的计划照射所致剂量。
表中所列各剂量均指一次事故从发生、处理到恢复正常的全过程所导致内外照射剂量之和。
多种人员多部位受超剂量照射事故,级别按最高一级事故判定

表 8.2　丢失放射性物质事故分级

放射性物质形态	放射性活度/Bq		
	一般事故	严重事故	重大事故
密封型	$\geq 4 \times 10^6$	$\geq 4 \times 10^8$	$\geq 4 \times 10^{11}$
非密封型	$\geq 4 \times 10^5$	$\geq 4 \times 10^7$	$\geq 4 \times 10^{10}$

注：表中各级值应乘以毒性组别修正因子 f。极毒组 $f=0.1$，高毒组 $f=1$，中毒、低毒组 $f=10$

另一种辐射事故分级方法是 2005 年实施《放射性同位素与射线装置安全和防护条例》，根据辐射事故的性质、严重程度、可控性和影响范围等因素，从重到轻将辐射事故分为特别重大辐射事故、重大辐射事故、较大辐射事故和一般辐射事故四个等级。

特别重大辐射事故，是指Ⅰ类、Ⅱ类放射源丢失、被盗、失控造成大范围严重辐射污染后果，或者放射性同位素和射线装置失控导致 3 人以上(含 3 人)急性死亡。

重大辐射事故，是指Ⅰ类、Ⅱ类放射源丢失、被盗、失控，或者放射性同位素和射线装置失控导致 2 人以下(含 2 人)急性死亡或者 10 人以上(含 10 人)急性重度放射病、局部器官残疾。

较大辐射事故，是指Ⅲ类放射源丢失、被盗、失控，或者放射性同位素和射线装置失控导致 9 人以下(含 9 人)急性重度放射病、局部器官残疾。

一般辐射事故，是指Ⅳ类、Ⅴ类放射源去失、被盗、失控，或者放射性同位素和射线装置失控导致人员受到超过年剂量限值的照射。

8.5.2　辐射事故的应急处置

辐射事故中最为常见的是外照射事故和表面污染事故两类，下面针对这两类事故阐述具体的应急应对策略和方法。

1. 外照射事故

以丢失放射源为例，其应急处置方法如下：

（1）应向领导和有关安全防护部门及保卫部门报告。

（2）立即分析线索，组织专门队伍，应用高灵敏度的辐射探测仪器进行搜索。当发现高于本底照射的地方时,则顺着辐射场升高的方向追踪,直到找到辐射源。

(3) 如辐射源已离开防护容器,应立即用长柄夹具(或其他工具)将辐射源迅速装入容器内,加上盖子,固定好后用专门交通工具运往指定地点。

(4) 若不知道辐射源的密封性是否完整,事后应对辐射源接触过的工具、设备和地面进行表面污染检查。若 γ 辐射很强,不能接近操作,应先通知在场人员立即撤到安全地点,然后采取防护措施进行处置。

(5) 处置外照射事故的工作人员必须佩戴个人剂量计。在处理事故现场的同时,还应根据接触时间和距离估计事故受照人员所受剂量;全身照射剂量可能超过 0.25cGy,送医疗部门进行医学观察,对一次或短时间内全身受照剂量大于 1cGy 的人员,应送专门医院观察和治疗。

(6) 事故现场大体处置就绪后,再对事故受照人员所受剂量进行精确估算,必要时进行模拟试验,取得可靠数据,供临床处理时参考。

2. 表面污染事故

以放射性液体洒漏(或粉末撒出)事故为例,其应急处置方法如下:

(1) 防止再漏,或将剩余溶液转移到别的安全容器中,再迅速用干的脱脂棉或其他吸附材料将洒出的放射性溶液吸干。如果原来垫有吸附材料,应赶快将它们收集到塑料袋或别的容器中。

(2) 一时不能将污染去除干净时,应先由防护人员划出污染范围,然后再用其他有效方法去除干净,直到经安全防护人员检查认为合格为止。

(3) 发生污染事故后,主要应防止污染蔓延扩大。如果是放射性粉末造成的污染,切忌通风气流太快,不然灰尘容易飞扬污染空气,最好将通风量关小(以至关闭),然后设法收集,一般可用湿法吸附。若是挥发性溶液,则应尽量加大通风量。

(4) 当污染面积较大,或放射性活度很高时,不要用水冲洗。

(5) 去污过程中要避免身体各部位直接与污染表面接触。即使戴上乳胶手套,接触强源时仍有可能被 β 射线烧伤。处理污染事故的人员要注意个人防护,主要是穿着合适的工作服、戴好防护口罩和手套。如果污染非常严重,则应采用隔离式防护用具,如充气头盔或空气呼吸器等。

(6) 如果发生人身污染,不要随意走动或触摸其他物品,以免将污染转移,应立即就地把污染衣服脱掉,然后仔细清洗。

(7) 如果怀疑摄入过量放射性物质,要及时去医疗单位进行医学观察(包括排泄物中放射性物质的分析和体内放射性核素的测量),用药物促排、治疗或作其他处理。

(8) 去污过程中若受外伤,应立即洗净并进行外科处理,防止放射性物质由伤口进入体内。

8.6 其他危险化学品典型事故应急处置

危险化学品典型事故应急处置通常包括爆炸物品,压缩或液化气体,易燃液体,易燃固体,自燃物品,遇湿易燃物品,氧化剂和有机过氧化物,毒害品,腐蚀品,放射性物品,可燃有毒固体,性能稳定的可燃气体,氧化物质,有毒、腐蚀性物质,不燃及对水敏感物质,对人体有刺激的物质,有毒不可燃物质,混合危险化学品应急处置等多种形态,处置过程要求措施得当、步骤合理,下面仅介绍主要事故类型的应急处置程序。

8.6.1 不同事故类型的应急处置

1. 火灾事故

危险化学品容易发生火灾事故,但不同的化学品及在不同情况下发生火灾时,其扑救方法差异很大,若处置不当,不仅不能有效扑灭火灾,反而会使灾情进一步扩大。此外,由于化学品本身及其燃烧产物大多具有较强的毒害性和腐蚀性,极易造成人员中毒、灼伤。因此,扑救危险化学品火灾是一项极其重要而又非常危险的工作。一般不宜贸然扑救,应由专业消防队进行扑救。

从小到大、由弱到强是大多数火灾的规律。在生产过程中,发现并扑救初起火灾对安全生产及国家财产和人身安全有着重大意义。因此,在化工生产中操作人员一旦发现火情,除迅速报告火警外,应使用灭火器材把火灾消灭在初起阶段,或使其得到有效的控制,为专业消防队赶到现场扑救赢得时间。

从事化学品生产、使用、储存、运输的人员和消防救护人员应熟悉和掌握化学品的主要危险特性及其相应的灭火措施,并定期进行防火演习,加强紧急事态时的应变能力。一旦发生火灾,每个职工都应清楚地知道他们的作用和职责,掌握有关消防设施的使用方法、人员的疏散程序和危险化学品灭火的特殊要求等内容。

1）危险化学品火灾事故处置措施

（1）采取统一指挥、堵截火势、防止蔓延、分割包围、速战速决的灭火战术。

（2）扑救人员应占领上风或侧风阵地。

（3）进行火情侦察、火灾扑救、火场疏散的人员应有针对性地采取自我防护措施,如佩戴防护面具,穿戴专用防护服等。

（4）应迅速查明燃烧范围、燃烧物品及其周围物品的品名和主要危险特性、火势蔓延的主要途径以及确定燃烧的危险化学品及燃烧产物是否有毒。

（5）正确选择最适合的灭火剂和灭火方法。

（6）对有可能发生爆炸、爆裂、喷溅等紧急情况的,应按照统一的撤退信号和撤退方法及时撤退。

（7）火灾扑灭后,要派人监护现场,消灭余火。起火单位应保护现场,协助公安消防部门和上级安全管理部门调查火灾原因,核定火灾损失,查明火灾责任。未经公安消防部门和上级安全监督管理部门同意,不得擅自清理火灾现场。

2）生产装置初起火灾的扑救

当生产装置发生火灾爆炸事故时,现场操作人员应迅速采取如下措施。

（1）应迅速查清着火部位、着火物质来源；及时准确地关闭阀门,切断物料来源及各种加热源；开启冷却水、消防蒸汽等进行冷却或有效隔离；关闭通风装置,防止风助火势或沿通风管道蔓延。从而有效地控制火势以利于灭火。

（2）带有压力的设备物料泄漏引起着火时,应切断进料并及时开启泄压阀门,进行紧急放空,同时将物料排入火炬系统或其他安全部位,以利灭火。

（3）现场当班人员应迅速果断做出是否停车的决定,并及时向调度室报告情况和向消防部门报警。在报警时要说明着火单位、地点、着火部位和着火物质,最后报上自己的姓名。

第 8 章　防化危险品事故应急处置

（4）装置发生火灾后，当班的领导或班长应对装置采取准确的工艺措施，并充分利用装置内消防设施及灭火器材进行灭火，若火势一时难以扑灭，则要采取防止火势蔓延的措施，保护要害部位，转移危险物质。

（5）在专业消防人员到达火场时，生产装置的负责人应主动向消防指挥人员介绍情况，说明着火部位、物质情况、设备及工艺状态，以及采取的措施等。

3）易燃、可燃液体储罐初起火灾的扑救

（1）易燃、可燃液体储罐发生火灾、爆炸，特别是罐区中某一罐发生着火、爆炸是很危险的。一旦发现火情，应迅速向消防部门报警并向调度指挥室报告，报警和报告中必须说明罐区的位置、着火罐的位号及储存物料情况，以便消防部门迅速赶赴火场进行扑救。

（2）若着火罐还在进料，必须采取措施迅速切断进料。如无法关闭进料阀，可在消防水枪的掩护下进行抢关，或通知送料单位停止送料。

（3）若火罐区有固定泡沫发生站，则应立即启动泡沫发生装置。开通着火罐的泡沫阀门，利用泡沫灭火。

（4）若着火罐为压力容器，应迅速打开水喷淋设施，对着火罐和邻近储罐进行冷却保护，以防止升温、升压引起爆炸，打开紧急放空阀门进行安全泄压。

（5）火场指挥员应根据具体情况，组织人员采取有效措施防止物料流散，避免火势扩大，并注意邻近储罐的保护以及减少人员伤亡和火势的扩大。

4）电气火灾的扑救

（1）电气火灾的特点。电气设备着火时，现场很多设备可能是带电的，这时应注意现场周围可能存在的较高的接触电压和跨步电压。同时还有一些设备着火时是绝缘油在燃烧，如电力变压器、多油开关等，受热后易引起喷油和爆炸事故，使火势扩大。

（2）扑救时的安全措施。扑救电气火灾时，应首先切断电源。为正确切断电源，应按如下规程进行。

① 火灾发生后，电气设备已失去绝缘性，应用绝缘良好的工具进行操作。

② 选好切断点。非同相电源应在不同的部位切断，以免造成短路，切断部

位应选有支撑物的地方,以免电线落地造成短路或触电事故。

③ 切断电源时,如需电力等部门配合,应迅速取得联系,及时报告,提出要求。

(3) 带电扑救的特殊措施 有时因生产需要或为争取灭火时间,没切断电源扑救时,要注意以下几点。

① 带电体与人体保持一定的安全距离,一般室内应大于 4m,室外不应小于 8m。

② 选用不导电灭火剂灭火。同时灭火器喷嘴与带电体的最小距离应满足 10kV 以下时大于 0.4m,35kV 以下时大于 0.6m 的条件。

③ 对架空线路及空中设备灭火时,人体位置与带电体之间的仰角不能超过 45°,以防导线断落伤人。如遇带电体断落地面时,要划清警戒区,防止跨步电压伤人。

(4) 充油设备的灭火。充油设备的油品闪点多在 130~140℃,一旦着火,其危险性较大。应按下列要求进行。

① 如果在设备外部着火,可用二氧化碳、干粉等灭火器带电灭火;如果油箱破坏,出现油燃烧,除切断电源外,有事故油坑的,应设法将油导入事故油坑,油坑中和地面上的油火可用泡沫灭火,同时要防止油火进入事故油坑。

② 充油设备灭火时,应先喷射边缘,后喷射中心,以免油火蔓延扩大。

5) 仓库火灾的扑救

仓库内存放的物质可燃品居多,而危险品仓库内储存的各种危险化学品的危险性更大。因此仓库着火时,仓库管理人员应立即向消防部门及调度指挥室报警。报警时说明起火仓库地点、库号、着火物质品种及数量。

仓库内存放的物品很多,仓库的初起火灾更需要仓库管理人员利用仓库的灭火器材及时扑救。仓库灭火不可贸然用水枪喷射,应选用合适的灭火器材进行灭火。否则用水枪一冲,物质损失必然增多,特别是危险品仓库。仓库管理人员应主动向消防指挥人员介绍情况,说明物品位置及相应的灭火器材,以免扩大火势,甚至引起爆炸。

为了防止火场秩序的混乱,应加强警戒,阻止无关人员入内,参加灭火的人员必须听从统一的指挥。

6）人身着火的扑救

人身着火多数是由工作场所发生火灾、爆炸事故或扑救火灾引起的。当人身着火时应采用如下措施。

若衣服着火又不能及时扑灭,则应迅速脱掉衣服,防止烧坏皮肤。若来不及或无法脱掉应就地打滚,用身体压灭火种。切记不可跑动,否则风助火势会造成严重后果。用水灭火效果会更好。

如果人身溅上油类而着火,其燃烧速度很快。人体的裸露部分,如手、脸和颈部最易烧伤。此时疼痛难忍,精神紧张,会本能地以跑动逃脱。在场的人应立即制止其跑动,将其推倒,用石棉布、棉衣、棉被等物覆盖,用水浸湿后覆盖效果更好。用灭火器扑救时,注意不要对着面部。

在现场抢救烧伤患者时,应注意保护烧伤部位,不要碰破皮肤,以防感染。大面积烧伤患者往往会因伤势过重而休克,此时伤者的舌头易收缩而堵塞喉咙,发生窒息而死亡。在场人员应将伤者嘴撬开,将舌头拉出,保证呼吸畅通。同时用被褥将伤者轻轻裹起,送往医院救治。

2. 爆炸事故

1）气体类危险化学品爆炸燃烧事故现场处置基本程序

（1）防护：

① 根据爆炸燃烧气体的毒性及划定的危险区域,确定相应的防护等级。

② 防护等级划分标准,见表8.3。

③ 防护标准,见表8.4。

表8.3 防护等级划分标准

危险区毒性	重度危险区	中度危险区	轻度危险区
剧毒	一级	一级	二级
高毒	一级	一级	二级
中毒	一级	二级	二级
低毒	二级	三级	三级
微毒	二级	三级	三级

表 8.4　防护标准(爆炸燃烧事故现场)

级别	形式	防化服	防护服	防护面具
一级	全身	内置式重型防护服	全棉防静电内外衣	正压式空气呼吸器或全防型滤毒罐
二级	全身	隔热服	全棉防静电内外衣	正压式空气呼吸器或全防型滤毒罐
三级	呼吸	战斗服	—	简易滤毒罐、面罩或口罩、毛巾等防护装备

(2)询情:

① 被困人员情况。

② 容器储量、燃烧时间、部位、形式、火势范围。

③ 周边单位、居民、地形等情况。

④ 消防设施、工艺措施、到场人员处置意见。

(3)侦察:

① 搜寻被困人员。

② 燃烧部位、形式、范围、对毗邻威胁程度等。

③ 消防设施运行情况。

④ 生产装置、控制路线、建(构)筑物损坏程度。

⑤ 确定攻防路线、阵地。

⑥ 现场及周边污染情况。

(4)警戒:

① 根据询情、侦察情况确定警戒区域。

② 将警戒区域划分为重危区、中危区、轻危区和安全区,并设立警戒标志,在安全区视情况设立隔离带。

③ 合理设置出入口,严格控制各区域进出人员、车辆、物资。

(5)救生:

① 组成救生小组,携带救生器材迅速进入现场。

② 采取正确的救助方式,将所有遇险人员移至安全区域。

③ 对救出人员进行登记、标识和现场急救。

④ 将伤情较重者送医疗急救部门救治。

(6)控险:

① 冷却燃烧罐(瓶)及与其相邻的容器,重点应是受火势威胁的一面。

第 8 章　防化危险品事故应急处置

② 冷却要均匀、不间断。

③ 冷却尽可能使用固定式水炮、带架水枪、自动摇摆水枪(炮)和遥控移动炮。

④ 冷却强度应不小于 $0.2L/(s \cdot m^2)$。

⑤ 启用喷淋、泡沫、蒸汽等固定或半固定灭火设施。

(7) 排险：

① 外围灭火。向泄漏点、主火点进攻之前，应将外围火点彻底扑灭。

② 堵漏。

a. 根据现场泄漏情况，研究制定堵漏方案，并严格按照堵漏方案实施。

b. 所有堵漏行动必须采取防爆措施，以确保安全。

c. 关闭前置阀门，切断泄漏源。

d. 根据泄漏对象，对不溶于水的液化气体，可向罐内适量注水，抬高液位，形成水垫层，缓解险情。

e. 堵漏方法。

如表 8.5 所列。

表 8.5　堵漏方法

部位	形式	方法
罐体	砂眼	螺丝加黏合剂旋进堵漏
	缝隙	使用外封式堵漏袋、电磁式堵漏工具组、粘贴式堵漏密封胶、潮湿绷带冷凝法或堵漏夹具、金属堵漏锥堵漏
	孔洞	使用各种木楔、堵漏夹具、粘贴式堵漏、金属堵漏锥堵漏
	裂口	使用外封式堵漏袋、电磁式堵漏水工具组、粘贴式堵漏密封胶堵漏
管道	砂眼	使用螺丝加黏合剂旋进堵漏
	缝隙	使用外封式堵漏袋、堵漏夹具、粘贴式堵漏密封胶堵漏
	孔洞	使用各种木楔、堵漏夹具、粘贴式堵漏密封胶堵漏
	裂口	使用外封式堵漏袋、电磁式堵漏水工具组、粘贴式堵漏密封胶堵漏
阀门		使用阀门堵漏工具组、注入式堵漏胶、堵漏夹具堵漏
法兰		使用专用法兰夹具、注入式堵漏胶堵漏

③ 输转。

a. 利用工艺措施倒罐或排空。

b. 转移受火势威胁的瓶(罐)。

④ 点燃。当罐内气压减小,火焰自动熄灭,或火焰被冷却水流扑灭,但还有气体扩散且无法实施堵漏,仍能造成危害时,要果断采取措施点燃。

(8) 灭火:

① 灭火条件。

a. 周围火点已彻底扑灭。

b. 外围火种等危险源已全部控制。

c. 着火罐已得到充分冷却。

d. 人员、装备、灭火剂已准备就绪。

e. 物料源已被切断,且内部压力明显下降。

f. 堵漏准备就绪,并有把握在短时间内完成。

② 灭火方法。

a. 关阀断气法。关闭阀门,切断气源,自行熄灭。

b. 干粉抑制法。视燃烧情况使用车载干粉炮、胶管干粉枪、推车或手提式干粉灭火器灭火。

c. 水流切封法。采用多支水枪并排或交叉形成密集水流面,集中对准火焰根部下方射水,同时向火头方向逐渐移动,隔断火焰与空气的接触使火熄灭。

d. 泡沫覆盖法。对流淌火喷射泡沫进行覆盖灭火。

e. 旁通注入法。将惰性气体等灭火剂在喷口前的管道旁通处注入灭火。

(9) 救护:

① 现场救护。

a. 将染毒者迅速撤离现场,转移到上风或侧上风方向空气无污染地区。

b. 有条件时立即进行呼吸道及全身防护,防止继续吸入染毒。

c. 对呼吸、心跳停止者,应立即进行人工呼吸和心脏挤压,采取心肺复苏措施,并输入氧气。

d. 立即脱去被污染者的服装,皮肤污染者,用流动清水或肥皂水彻底冲洗,眼睛污染者,用大量流动清水彻底冲洗。

② 使用特效药物治疗。

③ 对症治疗。

第8章 防化危险品事故应急处置

④ 严重者送医院观察治疗。

（10）洗消：

① 在危险区与安全区交界处设立洗消站。

② 洗消的对象如下。

a. 轻度中毒的人员。

b. 重度中毒人员在送医院治疗之前。

c. 现场医务人员。

d. 消防和其他抢险人员及群众互救人员。

e. 抢救及染毒器具。

③ 使用相应的洗消药剂。

④ 洗消污水的排放。洗消污水的排放必须经过环保部门的检测，以防造成次生灾害。

（11）清理：

① 用喷雾水、蒸汽、惰性气体清扫现场内事故罐、管道、低洼、沟渠等处，确保不留残气（液）。

② 清点人员、车辆及器材。

③ 撤除警戒，做好移交，安全撤离。

（12）警示：

① 进入现场必须正确选择行车路线、停车位置。

② 不准盲目灭火，防止引发再次爆炸。

③ 冷却时严禁向火焰喷射口射水，防止燃烧加剧。

④ 当储罐火灾现场出现罐体震颤、啸叫、火焰由黄变白、温度急剧升高等爆炸征兆时，指挥员应果断下达紧急避险命令，人员应迅速撤出或隐蔽。

⑤ 严禁处置人员在泄漏区域内下水道等地下空间顶部、井口处滞留。

⑥ 严密监视液相流淌、气相扩散情况，防止火情扩大。

⑦ 注意风向变换，适时调整部署。

⑧ 慎重发布灾情和相关新闻。

2）液体类危险化学品爆炸燃烧事故现场处置基本程序

（1）防护：

① 根据爆炸燃烧液体的毒性及划定的危险区域,确定相应的防护等级。

② 防护等级划分标准见表8.3。

③ 防护标准见表8.4。

(2) 询情:

① 被困人员情况。

② 容器储量、燃烧时间、部位、形式、火势范围。

③ 周边单位、居民、地形等情况。

④ 消防设施、工艺措施、到场人员处置意见。

(3) 侦察:

① 搜寻被困人员。

② 燃烧部位、形式、范围、对毗邻威胁程度等。

③ 消防设施运行情况。

④ 生产装置、控制系统、建(构)筑物损坏程度。

⑤ 确定攻防路线、阵地。

⑥ 现场及周边污染情况。

(4) 警戒:

① 根据询情、侦察情况确定警戒区域。

② 将警戒区域划分为重危区、中危区、轻危区和安全区,并设立警戒标志,在安全区视情况设立隔离带。

③ 合理设置出入口,严格控制人员、车辆进出。

(5) 救生:

① 组成救生小组,携带救生器材迅速进入危险区域。

② 采取正确的救助方式,将所有遇险人员移至安全区域。

③ 对救出人员进行登记、标识和现场急救。

④ 将伤情较重者送医疗急救部门救治。

(6) 控险:

① 冷却燃烧罐(桶)及其邻近容器,重点应是受火势威胁的一面。

② 冷却要均匀、不间断。

③ 冷却尽可能利用带架水枪或自动摇摆水枪(炮)。

④ 冷却强度应不小于 $0.2L/(s·m^2)$。

⑤ 启用喷淋、泡沫、蒸汽等固定或半固定消防设施。

⑥ 用干沙土、水泥粉、煤灰等围堵或导流,防止泄漏物向重要目标或危险源流散。

(7) 排险:

① 外围灭火。向泄漏点、主火点进攻之前,应将外围火点彻底扑灭。

② 堵漏。

a. 根据现场泄漏情况,研究制定堵漏方案,并严格按照堵漏方案实施。

b. 所有堵漏行动必须采取防爆措施,确保安全。

c. 关闭前置阀门,切断泄漏源。

d. 根据泄漏对象,对非溶于水且比水轻的易燃液体,可向罐内适量注水,抬高液位,形成水垫层,缓解险情,配合堵漏。

e. 堵漏方法,同表 8.5。

③ 输转:

a. 利用工艺措施导流或倒罐;

b. 转移受火势威胁的瓶(罐、桶)。

(8) 灭火:

① 灭火条件。

a. 外围火点已彻底扑灭,火种等危险源已全部控制。

b. 堵漏准备就绪。

c. 着火罐(桶)已得到充分冷却。

d. 兵力、装备、灭火剂已准备就绪。

② 灭火方法。

a. 关阀断料法。关阀断料,熄灭火源。

b. 抱沫覆盖法。对燃烧罐(桶)和地面流淌火喷射泡沫覆盖灭火。

c. 沙土覆盖法。使用干沙土、水泥粉、煤灰、石墨等覆盖灭火。

d. 干粉抑制法。视燃烧情况使用车载干粉炮、胶管干粉枪、推车或手提式干粉灭火器灭火。

(9) 救护：

① 现场救护。

a. 将染毒者迅速撤离现场，转移到上风或侧上风方向空气无污染地区。

b. 有条件时应立即进行呼吸道及全身防护，防止继续吸入染毒。

c. 对呼吸、心跳停止者，应立即进行人工呼吸和心脏挤压，采取心肺复苏措施，并输入氧气。

d. 立即脱去被污染者的服装，皮肤污染者，用流动清水或肥皂水彻底冲洗，眼睛污染者，用大量流动清水彻底冲洗。

② 使用特效药物治疗。

③ 对症治疗。

④ 严重者送医院观察治疗。

(10) 洗消：

① 在危险区与安全区交界处设立洗消站。

② 洗消的对象如下。

a. 轻度中毒的人员。

b. 重度中毒人员在送医院治疗之前。

c. 现场医务人员。

d. 消防和其他抢险人员及群众互救人员。

e. 抢救及染毒器具。

③ 使用相应的洗消药剂。

④ 洗消污水的排放。洗消污水的排放必须经过环保部门的检测，以防造成次生灾害。

(11) 清理：

① 少量残液，用干沙土、水泥粉、煤灰、干粉等吸附，收集后作技术处理或视情况倒入空旷地方掩埋。

② 大量残液，用防爆泵抽吸或使用无火花盛器收集，集中处理。

③ 在污染地面洒上中和剂或洗涤剂浸洗，然后用大量直流水清扫现场，特别是低洼、沟渠等处，确保不留残液。

④ 清点人员、车辆及器材。

⑤ 撤除警戒,做好移交,安全撤离。

(12)警示:

① 进入现场必须正确选择行车路线、停车位置。

② 严密监视液体流淌情况,防止灾情扩大。

③ 扑灭流淌火灾时,泡沫覆盖要充分到位,并防止回火或复燃。

④ 着火储罐或装置出现爆炸征兆时,人员应果断撤离。

⑤ 注意风向变换,适时调整部署。

⑥ 慎重发布灾情和相关新闻。

3)固体类危险化学品爆炸燃烧事故现场处置基本程序

(1)防护:

① 根据爆炸燃烧固体的毒性及划定的危险区域,确定相应的防护等级。

② 防护等级划分标准见表8.3。

③ 防护标准见表8.4。

(2)询情:

① 被困人员情况。

② 燃烧物质、时间、部位、形式、火势范围。

③ 周边单位、居民、地形、供电等情况。

④ 单位的消防组织、水源、设施。

⑤ 工艺措施、到场人员处置意见。

(3)侦察:

① 搜寻被困人员。

② 确定燃烧物质、范围、蔓延方向、火势阶段、对邻近的威胁程度。

③ 确认设施、建(构)筑物险情。

④ 确认消防设施运行情况。

⑤ 确定攻防路线、阵地。

⑥ 现场及周边污染情况。

(4)警戒:

① 根据询情、侦察情况确定警戒区域。

② 将警戒区域划分为重危区、中危区、轻危区和安全区，并设立警戒标志，在安全区视情况设立隔离带。

③ 严格控制各区域进出人员、车辆。

（5）救生：

① 组成救生小组，携带救生器材迅速进入现场。

② 采取正确的救助方式，将所有遇险人员转移至安全区域。

③ 对救出人员进行登记和标识。

④ 将需要救治人员送医疗急救部门救治。

（6）控险：

① 启用单位泡沫、干粉、二氧化碳等固定或半固定灭火设施。

② 占领水源，铺设干线，设置阵地，有序展开。

（7）运输转移受火势威胁的桶、箱、瓶、袋等。

（8）灭火：

① 沙土覆盖法。使用干沙土、水泥粉、煤灰、石墨等覆盖灭火。

② 干粉抑制法。使用车载干粉炮（枪）或干粉灭火器灭火。

③ 泡沫覆盖法。对不与水反应物品，使用泡沫覆盖灭火。

④ 用水强攻灭疏结合法。对与水反应物品，如保险粉火灾，一般不能用水直接扑救，但在有限空间内（如货运船），桶装堆垛中因固体泄漏引发火灾，在使用干粉、沙土等灭火剂灭火难以奏效的情况下，可直接出水强攻，边灭火、边冷却、边疏散，加快泄漏物反应，直至火灾熄灭。

（9）救护：

① 现场救护。

a. 迅速将遇险者救离危险区域。

b. 注意呼吸道（戴防毒面具、面罩或用湿毛巾捂住口鼻）和皮肤（穿防护服）的防护。

c. 对昏迷者应立即进行人工呼吸和体外心脏挤压，采取心肺复苏措施，并输入氧气。

d. 脱去污染服装，皮肤及眼污染用清水彻底冲洗，对易损伤呼吸道及黏膜的化合物应注意呼吸道是否通畅，防止窒息或阻塞，对消化道服入者应立即催吐。

② 对症治疗。

③ 严重者送医院观察治疗。

（10）洗消：

① 在危险区与安全区交界处设立洗消站。

② 洗消的对象。

a. 轻度中毒的人员。

b. 重度中毒人员在送医院治疗之前。

c. 现场医务人员。

d. 消防和其他抢险人员及群众互救人员。

e. 抢救及染毒器具。

③ 使用相应的洗消药剂。

（11）清理：

① 火场残物，用干沙土、水泥粉、煤灰、干粉等吸附，收集后作技术处理或视情况倒入空旷地方掩埋。

② 在污染地面洒上中和剂或洗涤剂浸洗，然后用大量直流水清扫现场，特别是低洼、沟渠等处，确保不留残物。

③ 清点人员、车辆及器材。

④ 撤除警戒，做好移交，安全撤离。

（12）警示：

① 进入现场必须正确选择行车路线、停车位置。

② 对大量泄漏并与水反应的物品火灾，不得使用水、泡沫扑救。

③ 对粉末状物品火灾，不得使用直流水冲击灭火。

④ 注意风向变换，适时调整部署。

⑤ 慎重发布灾情和相关新闻。

4）爆炸事故急救措施

（1）立即组织幸存者自救互救，并向120、110、119报警台呼救。

爆炸事故要求刑事侦查、医疗急救、消防等部门的协同救援。在这些人员到来之前保护现场，维持秩序，初步急救。

(2)爆炸事故伤害的处理步骤：

① 检查伤员受伤情况,先救命、后治伤。

② 迅速设法清除气管内的尘土、沙石,防止发生窒息。神志不清者头侧卧,保持呼吸道通畅。呼吸停止时,立即进行口对口人工呼吸和心脏按压。已发生心脏和肺的损伤时,慎重应用心脏按压技术。

③ 就地取材,进行止血、包扎、固定,搬运伤员注意保持脊柱损伤病人的水平位置,以防止因移位而发生截瘫。

3. 泄漏事故

在化学品的生产、储运和使用过程中,常常发生一些意外的破裂、倒洒等事故,造成危险化学品的外漏,因此需要采取简单、有效的安全技术措施来消除或减少泄漏危害,如果对泄漏控制不住或处理不当,随时都有可能转化为燃烧、爆炸、中毒等恶性事故。下面着重谈一谈化学品泄漏必须采取的应急处理措施。

1) 疏散与隔离

在化学品生产、储运过程中一旦发生泄漏,首先要疏散无关人员,隔离泄漏污染区。如果是易燃易爆化学品的大量泄漏,这时一定要打"119"报警,请求消防专业人员救援,同时要保护、控制好现场。

2) 断火源

断火源对化学品泄漏处理特别重要,如果泄漏物是易燃物,则必须立即消除泄漏污染区域内的各种火源。

3) 个人防护

参加泄漏处理人员应对泄漏品的化学性质和反应特性有充分的了解,要于高处和上风处进行处理,并严禁单独行动,要有监护人。必要时,应用水枪、水炮掩护。要根据泄漏品的性质和毒物接触形式,选择适当的防护用品,加强应急处理个人安全防护,防止处理过程中发生伤亡、中毒事故。

(1) 呼吸系统防护。为了防止有毒有害物质通过呼吸系统侵入人体,应根据不同场合选择不同的防护器具。

对于泄漏化学品毒性大、浓度较高,且缺氧情况下,可以采用氧气呼吸器、空气呼吸器、送风式长管面具等。

对于泄漏环境中氧气含量不低于18%,毒物浓度在一定范围内的场合,可

第 8 章 防化危险品事故应急处置

以采用防毒面具。在粉尘环境中可采用防尘口罩等。

（2）眼睛防护。为了防止眼睛受到伤害，可以采用化学安全防护眼镜、安全面罩、安全护目镜、安全防护罩等。

（3）身体防护。为了避免皮肤受到损伤，可以采用带面罩式胶布防毒衣、连衣式胶布防毒衣、橡胶工作服、防毒物渗透工作服、透气型防毒服等。

（4）手防护。为了保护手不受损伤，可以采用橡胶手套、乳胶手套、耐酸碱手套、防化学品手套等。

4）泄漏控制

如果在生产使用过程中发生泄漏，要在统一指挥下，通过关闭有关阀门，切断与之相连的设备、管线，停止作业，或改变工艺流程等方法来控制化学品的泄漏。

如果是容器发生泄漏，应根据实际情况，采取措施堵塞和修补裂口，制止进一步泄漏。

另外，要防止泄漏物扩散，殃及周围的建筑物、车辆及人群，万一控制不住泄漏口时，要及时处置泄漏物，严密监视，以防火灾爆炸。

5）泄漏物的处置

要及时将现场的泄漏物进行安全可靠处置。

（1）气体泄漏物处置。应急处理人员要做的只是止住泄漏，如果可能，用合理的通风使其扩散不至于积聚，或者喷雾状水使之液化后处置。

（2）液体泄漏物处置。对于少量的液体泄漏物，可用沙土或其他不燃吸附剂吸附，收集于容器内后进行处理。

而大量液体泄漏后四处蔓延扩散，难以收集处理，可以采用筑堤堵截或者引流到安全地点。为降低泄漏物向大气的蒸发，可用泡沫或其他覆盖物进行覆盖，在其表面形成覆盖后，抑制其蒸发，而后进行转移处理。

（3）固体泄漏物处置。用适当的工具收集泄漏物，然后用水冲洗被污染的地面。

安全第一，预防为主。对化学品的泄漏一定不可掉以轻心，平时要做好泄漏紧急处理演习，拟定好方案计划，做到有备无患，只有这样，才能保证生产、使用、储运化学品的安全。

4. 中毒事故

化工生产和检修现场的中毒事故大多是在现场突然发生异常情况时,由于设备损坏或泄漏导致大量毒物外溢所造成。若能及时、正确地抢救,对于挽救重危中毒患者生命、减轻中毒程度、防止合并症的产生具有十分重要的意义,并且争取了时间,为进一步治疗创造了有利条件。

1) 急性中毒的现场抢救原则

(1) 救护者应做好个人防护。急性中毒发生时毒物多由呼吸道和皮肤侵入体内,因此救护者在进入毒区抢救之前,要做好个人呼吸系统和皮肤的防护。

(2) 尽快切断毒物来源。救护人员进入事故现场后,除对中毒者进行抢救外,还应采取果断措施(如关闭管道阀门、堵塞泄漏的设备等)切断毒源,防止毒物继续外逸。对于已经扩散出来的有毒气体或蒸气,应立即启动通风排毒设施或开启门、窗等,降低有毒物质在空气中的含量,为抢救工作创造有利条件。

(3) 采取有效措施,尽快阻止毒物继续侵入人体。

(4) 在有条件的情况下,采用特效药物解毒或对症治疗,维持中毒者主要脏器的功能。在抢救病人时,要视具体情况灵活掌握。

(5) 出现成批急性中毒病员时,应立即成立临时抢救指挥组织,以负责现场指挥。

(6) 立即通知医院做好急救准备。通知时应尽可能说清是什么毒物中毒、中毒人数、侵入途径和大致病情。

2) 急性中毒的抢救措施

(1) 现场救护一般方法:

① 将病人转移到安全地带,解开领扣,使其呼吸通畅,让病人呼吸新鲜空气;脱去污染衣服,并彻底清洗污染的皮肤和毛发,注意保暖。

② 对于呼吸困难或呼吸停止者,应立即进行人工呼吸,有条件时给予吸氧和注射兴奋呼吸中枢的药物。

③ 心脏骤停者应立即进行胸外心脏按摩术。现场抢救成功的心肺复苏患者或重症患者,如昏迷、惊厥、休克、深度青紫等,应立即送医院治疗。

(2) 不同类别中毒的救援:

① 吸入刺激性气体中毒的救援。应立即将患者转移离开中毒现场,给予

2%～5%碳酸氢钠溶液雾化吸入、吸氧。应预防感染,警惕肺水肿的发生;气管痉挛应酌情给解痉挛药物雾化吸入;有喉头痉挛及水肿时,重症者应及早实施气管切开术。

② 经口毒物中毒的救援。必须立即引吐、洗胃及导泻,如患者清醒而又合作,宜饮大量清水引吐,亦可用药物引吐。对引吐效果不好或昏迷者,应立即送医院用胃管洗胃。

催吐禁忌证包括:昏迷状态;中毒引起抽搐、惊厥未控制之前;服腐蚀性毒物,催吐有引起食管及胃穿孔的可能;食管静脉曲张、主动脉瘤、溃疡病出血等。孕妇慎用催吐救援。

3)护送病人

(1)为保持呼吸畅通,避免咽下呕吐物,取平卧位,头部稍低。

(2)尽力清除昏迷病人口腔内的阻塞物,包括假牙。如病人惊厥不止,注意防止其咬伤舌头及上下唇。

(3)在护送途中,随时注意患者的呼吸、脉搏、面色、神志情况,随时给予必要的处置。

(4)护送途中要注意车厢内通风,以防患者身上残余毒物蒸发而加重病情及影响陪送人员。

4)解毒治疗

(1)消除毒物在体内的毒作用。溴甲烷、碘甲烷在体内分解为酸性代谢产物,可用碱性药物中和解毒;碳酸钡和氯化钡中毒,可用硫酸钠静脉注射,生成不溶性硫酸钡而解毒;急性有机磷农药中毒时,用氯磷定、解磷定等乙酰胆碱酯酶复活剂能使被抑制的胆碱酯酶活力得到恢复,用阿托品可抵抗中枢神经及副交感神经反应,消除或减轻中毒症状;氰化物中毒可用亚硝酸盐－硫代硫酸钠法进行解毒。

(2)促进进入体内的毒物排出。如金属或类金属中毒时,可恰当选用络合剂促进毒物的排泄。利尿、换血、透析疗法也能加速某些毒物的排除。

(3)加强护理,密切观察病情变化。护理人员应熟悉各种毒物的毒作用原理及其可能发生的并发症,便于观察病情并给予及时的对症处理。根据医嘱及时收集患者的呕吐物及排泄物、血液等,送检做毒物分析。

5）常见危险化学品中毒急救措施

（1）二硫化碳中毒的应急处理方法。吞食时,给患者洗胃或用催吐剂催吐。让患者躺下并加保暖,保持通风良好。

（2）氰中毒的应急处理方法。不论怎样要立刻处理。每隔2min,给患者吸入亚硝酸异戊醋15~30s,这样氰基与高铁血红蛋白结合,生成无毒的氰络高铁血红蛋白。接着给其饮服硫代硫酸盐溶液,使其与氰络高铁血红蛋白解离的氰化物相结合,生成硫氰酸盐。

① 吸入时把患者移到空气新鲜的地方,使其横卧。然后,脱去沾有氰化物的衣服,马上进行人工呼吸。

② 吞食时用手指摩擦患者的喉头,使之立刻呕吐。绝不要等待洗胃用具到来才处理。因为患者在数分钟内,即有死亡的危险。

（3）卤素气中毒的应急处理方法。把患者转移到空气新鲜的地方,保持安静。吸入氯气时,给患者嗅1∶1的乙醚与乙醇的混合蒸气。若吸入溴气,则给其嗅稀氨水。

（4）有机磷中毒的应急处理方法。使患者确保呼吸道畅通,并进行人工呼吸。万一吞食时,用催吐剂催吐,或用自来水洗胃等方法将其除去。沾在皮肤、头发或指甲等地方的有机磷要彻底洗去。

（5）三硝基甲苯中毒的应急处理方法。沾到皮肤时,用肥皂和水尽量把它彻底洗去。若吞食,可进行洗胃或用催吐剂催吐,将其大部分排除之后才服泻药。

（6）氨气中毒的应急处理方法。立刻将患者转移到空气新鲜的地方,然后给其输氧。进入眼睛时,让患者躺下,用水洗涤角膜至少5min。然后,再用稀醋酸或稀硼酸溶液洗涤。

（7）强碱中毒的应急处理方法：

① 吞食时,立刻用食道镜观察,直接用1%的醋酸水溶液洗患部至中性。然后,迅速饮服500mL稀的食用醋(1份食用醋加4份水)或鲜橘子汁将其稀释。

② 沾着皮肤时,立刻脱去衣服,尽快用水冲洗至皮肤不滑止。接着用经水稀释的醋酸或柠檬汁等进行中和。但是若沾着生石灰时,则用油之类东西先除去生石灰。

第 8 章 防化危险品事故应急处置

③ 进入眼睛时,撑开眼睑,用水连续洗涤 15min。

(8) 苯胺中毒的应急处理方法。如果苯胺沾到皮肤,用肥皂和水将其洗擦除净。若吞食,用催吐剂、洗胃及服泻药等方法把它除去。

(9) 氯代烃中毒的应急处理方法。把患者转移,远离药品处,并使其躺下、保暖。若吞食,用自来水充分洗胃,然后饮服于 200mL 水中溶解 30g 硫酸钠制成的溶液。不要喝咖啡之类兴奋剂。吸入氯仿时,把患者的头降低,使其伸出舌头,以确保呼吸道畅通。

(10) 强酸中毒的应急处理方法:

① 吞服时,立刻饮服 200mL 氧化镁悬浮液,或者氢氧化铝凝胶、牛奶及水等东西,迅速把毒物稀释。然后,至少再食 10 多个打溶的蛋作缓和剂。因碳酸钠或碳酸氢钠会产生二氧化碳气体,故不要使用。

② 沾着皮肤时,用大量水冲洗 15min。如果立刻进行中和,因会产生中和热,而有进一步扩大伤害的危险。因此,经充分水洗后,再用碳酸氢钠等稀碱液或肥皂液进行洗涤。但是当沾着草酸时,若用碳酸氢钠中和,因为由碱而产生很强的刺激物,故不宜使用。此外,也可以用镁盐和钙盐中和。

③ 进入眼睛时,撑开眼睑,用水洗涤 15min。

(11) 酚类化合物中毒的应急处理方法:

① 吞食的场合,马上给患者饮自来水、牛奶或吞食活性炭,以减缓毒物被吸收的程度,接着反复洗胃或催吐。然后,饮服 60mL 蓖麻油及于 200mL 水中溶解 30g 硫酸钠制成的溶液。不可饮服矿物油或用乙醇洗胃。

② 烧伤皮肤的场合,先用乙醇擦去酚类物质,然后用肥皂水及水洗涤。脱去沾有酚类物质的衣服。

(12) 草酸中毒的应急处理方法。立刻饮服下列溶液,使其生成草酸钙沉淀。

① 在 200mL 水中溶解 30g 丁酸钙或其他钙盐制成的溶液。

② 大量牛奶。可饮食用牛奶打溶的蛋白作镇痛剂。

(13) 乙醛、丙酮中毒的应急处理方法。用洗胃或服催吐剂等方法,除去吞食的药品,随后服下泻药。呼吸困难时要输氧。丙酮不会引起严重中毒。

(14) 乙二醇中毒的应急处理方法。用洗胃、服催吐剂或泻药等方法,除去吞食的乙二醇。然后静脉注射 10mL 的 10% 葡萄糖酸钙,使其生成草酸钙沉淀。同时,对患者进行人工呼吸。

(15) 醇中毒的应急处理方法。用自来水洗胃,除去未吸收的乙醇。然后一点点地吞服 4g 碳酸氢钠。

(16) 甲醇中毒的应急处理方法。用 1%~2% 的碳酸氢钠溶液充分洗胃。然后把患者转移到暗房,以抑制二氧化碳的结合能力。为了防止酸中毒,每隔 2~3h,经口每次吞服 5~15g 碳酸氢钠。同时为了阻止甲醇的代谢,在 3~4 日内,每隔 2h 以平均每千克体重 0.5mL 的数量,口服 50% 的乙醇溶液。

(17) 烃类化合物中毒的应急处理方法。把患者转移到空气新鲜的地方。因为呕吐物一旦进入呼吸道,就会发生严重的危险事故。所以,除非平均每千克体重吞食超过 1mL 的烃类物质,否则,应尽量避免洗胃或用催吐剂催吐。

(18) 硫酸铜中毒的应急处理方法。将 0.3~1.0g 亚铁氰化钾溶解于酒杯水中,后饮服。也可饮服适量肥皂水或碳酸钠溶液。

(19) 硝酸银中毒的应急处理方法。将 3~4 茶匙食盐溶解于酒杯水中饮服。然后,服用催吐剂,或者进行洗胃或饮牛奶。接着用大量水吞服 30g 硫酸镁泻药。

(20) 钡中毒的应急处理方法。将 30g 硫酸钠溶解于 200mL 水中,然后从口饮服,或用洗胃导管加入胃中。

(21) 锡(致命剂量 10mg)、锑(致命剂量 100mg)中毒的应急处理方法。吞食时,让患者呕吐。

(22) 铅中毒的应急处理方法。保持患者每分钟排尿量 0.5~1mL,至连续 1~2h 以上。饮服 10% 的右旋糖醉水溶液(按每千克体重 10~20mL)。或者,以每分钟 1mL 的速度,静脉注射 20% 的甘露醇水溶液,至每千克体重达 10mL 为止。

(23) 汞中毒的应急处理方法。饮食打溶的蛋白,用水及脱脂奶粉作沉淀剂。立刻饮服二琉基丙醇溶液及于 200mL 水中溶解 30g 硫酸钠制成的溶液作泻剂。

(24) 砷中毒的应急处理方法。吞食时,让患者立刻呕吐,然后饮食 500mL 牛奶。再用 2~4L 温水洗胃,每次用 200mL。

第 8 章 防化危险品事故应急处置

（25）二氧化硫中毒的应急处理方法。把患者移到空气新鲜的地方,保持安静。进入眼睛时,用大量水洗涤,并要洗漱咽喉。

（26）甲醛中毒的应急处理方法。吞食时,立刻饮食大量牛奶,接着用洗胃或催吐等方法,使吞食的甲醛排出体外,然后服下泻药。有可能的话,可服用1%的碳酸铵水溶液。

6）化学药品中毒洗胃

让患者躺下,使其头和肩比腰略低。在粗的柔软胃导管上,装上大漏斗。把涂上甘油的胃导管从口或鼻慢慢地插入胃里,注意不要插入气管。查明在离牙齿约 50cm 的地方,导管尖端确实落到胃中。其后,降低漏斗,尽量把胃中的物质排出。接着提高漏斗,装入 250mL 水或洗胃液,再排出胃中物质。如此反复操作几次。最后,在胃里留下泻药（即于 120mL 水中溶解 30g 硫酸镁制成的溶液）,拔出导管。

最好在实验室里常备有洗胃导管。此外,活性炭加水,充分摇动制成润湿的活性炭,或者温水,对任何毒物中毒,均可使用。

5. 化学灼伤

化学灼伤是常温或高温化学物直接对皮肤刺激、腐蚀及化学反应热引起的急性皮肤、黏膜的损害,常伴有眼灼伤和呼吸道损伤。某些化学物还可经皮肤黏膜吸收引起中毒,故化学灼伤一般不同于火烧伤和开水烫伤。群体化学灼伤系指一次性发生 3 人以上的化学灼伤。对以往化工系统伤亡事故分析,死亡人数最多的前三位原因依次为:①爆炸事故、死亡 280 人（占总死亡人数的 24.1%）;②中毒、窒息事故,死亡 182 人（占 15.6%）;③高处坠落事故,死亡 163 人（占 14.0%）。而属前两位的死亡病例,相当一部分均存在不同程度的化学灼伤。因此,对这样一种突发性、群体性、多学科性疾病,如何组织抢救,如何开展应急救援,已成为救援工作中的重要问题。

化学烧伤的处理原则同一般烧伤,应迅速脱离事故现场,终止化学物质对机体的继续损害;采取有效解毒措施,防止中毒;进行全面体检和化学监测。

1）脱离现场与应急处置

终止化学物质对机体继续损害,应立即脱离现场,脱去被化学物质浸滞的衣服,并迅速用大量清水冲洗。其目的一是稀释,二是机械冲洗,将化学物质从创面和黏膜上冲洗干净,冲洗时可能产生一定热量,继续冲洗,可使热量逐渐消散。冲洗用水要多,时间要够长,一般清水(自来水、井水和河水等)均可使用。冲洗持续时间一般要求在2h以上,尤其在碱烧伤时,冲洗时间过短很难奏效。如果同时有火焰烧伤,冲洗尚有冷疗的作用,当然有些化学致伤物质并不溶于水,冲洗的机械作用也可将其自创面清除干净。

头、面部烧伤时,要注意眼睛、鼻、耳、口腔内的清洗,特别是眼睛,应首先冲洗,动作要轻柔,一般清水亦可,如有条件可用生理盐水冲洗。如发现眼睑痉挛、流泪,结膜充血,角膜上皮肤及前房浑浊等,应立即用生理盐水或蒸馏水冲洗。用消炎眼药水、眼膏等以预防继发性感染。局部不必用眼罩或纱布包扎,但应用单层油纱布覆盖以保护裸露的角膜,防止干燥所致损害。

石灰烧伤时,在清洗前应将石灰去除,以免遇水后石灰产生热,加深创面损害。有些化学物质则要按其理化特性分别处理。大量流动水的持续冲洗比单纯用中和剂的效果更好。用中和剂的时间不宜过长,一般20min即可,中和处理后仍必须再用清水冲洗,以避免因为中和反应产生热而给机体带来进一步的损伤。

2)眼与皮肤化学性灼伤的现场救护

(1)强酸灼伤的急救。硫酸、盐酸、硝酸都具有强烈的刺激性和腐蚀作用。硫酸灼伤的皮肤一般呈黑色,硝酸灼伤呈灰黄色,盐酸灼伤呈黄绿色。被酸灼伤后立即用大量流动清水冲洗,冲洗时间一般不少于15min。彻底冲洗后,可用2%~5%碳酸氢钠溶液、淡石灰水、肥皂水等进行中和,切忌未经大量流水彻底冲洗,就用碱性药物在皮肤上直接中和,这会加重皮肤的损伤。处理以后创面治疗按灼伤处理原则进行。

强酸溅入眼内时,在现场立即就近用大量清水或生理盐水彻底冲洗。冲洗时应将头置于水龙头下,使冲洗后的水自伤眼的一侧流下,这样既避免水直冲眼球,又不至于使带酸的冲洗液进入好眼。冲洗时应拉开上下眼睑,使酸不至于留存眼内和下弯隆而形成留酸死腔。如无冲洗设备,可将眼浸入盛清水的盆内,拉开下眼睑,摆动头部,洗掉酸液,切忌惊慌或因疼痛而紧闭眼睛,冲洗时间应不少于15min。经上述处理后,立即送医院眼科进行治疗。

(2)碱灼伤的现场急救。碱灼伤皮肤,在现场立即用大量清水冲洗至皂样物质消失为止,然后可用1%~2%醋酸或3%硼酸溶液进一步冲洗。对Ⅱ、Ⅲ度灼伤可用2%醋酸湿敷后,再按一般灼伤进行创面处理和治疗。眼部碱灼伤的冲洗原则与眼部酸灼伤的冲洗原则相同。彻底冲洗后,可用2%~3%硼酸液做进一步冲洗。

(3) 氢氟酸灼伤的急救。氢氟酸对皮肤有强烈的腐蚀性,其渗透作用强,并对组织蛋白有脱水及溶解作用。皮肤及衣物被腐蚀者,先立即脱去被污染衣物,皮肤用大量流动清水彻底冲洗后,继用肥皂水或2%~5%碳酸氢钠溶液冲洗,再用葡萄糖酸钙软膏涂敷按摩,然后再涂以氧化镁甘油糊剂、维生素AD软膏或可的松软膏等。

(4) 酚灼伤的现场急救。酚与皮肤发生接触者,应立即脱去被污染的衣物,用10%酒精反复擦拭,再用大量清水冲洗,直至无酚味为止,然后用饱和硫酸钠湿敷。灼伤面积大,且酚在皮肤表面滞留时间较长者,应注意是否存在吸入中毒的问题,并积极处理。

(5) 黄磷灼伤的现场急救。皮肤被黄磷灼伤时,应及时脱去污染的衣物,并立即用清水(由五氧化二磷、五硫化磷、五氯化磷引起的灼伤禁用水洗)或5%硫酸铜溶液或3%过氧化氢溶液冲洗,再用5%碳酸氢钠溶液冲洗,中和所形成的磷酸。然后用1:5000高锰酸钾溶液湿敷,或用2%硫酸铜溶液湿敷,以使皮肤上残存的黄磷颗粒形成磷化铜。注意,灼伤创面禁用含油敷料。

3) 防止中毒

有些化学物质可引起全身中毒,应严密观察病情变化,一旦诊断有化学中毒可能,应根据致伤因素的性质和病理损害的特点,选用相应的解毒剂或对抗剂治疗,有些毒物迄今尚无特效解毒药物。在发生中毒时,应使毒物尽快排出体外,以减少其危害。一般可静脉补液和使用利尿剂,以加速排尿。苯胺或硝基苯中毒所引起的严重高铁血红蛋白症除给氧外,可酌情输注适量新鲜血液,以改善缺氧状态,这些治疗措施需要在专业医疗技术机构内实施。

6. 环境污染事故

各种化学品事故发生期间,化学品能以固态、液态、气态的形式泄漏,造成环境污染。化学品的物质组成或状态以及泄漏方式决定环境所污染的程度。

在事故发生后阻止污染的扩散非常重要。环境污染事故现场需采取以下应急措施以阻止污染扩散。

(1) 在通风管上安装一个高效的微粒过滤器来去除微粒。

(2) 关闭通风口和排气管。

(3) 把流出的污染物转移到一个储罐或池中。

(4) 关闭楼层和围堤的排水管以防止污染进入下水道系统。

(5) 充足的二次污染池使其具有储存足够量材料的能力。

(6) 考虑用不渗透的涂料密闭污染区与附近清洁区域的水泥地面,以防止污染物转移或通过水泥渗透。

(7) 对工艺设备、公共厕所和下水道系统进行检查,以确保所有入口和出口都完好。

(8) 考虑天气对污染物扩散的影响。

(9) 在新的污染区域安装临时的探测设备。

此外,环境污染事故发生之后,还应立即进行事故现场应急洗消,消除泄漏的危险化学品对环境的污染。

常见危险化学品泄漏环境污染事件的应急处置措施如下:

(1) 苯。切断火源,并尽可能切断泄漏源。防止其流入下水道、排洪沟等限制性空间。小量泄漏时,用活性炭或其他不燃材料吸收;大量泄漏时,构筑围堤或挖坑收容,用泡沫覆盖以降低蒸气灾害,喷雾状水或泡沫冷却和稀释蒸气,用泵转移至槽车或专用收集器内,回收或运至废物处理场所处置。建议应急处理人员戴自给正压式呼吸器,穿防毒服。

(2) 汽油。切断火源,并尽可能切断泄漏源。用工业覆盖层或吸附/吸收剂盖住泄漏点附近的下水道等地方,防止气体进入。小量泄漏时,可合理通风,加速扩散;大量泄漏时,喷雾状水稀释、溶解,并构筑围堤或挖坑收容废水,集中送污水处理相关单位处理。如有可能,将漏出气用排风机送至空旷地方或装设适当喷头烧掉。

(3) 柴油。切断火源,并尽可能切断泄漏源。防止其流入下水道、排洪沟等限制性空间。小量泄漏时,用活性炭或其他惰性材料吸收;大量泄漏时,构筑围堤或挖坑收容,用泵转移至槽车或专用收集器内,回收或运至废物处理场所

第 8 章 防化危险品事故应急处置

处置。

（4）氨气。迅速撤离泄漏污染区人员至上风向，并隔离直至气体散尽，应急处理人员戴正压自给式呼吸器。穿化学防护服（完全隔离）。处理钢瓶泄漏时应使阀门处于顶部，并关闭阀门，无法关闭时，将钢瓶浸入水中。

（5）过氧化氢。操作人员应穿戴全身防护物品，对高浓度产品泄漏可用水冲泄。储槽中过氧化氢温度比外界升高 5℃时，可加入安定剂（磷酸）控制其分解；若升高 10℃以上，应将过氧化氢迅速泄出；若发现容器排气孔中冒出蒸气，所有人员应迅速撤离至安全地方，防止爆炸伤人。应防止泄漏物进入下水道、排洪沟等限制性空间。少量泄漏可用沙土或其他惰性材料吸收，也可用水冲洗，废水去处理系统；大量泄漏应构筑围堤或挖坑收集，用泵转移至槽车内。

（6）乙醇。迅速撤离泄漏污染区人员至上风处，禁止无关人员进入污染区，切断火源。应急处理人员戴自给式呼吸器，穿一般消防防护服，在确保安全情况下堵漏。用沙土、干燥石灰混合，然后使用无火花工具收集运至废物处理场所。也可以用大量水冲洗，经稀释的洗水放入废水系统。如果大量泄漏，建围堤收容，然后收集、转移、回收或无害化处理后废弃。

（7）甲醇。迅速撤离泄漏污染区人员至上风处，禁止无关人员进入污染区，切断火源。应急处理人员戴自给式呼吸器，穿一般消防防护服。不要直接接触泄漏物，在确保安全的情况下堵漏。喷水雾会减少蒸发，用沙土、干燥石灰混合，然后使用防爆工具收集运至废物处理场所。也可以用大量水冲洗，经稀释的洗水放入废水系统。如果大量泄漏，建围堤收容，然后收集、转移、回收或无害化处理后废弃。

（8）二甲苯。切断一切火源，戴好防毒面具和手套，用不燃性分散剂制成乳液刷洗，也可以用沙土吸收后安全处置。对污染地带进行通风，蒸发残余液体并排除蒸气，大面积泄漏周围应设雾状水幕抑爆，用水保持火场周围容器冷却。含二甲苯的废水可采用生物法、浓缩废水焚烧等方法处理。

（9）甲苯。应切断所有火源，戴好防毒面具和手套，用不燃性分散剂制成乳液刷洗，也可以用沙土吸收，倒至空旷地掩埋。对污染地带进行通风，蒸发残余液体并排除蒸气。含甲苯的废水可采用生物法、浓缩废水焚烧等方法处理。

（10）苯。迅速撤离泄漏污染区人员至安全区，禁止无相关人员进入污染区,切断电源,应急处理人员戴防毒面具与手套,穿一般消防防护服,在确保安全情况下堵漏。可用雾状水扑灭小面积火灾,保持火场旁容器的冷却,驱散蒸气及溢出液体,但不能降低泄漏物在受限制空间内的易燃性。用活性炭或其他惰性材料或沙土吸收,然后使用无火花工具收集运至废物处理场所。也可用不燃性分散剂制成的乳液刷洗,经稀释后放入废水系统。或在保证安全情况下,就地焚烧。如大量泄漏,建围堤收容,然后收集、转移、回收或无害化处理。

（11）盐酸。迅速撤离污染区人员至安全区,应急处理人员戴正压自给式呼吸器,穿防酸碱工作服。少量泄漏用沙土、干燥石灰、苏打灰混合后,也可用水冲洗后排入废水处理系统。大量泄漏应构筑围堤或挖坑收集,用泵转移至槽车内,残余物回收运至废物处理场所安全处置。

（12）硝酸。撤离危险区域,应急处理人员戴正压空气呼吸器,穿防酸碱工作服；切断泄漏源,防止进入下水道。少量泄漏可将泄漏液收集在密闭容器中或用沙土、干燥石灰、苏打灰混合后回收,回收物应安全处置。大量泄漏应构筑围堤或挖坑收集,用泵转移至槽车内,残余物回收运至废物处理场所安全处置。

（13）硫酸。撤离危险区域,应急处理人员戴正压自给式呼吸器,穿防酸碱工作服；切断泄漏源,防止进入下水道。可将泄漏液收集在密闭容器中或用沙土回收,回收物应安全处置,可加入生石灰、烧碱等中和；混合物用泵转移至槽车内。

（14）氢氧化钠。迅速撤离泄漏污染区,限制出入；穿防酸碱工作服；泄漏处理中避免扬尘,尽量收集；碱泄漏应构筑围堤或挖坑收集,用泵转移至槽车内处置。

（15）氰化钠。隔离泄漏污染区,周围设置标志,防止扩散。应急处理人员戴正压自给式呼吸器,穿化学防护服(完全隔离)。如大量泄漏,应覆盖,不要直接接触泄漏物,避免扬尘,小心扫起,减少飞散,然后收集、回收、无害化处理。泄漏在河流中应立即围堤筑坝防止污染扩散。处理一般采用碱性氯化法,加碱使水处于碱性,再加过量次氯酸钠、液氯或漂白粉处理。

（16）氯气。迅速撤离泄漏污染区人员至上风向,戴正压空气呼吸器,穿化学防护服(完全隔离);合理通风,切断气源,喷雾状水稀释、溶解,抽排并隔离直至气体散尽。应急处理人员用管道将泄漏物导入还原剂避免与乙炔、松节油、

第 8 章 防化危险品事故应急处置

乙醚等物质接触;或将残余气或漏出气用排风吹散,也可以将漏气钢瓶置于石灰乳液中;漏气容器不能再使用,且要经过技术处理以清除可能剩余的气体。

8.6.2 不同危险化学品类型事故救援处置通则

1. 爆炸物品应急处置

爆炸物品一般都有专门或临时的储存仓库。这类物品由于内部结构含有爆炸性物质,因摩擦、撞击、震动、高温等外界因素激发,极易发生爆炸,遇明火则更危险。该类物品发生火灾时,一般应采取以下对策:

(1) 迅速判断和查明再次发生爆炸的可能性和危险性,紧紧抓住爆炸后和再次发生爆炸之前的有利时机,采取一切可能的措施,全力制止再次爆炸的发生。

(2) 切忌用沙土盖压,以免增强爆炸物品爆炸时的威力。

(3) 如果有疏散可能,在确保人身安全的基础上,应迅即组织力量及时疏散营火区域周围的爆炸物品,使着火区周围形成一个隔离带。

(4) 扑救爆炸物品堆垛时,水流应采用吊射,避免强力水流直接冲击堆垛,以免堆垛倒塌引起再次爆炸。

(5) 灭火人员应尽量利用现场现成的掩蔽体或尽量采用卧姿等低姿射水,尽可能地采取自我保护措施。消防车辆不要停靠离爆炸物品太近的水源。

(6) 灭火人员发现有发生再次爆炸的危险时,应立即向现场指挥报告,现场指挥应迅速做出准确判断,确有发生再次爆炸征兆或危险时,应立即下达撤退命令。灭火人员看到或听到撤退信号后,应迅速退至安全地带,来不及撤退时,应就地卧倒。

2. 压缩或液化气体应急处置

压缩或液化气体总是被储存在不同的容器内或通过管道输送。其中储存在较小钢瓶内的气体压力较高,受热或受火焰熏烤容易发生爆裂。气体泄漏后已形成稳定燃烧时,其发生爆炸或再次爆炸的危险性与可燃气体泄漏未燃时相比要小得多。对压缩或液化气体火灾一般应采取以下对策:

(1) 扑救气体火灾切忌盲目扑灭火势,在没有采取堵漏措施的情况下,必须保持稳定燃烧。否则,大量可燃气体泄漏出来与空气混合,遇着火源就会发生爆炸,后果将不堪设想。

（2）应扑灭外围被火源引燃的可燃物火势,切断火势蔓延途径,控制燃烧范围,并积极抢救受伤和被困人员。

（3）如果火势中有压力容器或有受到火焰辐射热威胁的压力容器,能疏散的应尽量在水枪的掩护下疏散到安全地带,不能疏散的应部署足够的水枪进行冷却保护。为防止容器爆裂伤人,进行冷却的人员应尽量采用低姿射水或利用现场坚实的掩蔽体防护。对卧式储罐,冷却人员应选择四侧角作为射水阵地。

（4）如果是气管道泄漏着火,应设法找到气源阀门。阀门完好时,只要关闭气体的进出阀门,火势就会自动熄灭。

（5）储罐或管道泄漏关阀无效时,应根据火势判断气体压力和泄漏口的大小及其形状,准备好相应的堵漏材料(如软木塞、橡皮塞、气囊塞、联合剂、弯管工具等)。

（6）堵漏工作准备就绪后,即可用水扑救火势,也可用干粉、二氧化碳、卤代烷灭火,但仍需用水冷却烧烫的罐或管壁。火扑灭后,应立即用堵漏材料堵漏,同时用雾状水稀释和驱散泄漏出来的气体。如果确认泄漏量非常大,根本无法堵漏,只需冷却着火容器及其周围容器和可燃物品,控制着火范围,直到可燃气体燃尽,火势自动熄灭。

（7）现场指挥应密切注意各种危险征兆,通常出现火焰变亮,安全阀尖叫等爆裂征兆时,指挥员必须适时做出准确判断,及时下达撤退命令。现场人员看到或听到事先规定的撤退信号后,应迅速撤退至安全地带。

3. 易燃液体应急处置

易燃液体通常也是储存在容器内或管道输送的。与气体不同的是,液体容器有的密闭,有的敞开,一般都是常压,只有反应中(炉、釜)及输送管道内的液体压力较高。液体不论是否着火,如果发生泄漏或撒出,都将顺着地面(或水面)飘散流淌,而且,易燃液体还有相对密度和水溶性等涉及能否用水和普通泡沫扑救的问题,以及危险性很大的相互反应问题。因此,扑救易燃液体火灾往往也是一场艰难的战斗。

易燃液体火灾,一般应采用以下基本对策。

（1）首先应切断火势蔓延的途径,冷却和疏散受火势威胁的压力及密闭容

第8章 防化危险品事故应急处置

器和可燃物,控制燃烧范围,并积极抢救受伤和被困人员。如有液体流散时,应筑堤(或用围油栏)拦截飘散流淌的易燃液体或挖沟导流。

(2)及时了解和掌握着火液体的品名、相对密度、水溶性,以及有无毒害、腐蚀、沸溢、喷溅等危险性,以便采取相应的灭火和防护措施。

(3)对较大的储罐或流淌火灾,应准确判断着火面积。小面积(一般$50m^2$以内)液体火灾,一般可用雾状水扑灭,用泡沫、干粉、二氧化碳、卤代烷(1231,1301)扑火更有效。大面积液体火灾则必须根据其相对密度、水溶性和燃烧面积大小,选择正确的灭火剂扑救。比水轻又不溶于水的液体(如汽油、苯等),用流水、雾状水灭火往往无效,可用普通蛋白泡沫或轻水泡沫灭火,用干粉、卤代烷扑救时灭火效果要视燃烧面积大小和燃烧条件而定,最好用水冷却罐壁。比水重又不溶于水的液体起火时可用水扑救,水能覆盖在液面上灭火,用泡沫也有效。干粉、卤代烷扑救,灭火效果要视燃烧面积大小和燃烧条件而定,最好用水冷却罐壁。具有水溶性的液体(如醇类、酮类等),虽然理论上能用水稀释扑救,但用此法要使液体闪点消失,水必须在溶液中占很大的比例。这不仅需要大量的水,也容易使液体溢出流淌,而普通泡沫又会受到水溶性液体的破坏(如果普通泡沫强度加大,可以减弱火势),因此,最好用抗溶性泡沫扑救。用干粉或卤代烷扑救时,灭火效果要视燃烧面积大小和燃烧条件而定,也需用水冷却罐壁。

(4)扑救毒害性、腐蚀性或燃烧产物毒害性较强的易燃液体火灾,扑救人员必须佩戴防护面具,采取防护措施。

(5)扑救原油和重油等具有沸溢和喷溅危险的液体火灾。如有条件,可采取放水、搅拌等防止发生沸溢和喷溅的措施,在灭火的同时必须注意计算可能发生沸溢、喷溅的时间和观察是否有沸溢、喷溅的征兆。指挥员发现危险征兆时应迅速做出准确判断,及时下达撤退命令,避免造成人员伤亡和装备损失。扑救人员看到或听到统一撤退信号后,应立即撤至安全地带。

(6)易燃液体管道或储罐泄漏着火,在切断蔓延并把火势限制在一定范围内的同时,对输送管道应设法找到并关闭进、出阀门,如果管道阀门已损坏或是储罐泄漏,应迅速准备好堵漏材料,然后用泡沫、干粉、二氧化碳或雾状水等扑灭地上的流淌火焰,为堵漏扫除障碍。其次再扑灭泄漏口的火焰,并迅速采取堵漏措施。与气体堵漏不同的是,液体一次堵漏失败,可连续几次,只要用泡沫覆盖地面,并堵住液体流淌和控制好周围着火源,不必点燃泄漏口的液体。

4. 易燃固体、自燃物品应急处置

易燃固体一般都可用水或泡沫扑救,相对其他种类的化学危险物品而言是比较容易扑救的,只要控制住燃烧范围,逐步扑灭即可。但也有少数易燃固体的扑救方法比较特殊,如2,4-二硝基苯甲醚、二硝基萘、黄磷等。

(1) 2,4-二硝基苯甲醚、二硝基萘等是能升华的易燃固体,受热放出易燃蒸气。火灾时可用雾状水、泡沫扑救并切断火势蔓延途径。但应注意,不能以为明火焰扑灭即已完成灭火工作,因为受热以后升华的易燃蒸气能在不知不觉中飘逸,在上层与空气能形成爆炸性混合物,尤其是在室内,易发生爆燃。因此,扑救这类物品火灾千万不能被假象所迷惑。在扑救过程中应不时向燃烧区域上空及周围喷射雾状水,并用水浇灭燃烧区域及其周围的一切火源。

(2) 黄磷是自燃点很低、在空气中能很快氧化升温并自燃的易燃固体。遇黄磷火灾时,首先应切断火势蔓延途径,控制燃烧范围。对着火的黄磷应用低压水或雾状水扑救。高压直流水冲击能引起黄磷飞溅,导致灾害扩大。黄磷熔融液体流淌时应用泥土、沙袋等筑堤拦截并用雾状水冷却,对磷块和冷却后已固化的黄磷,应用钳子钳入储水容器中。来不及钳时可先用沙土掩盖,但应做好标记,等火势扑灭后,再逐步集中到储水容器中。

(3) 少数易燃固体不能用水和泡沫扑救,如三硫化二磷、铝粉、烷基铝等,应根据具体情况区别处理。宜选用干沙和不用压力喷射的干粉扑救。

5. 遇湿易燃物品应急处置

遇湿易燃物品能与潮湿和水发生化学反应,产生可燃气体和热量,有时即使没有明火也能自动着火或爆炸,如金属钾、钠以及三乙基铝(液态)等。因此,这类物品有一定数量时,绝对禁止用水、泡沫、酸碱灭火器等灭火剂扑救。这类物品的这种特殊性给其火灾时的扑救带来了很大的困难。

通常情况下,遇湿易燃物品由于其发生火灾时的灭火措施特殊,在储存时要求分库或隔离分堆单独储存。但在实际操作中有时往往很难完全做到,尤其是在生产和运输过程中更难以做到,如铝制品厂往往遍地积有铝粉。对包装坚固、封口严密、数量又少的遇湿易燃物品,在储存规定上允许同室分堆或同柜分格储存。这就给其火灾补救工作带来了更大的困难,灭火人员在扑救中应谨慎处置。对遇湿易燃物品火灾一般采取以下基本对策。

(1) 首先应了解清楚遇湿易燃物品的品名、数量、是否与其他物品混存,燃烧范围,火势蔓延途径。

(2) 如果只有少量(一般 50 g 以内)遇湿易燃物品,则不论是否与其他物品混存,仍可用大量的水或泡沫扑救。水或泡沫刚接触着火点时,短时间内可能会使火势增大,但少量遇湿易燃物品燃尽后,火势很快就会熄灭或减小。

(3) 如果遇湿易燃物品数量较多,且未与其他物品保存,则绝对禁止用水或泡沫、酸碱等湿性灭火剂扑救。遇湿易燃物品应用干粉、二氧化碳、卤代烷扑救,只有金属钾、钠、铝、镁等个别物品用二氧化碳、卤代烷无效。固体遇湿易燃物品应用水泥、干粉和硅藻土等覆盖。水泥是扑救固体遇湿易燃物品火灾比较容易得到的灭火剂。对遇湿易燃物品中的粉尘,如镁粉、铝粉等,切忌喷射有压力的灭火剂,以防止将粉尘吹扬起来,与空气形成爆炸性混合物而导致爆炸发生。

(4) 如果有较多的遇湿易燃物品与其他物品混存,则应查明是哪类物品着火,遇湿易燃物品的包装是否损坏。可先用开关水枪向着火点吊射少量的水进行试探,如未见火势明显增大,证明遇湿易燃物品尚未着火,包装也未损坏,应立即用大量水或泡沫扑救,扑灭火势后立即组织力量将淋过水或仍在潮湿区域的遇湿易燃物品疏散到安全地带分散开来。如射水试探后火势明显增大,则证明遇湿易燃物品已经着火或包装已经损坏,应禁止用水、泡沫、酸碱灭火器扑救,若是液体应用干粉等灭火剂扑救,若是固体应用水泥、干粉等覆盖,如遇钾、钠、铝、镁轻金属发生火灾,最好用石墨粉、氯化钠以及专用的轻金属灭火剂扑救。

(5) 如果其他物品火灾威胁到相邻的较多遇湿易燃物品,应先用油布或塑料膜等其他防水布将遇湿易燃物品遮盖好,然后在上面盖上棉被并淋上水。如果遇湿易燃物品堆放处地势不太高,可在其周围用土筑一道防水堤。在用水或泡沫扑救火灾时,对相邻的遇湿易燃物品应留一定的力量监护。

由于遇湿易燃物品性能特殊,又不能用常用的水和泡沫灭火剂扑救,从事这类物品生产、经营、储存、运输、使用的人员及消防人员平时应经常了解和熟悉其品名和主要危险特性。

6. 毒害品、腐蚀品应急处置

毒害品和腐蚀品对人体都有一定危害。毒害品主要经口或吸入蒸气或通过皮肤接触引起人体中毒。腐蚀品是通过皮肤接触使人体形成化学灼伤。毒害品、腐蚀品有些本身能着火,有的本身并不着火,但与其他可燃物品接触后能着火,这类物品发生火灾一般采取以下基本对策。

(1) 灭火人员必须穿防护服,佩戴防护面具。一般情况下采取全身防护即可,对有特殊要求的物品火灾,应使用专用防护服;考虑过滤式防毒面具防毒范围的局限性,在扑救毒害品火灾时应尽量使用隔绝式空气呼吸器。为了在火场上能正确使用和适应防护面具,平时应进行严格的适应性训练。

(2) 积极抢救受伤和被困人员,限制燃烧范围。毒害品、腐蚀品火灾极易造成人员伤亡,灭火人员在采取防护措施后,应立即投入寻找和抢救受伤、被困人员的工作,并努力限制燃烧范围。

(3) 扑救时应尽量使用低压水流或雾状水,避免腐蚀品、毒害品溅出。遇酸类或碱类腐蚀品最好调制相应的中和剂稀释中和。

(4) 遇毒害品、腐蚀品容器泄漏,在扑灭火势后应采取堵漏措施。腐蚀品需用防腐材料堵漏。

(5) 浓硫酸遇水能放出大量的热,会导致沸腾飞溅,需特别注意防护。扑救浓硫酸与其他可燃物品接触发生的火灾,浓硫酸数量不多时,可用大量低压水快速扑救。如果浓硫酸量很大,应先用二氧化碳、干粉、卤代烷等灭火,然后把着火物品与浓硫酸分开。

第 9 章

防化危险品事故应急救援预案与演练

应急救援预案是有效应对事故,降低事故损失的重要管理工具。针对可能发生的事故,制定预案,明确事前、事发、事中、事后各个过程中,要做的工作准备,明确谁来做,怎样做,何时做以及相应的应急资源和策略准备等,并且依据预案组织演练提升事故处置能力,是减少事故损失的有效手段。

9.1 防化危险品事故应急救援预案概述

9.1.1 应急救援预案的概念

应急救援预案是指根据预测危险源、危险目标可能发生事故的类别、危害程度,而制定的事故应急救援方案。制定应急救援预案要充分考虑现有物质、人员及危险源的具体条件,以便及时、有效地统筹指导事故应急救援行动。

9.1.2 应急救援预案的作用和意义

1. 应急救援预案的作用

制定防化危险品事故应急救援预案是减少防化危险品事故中人员伤亡和财产损失的有效措施,原因如下:

(1) 通过事故应急救援预案的编制可以发现事故预防系统的缺陷,更好地促进事故预防工作;

（2）应急组织机构的建立、各类应急人员职责的明确、防化危险品事故发生时每一个环节的应急救援工作的有序、标准化应急操作程序的制定等，可使救援工作高效地进行；

（3）应急救援预案的演练使每一个应急人员都熟知自己的职责、工作内容、周围环境，在事故发生时，能够熟练按照预定的程序和方法高效进行救援行动。

2. 应急救援预案的意义

制定应急救援预案的目的是为了在发生紧急事件时，能以最快的速度发挥最大的效能，有序地实施救援，达到尽快控制事态发展，降低紧急事件造成的危害，减少事故损失的目的。制定应急救援预案具有以下必要性：

（1）制定预案是贯彻国家职业安全健康法律法规的要求；

（2）制定预案是减少事故中人员伤亡和财产损失的需要；

（3）制定预案是事故预防和救援的需要；

（4）制定预案是实现本质安全型管理的需要。

9.1.3 编制防化危险品事故应急救援预案的法律、法规依据

《中华人民共和国安全生产法》第十七条要求："生产经营组织的主要负责人员有组织制定并实施本组织的生产安全事故应急救援预案的职责。"第三十三条要求："生产经营组织对重大危险源应当登记建档，进行定期检测、评估、监控，并制定应急救援预案，告知从业人员和相关人员在紧急事件下应当采取的应急措施。"第六十八条要求："县级以上地方各级人民政府应组织有关部门制定本行政区域内的特大生产安全事故应急救援预案，建立应急救援体系。"

《危险化学品安全管理条例》第四十九条要求："县级以上地方各级人民政府负责危险化学品安全监督管理综合工作的部门应当会同同级其他有关部门制定防化危险品事故应急救援预案，报经本级人民政府批准后实施。"第五十条要求："危险化学品组织应当制定本组织事故应急救援预案，配备应急救援人员和必要的应急救援器材、设备，并定期组织演练；防化危险品事故应急救援预案应当报设区的市级人民政府负责危险化学品安全监督管理综合工作的部门备案。"

《特种设备安全监察条例》第三十一条规定："特种设备使用组织应当制定

特种设备的事故应急措施和救援预案。"

《使用有毒物品作业场所劳动保护条例》第十六条要求:"从事使用高毒物品作业的用人组织,应当配备应急救援人员和必要的应急救援器材、设备,制定事故应急救援预案,并根据实际情况变化对应急救援预案适时进行修订,定期组织演练。事故应急救援预案和演练记录应当报当地卫生行政部门、安全生产监督管理部门和公安部门备案。"

单位必须根据国家相关法律、法规制订防化危险品安全事故应急处置预案,以应对可能出现的事故,减小因防化危险品事故而造成的损失。

9.2 应急救援预案的编制程序、内容

9.2.1 防化危险品事故应急救援预案的内容

作为针对防化危险品可能发生的事故所需的应急行动而制定的指导性文件,一个完善的应急救援预案体系通常应该包括以下关键的内容:

(1) 基本预案,对紧急情况应急管理提供一个简介并作必要说明;
(2) 预防程序,对潜在事故进行确认并采取减缓事故的有效措施;
(3) 准备程序,说明应急行动前所需采取的准备工作;
(4) 基本应急程序,给出任何事故都可适用的应急行动程序;
(5) 特殊危险应急程序,针对特殊事故危险性的应急程序;
(6) 恢复程序,说明事故现场应急行动结束后所需采取的清除和恢复行动。

9.2.2 防化危险品事故应急救援预案的编制程序

发生防化危险品事故时,由于事故单位最了解事故现场的实际情况,可以尽快控制危险源,实施初期扑救,所以,事故单位积极实施自救是防化危险品事故应急救援的最基本、最重要的救援形式。

防化危险品单位事故应急救援预案的制定程序包括成立预案编制小组、预

案编制准备、预案编写、预案的评审与发布、预案的实施、预案的演练及预案的修订与更新等。

1. 成立预案编制小组

预案编制工作是一项涉及面广、专业性强的工作,是一项非常复杂的系统工程,需要安全、工程技术、组织管理、医疗急救等各方面的知识,要求编制人员要由各方面的专业人员或专家组成,熟悉所负责的各项内容。

首先委任预案编制小组的负责人(最好由高层领导担任,这样可以增强预案的权威性,促进工作的实施)确定预案编制小组的成员,小组成员应是预案制定和实施过程起重要作用或是可能在紧急事件中受影响的人员。防化危险品单位应急救援预案编制小组成员应来自单位管理、安全、卫生、环境、维修、人事、财务等相关部门,并且可包括来自地方政府机构应急救援机构的代表,这样可消除单位应急救援预案与地方应急救援预案的不一致性,也可明确当事故影响到单位外面时涉及的单位和职责。

预案编制小组应对整个预案编制过程制定详细周密的计划,使预案编制工作有条不紊地进行。

2. 预案编制准备

对现有应急计划和应急救援工作有关资料作汇总分析。充分应用已有危害辨识和风险评价的结果,包括重大危险源识别、脆弱性分析和重大事故灾害风险分析等;应急救援能力评估和应急资源整合分析,包括人力、装备、物质和财政资源;对曾发生事故灾害应急救援案例做回顾性分析。

1)收集、整理资料

在编制预案前,需全面收集和调查与事故相关的资料,主要包括以下内容:

(1)法律法规。收集国家、省和地方的法律法规与规章,如职业安全卫生法律法规、环境保护法律法规、消防法律法规与规程、危险化学品法律法规、交通法规、地区法规和应急管理规定等。

(2)周围条件。地质、地形、周围环境、气象条件(风向、气温)、交通条件等。

(3)场区平面布局。功能区划分、易燃易爆有毒危险品分布、工艺流程分布、建(构)筑物平面布置、安全距离。

第 9 章　防化危险品事故应急救援预案与演练

（4）生产工艺过程。物料（毒性、腐蚀性、燃烧性、爆炸性）、工作温度、工作压力、反应速率、作业及控制条件、事故及失控条件。

（5）生产设备、装置。化工设备（高温、低温、腐蚀、高压、震动、异常情况）；危险性大的设备；电气设备（短路、触电、火灾、爆炸、误运转和误操作）。

（6）特殊单体设备。高压气瓶、盛装危险化学品的承压容器等。

（7）库区。危险品库等。

（8）本单位、相关（相邻）单位及当地政府的应急救援预案。

（9）国内外同行业事故案例分析、本单位技术资料等。

2）危险源辨识与风险评价

危险源辨识与风险评价是应急救援预案编制过程的基础和关键。危险源辨识与风险评价的结果不仅有助于确定需要重点考虑的危险，提供划分预案编制优先级别的依据，而且也为应急救援预案的编制、应急准备和应急响应提供必要的信息和资料。危险源辨识与风险评价包括危险源辨识、脆弱性分析和风险分析。

目前，用于生产过程或设施的危险源辨识与风险评价方法已达到几十种，常用的有故障类型与影响分析（FMEA）、危险性与可操作性研究（HAZOP）、事故树分析（FTA）、事件树分析（ETA）等。单位可根据各自实际情况、事故类型，选用合适的危险源辨识和风险评价方法。

（1）危险源辨识。要调查所有的危险有害因素，并对其进行详细的分析是不可能的。危险源辨识的目的是要将可能存在的重大危险有害因素识别出来，作为下一步危险分析的对象。危险源辨识应分析本地区的地理、气象等自然条件，工业和运输、公共设施等具体情况，总结本地区历史上曾经发生的重大事故，来识别出可能发生的自然灾害和重大事故。危险源辨识还应符合国家有关法律法规和标准的要求。危险源辨识应明确下列内容：

① 防化危险品场所（尤其是重大危险源）的位置和运输路线。

② 伴随防化危险品的泄漏而最有可能发生的危险（如火灾、爆炸和中毒等）。

③ 城市内或经过城市进行运输的防化危险品的类型和数量。

④ 重大火灾隐患的情况，如地铁、大型商场等人口密集场所。

⑤ 其他可能的重大事故隐患,如大坝、桥梁等。

⑥ 可能的自然灾害,以及地理、气象等自然环境的变化和异常情况。

(2) 脆弱性分析。脆弱性分析要确定的是:一旦发生危险事故,哪些地方容易受到破坏或损害。脆弱性分析结果应提供下列信息:

① 受事故或灾害影响严重的区域,以及该区域的影响因素(如地形、交通、风向等)。

② 预计位于脆弱带中的人口数量和类型(如居民、职员,敏感人群、医院、学校、疗养院、托儿所等)。

③ 可能遭受的财产破坏,包括基础设施(如水、食物、电、医疗等)和运输线路。

④ 可能的环境影响。

(3) 风险评价。风险评价是根据脆弱性分析的结果,评估事故或灾害发生时,可能造成破坏(或伤害)的可能性,以及可能导致的实际破坏(或伤害)程度。通常可能会选择对最坏的情况进行分析。风险评价可以提供下列信息:

① 发生事故和环境异常(如洪涝)的可能性,或同时发生多种紧急事故或灾害的可能性。

② 对人造成的伤害类型(急性、延时或慢性的)和相关的高危人群。

③ 对财产造成的破坏类型(暂时、可修复或永久的)。

④ 对环境造成的破坏类型(可恢复或永久的)。

要做到准确分析事故发生的可能性是不太现实的。一般不必过多地将精力集中到对事故或灾害发生的可能性进行精确的定量分析上,可以用相对性的词汇(如低、中、高)来描述发生事故或灾害的可能性,但关键是要在充分利用现有数据和技术的基础上进行合理的评估。

(4) 应急资源与能力评估。依据危险辨识与评价的结果,对已有的应急资源和应急能力进行评估,明确应急救援的需求和不足。应急资源包括应急人员、应急设施(备)、装备和物资等;应急能力包括人员的技术、经验和接受的培训等。应急资源和能力将直接影响应急行动的有效性。制定应急救援预案时,应当在评价与潜在危险相适应的应急资源和能力的基础上,选择最现实、最有效的应急策略。

第9章 防化危险品事故应急救援预案与演练

3. 应急救援预案的编写

应急救援预案的编写必须基于风险评价与应急资源和能力评估的结果,遵循国家和地方相关的法律、法规和标准的要求。应急救援预案编制过程中,应注重全体人员的参与和培训,使所有与事故有关人员均掌握危险源的危险性、应急处置方案和技能。此外,预案编制时应充分收集和参阅已有的应急救援预案,以最大可能减少工作量和避免应急救援预案的重复和交叉,并确保与其他相关应急救援预案(地方政府预案、上级主管单位以及相关部门的预案)协调一致。此阶段的主要工作包括:①确定预案的文件结构体系;②了解组织其他的管理文件,保持预案文件与其兼容;③编写预案文件;④预案审核发布。

应急救援预案的编写无固定格式,各单位可结合具体情况按以下各要素进行应急救援预案的编写。

1)总则

(1)编制目的。简述应急救援预案编制的目的、作用等。

(2)编制依据。简述应急救援预案编制所依据的法律法规、规章,以及有关行业管理规定、技术规范和标准等。

(3)适用范围。说明应急救援预案适用的区域范围,以及事故的类型。

(4)应急救援预案体系。说明本单位应急救援预案体系的构成情况。

(5)应急工作原则。说明本单位应急工作的原则,内容应简明扼要。

2)基本情况

主要包括单位的地址、性质、从业人数、级别。明确具体隶属关系、主要危险品、数量等内容,周边区域的单位、社区、重要基础设施、道路等情况。防化危险品运输单位运输车辆情况及主要的运输危险品、运量、运地、行车路线等内容。

3)危险目标及其危险特性和对周围的影响

主要阐述本单位存在的危险源及其危险特性和对周边的影响。

4)防化危险品事故应急救援组织机构、组成人员及职责划分

事故发生时,能否对事故做出迅速的反应,直接取决于应急救援系统的组成是否合理,所以,预案中必须对应急救援系统精心组织,分清责任,落实到人。应急救援系统主要由应急救援领导机构和应急救援专业队伍组成。

应急救援领导机构应负责单位应急救援指挥工作,小组成员应包括具备完成某项任务的能力、职责、权力及资源的区域内安全、生产、设备、保卫、医疗、环境等部门负责人,还应包括具备或可以获取有关社会、生产装置、储运系统、应急救援专业知识的技术人员。小组成员直接领导各下属应急救援专业队,并向总指挥负责,由总指挥统一协调部署各专业队的职能和工作。

应急救援专业队是事故发生后,接到命令即能火速赶往事故现场特定任务的专业队伍。按任务可划分为以下几种:

(1) 通信队,确保各专业队与总调度室和领导小组之间通信畅通,通过通信指挥各专业队执行应急救援行动。

(2) 治安队,按事故的发展态势有计划地疏散人员,控制事故区域人员、车辆的进出。

(3) 消防队,对火灾、泄漏事故,利用专业装备完成灭火、堵漏等任务,并对其他具有泄漏、火灾、爆炸等潜在危险的危险点进行监控和保护,有效实施应急救援、处理措施,防止事故扩大、造成二次事故。

(4) 抢险抢修队,该队成员要对事故现场、地形、设备、工艺很熟悉,在具有防护措施的前提下,必要时深入事故发生中心区域,关闭系统,抢修设备,防止事故扩大,降低事故损失,抑制危害范围的扩大。

(5) 医疗救护队,对受害人员实施医疗救护、转移等活动。

(6) 运输队,负责急救行动和人员、装备、物资的运输保障。

(7) 防化专业队,在有毒物质泄漏或火灾中产生有毒烟气的事故中,侦察、核实、控制事故区域的边界和范围,并掌握其变化情况;与医疗救护队相互配合,混合编组,在事故中心区域分片履行救护任务。

(8) 监测站,迅速检测所送样品,确定毒物种类,包括有毒物的分解产物、有毒杂质等,为中毒人员的急救、事故现场的应急处理方案以及染毒的水、食物和土壤的处理提供依据。

(9) 物资供应站,为急救行动提供物质保证,其中包括应急抢险装备、救援防护装备、监测分析装备和指挥通信装备等。

由于在应急救援中各专业队的任务量不同,且事故类型不同,各专业队任务量所占比例也不同,所以专业队人员的配备应根据各自单位的危险源特征,合理分配各专业队的力量。应该把主要力量放在人员的救护和事故的应急处理上。

5）预防与预警

（1）危险源监控。明确本单位对危险源监测监控的方式、方法,以及采取的预防措施。

（2）预警行动。明确事故预警的条件、方式、方法和信息的发布程序。

（3）信息报告与处置。按照有关规定,明确事故及未遂伤亡事故信息报告与处置办法。

① 信息报告与通知。明确24h有效的内部、外部通信联络手段,明确运输防化危险品的驾驶员、押运员报警及与本单位、生产厂家、托运方联系的方式、方法、事故信息接收和通报程序。

② 信息上报。明确事故和紧急情况发生后向上级主管部门和地方人民政府报告事故信息的流程、内容和时限。

③ 信息传递。明确事故和紧急情况发生后向有关部门或单位通报事故信息的方法和程序。

例如:发现灾情后,现场人员应利用一切可能的通信手段立即向总值班室、电话总机或消防队报警,要求提供准确、简明的事故现场信息,并提供报警人的联系方式。单位发生化学事故,很重要的是前期扑救工作,应积极采取停车、启动安全保护、组织人员疏散等措施。总值班室或消防队值班室接到报警后,应首先报告应急救援领导小组,报告内容包括:事故发生的时间和地点,事故类型（如火灾、爆炸、泄漏等）,是否为剧毒品,估计造成事故的物资量。领导小组全面启动事故处理程序,通知各专业队火速赶赴现场,实施应急救援行动。然后向上级应急指挥部门报告,根据事故的级别判断是否需要启动区域性化学事故应急救援预案。

6）应急响应

（1）响应分级。依据防化危险品事故的类别、危害程度的级别和单位控制事态的能力,将事故分为不同的等级。按照分级负责的原则,明确应急响应级别。

（2）响应程序。根据事故的大小和发展态势,明确应急指挥、应急行动、资源调配、应急避险、扩大应急等响应程序。

(3) 应急结束。明确应急终止的条件。事故现场得以控制,环境符合有关标准,导致次生、衍生事故隐患消除后,经事故现场应急指挥机构批准,现场应急结束。应急结束后,应明确:

① 事故情况上报事项;

② 需向事故调查处理小组移交的相关事项;

③ 事故应急救援工作总结报告。

7) 各种防化危险品事故应急救援专项预案(程序)及现场处置预案(作业指导书)的编制

(1) 专项预案。针对本单位可能发生的防化危险品事故(火灾、爆炸、中毒等事故)制定各专项预案,这些专项预案根据可能发生的事故类别及现场情况,明确事故报警、各项应急措施启动、应急救护人员的引导、事故扩大及同单位应急救援预案的衔接的程序。专项预案是在综合应急救援预案的基础上充分考虑了某特定事故的特点,具有较强的针对性,但要做好各种协调工作,避免在应急过程中出现混乱。

专项应急救援预案举例如下:

① 受伤人员现场救护、救治与医院救治预案。依据事故分类、分级,附近疾病控制与医疗救治机构的设置和处理能力,制定具有可操作性的处置方案,应包括以下内容:接触人群检伤分类方案及执行人员;依据检伤结果对患者进行分类现场紧急抢救方案;接触者医学观察方案;患者转运及转运中的救治方案;患者治疗方案;入院前和医院救治机构确定及处置方案;药物、装备储备信息。

② 现场保护与现场洗消预案。应包括以下内容:事故现场的保护措施;明确事故现场洗消工作的负责人和专业队伍。

③ 检测、抢险、救援及控制措施预案。依据有关国家标准和现有资源的评估结果,确定以下内容:检测的方式、方法及检测人员防护、监护措施;抢险、救援方式、方法及人员的防护、监护措施;现场实时监测及异常情况下抢险人员的撤离条件、方法。

④ 应急救援队伍的调度。应包括以下内容:控制事故扩大的措施;事故可能扩大后的应急措施。

第9章 防化危险品事故应急救援预案与演练

(2) 现场处置预案,现场处置方案包括以下主要内容。

① 事故特征:危险性分析,可能发生的事故类型;事故发生的区域、地点或装置名称;事故可能发生的季节和造成的危害程度;事故前可能出现的征兆。

② 应急组织与职责:基层单位应急自救组织形式及人员构成情况;(b)应急自救组织机构、人员的具体职责,应同单位或班组人员工作职责紧密结合,明确相关岗位和人员的应急工作职责。

③ 应急处置:事故应急处置程序。根据可能发生的事故类别及现场情况,明确事故报警、各项应急措施启动、应急救护人员的引导、事故扩大及同单位应急预案的衔接的程序。现场应急处置措施。针对可能发生的火灾、爆炸、危险化学品泄漏、坍塌、水患、机动车辆伤害等,从操作措施、工艺流程、现场处置、事故控制、人员救护、消防、现场恢复等方面制定明确的应急处置措施。报警电话及上级管理部门、相关应急救援单位联络方式和联系人员,事故报告基本要求和内容。

④ 注意事项:佩戴个人防护器具方面的注意事项;使用抢险救援器材方面的注意事项;采取救援对策或措施方面的注意事项;现场自救和互救注意事项;现场应急处置能力确认和人员安全防护等事项;应急救援结束后的注意事项;其他需要特别警示的事项。

(3) 典型现场处置预案内容构成示例。

① 防护。根据事故物质的毒性及划定的危险区域,确定相应的防护等级,并根据防护等级按标准配备相应的防护器具。

② 询情和侦检:

a. 询问遇险人员情况,容器储量、泄漏量、泄漏时间、部位、形式、扩散范围,周边单位、居民、地形、电源、火源等情况,消防设施、工艺措施、到场人员处置意见。

b. 使用检测仪器测定泄漏物质、浓度、扩散范围。

c. 确认设施、建(构)筑物险情及可能引发爆炸燃烧的各种危险源,确认消防设施运行情况。

③ 现场急救。在事故现场,化学品对人体可能造成的伤害为中毒、窒息、冻

伤、化学灼伤、烧伤等。进行急救时，不论患者还是救援人员都需要进行适当的防护。

a. 现场急救注意事项选择有利地形设置急救点；做好自身及伤病员的个体防护；防止发生继发性损害；应至少两三人为一组集体行动，以便相互照应；所用的救援器材需具备防爆功能。

b. 现场处理。迅速将患者脱离现场至空气新鲜处；呼吸困难时给氧，呼吸停止时立即进行人工呼吸，心脏骤停时立即进行心脏按摩；皮肤污染时，脱去污染的衣服，用流动清水冲洗，冲洗要及时、彻底、反复多次；头面部灼伤时，要注意眼、耳、鼻、口腔的清洗。

当人员发生冻伤时，应迅速复温，复温的方法是采用 $40 \sim 42℃$ 恒温热水浸泡，使其温度提高至接近正常，在对冻伤的部位进行轻柔按摩时，应注意不要将伤处的皮肤擦破，以防感染。

当人员发生烧伤时，应迅速将患者衣服脱去，用流动清水冲洗降温，用清洁布覆盖创伤面，避免伤面污染，不要任意把水泡弄破，患者口渴时，可适量饮水或含盐饮料。

c. 使用特效药物治疗，对症治疗，严重者送医院观察治疗。

注意：急救之前，救援人员应确信受伤者所在环境是安全的。另外，口对口地人工呼吸及冲洗污染的皮肤或眼睛时，要避免进一步受伤。

④ 泄漏处理。防化危险品泄漏后，不仅污染环境，对人体造成伤害，如遇可燃物质，还有引发火灾爆炸的可能。因此，对泄漏事故应及时、正确处理，防止事故扩大。泄漏处理一般包括泄漏源控制及泄漏物处理两大部分。

a. 泄漏源控制。可能时，通过控制泄漏源来消除化学品的溢出或泄漏。

在调度室的指令下，通过关闭有关阀门、停止作业或通过采取改变工艺流程、局部停车等方法进行泄漏源控制。

容器发生泄漏后，采取措施修补和堵塞裂口，制止化学品的进一步泄漏，对整个应急处理是非常关键的。能否成功地进行堵漏取决于几个因素：接近泄漏点的危险程度、泄漏孔的尺寸、泄漏点处实际的或潜在的压力、泄漏物质的特性。

b. 泄漏物处理。现场泄漏物要及时进行覆盖、收容、稀释、处理，使泄漏物得到安全可靠的处置，防止二次事故的发生。泄漏物处理主要有四种方法。

第9章 防化危险品事故应急救援预案与演练

围堤堵截。如果化学品为液体,泄漏到地面上时会四处蔓延扩散,难以收集处理。为此,需要筑堤堵截或者引流到安全地点。储罐区发生液体泄漏时,要及时关闭雨水阀,防止物料沿明沟外流。

稀释与覆盖。为减少大气污染,通常是采用水枪或消防水带向有害物蒸气云喷射雾状水,加速气体向高空扩散,使其在安全地带扩散。在使用这一技术时,将产生大量的被污染水,因此应疏通污水排放系统或收集系统。对于可燃物,也可以在现场施放大量水蒸气或氮气,破坏燃烧条件。对于液体泄漏,为降低物料向大气中的蒸发速度,可用泡沫或其他覆盖物品覆盖外泄的物料,在其表面形成覆盖层,抑制其蒸发。

收容(集)。对于大型泄漏,可选择用隔膜泵将泄漏出的物料抽入容器内或槽车内;当泄漏量小时,可用沙子、吸附材料、中和材料等吸收中和。

废弃。将收集的泄漏物运至废物处理场所处置。用消防水冲洗剩下的少量物料,冲洗水排入含油污水系统处理。

泄漏处理注意事项:进入现场人员必须配备必要的个人防护器具;如果泄漏物是易燃易爆的,应严禁火种;应急处理时严禁单独行动,要有监护人,必要时用水枪、水炮掩护。

注意:化学品泄漏时,除受过特别训练的人员外,其他任何人不得试图清除泄漏物。

⑤ 火灾控制。危险化学品容易发生火灾、爆炸事故,但不同的化学品以及在不同情况下发生火灾时,其扑救方法差异很大,若处置不当,不仅不能有效扑灭火灾,反而会使灾情进一步扩大。此外,由于化学品本身及其燃烧产物大多具有较强的毒害性和腐蚀性,极易造成人员中毒、灼伤。因此,扑救危险化学品火灾是一项极其重要而又非常危险的工作。从事化学品生产、使用、储存、运输的人员和消防救护人员平时应熟悉和掌握化学品的主要危险特性及其相应的灭火措施,并定期进行防火演习,加强紧急事态时的应变能力。

一旦发生火灾,每个职工都应清楚地知道他们的作用和职责,掌握有关消防设施、人员的疏散程序和危险化学品灭火的特殊要求等内容。

8)警戒与人员疏散

(1)建立警戒区域。事故发生后,应根据化学品泄漏扩散的情况或火焰热

辐射所涉及的范围建立警戒区,并在通往事故现场的主要干道上实行交通管制。建立警戒区域时应注意以下几项:

① 警戒区域的边界应设警示标志,并有专人警戒。

② 除消防、应急处理人员以及必须坚守岗位的人员外,其他人员禁止进入警戒区。

③ 泄漏溢出的化学品为易燃品时,区域内应严禁火种。

(2) 紧急疏散。迅速将警戒区及污染区内与事故应急处理无关的人员撤离,以减少不必要的人员伤亡。紧急疏散时应注意以下几点:

① 如事故物质有毒时,需要佩戴防毒面具等个体防护用品或采用简易有效的防护措施,并有相应的监护措施。

② 应向侧上风方向转移,明确专人引导和护送疏散人员到安全区,并在疏散或撤离的路线上设立哨位,指明方向。

③ 要查清是否有人留在污染区与着火区。

注意:为使疏散工作顺利进行,每个车间应至少有两个畅通无阻的紧急出口,并有明显标志。

(3) 危险区的隔离。依据可能发生的防化危险品事故类别、危害程度级别,确定以下内容:危险区的设定;事故现场隔离区的划定方式、方法;事故现场隔离方法;事故现场周边区域的道路隔离或交通疏导办法。

9) 制度与物质装备保障

(1) 有关规定与制度。有关制度包括责任制、值班制度、培训制度、危险化学品运输单位检查运输车辆实际运行制度(包括行驶时间、路线、停车地点等内容)、应急救援装备、物资、消防装备及人员防护装备检查、药品等检查、维护制度(包括危险化学品运输车辆的安全、维护)、安全运输卡制度(安全运输卡包括运输的危险化学品性质、危害性、应急措施、注意事项及本单位、生产厂家、托运方应急联系电话等内容)。

(2) 物资装备保障:

① 通信与信息保障。明确与应急工作相关联的单位或人员通信联系方式和方法,并提供备用方案。建立信息通信系统及维护方案,确保应急期间信息通畅。

第9章 防化危险品事故应急救援预案与演练

② 应急队伍保障。明确各类应急响应的人力资源,包括专业应急队伍、兼职应急队伍的组织与保障方案。

③ 应急物资装备保障。明确应急救援需要使用的应急物资和装备的类型、数量、性能、存放位置、管理责任人及其联系方式等内容。

④ 经费保障。明确应急专项经费来源、使用范围、数量和监督管理措施,保障应急状态时生产经营单位应急经费的及时到位。

⑤ 其他保障。根据本单位应急工作需求而确定的其他相关保障措施(如交通运输保障、治安保障、技术保障、医疗保障、后勤保障等)。

10)应急培训与演练

(1)培训。明确对本单位人员开展的应急培训计划、方式和要求。如果预案涉及社区和居民,要做好宣传教育和告知等工作。

(2)演练。明确应急演练的规模、方式、频次、范围、内容、组织、评估、总结等内容。

11)维护和更新

明确应急救援预案维护和更新的基本要求,定期进行评审,实现可持续改进。

12)附件

附件中应该包括组织机构名单、值班联系电话,组织应急救援有关人员联系电话,危险化学品生产单位应急咨询服务电话,周边区域的单位、社区、重要基础设施分布图及有关联系方式,供水、供电单位的联系方式等内容。

4. 应急救援预案的评审与发布

为了确保应急救援预案的科学性、合理性以及与实际情况的符合性,预案编制单位或管理部门应依据我国有关应急的方针、政策、法律、法规、规章、标准和其他有关应急救援预案编制的指南性文件与评审检查表,组织开展应急救援预案评审工作。

应急救援预案评审通过后,应由单位最高管理者签署发布,并报送上级主管部门和当地政府负责危险化学品安全监督管理综合工作的部门备案。

5. 应急救援预案的实施

应急救援预案签署发布后,应做好以下工作:

（1）单位应广泛宣传应急救援预案,使全体员工了解应急救援预案中的有关内容。

（2）积极组织应急救援预案培训工作,使各类应急人员掌握、熟悉或了解应急救援预案中与其承担职责和任务相关的工作程序、标准等内容。

（3）单位应急管理部门应根据应急救援预案的需求,定期检查落实本单位应急人员、设施、设备、物资的准备状况,识别额外的应急资源需求,保持所有应急资源的可用状态。

6. 应急救援预案的演练

拥有防化危险品单位应定期组织应急演练工作,发现应急救援预案存在的问题和不足,提高应急人员的实际救援能力。

应急演练必须遵守相关法律、法规、标准和应急救援预案的规定,结合单位可能发生的危险源特点、潜在事故类型、可能发生事故的地点和气象条件及应急准备工作的实际情况,突出重点,制定演练计划,确定演练目标、范围和频次,演练组织和演练类型,设计演练情景,开展演练准备,组织控制人员和评价人员培训,编写演练总结报告。针对演练中发现的不足项及时采取措施并跟踪整改纠正情况,确保整改效果。应急演练应重点检验应急过程中组织指挥和协同配合能力,发现应急准备工作的不足,及时改正,以提高应急救援的实战水平。

7. 预案的修订与更新

单位应急管理部门应积极收集本单位、相关单位各类防化危险品事故应急的有关信息,积极开展事故回顾工作,评估应急过程中的不足和缺陷,适时修订和更新应急救援预案。当发生以下情况时,应进行预案的修订工作：

（1）危险化学品数量和种类发生变化；

（2）预案演练过程中发现问题；

（3）危险设施和危险物质发生变化；

（4）组织机构或人员发生变化；

（5）救援技术的改进。

整个应急救援预案编制工作流程参见图9.1。

第 9 章 防化危险品事故应急救援预案与演练

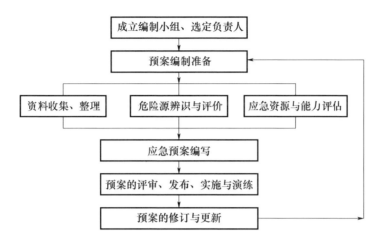

图 9.1 应急救援预案编制工作流程

8. 应急救援预案编制时应注意的几个问题

（1）应急救援预案在编制和实施过程中，不能违反国家的有关法律、法规，不能损害周边地区或相邻单位的利益，应将单位的预案情况通知上级主管部门、相邻单位，以便在发生重大事故时能取得对方的支援。

（2）应急救援预案是对日常安全管理工作的必要补充，应急计划应以完善的预防措施为基础，体现"安全第一、预防为主、综合治理"的方针。

（3）应急救援预案应以努力保护人身安全、防止人员伤害为第一目的，同时兼顾设备和环境保护，尽量减少灾害的损失程度。

（4）应急救援预案应结合实际，措施明确具体，具有很强的可操作性。

（5）事故预案编制的依据是危险源辨识评价结果或发生事故的可能性，对于一个系统中存在多个危险源的情况，应考虑到每种危险发生的可能性，并充分估计它们之间的相互作用及作用的后果，是否会引发更大规模或更严重的事故，寻找出不可预见的导致事故因素，作为预案编制的相关材料。

（6）在预案实施过程中，可能因救援方便等原因要求设备停运、停电等，对于这些非正常情况的操作，是否会引发不良后果，或其他不同类型严重事故，这也应考虑到。例如：当发生易燃易爆气体泄漏时，泄漏区或正在运行的电气设备如没有防爆措施不能随意关闭，应保持原来状态，否则会因关闭产生电火花而引起爆炸或火灾。因此,至少应对非正常情况下的操作进行评价和后果分析,制定出正确的紧急停止运行程序。

(7)由于新技术、新材料、新工艺的使用,自然条件变化等因素,会导致引发事故的因素的变化,或如果发生事故,其严重程度也发生了变化,因此预案应适时进行补充、修订和完善,保持预案的科学性和适用性。

(8)应合理地组织预案的章节,以便每个不同的使用者能快速地找到各自所需要的信息,避免从一堆不相关的信息中去查找所需要的信息。

(9)保证应急救援预案每个章节及其组成部分,在内容相互衔接方面避免出现明显的位置不当。

(10)保证应急救援预案的每个部分都采用相似的逻辑结构来组织内容。

(11)应急救援预案的格式应尽量采取范例的格式,以便各级应急救援预案能更好地协调和对应。

9.3 防化危险品应急救援的培训与演习

高层应急预案又称计划,基层应急预案又称操作程序。称计划是因为原则性强,主要是规定各部门的应急工作职能和哪些工作需要进行配合;称程序是因为工作很具体,关系到发生事故后每个人干什么,怎么干。所有这些内容都需要进行全面的培训,让所有的人都掌握,才能称预案。制定应急预案的过程是一个培训的过程,是一个提高所有人员应急意识、应急知识和应急能力的过程。单位要制定统一的培训规划,编写培训教材,根据不同的岗位要求建立多元化的培训课程体系。一是提高领导干部的应急管理意识,提高应急指挥水平。二是针对从事应急管理的专业人员,根据预案要求制定操作规程和岗位规范,组织开展岗前培训,提高应急处置能力。三是提高所属人员的安全意识,了解掌握本单位、本岗位的安全生产情况和可能发生的意外,提高所属人员的应急反应、自救互救以及避险能力。

9.3.1 基本应急培训

基本应急培训是指对参与应急行动所有相关人员进行的最低程度的应急

第 9 章　防化危险品事故应急救援预案与演练

培训,要求应急人员了解和掌握如何识别危险、如何采取必要的应急措施、如何启动紧急警报系统、如何安全疏散人群等基本操作,尤其是火灾应急培训以及防化危险品事故应急的培训。因此,培训中要加强与灭火操作有关的训练,强调危险物质事故的不同应急水平和注意事项等内容。

1. 报警

(1) 使应急人员了解并掌握如何利用身边的工具最快最有效地报警,如使用移动电话(手机)、固定电话、寻呼机、无线电、网络或其他方式报警。

(2) 使应急人员熟悉发布紧急情况通告的方法,如使用警笛、警钟、电话或广播等。

(3) 当事故发生后,为及时疏散事故现场的所有人员,防化危险品单位应急队员应掌握如何在现场贴发警示标志。

2. 疏散

为避免事故中不必要的人员伤亡,应培训足够的应急队员在事故现场安全、有序地疏散被困人员或周围人员。对人员疏散的培训主要在应急演练中进行,通过演练还可以测试应急人员的疏散能力。

3. 火灾应急培训

如上所述,由于火灾的易发性和多发性,对火灾应急的培训显得尤为重要。要求危险化学品单位应急队员必须掌握必要的灭火技术以便在着火初期迅速灭火,降低或减小导致灾难性事故的危险,掌握灭火装置的识别、使用、保养、维修等基本技术。由于灭火主要是防化危险品单位消防应急队员的职责,因此,火灾应急培训主要也是针对消防应急队员开展的。

4. 不同水平应急者培训

针对防化危险品事故应急,应明确不同层次应急人员的培训要求。通过培训,使应急者掌握必要的知识和技能以识别危险、评价事故危险性、采取正确措施,以降低事故对人员、财产、环境的危害等。

具体培训中,通常将应急者分为五种水平,每一种水平都有相应的培训要求。

1) 初级意识水平应急者

初级意识水平应急者通常是处于能首先发现事故险情并及时报警的岗位

上的人员,如门卫、巡查人员等。对他们的要求包括以下几点:

(1) 确认防化危险品物质并能识别危险物质的泄漏迹象;

(2) 了解所涉及的危险物质泄漏的潜在后果;

(3) 了解应急者自身的作用和责任;

(4) 能确认必需的应急资源;

(5) 如果需要疏散,则应限制未经授权人员进入事故现场;

(6) 熟悉事故现场安全区域的划分;

(7) 了解基本的事故控制技术。

2) 初级操作水平应急者

初级操作水平应急者主要参与预防危险物质泄漏的操作,以及发生泄漏后的事故应急,其作用是有效阻止危险物质的泄漏,降低泄漏事故可能造成的影响。对他们的培训要求包括以下几点:

(1) 掌握防化危险品的辨识和危险程度分级方法;

(2) 掌握基本的危险和风险评价技术;

(3) 学会正确选择和使用防化危险品事故应急救援装备;

(4) 了解危险物质的基本术语以及特性;

(5) 掌握危险物质泄漏的基本控制操作;

(6) 掌握基本的危险物质清除程序;

(7) 熟悉应急预案的内容。

3) 危险物质专业水平应急者

危险物质水平应急者的培训应根据有关指南要求来执行,达到或符合指南要求以后才能参与危险物质的事故应急。对其培训要求除了掌握上述应急者的知识和技能以外,还包括以下几点:

(1) 保证事故现场的人员安全,防止不必要伤亡的发生;

(2) 执行应急行动计划;

(3) 识别、确认、证实危险物质;

(4) 了解应急救援系统各岗位的功能和作用;

(5) 了解防化危险品事故应急救援装备的选择和使用;

(6) 掌握危险的识别和风险的评价技术;

第 9 章 防化危险品事故应急救援预案与演练

（7）了解先进的危险物质控制技术；

（8）执行事故现场清除程序；

（9）了解基本的化学、生物、放射学的术语及其表示形式。

4）危险物质专家水平应急者

具有危险物质专家水平的应急者通常与危险物质专业人员一起对紧急情况做出应急处置，并向危险物质专业人员提供技术支持。因此要求该类专家所具有的关于危险物质的知识和信息必须比危险物质专业人员更广博、更精深。因此，危险物质专家必须接受足够的专业培训，以使其具有相当高的应急水平和能力：

（1）接受危险物质专业水平应急者的所有培训要求；

（2）理解并参与应急救援系统的各岗位职责的分配；

（3）掌握风险评价技术；

（4）掌握危险物质的有效控制操作；

（5）参加一般清除程序的制定与执行；

（6）参加特别清除程序的制定与执行；

（7）参加应急行动结束程序的执行；

（8）掌握化学、生物、核辐射、毒理学等相关的术语与表示形式。

5）应急指挥级水平应急者

应急指挥级水平应急者主要负责的是对事故现场的控制并执行现场应急行动，协调防化危险品单位应急队员之间的活动和通信联系。该水平的应急者都具有相当丰富的事故应急和现场管理的经验，由于他们责任的重大，要求他们参加的培训应更为全面和严格，以提高应急指挥者的素质，保证事故应急的顺利完成。通常，该类应急者应该具备下列能力：

（1）协调与指导所有的应急活动；

（2）负责执行　个综合性的应急救援预案；

（3）对现场内外应急资源的合理调用；

（4）提供管理和技术监督，协调后勤支持；

（5）协调信息发布和政府官员参与的应急工作；

（6）负责向国家、省市、当地政府主管部门递交事故报告；

（7）负责提供事故和应急工作总结。

不同水平应急者的培训要与防化危险品公路运输应急救援系统相结合,以使防化危险品单位应急人员接受充分的培训,从而保证应急救援人员的素质。

9.3.2 应急救援训练

应急救援训练是指通过一定的方式获得或提高应急救援技能,是进行全面应急演练的基础工作。经常性地开展应急救援训练或演练应成为救援队伍的一项重要的日常性工作。

1. 应急训练指导思想

应急救援训练的指导思想应以加强基础、突出重点、边练边战、逐步提高为原则。针对突发性事故与应急救援工作的特点,从防化危险品的特征及现有装备的实际出发,严格训练、严格要求,不断提高队伍的救援能力和综合素质。

2. 应急训练的基本任务

应急训练的基本任务是锻炼和提高队伍在突发事故情况下的快速抢险堵源、及时营救伤员、正确指导和帮助群众防护或撤离、有效消除危害后果、开展现场急救和伤员转送等应急救援技能及应急反应综合素质,有效降低事故危害,减少事故损失。

3. 应急训练的基本内容

应急训练的基本内容主要包括基础训练、专业训练、战术训练和自选课目训练四类。

（1）基础训练是救援队伍的基本训练内容之一,是确保完成各种救援任务的前提基础。基础训练主要指队列训练、体能训练、防护装备和通信设备的使用训练等内容。训练的目的是使救援人员具备良好的战斗意志和作风,熟练掌握事故应急救援个体防护装备的穿戴、通信设备的使用等。

（2）专业训练关系到救援队伍的实战水平,是顺利执行救援任务的关键,也是训练的重要内容。主要包括专业常识、堵源技术、抢运和清消,以及现场急救等技术。通过训练使救援队伍具备一定的救援专业技术,有效地发挥救援作用。

（3）战术训练是救援队伍综合训练的重要内容和各项专业技术的综合运用,提高救援队伍实战能力的必要措施。战术训练可分为班(组)战术训练和分队战术训练。通过训练,使各级指挥员和救援人员具备良好的组织指挥能力和实际应变能力。

(4) 自选课目训练可根据各自的实际情况,选择开展如防化、气象、侦检技术、综合演练等项目的训练,进一步提高救援队伍的救援水平。

4. 应急训练的方法和时间

救援队伍的训练可采取自训与互训相结合,岗位训练与脱产训练相结合,分散训练与集中训练相结合的方法。在时间安排上应有明确的要求和规定。为保证训练有术,在训练前应制定训练计划,训练中应组织考核、验收和评比。

9.3.3 应急预案演习的类别

可采用不同规模的应急演练方法对应急预案的完整性和周密性进行评估,如组织指挥演练、桌面演练、功能演练和全面演练等。

1. 组织指挥演练

组织指挥演练主要检验指挥部门与各救援部门之间的指挥通信联络体系,保证组织指挥的畅通,一般在室内进行。

2. 桌面演练

桌面演练是指由应急组织的代表或关键岗位人员参加的,按照应急预案及其标准工作程序,讨论紧急情况时应采取行动的演练活动。桌面演练的特点是对演练情景进行口头演练,一般是在会议室内举行。其主要目的是锻炼参演人员解决问题的能力,以及解决应急组织相互协作和职责划分的问题。

桌面演练一般仅限于有限的应急响应和内部协调活动,应急人员主要来自本地应急组织,事后一般采取口头评论形式收集参演人员的建议,并提交一份简短的书面报告,总结演练活动和提出有关改进应急响应工作的建议。桌面演练方法成本较低,主要为功能演练和全面演练做准备。

3. 功能演练

功能演练是指针对某项应急响应功能或其中某些应急响应行动举行的演练活动,主要目的是针对应急响应功能,检验应急人员以及应急体系的策划和响应能力。例如,指挥和控制功能的演练,其目的是检测、评价多个政府部门在紧急状态下实现集权式的运行和响应能力,演练地点主要集中在若干个应急指挥中心或现场指挥部,并开展有限的现场活动,调用有限的外部资源。

功能演练比桌面演练规模要大,需动员更多的应急人员和机构,因而协调工作的难度也随着更多组织的参与而加大。演练完成后,除采取口头评论形式外,还应向地方提交有关演练活动的书面汇报,提出改进建议。主要分为单项演练、多项演练两类。

（1）单项演练是针对完成应急救援任务中的某一单科项目而设置的演练,如应急反应能力的演练、救援通信联络的演练、工程抢险项目的演练、现场救护演练、侦检演练等。单项演练属于局部性的演练,也是综合性演练的基础。

（2）多项演练是指两个或两个以上的单项组合演练,其目的是将各单项救援科目有机结合,增加项目间的协调性和配合性。通常多项演练要在单项演练完成后进行。

4. 全面演练

全面演练指针对应急预案中全部或大部分应急响应功能,检验、评价应急组织应急运行能力的演练活动。全面演练一般要求持续几个小时,采取交互式方式进行,演练过程要求尽量真实,调用更多的应急人员和资源,并开展人员、设备及其他资源的实战性演练,以检验相互协调的应急响应能力。与功能演练类似,演练完成后,除采取口头评论、书面汇报外,还应提交正式的书面报告。

应急演练的组织者或策划者在确定采取哪种类型的演练方法时,应考虑以下因素：

应急预案和响应程序制定工作的进展情况;本辖区面临风险的性质和大小;本辖区现有应急响应能力;应急演练成本及资金筹措状况;有关政府部门对应急演练工作的态度;应急组织投入的资源状况;国家及地方政府部门颁布的有关应急演练的规定。

无论选择何种演练方法,应急演练方案必须与辖区重大事故应急管理的需求和资源条件相适应。

应急演练是由许多机构和组织共同参与的一系列行为和活动,其组织与实施是一项非常复杂的任务,建立应急演练策划小组(或领导小组)是成功组织开展应急演练工作的关键。策划小组应由多种专业人员组成,包括来自消防、公安、医疗急救、应急管理、市政、学校、气象部门的人员,以及新闻媒体、单位、交

第 9 章 防化危险品事故应急救援预案与演练

通运输单位的代表等。必要时,核化事故应急组织或机构也可派出人员参加策划小组。为确保演练的成功,参演人员不得参加策划小组,更不能参与演练方案的设计。综合性应急演练的过程可划分为演练准备、演练实施和演练总结三个阶段,各阶段的基本任务如图9.2所示。

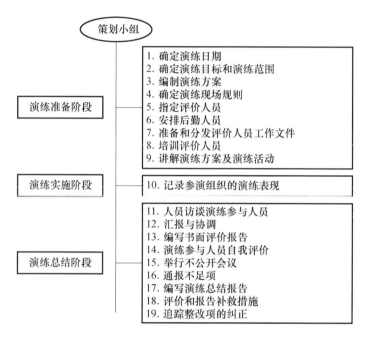

图 9.2 综合性应急演练实施的基本过程

9.4 防化危险品事故应急救援模拟演练

9.4.1 防化危险品事故应急救援模拟演练的意义

应急救援演练是提高人员应急救援指挥、协调能力的关键。由于开展实际演练,保障场地、装备、人员保障难度大,组织实施周期长,时间限制等原因,演练往往难以组织,成为培训训练难点。为了真正让应急演练和培训工作常态化,充分发挥了虚拟演练系统演练成本低、参与人员不受限制、安全无风险等优势,研制了"防化危险品事故应急救援虚拟演练系统"。系统嵌入事故模拟仿真模型,展示训练用特种危险化学品泄漏、防化弹药爆炸、其他防化危险品燃烧等防化危险品安全事故场景,提供逼真、安全的模拟训练环境,能够实现基于3D GIS技术的数字化预案编制、评估分析和演练培训,提高预案的实用性和时效性,训练人员熟悉各类事故应急处置的流程,锻炼人员事故应急救援组织指挥能力。

9.4.2 防化危险品事故应急救援模拟演练系统

系统采用3D GIS技术,建立防化危险品库区3D数字化环境基础平台,在平台上实现三维导览、事故场景模拟、应急预案演练等功能,目的是为人员提供逼真、安全的模拟训练环境,实现防化危险品事故应急救援训练工作的虚拟化、常态化。系统整体架构如图9.3所示。项目建设了典型事故处置演练子系统、桌面推演子系统、多人协同应急演练子系统。

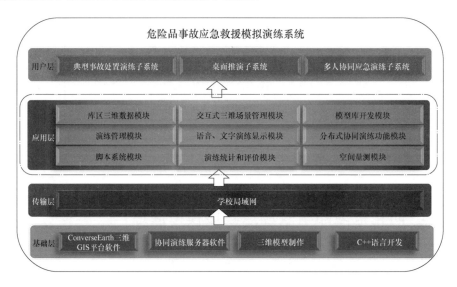

图9.3 防化危险品事故应急救援模拟演练系统架构

1. 典型事故处置演练子系统

典型事故处置演练子系统受训对象一线班组人员。对防化危险品仓库典型事故现场进行模拟,要求人员运用专业的知识按照专业分组对事故进行处

第 9 章 防化危险品事故应急救援预案与演练

置。建设了五个训练科目：①中毒人员搜救行动；②泄漏毒剂侦察与控制行动；③辐射侦察与控制行动；④毒剂监测行动；⑤洗消行动。每个科目具有培训、考核两种模式，培训模式下系统将演示正确的流程及操作，考核模式下，通过打乱操作步骤、设置障碍等方式供人员作答。主要功能模块如图 9.4 所示。

图 9.4　典型事故处置演练子系统的主要功能模块

2. 桌面推演子系统

桌面推演子系统受训对象为应急救援指挥人员。桌面推演子系统主要操作是资源部署工具，将用户的预案处置方案编辑出来，用三维直观的方式展现出来，计算机按照思路自动推演，推演方案可保存修改另存。建设了此次项目用到的三维模型，包含人物、车辆、装备，人物模型身上自带走、跑、洗消、侦检、救援等动作，在合适的地方编辑使用。主要功能模块如图 9.5 所示。

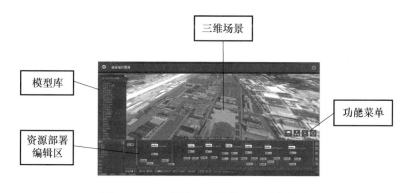

图 9.5　桌面推演子系统的主要功能模块

系统包含六大要素:演员、动作、触发器、可视化编程、模块、脚本。演员为导演可调度的实体,包括灾害(火灾、有毒气体等)、三维实体(人物、装备、物资等);动作为演员在某时刻的行为,动作带有时刻属性,即表示任何动作都有其执行的时间点;触发器是在某个条件满足的情况下的剧情入口点,如人员到达某个目标、上级下达了某项指令;可视化编程可以自定义变量、建立条件分支,以此来更改剧情的走向;模块为一些常用的、使用频繁的操作集合,我们对其保存并加以复用;脚本为系统自带的 JavaScript 脚本编译器,用户可以通过脚本编程来编写复杂的业务逻辑。各要素的调用逻辑及依存关系如图9.6所示。

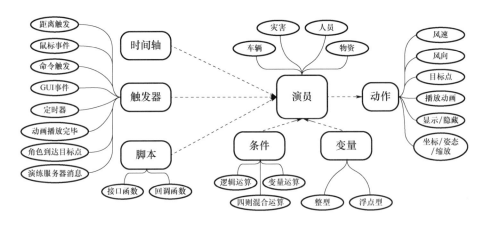

图9.6 桌面推演各模块逻辑关系

3. 多人协同应急演练子系统

多人协同应急演练子系统着重体现对团队协作能力的训练,通过多角色、多部门情景式协同演练,让指挥员学会突发事件的应急处置能力、应急号令的发出与接收能力、团队协作能力。多人协同演练旨在训练不同单位间的协同配合能力,更接近于实际的应急演练形式,每个参演单位需要互相紧密配合才能将预案共同推演下去。多人协同演练的角色主要分为两大类,系统导调和参演角色,系统导调负责系统的配置、开始和重置等系统层面的操作,参演单位为预案中所涉及的具体单位,如指挥组、警戒组、侦察组等,每个单位均有自身的行为动作面板,不同单位之间的具体行为动作会有逻辑上的相关约束。主要功能模块如图9.7、图9.8所示。

第9章 防化危险品事故应急救援预案与演练

图 9.7 多人协同应急演练子系统系统导调的主要功能模块

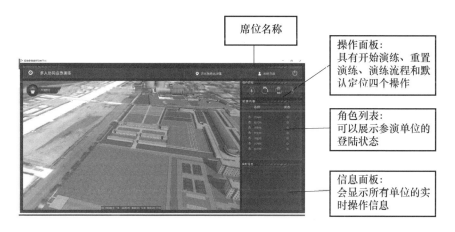

图 9.8 多人协同应急演练子系统参演角色的主要功能模块

4. 功能模块

为实现系统功能,主要建设功能模块包括库区三维数据模块、交互式三维场景管理模块、模型库开发模块、演练管理模块、分布式协同演练功能模块等。

1) 库区三维数据模块

库区周边地理环境采用 GIS 地图数据来表现。包括周边 $10km^2$ 的卫星影像图(DOM)、数字高程模型(DEM)、行政区划/地名标注/道路的矢量数据(DLG)。卫星地图在本地服务器上发布本地离线地图。矢量数据支持 ESRI 的 SHP 文件以及 google earth 输出的 kml 及其压缩格式 kmz。可与 GoogleEarth 共享标绘 GIS,在 GoogleEarth 内创建的矢量数据可直接导入到该平台,在平台内无差别复制矢量数据。对于重要的建筑物及设备,需要表现精细的表面及内部特征,则需要手动建模,采用3DSMAX等软件,在这类软件中建模并贴图,最后赋予灯光,烘焙出美观的纹理效果。建好模型后导入到软件平台中,通过笛儿尔坐标向地理坐标(WGS84坐标系)的转换功能,实现正确的放置位置。

2)交互式三维场景管理模块

用户可以通过键盘、鼠标对三维模型进行旋转、缩放、轴线移动等多种操作,也可以在场景中通过路线设置、参数配置(速度、高度、俯仰角、语音、文字等)进行漫游线路的自定义,并可实现漫游路线的自动播放。支持对特定场景的区域、设备、管线等以不同的颜色、图标、文字等进行动态标识。支持在场景中临时增加人物、车辆等三维模型,用户可以对三维模型进行操作,实现各类业务应用。

3)模型库开发模块

建立应急设备及人员模型库,模型可以通过拖拽的简单方式添加到三维场景中。建立设备及人员骨骼动画库,可以形象地模拟设备及人员的各种动作;建立灾害库,能模拟各种灾害的粒子特效效果,并提供风向等随机变化因素,这些因素会影响粒子特效效果。制作救援过程中所涉及的人员、车辆、装备、物资的模型库,此类模型为动态部署且能批量复制的模型。人员骨骼动画制作,为每一类人物模型制作若干个动作的动画,在需要的地方可以播放动作来完成操作。制作车辆及机械的动作,包括机械的运行动画以及车辆行进动画及路线控制。

4)演练管理模块

采用ConverseEarth三维GIS软件开发,首先创建基础演练环境的三维场景,在此基础上为每个岗位设置特殊的镜头切换、交互操作、过场动画等。不同参演人员登录后,根据其岗位的不同,系统自动分配该岗位特有的操作。ConverseEarth三维GIS软件平台是国内领先的三维数据和地理信息(GIS)集成的软件平台,该平台从三维场景创建、地图数据加工到互联网发布都提供了成熟的商业解决方案;它集中体现了虚拟现实(VR)软件和GIS软件完美结合的优势,既具有地理信息宏观地理数据的展示能力,又具有虚拟现实的精致表现能力和交互能力,并开放了完整的API,在多功能集成性项目开发上,为用户提供了按需定制的良好支持。

5) 分布式协同演练功能模块

协同演练服务器可用于单人演练或多人协同演练,具有四大功能模块:演练流程设计;协同演练服务;演练过程监控;演练分析与评估。服务器自带的工作流引擎可以对业务系统工作流做可视化设计,并可对演练规则、评分标准建立数学算法,工作流与演练规则构成了整个演练方案。演练过程中服务器提供学员登录与管理功能,负责客户端消息接收与分发,能将学员提交的操作步骤进行记录并映射到工作流树。演练结束后内置的变量可以统计出学员的成绩,并可对学员的操作进行记录、分析与评估。

参考文献

[1] 赵庆贤,邵辉,葛秀坤. 危险化学品安全管理[M]. 2版. 北京:中国石油出版社,2010.

[2] 总装备部通用装备保障部. 防化危险品管理实用手册[M]. 北京:解放军出版社,2003.

[3] 谢正文,周波,李薇. 安全管理基础[M]. 北京:国防工业出版社,2010.

[4] 吴穹,许开立. 安全管理学[M]. 北京:煤炭工业出版社,2002.

[5] 邓琼. 安全系统工程[M]. 西安:西北工业大学出版社,2009.

[6] 吴绍忠. 部队装备风险评估与处置[M]. 北京:国防大学出版社,2011.

[7] 吴国辉. 军事装备安全管理概论[M]. 北京:国防大学出版社,2011.

[8] 王永刚,杜珺. 危险品安全运输管理[M]. 北京:兵器工业出版社,2006.

[9] 赵宁. 建筑施工过程中的危险源安全管理研究[D]. 济南:山东建筑大学,2011.

[10] 翟大鹏. 基于故障树的数控机床故障诊断系统研究[D]. 太原:太原科技大学,2008.

[11] 黄怡浪,严小丽,等. 高层建筑火灾事故树构建与重要度分析[J]. 上海工程技术大学学报,2014(01):82-86.

[12] 傅跃强. 应急系统响应可靠性理论及在火灾应急中的应用研究[D]. 南昌:南昌大学,2008.

[13] 刘冬华,景国勋. 氯碱生产中氢气火灾爆炸事故树分析[J]. 工业安全与环保,2006(05):52-53.

[14] 文成日,耿祥义. 层次分析法在购车决策中的应用[J]. 电脑知识与

技术,2009(30):8514-8515.

[15] 龙志简. 建材企业绿色生产评价研究[D]. 重庆:重庆大学,2017.

[16] 牟瑛琳,白金玉. 移动(固定)式防化危险品焚烧销毁系统[R]. 北京:防化研究院第五研究所,2004.

[17] 罗云,樊运晓,马晓春. 风险分析与安全评价[M]. 北京:化学工业出版社,2005.

[18] 赵瑞华,牟善军,蒋涛. 国内危险品中特大典型事故案例[M]. 国家案例生产监督管理局,2002.

[19] Khan F I, Abbasi S A. OptHazop-aneffective and optimum approach for hazop study[J]. Journal of Loss Prevention in the Process Industries,1998,11,261-277.

[20] 吴宗之,高进东,张兴凯. 工业危险辨识与评价[M]. 北京:气象工业出版社,2000.

[21] The American Institute of Chemical Engineers. Dow Fire and explosion index hazard classification guide[M]. 7th. New York:The American Institute of Chemical Engineers,1994.

[22] Wang J X, Roush M L. Risk Engineering and Management[M]. New York, Basel:Marcel Dekker. Inc,2000.

[23] 胡永宏. 综合评价中指标相关性的处理方法[J]. 统计研究,2002(3):39-40.

[24] Chen Shilian. A Method of Synthetical Appraisal with Interval Numbers[J]. Journal of System science Engineering,1995,4(1):45-48.

[25] 苏为华. 多指标综合评价理论与方法问题研究[D]. 厦门:厦门大学,2000.

[26] 魏新利,李惠萍. 工业生产过程安全评价[M]. 北京:化学工业出版社,2007:70-73.

[27] 中国标准化研究院,中国安全生产科学研究院,辽宁省安全科学研究院. 生产过程危险和有害因素分类与代码:GB/T 13816—2009[S]. 北京:中国标准出版社,2009.

[28] 王若青,胡晨. HAZOP 安全分析方法介绍[J]. 石油化工安全技术, 2003,19(1):19-22.

[29] 姜巍巍,赵文芳,李奇,等. HAZOP 风险分析在环氧乙烷罐区的应用[J]. 工业安全与环保,2007,33(2):51-53.

[30] 中国石油化工股份有限公司青岛安全工程研究院. HAZOP 分析指南[M]. 北京:中国石化出版社,2008.

[31] Vaidhyanathan R, Venkataxubramanian V. A semi-quantitative reasoning methodology for filtering and ranking HAZOP results in HAZOP expert [J]. Reliability Engineering and System Safety,1996,53(2):185-203.

[32] Vaidhyanathan R, Venkataxubramanian V. HAZOP Expert: An expert system for automating HAZOP analysis [J]. Process Safety Progress, 1996, 15 (2): 80-88.

[33] 范剑辉,戴晓江. HAZOP 安全分析方法及其在矿山待业应用探讨[J]. 科技和产业,2006,6(2):34-36.

[34] Swann C D, Preston M L. Twenty-five years of HAZOPs [J]. Journal of Loss Prevention in Process Industries Industries,1995,8(6):349.

[35] 何琨,吴德荣,毕雄飞,等. 乙烯装置公用设施的危险性与可操作性(HAZOP)研究[J]. 炼油技术与工程,2004,34(3):54-59.

[36] 姜春明,姜巍巍,等. 乙炔干燥变温吸附装置安全性分析与燃爆事故预防对策[J]. 中国安全科学学报,2006,16(12):109-116.

[37] 国家环境保护总局化学品登记中心,中国环境科学研究院,北京大学医学部. 新化学物质危害评估导则:HJ/T 154—2004[S],北京:中国环境科学出版社,2004.

[38] 沈阳环境科学研究院,中国科学院大学,生态环境部对外合作与交流中心,等. 危险废物焚烧污染控制标准:GB 18484—2020[S]. 北京:中国环境出版集团. 2020.

[39] 广东省职业病防治院. 职业性接触毒物危害程度分级:GBZ 230—2010[S]. 北京:中国标准出版社,2010.

[40] 中国原子能科学研究院. 密封放射源一般要求和分级:GB 4075—

2009[S]. 北京:中国标准出版社,2009.

[41] 康锐,石荣德. FMECA 技术及其应用[M]. 北京:国防工业出版社,2006.

[42] 袁昌明,张晓东,章保东. 安全系统工程[M]. 北京:中国计量出版社,2006.

[43] 柴建设,别凤喜,刘志敏. 安全评价[M]. 北京:化学工业出版社,2008.

[44] 魏新利,李惠萍,王自健. 工业生产过程安全评价[M]. 北京:化学工业出版社.

[45] 王凯全,邵辉. 事故理论与分析研究[M]. 北京:化学工业出版社,2004.

[46] 张力,许康. 人因可靠性分析的新方法[J]. 工业工程与管理,2002,7(4):14-19.

[47] 黄曙东,戴立操,等. 核电站事故前人因可靠性分析方法[J]. 中国安全科学学报,2002,13(1):50-53.

[48] 高佳,黄祥瑞. 第二代人的可靠性分析方法的新进展[J]. 中南工学院学报,1999,13(2):138-149.

[49] 陈宝智. 系统安全评价与观测[M]. 中国:冶金工业出版社,2005.

[50] 王硕,张礼兵,金菊良. 系统预测与综合评价方法[M]. 中国:合肥工作大学出版社,2006.

[51] 吴宗之,高进东,张兴凯. 工业危险辨识与评价[M]. 北京:气象工业出版社,2000.

[52] 罗云,樊运晓,马晓春. 风险分析与安全评价[M]. 北京:化学工业出版社,2005.

[53] Lou H H, Chandrasekaran J, Smith R A. Large-scale dynamic simulation for security assessment of an ethylene oxide manufacturing process[J]. Computers and Chemical Engineering,2006,30:1102-1118.

[54] 中国环境科学研究院,中国气象科学研究院,中国预防医学科学研究院,等. 制定地方大气污染物排放标准的技术方法:GB/T 3840—1991[S]. 北

京:中国标准出版社,1991.

[55]中国疾病预防控制中心职业卫生与中毒控制所,中国疾病预防控制中心环境与健康相关产品安全所,复旦大学公共卫生学院,等.工业企业设计卫生标准:GBZ 1—2010[S].北京:中国标准出版社,2010.

[56]Hollnagel E. Cognitive Reliability and Error Analysis Method[M]. Oxford (UK):Elsevier Science Ltd,1998.

[57]沈翠霞,吴重光.计算机辅助危险与可操作性分析技术的发展[J].计算机工程与应用,2004(36):208-212.

[58]吴重光,夏涛,等.过程工业计算机辅助安全评价技术的进展[J].系统仿真学报,2003,15(5):609-613.

[59]刘宇慧,夏涛,张贝克,等.基于SDG的HAZOP单元建模方法[J].计算机仿真,2004,12(21):192-195.

[60]牟善军,姜春明,吴重光.SDG方法与过程安全分析的关系[J].系统仿真学报,2003,15(10):1381-1384.

[61]吕宁,王雄.一类连续反应的SDG HAZOP与故障诊断[J].化工自动化及仪表,2005,32(6):7-11.

[62]郭海涛,阳宪惠.一种安全仪表系统分配的定量方法[J].化工自动化及仪表,2006,33(6):65-67.

[63]张少华.HAZOP技术应用[J].石油化工设备,2007,24(2):54-58.

[64]王三明,蒋军成,姜慧.液化石油气罐区灾害模拟评价技术及预防[J].南京化工大学学报,2001(6):32-37.

[65]王志荣,蒋军成.液化石油气罐区火灾危险性定量评价[J].化工进展,2002,21(8):607-610.

[66]潘旭海,蒋军成.模拟评价方法及其在安全与环境评价中的应用[J].工业安全与环保,2001,27(9):27-31.

[67]Valerio Cozzani,Sarah Bonvicini,Gigliola Spadoni,et al. Hazmat transport:A methodological framework for the risk analysis of marshalling yalds [J]. Joumal of Hazardous Materials,2007,147(1-2):412-423.

[68]姜学伟,张宏远,燕威霖.部队有毒化学品仓库泄漏事故的事故树分

析[J]. 化学工程与装备,2020(2):223-226.

[69] Eizenberga S, Shacham M. Combining HAZOP with dynamicsimulationapplications for safety education[J]. Journal of Loss Prevention in the Process Industries,2006 (19):754-761.

[70] Labovsky J. HAZOP study of a fixed bed reactor for MTBE synthesis using adynamic approach[J]. Chemical Papers,62(1):51-52.

[71] Leone H. A knowledge-based system for hazop studies. The Knowledge Representation Structure[J]. Computers chem. Engng,1996,20:369-374.

[72] Schubach S. A modified computer hazard and operability study procedure[J]. J. Lass Prev. Process lnd,1997,10(54):303-307.

[73] Mushtaq F, P. Chung W H. A systematic hazop procedure for batch processes, and itsapplication to pipeless plants[J]. Journal of Loss Prevention in the Process Industries,2000(13):41-48.

[74] Wu Z H, Gao J D, Zhang X K. Identification and evaluation of hazard in industry[M]. Beijing: China Meteorological Press,2000:33-39.

[75] 诸雪征,王玄玉,张宏远. 废旧特种危险化学品检测销毁理论与技术[D]. 上海:上海科学技术文献出版社,2007.